U1006132

新编工科力学系列课程教材

工 程 力 学

（静力学　运动学　动力学）

王　虎　主编
王　虎　王爱勤　樊丽俭　编

西北工業大學出版社

【内容简介】 为适应教育改革的需要，在考虑目前高等工科院校学生实际水平的基础上，本书根据工程力学教学大纲的要求及多年的教学实践编写而成。

本书内容共十二章，讲述静力学、运动学、动力学的基本概念和基本理论。取材适当，深入浅出。各章有思考题和习题，书后附有习题答案。材料力学部分另外独立成册出版。

本书可用作高等学校少学时土建、机械、水利、地质、机电等专业本科及专科工程力学或理论力学课程的教材，也可供高职教育与函授教育等其它相关专业的教师、学生和工程技术人员参考。

图书在版编目(CIP)数据

工程力学：静力学、运动学、动力学/王虎主编；王爱勤，樊丽俭编．—西安：西北工业大学出版社，2000.10(2013.6 重印)

ISBN 978-7-5612-1286-0

Ⅰ．工…　Ⅱ．①王…②王…③樊…　Ⅲ．工程力学　Ⅳ．TB12

中国版本图书馆 CIP 数据核字(2000)第 50992 号

出版发行：西北工业大学出版社

通信地址：西安市友谊西路 127 号　**邮编**：710072

电　　话：(029)88493844　88491757

网　　址：www.nwpup.com

印 刷 者：陕西乾兴印刷厂

开　　本：787 mm×1 092 mm　1/16

印　　张：14.25

字　　数：342 千字

版　　次：2000 年 10 月第 1 版　2013 年 6 月第 8 次印刷

定　　价：28.00 元

前　言

本书是我们在多年从事工程力学、理论力学与材料力学教学实践的基础上，为适应工科基础力学教学改革的需要，体现并贯彻教育部面向21世纪工科力学课程教学改革的要求的精神，根据工科学生专业的需要，为中、少学时工程力学和理论力学课程而编写的。工程力学(静力学、运动学、动力学)和工程力学(材料力学)两大部分，独立成册，分别出版，以便不同专业选用。

高新科学技术的迅速发展和我国的社会主义市场经济对高等工科院校人才培养提出了更高的要求。原有高等工科院校的力学课程已不能适用新的教学需要，其传统的教学内容和课程体系必须进行改革。工程力学作为工科教育中重要的技术基础课，是系统地引导学生结合工程实际的一门理论课程，在学生能力和素质的培养中占有重要地位，受到国家教委及各院校领导的高度重视。力学课程教学内容和课程体系改革的研究与实践是国家教委首批立项研究的课题之一。我校也在课程建设中立项由理论力学教研室进行专题研究。我们认为工程力学的基本任务应该是在原来学生已有的力学基础上，培养学生具备对复杂(包括简单)工程对象正确建立力学模型的能力，具备对工程实际问题及其力学模型进行静力学、运动学、动力学及承载性能分析的能力，具备利用工程力学的基本概念判断分析结果正确与否的能力。为此，本书在妥善处理传统内容的继承、取舍和体系安排上，针对工科专业要求，贯彻“适用为主，够用为度”的原则，既注重理论阐述的科学性和系统性，又注意处理与物理课程重复内容的衔接问题，理论联系实际，强化学生的工程意识，注意培养学生解决工程实际问题的能力。在内容表述方面，由浅入深，循序渐进，图文结合，力求清晰简练，避免不必要的繁锁叙述和论证，着重讲清基本概念和基本理论的内涵，有效地减少叙述的篇幅，适应课程学时减少的需要，注意问题的分类和工程背景及分析问题的基本思路和方法。为了便于学习、复习和巩固，并掌握内容要点，各章节都总结了解题的基本步骤，并选配了一定数量的例题、思考题和习题，书末附有习题答案。本书采用国际单位制。

本书内容分三部分共十二章。绪论、动力学部分(第八、九、十、十一、十二章)由王虎编写，静力学部分(第一、二、三、四章)由王爱勤编写，运动学部分(第五、六、七章)由樊丽俭编写。王虎担任主编，负责全书统稿、修改和定稿工作。

本书在编写过程中，承蒙尹冠生、冯振宇和张新占同志全面详细审阅，长安大学教务处、教材科及力学教研室的教师等给予了关怀和支持并提出了许多宝贵建议。在出版过程中，西北工业大学出版社的同志付出了辛勤的劳动，在此一并表示诚挚的谢意。

限于编者水平和时间的因素，书中难免有疏漏或不妥之处，竭诚欢迎读者批评指正。

编　者

2000年6月于长安大学

目　录

运　动　学

动　力　学

绪　论

工程力学是一门研究物体机械运动以及构件的强度、刚度和稳定性的科学。它包括静力分析、运动分析及动力分析和构件承载能力分析等内容，是与工程技术联系极为广泛的技术基础学科，是工程技术的重要理论基础之一。本书主要介绍静力学、运动学和动力学的内容。材料力学内容另外独立成册出版。

一、课程研究对象及主要内容

工程力学的静力学、运动学、动力学部分主要研究物体机械运动的一般规律。机械运动是指物体在空间的位置随时间而变化的运动，它是生活和生产实践中最常见的运动形式。平衡是机械运动的特殊情况。运动是物质存在的形式，是物质的固有属性。宇宙中的一切物质都按自已的规律不断地运动着，其形式是多种多样的。例如，光、电、热的运动，物理变化、化学变化以及人脑的思维活动等，都是运动。而机械运动是一切运动形式中最简单的最基本的一种。天体的运动、车辆的运行、机器的运转等，都是机械运动。况且在其它高级和复杂形式的运动中，也包含或伴随着机械运动。因此，对机械运动的研究，不仅是工程实际的需要，也是进一步研究其它高级运动形式的基础。

物体的机械运动的研究内容是速度远小于光速的宏观物体的运动，属于经典力学的范畴。它不适用原子、电子等微观粒子的运动，也不适用接近光速运动的物体。前者属于量子力学，后者属于相对论力学的研究范畴。宏观物体远小于光速的运动是日常生活和一般工程中经常遇到的问题，所以古典力学有着极其广泛的应用。

在工程结构的设计和施工中，经常要用到静力学理论。比如图 0－1 所示的厂房结构，在设计时，要先对屋架、吊车梁、柱、基础等构件进行受力分析，再应用力系的平衡条件求出这些力中的未知量，然后设计这些构件的断面尺寸及钢筋的配置等。在机械传动设计时，要分析各部件之间的运动传递与转换，研究某些点的轨迹、速度和加速度。比如卷扬机的电动机启动后，通过减速机构使卷筒转动，钢丝绳便将重物提升，如图 0－2 所示。由电动机的转速来计算重物的提升速度，需要用运动学理论。而起重机起吊或重物下降时突然刹车所发生的超重现象，则要应用动力学的理论来分析。另外，要分析汽车的运行规律及转弯时的运动稳定问题，也要用到运动学和动力学的理论和方法。

根据所研究问题的性质和工科专业的特点，本课程内容分为静力学、运力学和动力学三部分。静力学主要研究力学的简化和物体的平衡条件；运动学主要研究物体运动的几何性质，而不涉及引起物体运动的物理原因；动力学主要研究物体运动与所受力之间的关系。

二、课程内容与研究方法的特点

本门课程作为工科院校的技术基础课，它的教学内容、研究方法及课程的设置有其自身的特点。

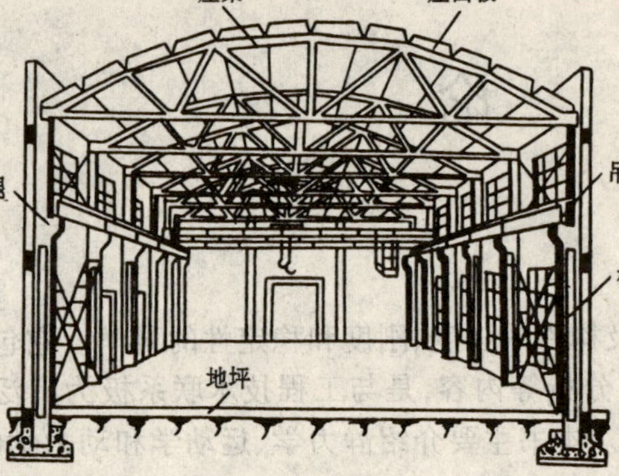

图 0－1

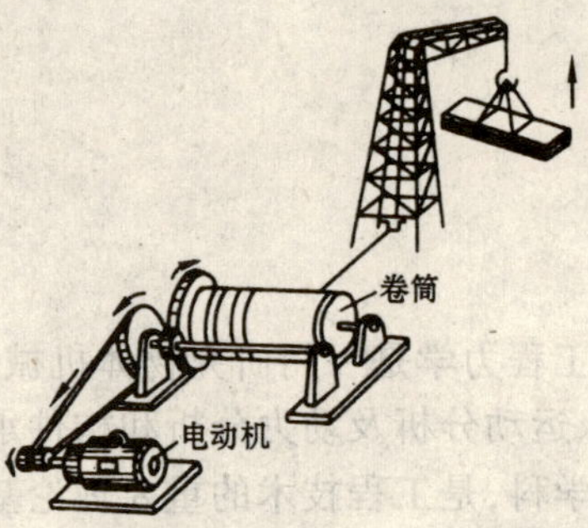

图 0－2

(1)观察和实验是基本理论形成和发展的基础。力学理论是人们通过观察生活和生产实践中各种现象,进行许多科学实验,并经过分析、综合和归纳而总结出来的具有广泛适用意义的基本规律。我国古代的人们,在生产实践中已使用杠杆、斜面、滑轮、磨盘、风车等工具,积累了很多的力学知识。墨翟(公元前 468—前 382 年)所著的《墨经》中的力学九条叙述和总结了力的定义、杠杆平衡原理以及梁和绳索的挠曲问题等。为了认识客观规律,人们不仅要在生活和生产实践中进行观察和分析,还要主动地进行实验,定量地测量机械运动中各因素之间的关系,找出其内在规律性。开卜勒(1571—1630 年),通过大量的观测和实验及当时已有的资料,总结出了行星运转的三大定律。伽利略(1564—1642 年)对自由落体和物体在斜面上的运动作了多次实验,从而推翻了当时传统的错误观点,提出了"加速度"的概念。后来,牛顿(1643—1727 年)于 1666 年发现万有引力定律,并在总结前人的研究成果的基础上,在其名著《自然哲学的数学原理》(1678 年)中完备地提出了动力学的基本定律,即牛顿定律,从而创立了经典力学。

观测与实验为经典力学的建立起到了不可磨灭的作用。然而,牛顿定律成为人们普通接受的基本定律,不是在其提出之日,而是在数次重大的天文观测中它都能经得住考验之时,其中的一次是在 1864 年,即牛顿发表《自然哲学的数学原理》的 177 年之后,法国科学家勒威耶根据牛顿定律的计算,提出了在天王星之外还有海王星的预言。通过天文观测,果然发现了这颗新行星,而且说明其位置的日心经度的观察值与理论值之间只差 0°52′!这就在实践中检验了牛顿定律的正确性。

(2)通过建立力学模型,运用逻辑推理和数学演绎的方法,来分析工程问题是本门课程的一个显著特点。生产实际中的问题是复杂的,为了找出其共同的规律,必须抓住主要因素、舍弃次要因素,建立抽象化的力学模型。例如,在研究某些问题时,不计物体的大小和形状,可建立具有质量的质点力学模型;忽略一般物体的微小变形,可建立受力不变形的刚体模型;抓住不同物体之间机械运动的相互限制的主要方面,可建立一些典型的理想约束模型。又如,研究自由物体的降落时,忽略空气阻力,可分析自由落体的运动规律。这些抽象化、理想化的方法,一方面简化了所研究的问题,另一方面也更深刻地反映出了事物的本质。当然,任何抽象化的模型都是相对的,有条件的。当所研究问题的性质条件改变时,必须再考虑影响事物的新因素，建立新的分析模型。例如，在研究物体受外力作用而平衡时，可以忽略物体形状的改变，采用刚体模型；但若要分析物体内部的受力状态或解决一些比较复杂的物体系统的平衡问题时，必须考虑物体的变形，建立弹性体的模型。

静力学、运动学和动力学成功地运用逻辑推理和数学演绎的方法，由少量最基本的规律出发，得到了从多方面揭示机械运动规律的定理、定律和公式，建立了严密而完整的理论体系。这对于理解、掌握、发展和应用该理论解决实际问题都是极为有利的。但是，我们知道这些定理和理论只是相对真理，只在一定的范围内才成立。所以对数学演绎要重视，但不能错误地把数学演绎绝对化，不可仅仅满足数学推演，而忽视深入理解力学规律的实质。

(3)理论密切联系工程实际，培养学生工程概念。本门课程针对所讨论问题的性质，略去次要和偶然因素，进行合理地简化，并经过受力分析和运动分析，依据力学的基本原理和各力学量间的数学关系，列写平衡方程式或运动微分方程等来分析问题。这是工科学生第一门需要学生自己选择研究对象，并对其进行合理简化，然后建立描述研究对象力学特征的数学方程的课程。这也是科技和工程技术人材必备的本领，是业务素质的重要组成部分。本课程对培养这种能力具有得天独厚的条件，其解题方法是对学生习惯于运用公式来求解问题的方法的挑战，也是一个飞跃和新台阶。

土木工程结构的受力一般必须满足力系的平衡条件；而一般机器与机械或者传递、转换某种运动，或者是实现某种特定的运动，它们都是物体系统机械运动的具体体现。因此，本门课程的例题和习题，绝大多数都是从工程实际中简化而来的，或者其本身就是一个简单的工程实际问题。在自然界以至人类的日常生活中，物体机械运动到处可见，这是在技术理论课程中少见的。

三、课程学习的目的

学习本门课程，掌握机械运动的基本规律，使我们能够理解周围许多机械运动现象。例如，公路和铁路在转变处，为什么外侧要比内侧高？发射人造地球卫星至少需要多大的速度？卫星怎样围绕地球运动？高速公路表面为什么宏观上要平整、微观上要粗糙？等等，这些都可由本门课程的原理和内容得到解答。

当然，学习的主要目的，不在于解释日常所见的机械运动现象，而在于掌握机械运动的规律，以便在生产实践中应用这些规律，更好地为生产建设服务。因为，从土木建筑工程的结构物的设计和施工、机械的制造和运转，直到人造卫星、宇宙飞船的发射和运行，都有着大量的力学问题。尽管这些问题并不都是单靠本门课程的理论就能解决的，但在解决这些问题时，机械运动的知识却是不可缺少的。由于计算机的不断进步以及研究方法和研究手段革命性变革，“工程力学走过了从工程设计的辅导手段到中心主要手段，不是唱配角而是唱主角了”。

本门课程关于机械运动规律的基本理论是许多工程专业课程（如结构力学、弹性力学、流体力学、生物力学、机械原理、结构设计原理、振动理论等）的理论基础。学习它，也是为这一系列后续课程作理论准备。

本门课程的基本理论来源于实践又服务于实践，既抽象而又紧密结合实际，研究的问题涉及面广，而且系统性和逻辑性强。这些特点有助于培养辩证唯物主义世界观，培养正确地逻辑思维和分析工程实际问题的能力。

对多数工科专业的学生来说，本课程是从纯数理学科过渡到专业学科过程中，要学习的与工程技术有关的第一门力学课程，侧重于力学理论在工程中的应用训练。通过学习，可以懂得将工程实际问题进行抽象简化的一些方法，并且还可学会一些数理计算和图解的方法。这些方法无疑也有助于学习其它科学技术理论，并为以后科学地从事工程技术工作和科学研究打下基础。

静 力 学

导 论

静力学是研究力系的简化及物体在力系作用下平衡条件的科学。

“平衡”是指物体相对于惯性参考系(如地面)保持静止或作匀速直线运动的情形。如桥梁、高层建筑物、作匀速直线飞行的飞机等等都处于平衡状态。平衡是物体机械运动的一种特殊形式。

在静力学中,主要研究三方面问题:

(1)物体的受力分析:即分析物体共受多少力,以及每个力的大小、方向和作用线位置,以便对所要研究的力系有系统和全面的了解。

(2)力系的简化:即用一个简单的力系来等效替换一个复杂的力系,从而抓住不同力系的共同本质,明确力系对物体作用的总效果。

(3)建立力系的平衡条件:即研究物体平衡时,作用在物体上的各种力系所必须满足的条件。

在静力学中,将所研究的物体都看作是刚体,所以又称刚体静力学。所谓刚体,就是在任何情况下其大小和形状不变的物体。实践证明,任何物体受力总会或多或少地产生变形,但是,在正常工作情况下,工程技术中的绝大多数零件和构件的变形,一般是很微小的,甚至只有用专门的仪器才能测量出来。例如,房屋建筑中常用的钢筋混凝土梁,在设计时梁中央的最大变形(挠度)就控制在梁长的 1/250 ~ 1/300;在机械中,各零部件所允许的最大变形更是极为微小的。因此,在很多情况下,物体这些微小的变形,对于平衡问题的研究影响很小,可以忽略不计,从而使问题的研究大为简化。以后我们还将看到,对于那些必须考虑变形的平衡问题的研究,也是以刚体静力学为基础的,只不过还要考虑更复杂的力学现象并加上一些补充条件而已。

在工程实际中存在着大量的静力学问题,例如,在对各种工程结构的构件(如梁、桥墩、屋架等)设计时,须用静力学理论进行受力分析和计算,在机械工程设计时,也要应用静力学知识分析机械零部件的受力情况作为强度计算的依据。对于运转速度缓慢或速度变化不大的构件的受力分析通常都可简化为平衡问题来处理。另外,静力学中力系的简化理论和物体受力分析方法可直接应用于动力学和其它学科,而且动力学问题还可从形式上变换成平衡问题应用静力学理论求解。因此,静力学是工程力学的基础部分,不仅在力学理论上占有重要的地位,而且在工程中也有着极其广泛的应用。

第一章　静力学基础

静力学的基本公理及物体的受力分析是研究静力学的基础。本章着重介绍约束及约束反力。最后，介绍物体的受力分析及受力图的画法。

§1－1　力的概念和静力学公理

一、力的概念

物理学中已经指出，力是物体间的相互机械作用。这种作用将使物体运动状态发生改变，或使物体产生变形。前者称为运动效应或外效应，后者称为变形效应或内效应。静力学只研究力的外效应，而材料力学将研究力的内效应。力对物体的效应取决于力的三要素（力的大小、方向、作用点）。而且力的计算服从矢量运算规则，因此，力是矢量。

我们可以用矢量图示法表示力的三要素，如图 1－1 所示。该矢量的长度（AB）按一定比例表示力的大小；矢量线的方位和箭头的指向表示力的方向；矢量的始端或末端表示力的作用点。表示力的矢量称为力矢，力矢线段所在的直线称为力的作用线，我们常用斜黑体字母（如 $\boldsymbol{F}$）表示力矢，而用对应的普通字母（如 F）表示力的大小。书写时，为简便起见，常在普通字母上方加一带箭头的横线表示力矢。

本书采用国际单位制（SI），以“N”作为力的单位符号，称作牛［顿］，有时也以“kN”作为力的单位符号，称作千牛［顿］。

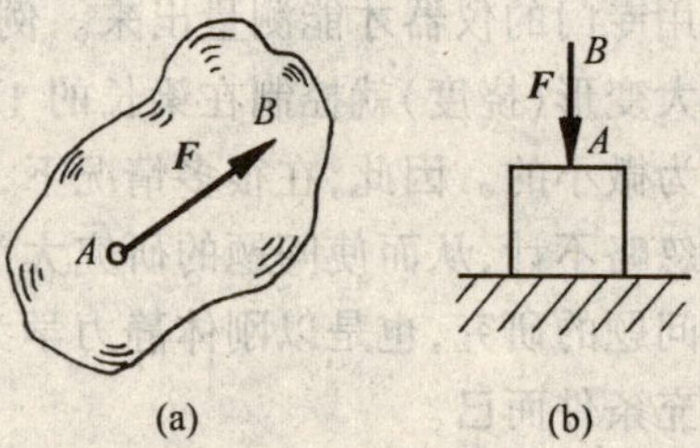

图 1－1

作用在物体上的一群力称为力系，一般记为（$\boldsymbol{F}_1, \boldsymbol{F}_2, \cdots, \boldsymbol{F}_n$）。分别作用于同一刚体上的两组力系，如果它们对该刚体的作用效果完全相同，则此两组力系互为等效力系。作用于刚体并使刚体保持平衡的力系称为平衡力系。如果某力系与一个力等效，则此力称为该力系的合力，而该力系的各力称为此合力的分力。用一个力系的合力（如该力系的合力存在）代替该力系的过程称为力的合成，将合力代换为几个分力的过程称为力的分解。

在理论和实践中，按力系作用线位置的分布情况，可以将力系分为平面力系和空间力系两大类，还可以按力系作用线的相互关系，将力系分为共线力系、平行力系、汇交力系和任意力系等等。

二、静力学公理

人们在长期的生活和生产实践中,对力的基本性质进行了概括和归纳,提出了能深刻反映力的本质的一般规律,其正确性已为长期的实践反复验证,并为人们所公认,故称之为静力学公理,它们是静力学的理论基础。

公理 1　二力平衡条件

作用在刚体上的两个力,使刚体保持平衡的必要和充分条件是:这两个力大小相等、方向相反,且作用在同一直线上(如图 1 - 2 所示)。即

$$\boldsymbol{F}_1 = -\boldsymbol{F}_2 \qquad (1-1)$$

该公理指出了作用于刚体上最简单的力系的平衡条件,对刚体而言,这个条件既必要而又充分,但对非刚体来讲,该条件并不充分。例如,软绳两端受等值、反向、共线的拉力作用时可处于平衡,但若受到等值、反向、共线的压力时,就不能平衡了。

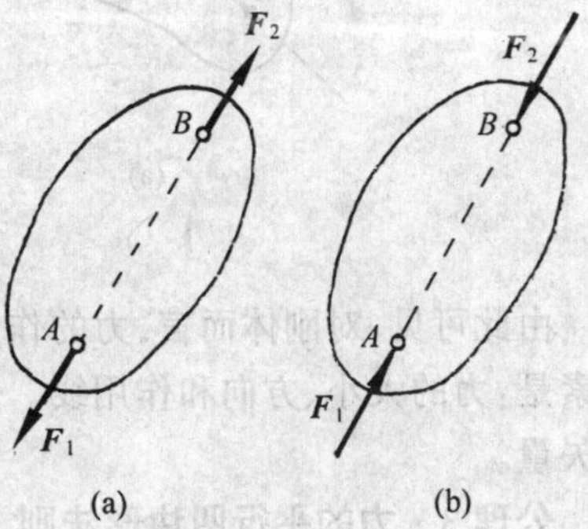

图 1 - 2

习惯上,将仅在两点受力作用而处于平衡的刚体,称为二力体。如果它是杆件则称为二力杆,如果是结构中的构件则称为二力构件。由公理 1 可知,二力体无论其形状如何,所受两个力必沿两力作用点的连线。如图 1 - 3(a)所示构件 BC,不计其自重时,就可视为二力构件,受力如图 1 - 3(b)所示。

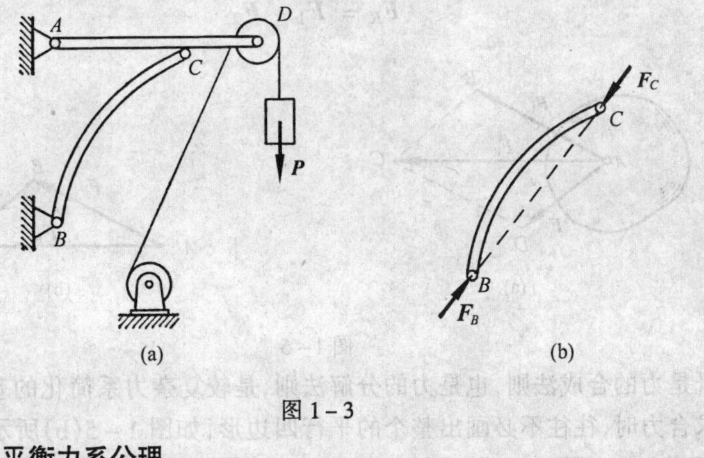

图 1 - 3

公理 2　加、减平衡力系公理

在已知力系上加上或减去任意平衡力系,并不改变原力系对刚体的作用效应。

该公理为研究力系的等效替换与力系的简化提供了理论依据。其次,这个公理同样也只适用于刚体而不适用于变形体。

推论 1　力的可传性

作用于刚体上某点的力,可以沿着它的作用线移动到刚体内任意一点,并不改变该力对刚体的作用效应。

证明:设有力 $\boldsymbol{F}$ 作用在刚体上的点 A,如图 1 - 4(a)所示,根据公理 2,在力的作用线上任取一点 B,并添加上两个相互平衡的力 $\boldsymbol{F}_1$ 和 $\boldsymbol{F}_2$,使 $\boldsymbol{F} = \boldsymbol{F}_2 = -\boldsymbol{F}_1$,如图 1 - 4(b)所示。根据

公理 1,可知力 $\boldsymbol{F}$ 和 $\boldsymbol{F}_1$ 也是一个平衡力系,故可除去;这样只剩下一个力 $\boldsymbol{F}_2$,如图 1-4(c)所示。于是,原来的力 $\boldsymbol{F}$ 与力系($\boldsymbol{F},\boldsymbol{F}_1,\boldsymbol{F}_2$)以及力 $\boldsymbol{F}_2$ 等效,这样就将原来的力 $\boldsymbol{F}$ 沿其作用线由点 A 移到了点 B。

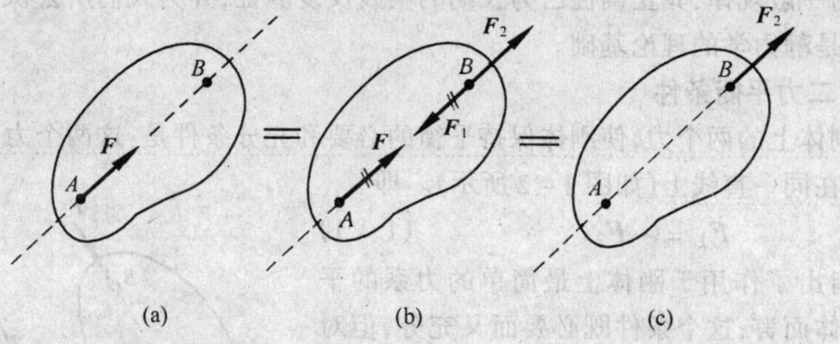

图 1-4

由此可见,对刚体而言,力的作用点要素可用作用线来代替,所以作用于刚体上的力的三要素是:力的大小、方向和作用线。作用于刚体上的力可以沿着作用线移动,这种矢量称为滑动矢量。

公理 3　力的平行四边形法则

作用在物体上同一点的两个力,可以合成为一个合力,合力的作用点也在该点,合力的大小和方向,由这两个力为边构成的平行四边形的对角线确定,如图 1-5(a)所示。或者说,合力矢等于这两个力矢的几何和,即

$$\boldsymbol{F}_R = \boldsymbol{F}_1 + \boldsymbol{F}_2 \tag{1-2}$$

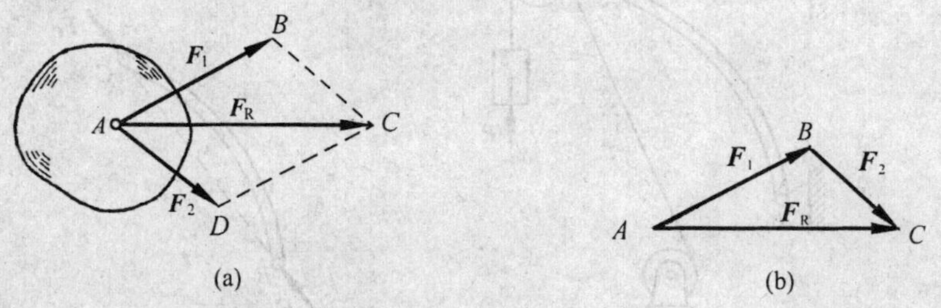

图 1-5

该公理既是力的合成法则,也是力的分解法则,是较复杂力系简化的基础。为了方便,在用矢量加法求合力时,往往不必画出整个的平行四边形,如图 1-5(b)所示,可从任选一点 A 作矢量 $\overrightarrow{AB}$ 等于力矢 $\boldsymbol{F}_1$,再以 $\boldsymbol{F}_1$ 的末端点 B 为起点,作矢量 $\overrightarrow{BC}$ 等于力矢 $\boldsymbol{F}_2$,然后连接 A,C 两点,显然,$\overrightarrow{AC}$ 即表示合力矢 $\boldsymbol{F}_R$,这样得到的 $\triangle ABC$ 称为力三角形。这种求合力的方法,称为力三角形法则,但应当注意,力三角形只表明力的大小和方向,即力矢,它不表示力的作用点或作用线。应用力三角形法则求解力的大小和方向时,可应用数学中的三角公式或在图上按比例直接量测。

推论 2　三力平衡汇交定理

刚体受三力作用而平衡,若其中的两个力的作用线汇交于一点,则三力必在同一平面内,且第三个力的作用线通过汇交点。

证明:设有不平行的三个力 $\boldsymbol{F}_1$,$\boldsymbol{F}_2$ 和 $\boldsymbol{F}_3$,分别作用于刚体上的 A_1,A_2,A_3 三点,使刚体处

于平衡，如图 1-6 所示。

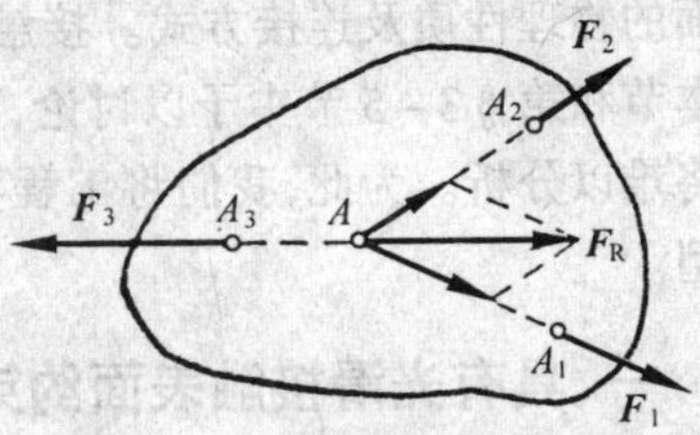

图 1-6

根据力的可传性，将力 $\boldsymbol{F}_1$，$\boldsymbol{F}_2$ 沿其作用线移到 A 点，并按力的平行四边形法则，合成一合力 $\boldsymbol{F}_R$，则力 $\boldsymbol{F}_3$ 应与 $\boldsymbol{F}_R$ 平衡。根据二力平衡条件，力 $\boldsymbol{F}_3$ 必定与 $\boldsymbol{F}_R$ 共线，所以力 $\boldsymbol{F}_3$ 必通过力 $\boldsymbol{F}_1$ 与 $\boldsymbol{F}_2$ 的交点 A，且 $\boldsymbol{F}_3$ 必与 $\boldsymbol{F}_1$ 和 $\boldsymbol{F}_2$ 在同一平面内。

该定理给出了三个不平行的共面力构成平衡力系的必要条件，当刚体受不平行的三个力作用处于平衡时，常利用这个关系确定未知力的作用线方位。

公理 4　作用和反作用定律

作用力和反作用力总是同时存在，两力的大小相等、方向相反、沿着同一直线，分别作用在两个相互作用的物体上。

该定律揭示了物体之间相互作用的定量关系，它是分析物体间作用力关系时必须遵循的原则。

必须强调指出，虽然作用力与反作用力两者等值、反向、共线，但它们并非作用在同一物体上，而是分别作用在两个不同的物体上，因此，不能把它们看成是一对平衡力。

公理 5　刚化原理

变形体在某一力系作用下处于平衡，如将此变形体刚化为刚体，其平衡状态保持不变。

根据刚化原理，可以将刚体静力学的平衡条件应用于平衡的变形体。然而，刚体的平衡的必要与充分条件对于变形体的平衡只是必要条件而非充分条件，例如，软绳在两端受到两个拉力而处于平衡时，此两力一定等值、反向、共线，即满足二力平衡条件；但是，等值、反向、共线的两个压力却不能使软绳维持平衡。平衡的变形体，除了满足刚体的平衡条件外，还需要满足与变形体有关的某些附加条件。所以，该原理也给出了刚体力学与变形体力学之间的关系。

§1-2　约束和约束反力

工程中的一些物体可以在空间自由运动，其位移不受任何限制，这种物体称为自由体。例如，航行中的飞机、水中的潜艇等。另外一些物体，其位移受到某些限制而不能做任意运动，这种物体称为非自由体。例如，支承在柱子上的屋梁、公路上的汽车等。阻碍非自由体运动的限制条件称为约束。约束一般是通过非自由体周围的物体来实现的，因此常把这些周围物体也称为约束。如前所述，柱子是屋梁的约束，公路是汽车的约束。约束限制某物体运动时，便会受到该物体对它的作用力，根据作用与反作用定律，约束也必给于此物体以反作用力。因此，把约束对非自由体上的反作用力称为约束反力，简称反力。约束反力的方向总是与该约束所限制的非自由体的位移方向相反。应用这个准则可以确定约束反力的方向或作用线位置，至于其大小不能预先独立确定。约束反力的大小与被约束物体的运动状态和作用于其上的其它力有关，应当通过力学定律（包括平衡条件）才能确定。不属于约束反力的力如重力、风力等，它们的特点是能促使物体运动或产生运动趋势，这类力称为主动力。本书中的主动力通常是给定的。在工程实际中，它常需要通过调查和实验测试来确定。

静力学对物体的受力分析主要是分析约束反力，约束反力特征决定于约束与被约束体接触面的物理性质及连接方式。接触面可以抽象化为绝对光滑和存在摩擦两种。它们将分别在本节和第 §3－5 节中予以讨论，而物体的连接方式多样又复杂，如不进行理想化，其约束反力将难以分析。为此，我们将工程实际中物体间常见的连接方式抽象化为几种典型的约束模型。

一、具有光滑接触表面约束

当物体与固定或活动约束间的接触面比较光滑，可忽略摩擦时，便可简化为这类约束，也称光滑支承面约束。其特点是光滑支承面不能限制物体在接触点切面上任何方向的位移，而只能限制物体沿接触点公法线方向指向支承面的位移。因此，光滑支承面的约束反力总是沿接触点的公法线而指向被约束物体，称为法向反力，记为 $\boldsymbol{F}_{\mathrm{N}}$，如图 1－7(a)，(b)所示。

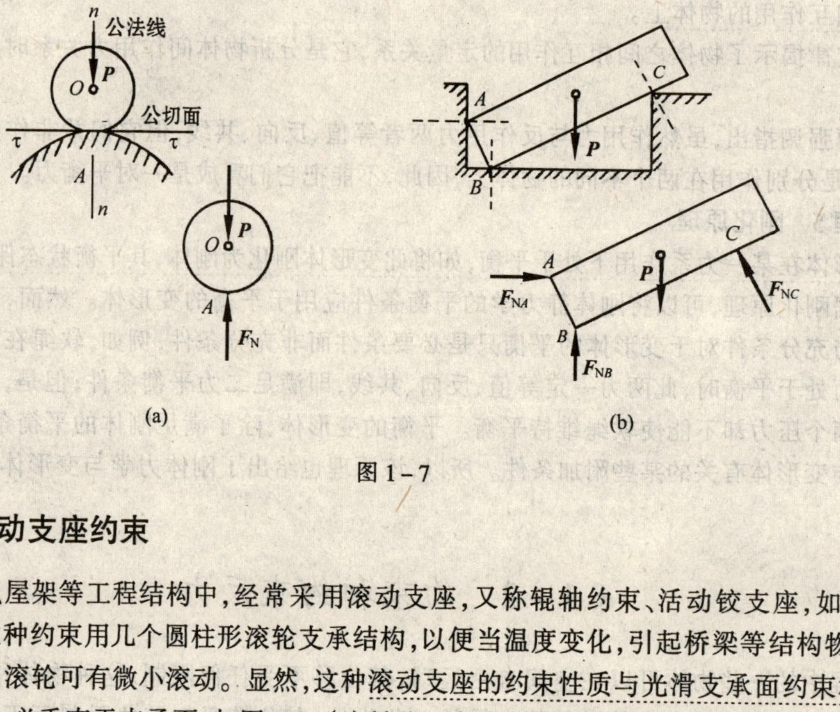

图 1－7

二、滚动支座约束

在桥梁、屋架等工程结构中，经常采用滚动支座，又称辊轴约束、活动铰支座，如图 1－8(a)所示。这种约束用几个圆柱形滚轮支承结构，以便当温度变化，引起桥梁等结构物在跨度方向伸缩时，滚轮可有微小滚动。显然，这种滚动支座的约束性质与光滑支承面约束相同，其约束反力 $\boldsymbol{F}_{\mathrm{N}}$ 必垂直于支承面，如图 1－8(c)所示。滚动支座的结构简图如图 1－8(b)所示。

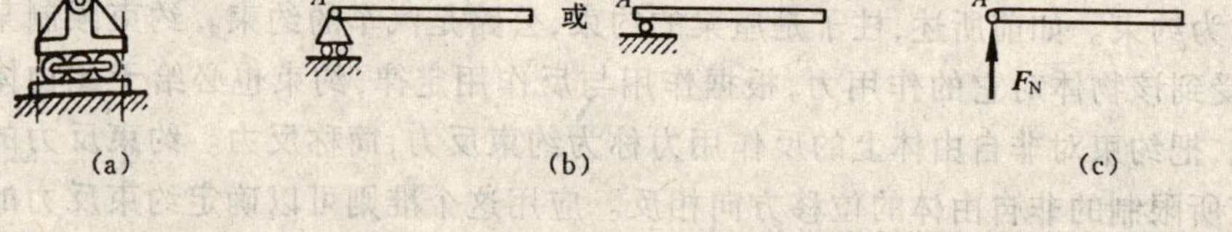

图 1－8

三、光滑圆柱形铰链约束

1. 固定铰链支座

在物体与固定于机架或地基上的支座的连接处钻上圆柱形的孔，用一圆柱形销钉将它们连接，这种约束称为固定铰链支座，如图 1－9(a)所示，简称固定铰支。被约束的物体可绕销钉轴转动，但是限制物体垂直于销钉轴线任何方向的位移。铰链中的销钉与物体的圆柱孔之间看成光滑面接触，因此固定铰链的约束反力总是沿接触点的公法线，即通过且垂直于销钉中心轴线，如图 1－9(b)所示，约束反力 $\boldsymbol{F}_R$ 的大小及方向均未知，它们与作用于物体上的主动力有关。通常可用两个正交的分力 $\boldsymbol{F}_x$ 和 $\boldsymbol{F}_y$ 表示，如图 1－9(c)所示。固定铰链支座的结构简图如图 1－9(d)所示。

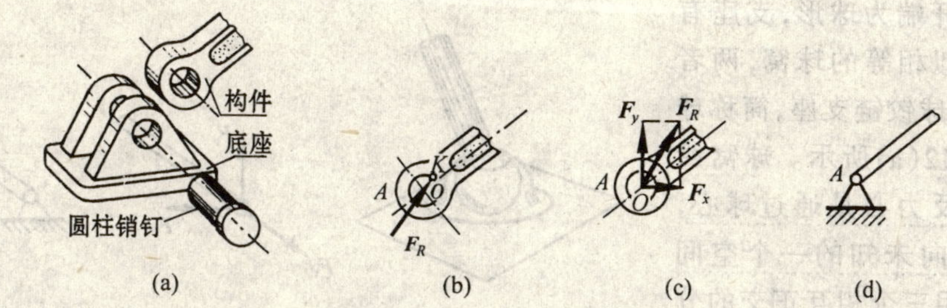

图 1－9

2. 连接铰链(中间铰)

在两个物体上做出大小相同的圆柱形孔并用销钉连接起来，这种约束称为连接铰链，如图 1－10(a)。若无须单独研究销钉的受力情况时，可将销钉与其中一个物体视为一体作为约束，与固定铰链支座类似，另一物体所承受的约束反力，可由大小和方向待定的一个力表示或用两个相互垂直的分力 $\boldsymbol{F}_x$ 和 $\boldsymbol{F}_y$ 表示，如图 1－10(b)所示。连接铰链的结构简图如图 1－10(c)所示。

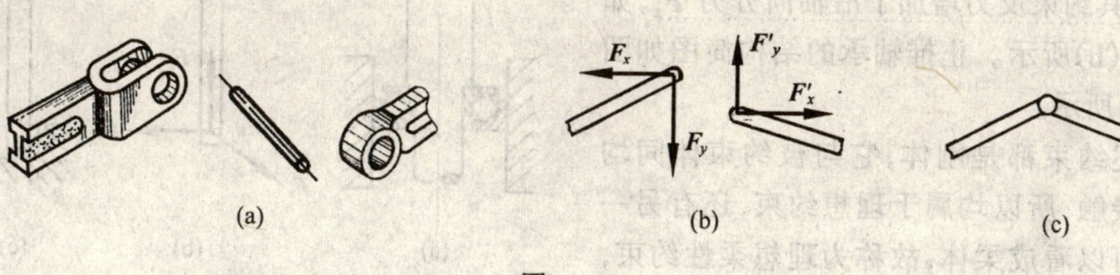

图 1－10

3. 向心轴承(径向轴承)

机器中的向心轴承是转轴的约束，如图 1－11(a)所示，它允许转轴转动，但限制转轴垂直于轴线的任何方向的位移。因此，其约束反力的特征与光滑圆柱铰链相同，可用垂直于轴线

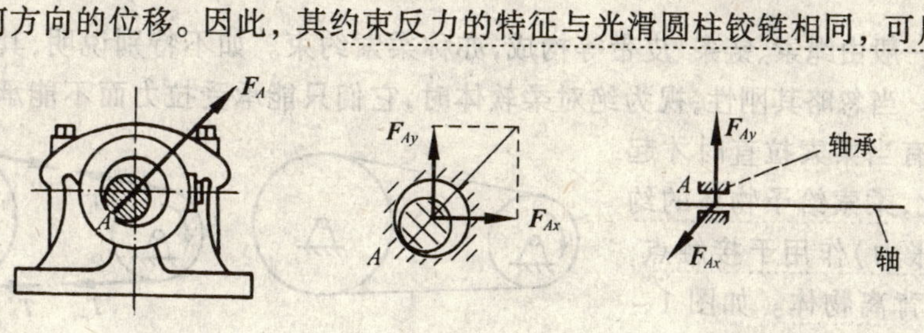

图 1－11

的两个正交分力 F_x 和 F_y 来表示，如图 1－11(b)所示。向心轴承的结构简图如图 1－11(c)所示。

上述三种约束(固定铰支、中间铰、径向轴承)，它们具体的结构虽有不同，但构成约束的性质却是相同的，都可表示为光滑圆柱形铰链，简称柱铰。此约束的特点是只限制两物体径向的相对移动，而不限制两物体绕铰链中心的相对转动及沿轴向的位移。

四、光滑球形铰链约束

被约束杆端为球形，支座有与之半径近似相等的球窝，两者配合，则构成球铰链支座，简称球铰，如图 1－12(a)所示。球窝给予球的约束反力必是通过球心，且大小和方向未知的一个空间力。因此可用三个相互正交的分力 F_x，F_y，F_z 来表示，如图 1－12(b)所示。球铰支座结构简图如图 1－12(c)所示。

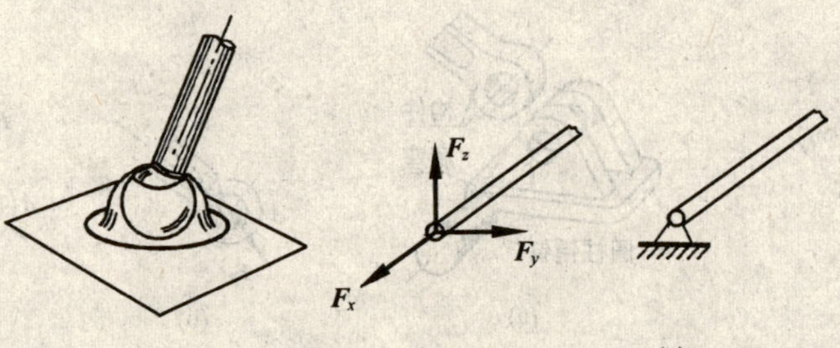

图 1－12

五、止推轴承

止推轴承是机器中一种常见的零件与底座的连接方式，其结构如图 1－13(a)所示。与向心轴承不同之处是它还能限制转轴轴向的位移，因此其约束反力增加了沿轴向分力 F_z，如图 1－13(b)所示。止推轴承的结构简图如图 1－13(c)所示。

上述约束都是刚体，它与被约束体间均为刚体接触，所以均属于理想约束，还有另一类约束可以看成柔体，故称为理想柔性约束，下面予以介绍。

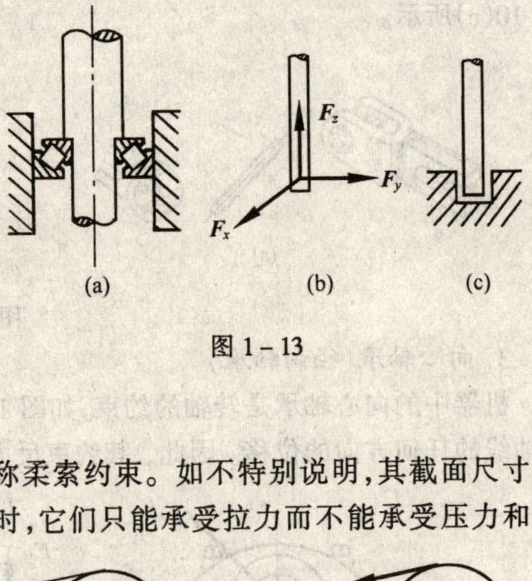

图 1－13

六、柔体约束

这类约束一般由绳索、链条、皮带等构成，亦称柔索约束。如不特别说明，其截面尺寸及重量一律不计。当忽略其刚性，视为绝对柔软体时，它们只能承受拉力而不能承受压力和抵抗弯曲。故只有当柔索拉直时才起约束作用。因此，柔索给予物体的约束反力(常称张力)作用于接触点，方向沿柔索而背离物体。如图 1－14 所示为一皮带传动装置，假想地切开皮带轮中的皮带，由于它是被预拉后套在两皮带轮上的，故无论

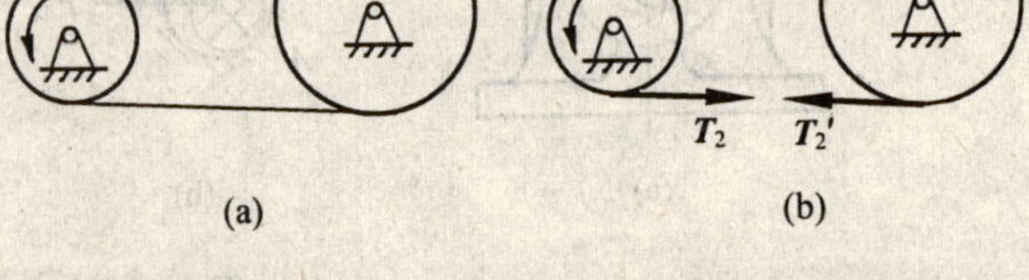

图 1－14

在皮带的紧边或松边上都为拉力。

以上列举了几种常见的理想化的约束模型。工程实际中的约束形式是多种多样的，并不一定完全与这几种类型相同。这就要根据具体情况分析约束的特点，适当忽略次要因素，建立正确的约束模型，以便确定其约束反力的方向。

§1－3　物体的受力分析及受力图

解决力学问题时，首先要选择某个或某些个物体为对象，分析其平衡或运动，以获取所需的未知量。这些被选择的物体称为研究对象。把研究对象从与它有联系的周围物体中分离出来，所得到的解除了约束的物体，被称为分离体，而这一过程称为取分离体。分析分离体的受力情况，即弄清楚其上作用的所有主动力与约束反力的位置、作用线、指向，称为物体的受力分析。分离体及其上所受的全部主动力和约束反力的示意图称为受力图。

正确地画出受力图是求解静力学问题的关键，必须反复练习，熟练掌握。

例 1－1　简支梁 AB 的 A 端为固定铰支座，B 端为活动铰支座，并放置在斜坡角为 θ 的支承面上，其上受有主动力 $\boldsymbol{P}$，$\boldsymbol{Q}$ 作用，如图 1－15(a)所示。试画出梁的受力图，梁的自重不计。

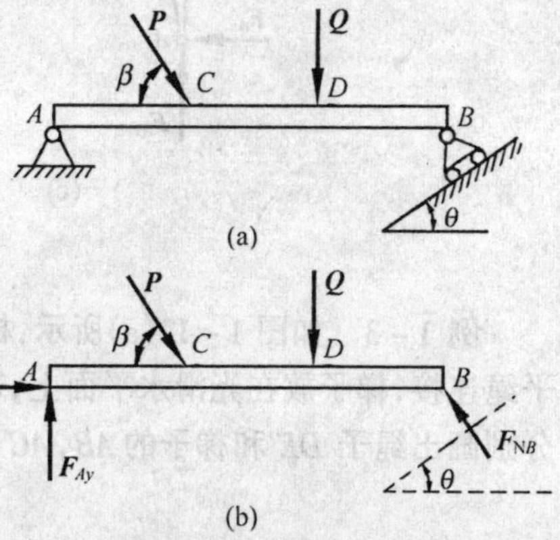

图 1－15

解：(1)取梁 AB 为研究对象，除去约束并画出其简图。

(2)画主动力。有力 $\boldsymbol{P}$ 和力 $\boldsymbol{Q}$。

(3)画约束反力。A 处为固定铰支，其约束反力通过铰支中心 A，但方向不能确定，可用两个大小未知的正交分力 $\boldsymbol{F}_{Ax}$ 和 $\boldsymbol{F}_{Ay}$ 表示。B 处为滚动支座，约束反力垂直斜面向上，用 $\boldsymbol{F}_{NB}$ 表示。

梁 AB 的受力分析如图 1－15(b)所示。

例 1－2　图 1－16 所示的三铰拱桥，由左、右两拱铰接而成。设各拱自重不计，在拱 AC 上作用有载荷 $\boldsymbol{P}$。试分别画出拱 AC 和 CB 的受力图。

解：(1)先分析拱 BC 的受力。由于拱 BC 自重不计，且只在 B，C 两处是铰链约束，因此拱 BC 为二力构件。在铰链中心 B，C 处分别受到 $\boldsymbol{F}_B$，$\boldsymbol{F}_C$ 两力的作用，且 $\boldsymbol{F}_B = -\boldsymbol{F}_C$，方向假设如图 1－16(b)所示。

(2)取拱 AC 为研究对象。由于自重不计，因此主动力只有载荷 $\boldsymbol{P}$。拱在铰链 C 处受有拱 BC 给它的约束反力 $\boldsymbol{F}_C'$ 作用，根据作用与反作用定律 $\boldsymbol{F}_C' = -\boldsymbol{F}_C$，拱在 A 处受有固定铰链支座给它的约束反力 $\boldsymbol{F}_A$ 的作用，由于方向未定，可用两个大小未知的正交分力 $\boldsymbol{F}_{Ax}$ 和 $\boldsymbol{F}_{Ay}$ 代替，受力如图 1－16(c)所示。

再进一步分析可知，由于拱 AC 在三处受力而平衡，$\boldsymbol{P}$，$\boldsymbol{F}_C'$ 两力作用线已确定，A 处约束反力可看作是一个力 $\boldsymbol{F}_A$，则由三力平衡汇交定理可确定铰链 A 处约束反力 $\boldsymbol{F}_A$ 的方向。点 D 为力 $\boldsymbol{P}$ 和 $\boldsymbol{F}_C'$ 作用线的交点，反力 $\boldsymbol{F}_A$ 的作用线必过点 D，如图 1－16(d)所示，其指向可假设，以后由平衡条件来确定。

请读者考虑：若左右两拱都计入自重时，各受力图有何不同。

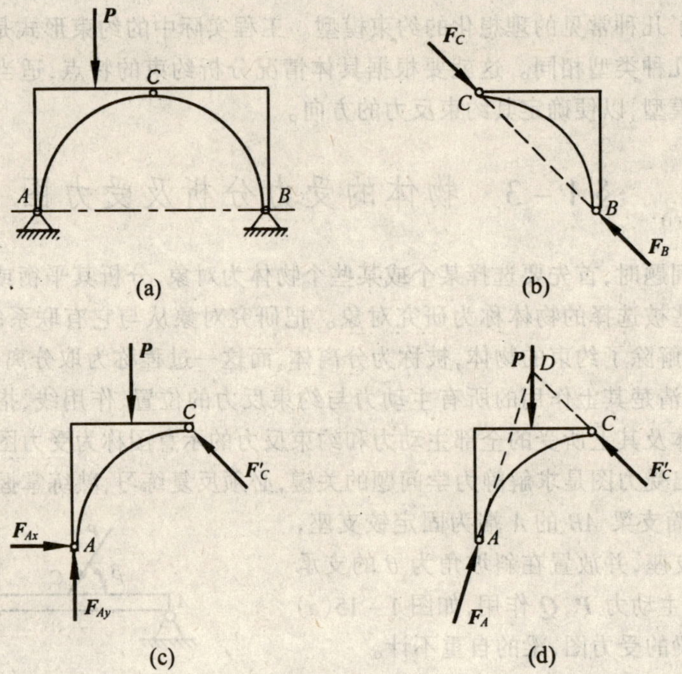

图 1-16

例 1-3 如图 1-17(a)所示,梯子的两部分 AB 和 AC 在点 A 铰接,又在 D,E 两点用水平绳连接,梯子放在光滑水平面上,若其自重不计,但在 AB 的中点 H 处作用一铅垂载荷 $\boldsymbol{P}$,试分别画出绳子 DE 和梯子的 AB,AC 部分以及整个系统的受力图。

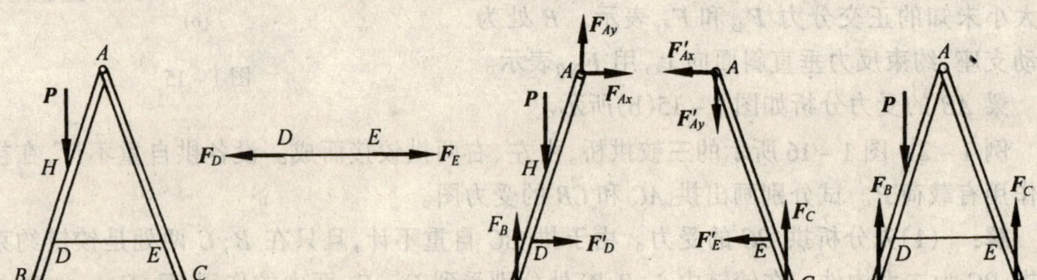

图 1-17

解: (1)绳子 DE 的受力分析。取绳子 DE 为研究对象,绳子两端 D,E 分别受到梯子对它的拉力 $\boldsymbol{F}_D,\boldsymbol{F}_E$ 的作用,绳子 DE 的受力图如图 1-17(b)所示。

(2)梯子 AB 部分的受力分析。取梯子 AB 为研究对象,它在 H 处受载荷 $\boldsymbol{P}$ 的作用,在铰链 A 处受 AC 部分给它的约束反力 $\boldsymbol{F}_{Ax}$ 和 $\boldsymbol{F}_{Ay}$ 的作用。在点 D 受绳子对它的拉力 $\boldsymbol{F}'_D$(与 $\boldsymbol{F}_D$ 互为作用和反作用力)。在点 B 受光滑地面对它的法向反力 $\boldsymbol{F}_B$ 的作用。梯子 AB 部分的受力图如图 1-17(c)所示。

(3)梯子 AC 部分的受力分析。取梯子 AC 部分为研究对象,在铰链 A 处受 AB 部分对它的作用力 $\boldsymbol{F}'_{Ax}$ 和 $\boldsymbol{F}'_{Ay}$(分别与 $\boldsymbol{F}_{Ax}$ 和 $\boldsymbol{F}_{Ay}$ 互为作用力和反作用力)。在点 E 受绳子对它的拉力

F'_E(与 F_E 互为作用力和反作用力)。在 C 处受光滑地面对它的法向反力 F_C。梯子 AC 部分的受力图如图 1-17(d)所示。

(4)整个系统的受力分析。取整个系统为研究对象,可把平衡的整个结构刚化为刚体。由于铰链 A 处所受的力互为作用力与反作用力关系,即 $F_{Ax}=-F'_{Ax}$,$F_{Ay}=-F'_{Ay}$;绳子与梯子连接点 D 和 E 所受的力也互为作用力与反作用力关系,即 $F_D=-F'_D$,$F_E=-F'_E$,这些力都成对地作用在整个系统内,称为内力。内力对系统的作用效应相互抵消,因此可以除去,并不影响整个系统的平衡。故内力在受力图上不必画出。在受力图上只需画出系统以外的物体给系统的作用力,这种力称为外力。这里,载荷 P 和约束反力 F_B,F_C 都是作用于整个系统的外力。整个系统的受力图如图 1-17(e)所示。

应该指出,内力和外力的区分不是绝对的。例如,当我们把梯子的 AC 部分作为研究对象时,F'_{Ax},F'_{Ay}和 F_E 均属外力,但取整体为研究对象时,F'_{Ax},F'_{Ay}和 F_E' 又成为内力。可见,内力与外力的区分,只是相对于某一确定的研究对象才有意义。

最后再举一例,综合练习受力图的作法。

例 1-4 构架如图 1-18(a)所示。载荷为 P。A 和 B 为固定铰链,C 为中间铰链,钢丝绳一端拴在点 D,另一端绕过滑轮 C 和 H 拴在销钉 C 上。试分别画出滑轮 C、销钉 C 以及整个系统的受力图。各杆及滑轮质量不计。

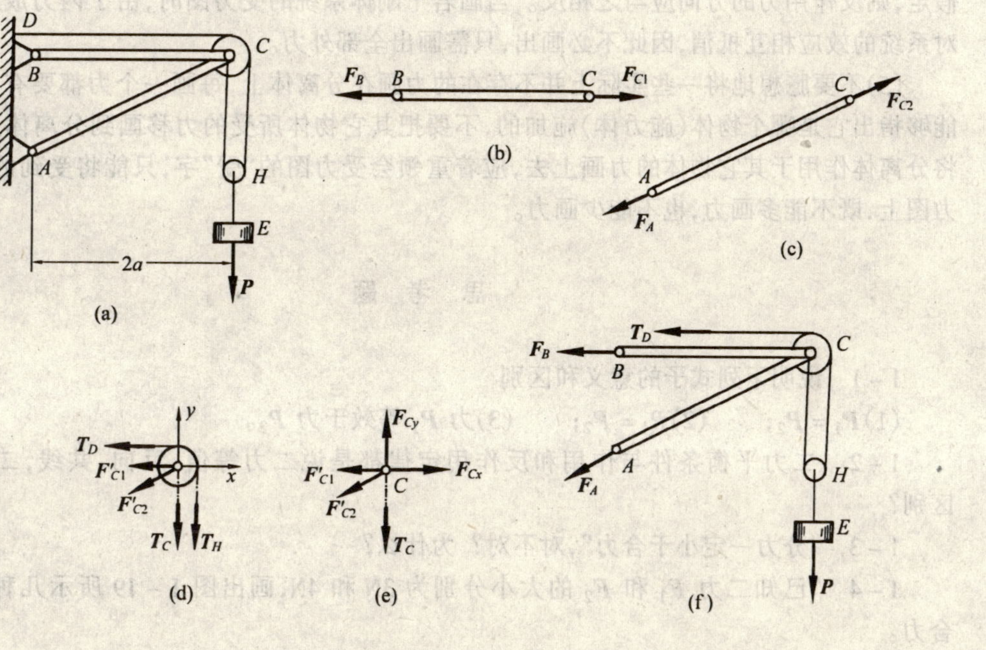

图 1-18

解: 先选滑轮 C(包括两段钢丝绳和销钉 C)为研究对象。作用于滑轮 C 上的力有三段钢丝绳拉力 T_D,T_C 和 T_H。由于 BC 及 AC 均为二力杆,所以力 F_{C1}和 F_{C2}分别沿杆 BC,AC 轴线,其反作用力 F'_{C1},F'_{C2}。指向暂先假设,如图 1-18(b)和(c)所示。滑轮 C 的受力图如图 1-18(d)所示。

再选销钉 C 为研究对象。销钉 C 连接 4 个物体,作用于销钉 C 上的力有钢丝绳的拉力 T_C,杆 AC,BC 对销钉 C 的作用力分别为F'_{C2}和 F'_{C1},滑轮 C 对销钉 C 的力为F_{Cx}和F_{Cy},销钉

C 的受力图如图 1-18(e)所示。

最后取整个系统为研究对象。由于铰链 C 处所受的力互为作用力和反作用力的关系，$\boldsymbol{F}_{C1} = -\boldsymbol{F}'_{C1}, \boldsymbol{F}_{C2} = -\boldsymbol{F}'_{C2}$，其属于内力，在受力图上不必画出。重力 $\boldsymbol{P}$ 和约束反力 $\boldsymbol{F}_A, \boldsymbol{F}_B$，$\boldsymbol{T}_D$ 都是作用于整个系统的外力。整个系统的受力图如图 1-18(f)所示。

应当注意，销钉 C 受力的特征及其受力图的画法。若不需要专门分析销钉 C 的受力时，可认为销钉 C 与滑轮 C 是固结在一起的，按例 1-3 中 A 处中间铰的方式进行处理。

不难理解，进行受力分析，即恰当地选取分离体并正确地画出受力图，是解决力学问题的基础，它不仅在静力学中，而且在动力学中都很重要。受力分析错误，据此所作的进一步分析计算必将出现错误的结果，因此，在画受力图时必须注意以下几点：

(1)必须明确研究对象。根据求解需要，可以取单个物体或几个物体组成的物体系统为研究对象。

(2)受力图上必须画出全部的主动力和约束反力，并用相应的字母加以标记。在分离体被解除约束的位置，应根据约束类型的特性画出相应的约束反力，切忌主观臆测。

(3)分析物体系统受力时应先找出二力构件，这样有助于未知力的方位的判断，并且应当注意应用三力平衡汇交定理。

(4)当分析两物体间相互的作用力时，应遵循作用与反作用定律。若作用力的方向一旦假定，则反作用力的方向应与之相反。当画若干刚体系统的受力图时，由于内力成对出现，其对系统的效应相互抵消，因此不必画出，只需画出全部外力。

(5)不要臆想地将一些实际上并不存在的力画在分离体上，每画一个力都要有根据，都应能够指出它是哪个物体(施力体)施加的，不要把其它物体所受的力移画到分离体上，也不要将分离体作用于其它物体的力画上去，应着重领会受力图的"受"字，只能将受到的力画在受力图上，既不能多画力，也不能少画力。

思 考 题

1-1 说明下列式子的意义和区别

(1) $\boldsymbol{P}_1 = \boldsymbol{P}_2$;　　(2) $P_1 = P_2$;　　(3)力 $\boldsymbol{P}_1$ 等效于力 $\boldsymbol{P}_2$。

1-2 二力平衡条件与作用和反作用定律都是说二力等值、反向、共线，二者有什么区别？

1-3 "分力一定小于合力"，对不对？为什么？

1-4 "已知二力 $\boldsymbol{F}_1$ 和 $\boldsymbol{F}_2$ 的大小分别为 3N 和 4N，画出图 1-19 所示几种情况下的合力。

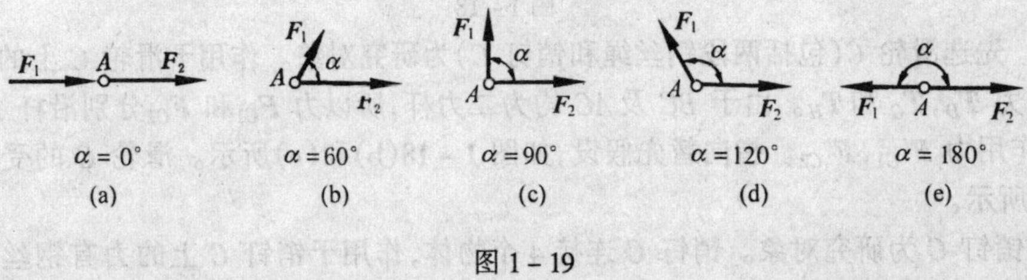

图 1-19

1-5　作用在刚体上的三个力汇交于一点,则此刚体一定处于平衡状态。这种说法对吗？为什么？

1-6　当求图 1-20 所示中铰链 C 的约束反力时,可否将作用于杆 AC 上点 D 的力 $\boldsymbol{P}$ 沿其作用线移动至点 E,变成力 $\boldsymbol{P}'$？

1-7　图 1-21 中力 $\boldsymbol{P}$ 作用在销钉 C 上,试问销钉 C 对杆 AC 的力与销钉 C 对杆 BC 的力是否等值、反向、共线？为什么？

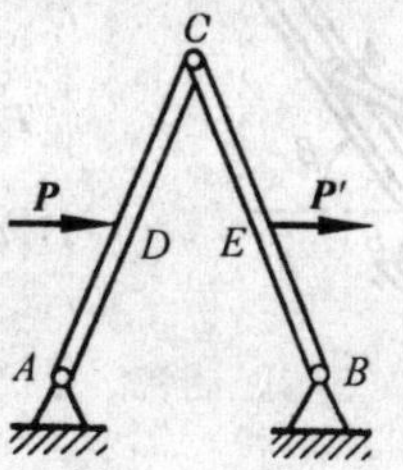

图 1-20

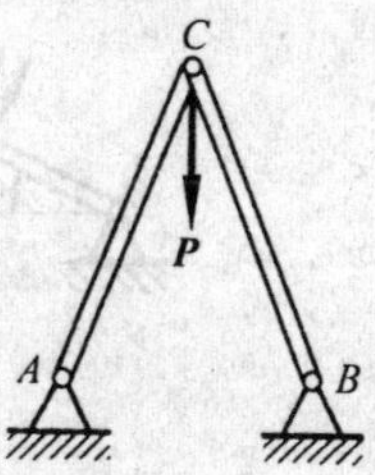

图 1-21

1-8　图 1-22 中各物体处于平衡,凡未标出者,均不计物体质量及摩擦。试判断各个受力图是否正确？说明理由并更正错误的受力图。

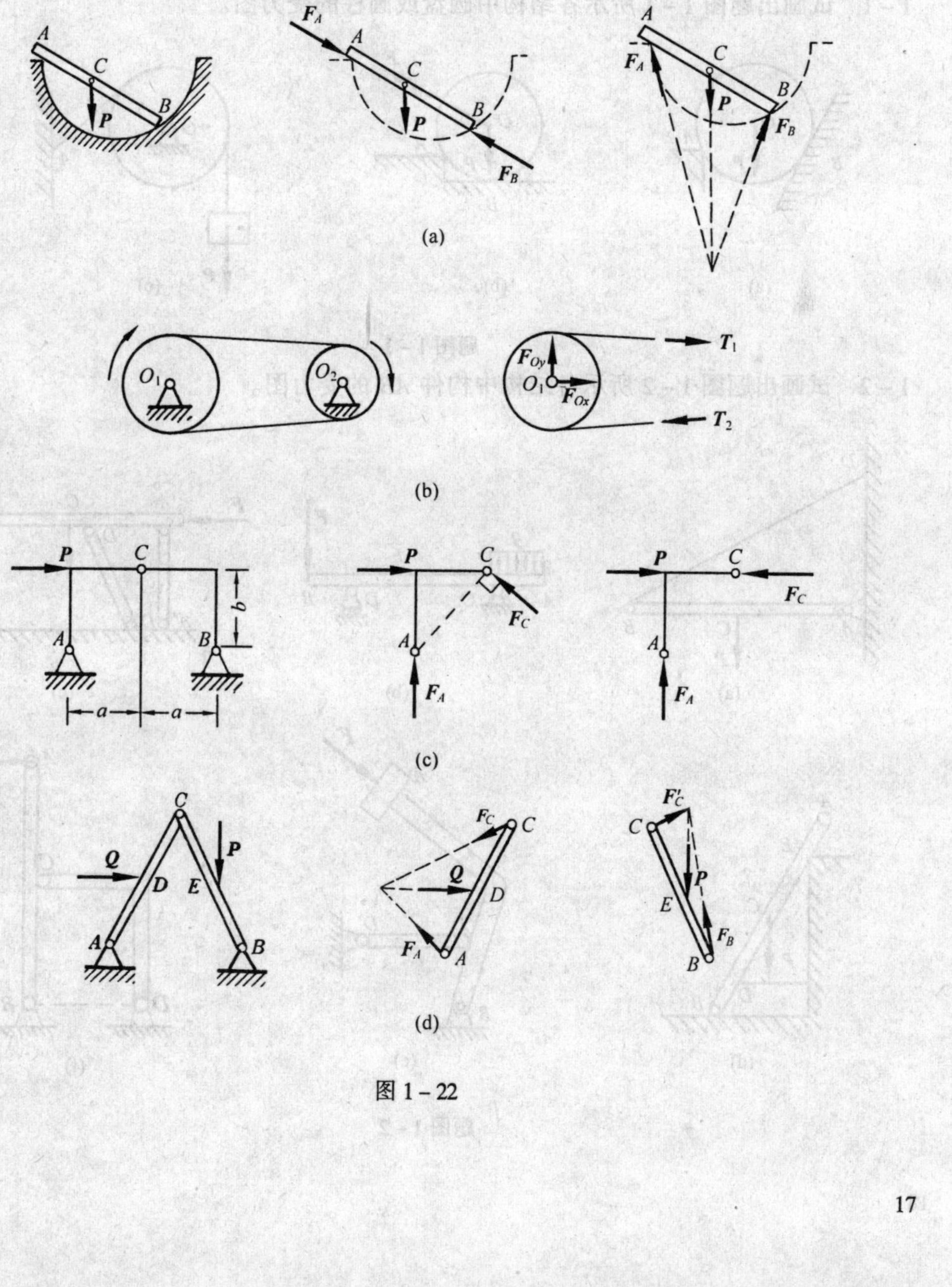

图 1-22

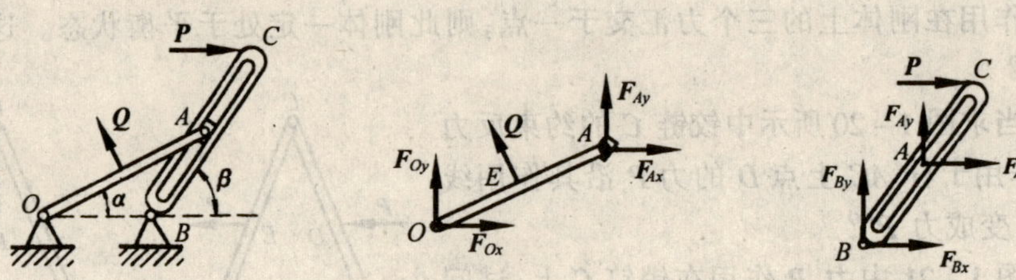

(e)

图 1-22

习　题

1-1　试画出题图 1-1 所示各结构中圆盘或圆柱的受力图。

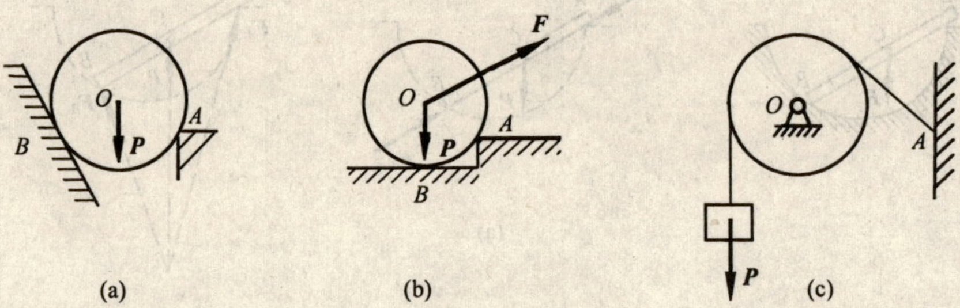

(a)　　(b)　　(c)

题图 1-1

1-2　试画出题图 1-2 所示各结构中构件 *AB* 的受力图。

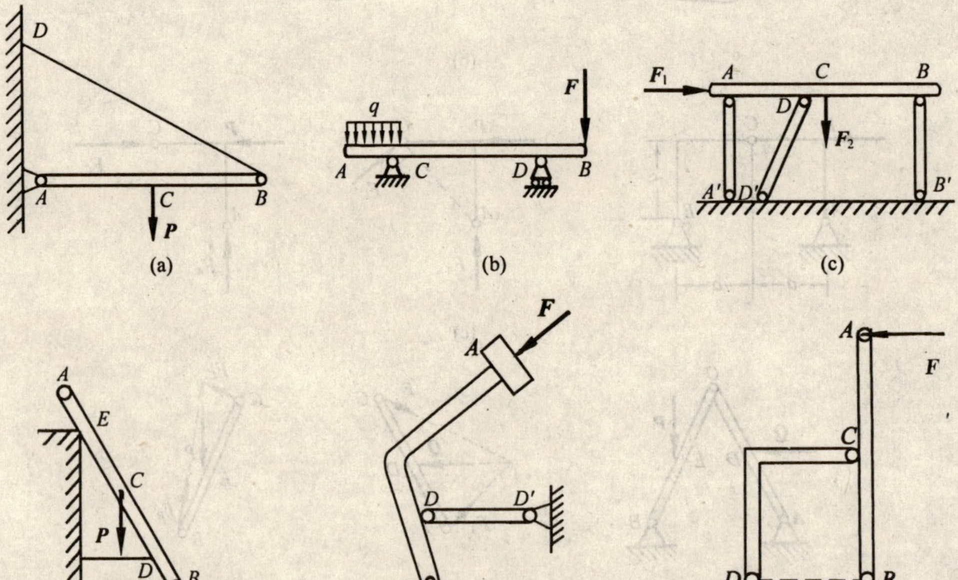

(a)　　(b)　　(c)

(d)　　(e)　　(f)

题图 1-2

1-3　试分别画出题图 1-3 所示各物体系统中每个物体的受力图。

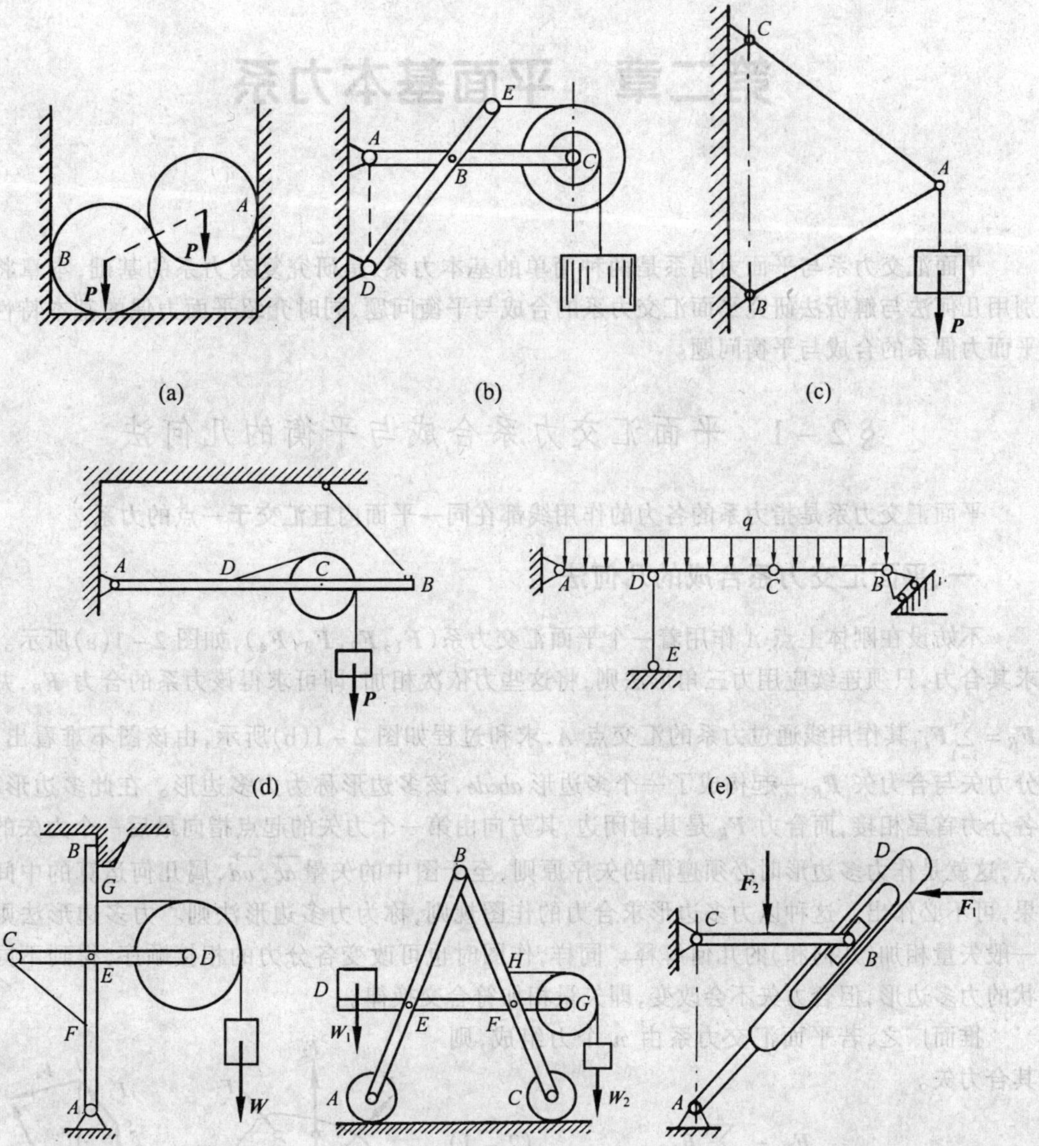

题图 1-3

第二章　平面基本力系

平面汇交力系与平面力偶系是两种简单的基本力系，是研究复杂力系的基础，本章将分别用几何法与解析法研究平面汇交力系的合成与平衡问题，同时介绍平面力偶的基本特性及平面力偶系的合成与平衡问题。

§2-1　平面汇交力系合成与平衡的几何法

平面汇交力系是指力系的各力的作用线都在同一平面内且汇交于一点的力系。

一、平面汇交力系合成的几何法

不妨设在刚体上点 A 作用着一个平面汇交力系($\boldsymbol{F}_1,\boldsymbol{F}_2,\boldsymbol{F}_3,\boldsymbol{F}_4$)，如图 2-1(a)所示。为求其合力，只须连续应用力三角形法则，将这些力依次相加，即可求得该力系的合力 $\boldsymbol{F}_R$，并有 $\boldsymbol{F}_R=\sum\limits_{i=1}^{4}\boldsymbol{F}_i$，其作用线通过力系的汇交点 A，求和过程如图 2-1(b)所示，由该图不难看出，各分力矢与合力矢 $\boldsymbol{F}_R$ 一起构成了一个多边形 $abcde$，该多边形称为力多边形。在此多边形中，各分力首尾相接，而合力 $\boldsymbol{F}_R$ 是其封闭边，其方向由第一个力矢的起点指向最后一个力矢的终点，这就是作力多边形时必须遵循的矢序原则，至于图中的矢量 $\overrightarrow{ac}$，$\overrightarrow{ad}$，属几何运算的中间结果，可不必作出。这种以力多边形求合力的作图规则，称为力多边形法则。力多边形法则是一般矢量相加(几何和)的几何解释。同样，作图时也可改变各分力的相接顺序，得到不同形状的力多边形，但合力矢不会改变，即矢量相加符合交换律。

推而广之，若平面汇交力系由 n 个力组成，则其合力矢。

$$\boldsymbol{F}_R=\sum_{i=1}^{n}\boldsymbol{F}_i \tag{2-1}$$

即：平面汇交力系合成结果为一合力，该合力等于平面汇交力系各分力的矢量和(几何和)，它仍作用在原力系的汇交点上，其大小和方向可由各分力首尾相接所得到的力多边形的封闭边确定。

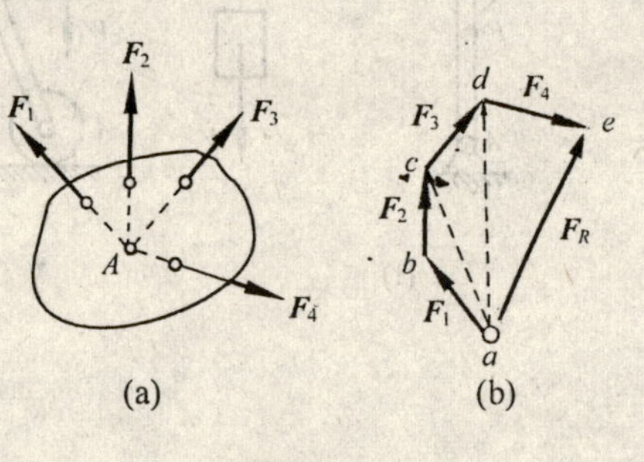

图 2-1

若力系中各力的作用线都沿同一直线，则此力系称为共线力系，它是平面汇交力系的特殊情况，它的力多边形在同一直线上。如果沿直线的某一指向为正，相反为负，则得

$$F_R = \sum_{i=1}^{n} F_i \tag{2-2}$$

即共线力系合力的大小与方向决定于各分力的代数和。

二、平面汇交力系平衡的几何条件

由力多边形法则知，平面汇交力系可用其合力等效替换，显然，平面汇交力系平衡的必要和充分条件是该力系的合力等于零。如果用矢量形式表示，即

$$\sum_{i=1}^{n} \boldsymbol{F}_i = 0 \tag{2-3}$$

在平衡的情形下，对力多边形而言，合力为零，就是力多边形中最后一力终点与第一个力的起点重合，此时的力多边形称为封闭的力多边形。于是，可得如下结论：平面汇交力系平衡的必要和充分条件是该力系的力多边形自行封闭。这就是平面汇交力系平衡的几何条件。

运用平面汇交力系平衡的几何条件求解问题时，需要先按比例画出封闭的力多边形，然后，用尺和量角器在图上量得所要求的未知量；也可根据图形的几何关系，用三角公式计算出所要求的未知量，这种解题方法称为几何法。

例 2-1 减速箱盖重 $G = 800\ \mathrm{N}$，用两根铁链 AB 和 AC 吊起，如图 2-2(a)所示，已知铁链与铅直线的夹角为 $\alpha = 35°$，$\beta = 25°$，试求箱盖平衡时铁链的拉力。

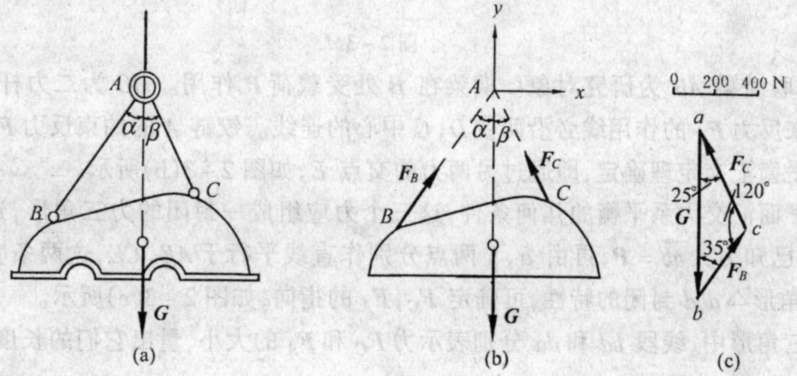

图 2-2

解： 选箱盖为研究对象，其受力分析如图 2-2(b)所示，根据三力平衡汇交定理，此三力作用线必汇交于铁环的中心 A，构成平面汇交力系。

根据平面汇交力系平衡几何条件，这三个力应构成一自行封闭的力三角形。如用作图法求解，可选力的比例尺如图，先画已知力 $\boldsymbol{G} = \overrightarrow{ab}$，如图 2-3(c)所示，过 a，b 两点分别作直线平行于 $\boldsymbol{F}_C$，$\boldsymbol{F}_B$，这两直线相交于点 c，于是得到力三角形 $\triangle abc$。$\boldsymbol{F}_B$，$\boldsymbol{F}_C$ 的指向应符合首尾相接的规则。按照图示比例尺，直接从力三角形上量得铁链的拉力为

$$F_B = 390\ \mathrm{N}, \qquad F_C = 530\ \mathrm{N}$$

本例的几何关系并不复杂，也可画出力三角形示意图后应用三角公式计算，对力三角形 $\triangle abc$ 应用正弦定理，则有

$$F_B = G\frac{\sin 25°}{\sin 120°} = 390.4\ \mathrm{N}$$

$$F_C = G\frac{\sin 35°}{\sin 120°} = 529.8\ \text{N}$$

由此例可以看出：①用几何法解题，各力之间的关系直观、清楚。但作图时，应认真准确地画出各力的方向和已知力的大小，否则，从图上量测的结果会产生较大的误差。②由力三角形可知，在重力 $\boldsymbol{G}$ 不变的情况下，角 α 和 β 增大，铁链的拉力也随之增大。因此，吊起重物时应将铁链放长一些，使角 α 和 β 较小一些，这样，铁链才不易被拉断。

例 2-2 支架的横梁 AB 与斜杆 DC 彼此以铰链 C 相联接，并各以铰链 A，D 连接于铅直墙上。如图 2-3(a)所示。已知 $AC = CB$；杆 DC 与水平线成 45°角；载荷 $P = 10$ kN，作用于 B 处。设梁和杆的重量忽略不计，求铰链 A 的约束反力和杆 DC 所受的力。

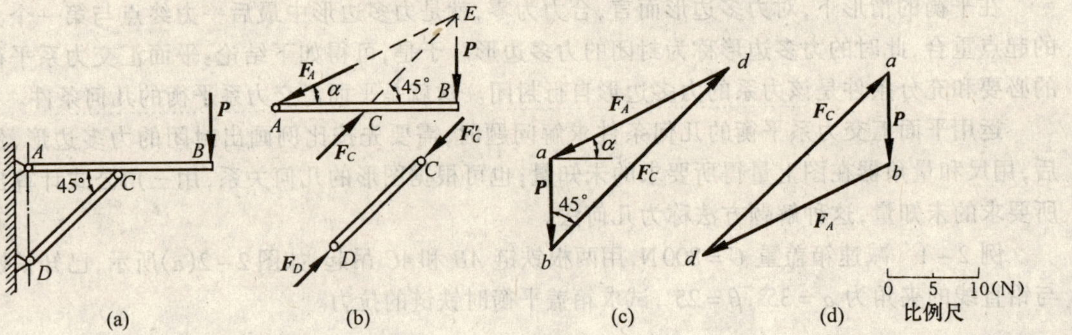

图 2-3

解： 取横梁 AB 为研究对象。横梁在 B 处受载荷 $\boldsymbol{P}$ 作用。DC 为二力杆，它对横梁 C 处的约束来反力 $\boldsymbol{F}_C$ 的作用线必沿两铰 D，C 中心的连线。铰链 A 的约束反力 $\boldsymbol{F}_A$ 的作用线可根据三力平衡汇交定理确定，即通过另两力的交点 E，如图 2-3(b)所示。

根据平面汇交力系平衡的几何条件，这三个力应组成一封闭的力三角形，选定力的比例尺，先画出已知力矢 $\overrightarrow{ab} = \boldsymbol{P}$，再由 a，b 两点分别作直线平行于 AE，CE，这两条直线相交于点 d，由力三角形△abd 封闭的特性，可确定 $\boldsymbol{F}_C$，$\boldsymbol{F}_A$ 的指向，如图 2-3(c)所示。

在力三角形中，线段 bd 和 da 分别表示力 $\boldsymbol{F}_C$ 和 $\boldsymbol{F}_A$ 的大小，量出它们的长度，按比例换算可得

$$F_C = 28.3\ \text{kN}, \qquad F_A = 22.4\ \text{kN}$$

根据作用力和反作用力的关系，作用于杆 DC 的 C 端的力 $\boldsymbol{F}'_C$ 与 $\boldsymbol{F}_C$ 的大小相等，方向相反，由此可知杆 DC 受压力，如图 2-3(b)所示。

应该指出，封闭的力三角形也可以作成如图 2-3(d)所示的力三角形，同样可求得力 $\boldsymbol{F}_C$ 和 $\boldsymbol{F}_A$，且结果相同。

通过以上例题，可知用几何法求解平衡问题的主要步骤：

(1)选取研究对象。根据题意，分析已知量与待求量，选取恰当的平衡物体作为研究对象，并画出分离体简图。

(2)分析研究对象的受力情况，正确地画出其相应的受力图。在研究对象上，画出其所受的全部外力。若某个约束反力的作用线不能根据约束特性直接确定，而物体又只受三个力作用时，则可根据三力平衡汇交的条件来确定未知力的作用线方位。

(3)作封闭的力多边形或力三角形。根据对精度的需要，选择适当的力的比例尺(比例尺

越大，结果越准确）作该力系的力多边形。必须注意，作图时要先画已知力，然后由矢序规则及封闭特点确定未知力的方向和大小。

(4)求出未知量。应用比例尺和量角器在图上直接量出待求未知量，或者根据几何关系及三角公式计算出来。

§2-2 平面汇交力系合成与平衡的解析法

解析法是通过力矢在坐标轴上的投影来分析力系的合成及其平衡条件的。

一、力在坐标轴上的投影

设已知力 $\boldsymbol{F}$ 与轴 Ox 的正向间的夹角为 α，如图 2-4 所示。则力 $\boldsymbol{F}$ 与轴 Ox 的单位矢量 $\boldsymbol{i}$ 的数性积称为力在轴 Ox 上的投影，记为 X，于是得

$$X = \boldsymbol{F} \cdot \boldsymbol{i} = F\cos\alpha \tag{2-4}$$

即力在某轴上的投影等于该力的模乘以力与投影轴正向间夹角的余弦。

从几何角度来看，力的投影 X 是过力矢的起点 A 和终点 B 分别向轴 Ox 引垂线所得到的有向线段 $\overline{ab}$。力在轴上的投影为代数量，当力与轴间夹角 α 为锐角时，其值为正；夹角 α 为钝角时，其值为负；夹角为直角时，其值为零，实际计算时，当 α 为钝角时，常用其补角计算力投影的大小，并给其值冠以负号。

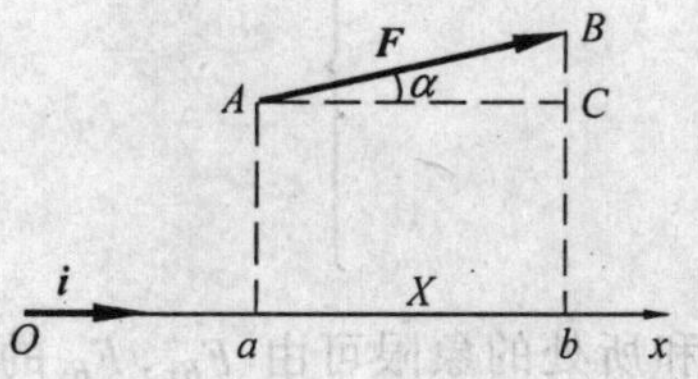

图 2-4

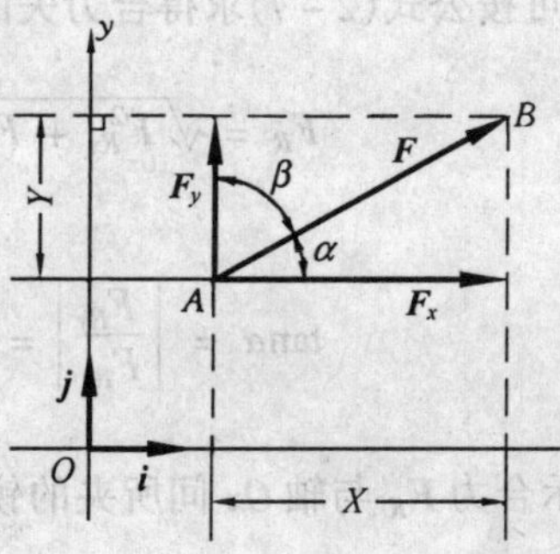

图 2-5

为了计算上的方便，经常需要求力在一对直角坐标轴上的投影，如图 2-5 所示，$\boldsymbol{j}$ 表示沿轴 Oy 的单位矢量，此时有

$$\left.\begin{aligned} X &= \boldsymbol{F} \cdot \boldsymbol{i} = F\cos\alpha \\ Y &= \boldsymbol{F} \cdot \boldsymbol{j} = F\cos\beta \end{aligned}\right\} \tag{2-5}$$

又由图 2-5 可知，力 $\boldsymbol{F}$ 可分解为两个分力 $\boldsymbol{F}_x$ 和 $\boldsymbol{F}_y$，其分力与投影有如下关系

$$\boldsymbol{F}_x = X\boldsymbol{i}, \qquad \boldsymbol{F}_y = Y\boldsymbol{j}$$

故力在直角坐标系中的解析表达式为

$$\boldsymbol{F} = X\boldsymbol{i} + Y\boldsymbol{j} \tag{2-6}$$

反之，若已知力 $\boldsymbol{F}$ 在平面内两正交轴上的投影为 X 和 Y，则该力的大小与方向余弦为

$$\left.\begin{aligned} &F = \sqrt{X^2 + Y^2} \\ &\cos\alpha = \frac{X}{F}, \qquad \cos\beta = \frac{Y}{F} \end{aligned}\right\} \tag{2-7}$$

式中,α 和 β 分别表示力 $\boldsymbol{F}$ 与轴 Ox 和轴 Oy 之间的夹角。

显然,力在平面直角坐标轴上的投影与力沿这两个坐标轴方向的分力的大小在数值上是相等的。但必须注意,力在轴上的投影 X,Y 为代数量,而力沿轴的分量 $\boldsymbol{F}_x,\boldsymbol{F}_y$ 为矢量,且当 Ox,Oy 两轴不相垂直时,力沿两轴的分力 $\boldsymbol{F}_x,\boldsymbol{F}_y$ 在数值上也不等于力在两轴上的投影 X 和 Y,如图 2-6 所示。

力既然是矢量,自然满足矢量运算的一般规则。根据合矢量的投影规则,可以得到下面重要的结论。

合力投影定理:力系的合力在某轴上的投影等于各分力在该轴上投影的代数和。即

$$\left.\begin{aligned} F_{Rx} &= X_1 + X_2 + \cdots + X_n = \sum_{i=1}^{n} X_i \\ F_{Ry} &= Y_1 + Y_2 + \cdots + Y_n = \sum_{i=1}^{n} Y_i \end{aligned}\right\} \quad (2-8)$$

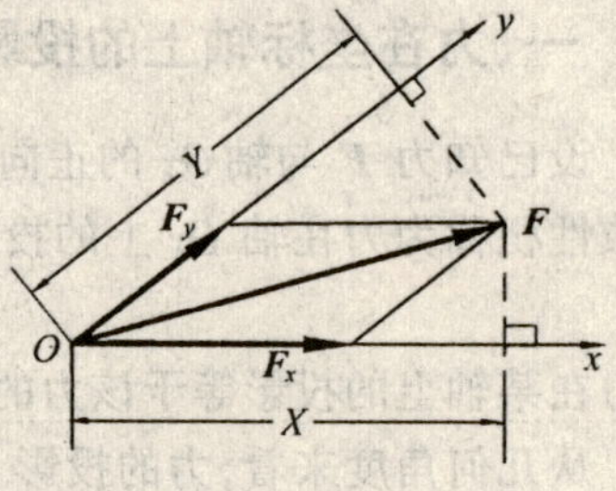

图 2-6

式中 F_{Rx},F_{Ry} 与 $X_1,X_2,\cdots,X_n,Y_1,Y_2,\cdots,Y_n$ 分别表示力系的合力 $\boldsymbol{F}_R$ 与力系各分力 $\boldsymbol{F}_1,\boldsymbol{F}_2,\cdots,\boldsymbol{F}_n$ 在轴 Ox 和轴 Oy 上的投影。

二、平面汇交力系合成的解析法

对于给定的平面汇交力系建立直角坐标系可以通过式(2-8)计算出合力的投影 F_{Rx} 和 F_{Ry},然后就可按公式(2-7)求得合力矢的大小和方向

$$\left.\begin{aligned} F_R &= \sqrt{F_{Rx}^2 + F_{Rx}^2} = \sqrt{\left(\sum_{i=1}^{n} X_i\right)^2 + \left(\sum_{i=1}^{n} Y_i\right)^2} \\ \tan\alpha &= \left|\frac{F_{Ry}}{F_{Rx}}\right| = \left|\frac{\sum_{i=1}^{n} Y_i}{\sum_{i=1}^{n} X_i}\right| \end{aligned}\right\} \quad (2-9)$$

式中,α 表示合力 $\boldsymbol{F}_R$ 与轴 Ox 间所夹的锐角。合力指向和所处的象限可由 F_{Rx},F_{Ry} 的正负号判定。

运用式(2-8)和(2-9)计算平面汇交力系合力 $\boldsymbol{F}_R$ 的大小和方向的方法称为平面汇交力系合成的解析法。

例 2-3　用解析法求图 2-7 所示平面汇交力系的合力的大小和方向。已知 $F_1 = 1.5$ kN, $F_2 = 0.5$ kN, $F_3 = 0.25$ kN, $F_4 = 1$ kN。

解:　由式(2-8)计算合力 $\boldsymbol{F}_R$ 在 x,y 轴上的投影分别为

$$F_{Rx} = \sum X_i = 0 - 0.5 + 0.25\cos60° + 1\cos45° = 0.332\ \text{kN}$$

$$R_{Ry} = \sum Y_i = -1.5 + 0 + 0.25\sin60° - 1\sin45° = -1.99\ \text{kN}$$

故合力 $\boldsymbol{F}_R$ 的大小为

$$F_R = \sqrt{F_x{}^2 + F_y{}^2} = \sqrt{(0.332)^2 + (-1.99)^2} = 2.02\ \text{kN}$$

合力 $\boldsymbol{F}_R$ 的方向余弦为

$$\tan\alpha = \left|\frac{F_{Ry}}{F_{Rx}}\right| = \left|\frac{-1.99}{0.33}\right| = 5.944$$

可得 $\alpha = 80°33'$

因为 F_{Rx}为正，F_{Ry}为负，故知合力 F_R 在第四象限，其作用线通过力系的汇交点 O，如图 2-7 所示。

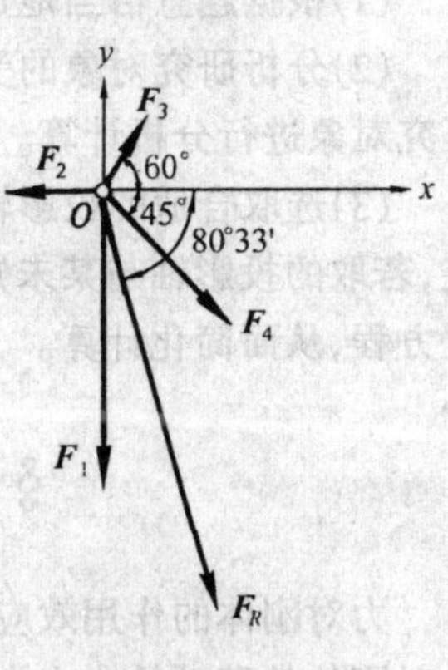

图 2-7

三、平面汇交力系的平衡方程

由§2-1知，平面汇交力系平衡的必要和充分条件是：该力系的合力 F_R 等于零。由式(2-9)可以看出 F_R 如果等于零，必须也只须 $F_{Rx}=0, F_{Ry}=0$，即

$$\left.\begin{aligned}\sum_{i=1}^{n} X_i = 0\\ \sum_{i=1}^{n} Y_i = 0\end{aligned}\right\} \qquad (2-10)$$

此即平面汇交力系的平衡方程，它表明：用解析式表示的平面汇交力系平衡的必要和充分条件是各力在两个坐标轴上投影的代数和分别等于零。平面汇交力系有两个独立的平衡方程。可以求解两个未知量。

用解析法求解平衡问题时，未知力的指向可先假设，若计算结果为正值，则表示所假设力的指向与实际相同；反之则相反。

例 2-4 如图 2-8(a)表示一简单的压轧设备，当在点 A 加力 $\boldsymbol{F}$ 时，物体 M 即受到比 F 大若干的力的挤压。设 $F=200$ N，求当 $\alpha=10°$时物体 M 所受的压力。

解： 物体 M 所受的力是由连杆 AB 传来的。因此首先取点 A 为研究对象。求出连杆 AB 所受的力。

由于 AB 杆与 AC 杆均为二力杆件，故可画出销钉 A 的受力如图 2-8(b)所示。建立图示投影轴 Ax，By，列出平衡方程，得

$$\sum Y = 0, \quad -F_1\cos\alpha + F_2\cos\alpha = 0$$

$$\sum X = 0, \quad F + F_1\sin\alpha + F_2\sin\alpha = 0$$

解得

$$F_1 = F_2 = -\frac{F}{2\sin\alpha} = -576 \text{ N}$$

其次，选取压板作为研究对象，其受力如图 2-8(c)所示，因无须求 F_N，故取投影轴 y 垂直于 F_N，于是有

$$\sum Y = 0, \quad P + F_1'\cos\alpha = 0$$

解得

$$P = -F_1'\cos\alpha = 567 \text{ N}$$

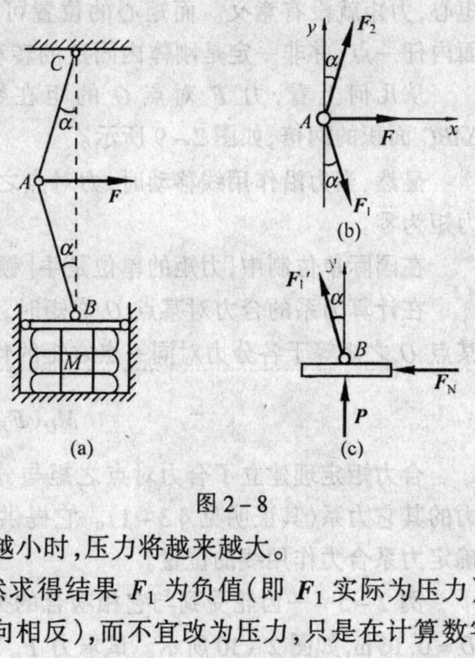

图 2-8

从上面的计算可见，将 M 逐渐压缩而 α 越来越小时，压力将越来越大。

注意：在图 2-8(b)中已假设 F_1 为拉力，虽然求得结果 F_1 为负值(即 F_1 实际为压力)，但在图 2-8(c)中仍应令 F_1'为拉力(即与 F_1 方向相反)，而不宜改为压力，只是在计算数字时应将 F_1 的大小连同"-"号一并代入。

通过上例分析，可归纳出解析法解题的主要步骤如下：

(1)根据题意恰当地选取研究对象。

(2)分析研究对象的受力情况，正确地画出相应的受力图，较复杂的问题可能要多次选取研究对象进行分析计算。

(3)选取合适的投影轴，列出平衡方程求解未知量。在此应注意，所取投影轴无须相互正交，若取的投影轴与某未知力垂直，则相应的平衡方程就不会出现该未知力，可以避免求解联立方程，从而简化计算。

§2-3 平面力对点之矩的概念

力对刚体的作用效应使刚体的运动状态发生改变，一般产生移动和转动两种效应，其中力对刚体的移动效应由力矢量的大小和方向来决定，而力对刚体的转动效应则由力对点之矩(简称力矩)来度量。

一、力对点之矩

如图2-9所示，平面上作用有一力 $\boldsymbol{F}$，在同平面内任取一点 O，点 O 称为矩心，点 O 到力的作用线的垂直距离 h 称为力臂，则在平面问题中力对点之矩的定义如下：

力对点之矩是一个代数量，其绝对值等于力的大小与力臂的乘积，其正负习惯上按下述方法确定：力使物体绕矩心逆钟向转动时为正，反之为负。记作

$$M_O(\boldsymbol{F}) = \pm Fh \tag{2-11}$$

由定义可知，力矩是相对某一矩心而言的，离开了矩心，力矩就没有意义。而矩心的位置可以是力作用面内任一点，并非一定是刚体内固定的转动中心。

从几何上看，力 $\boldsymbol{F}$ 对点 O 的矩在数值上等于 ΔABC 面积的两倍，如图2-9所示。

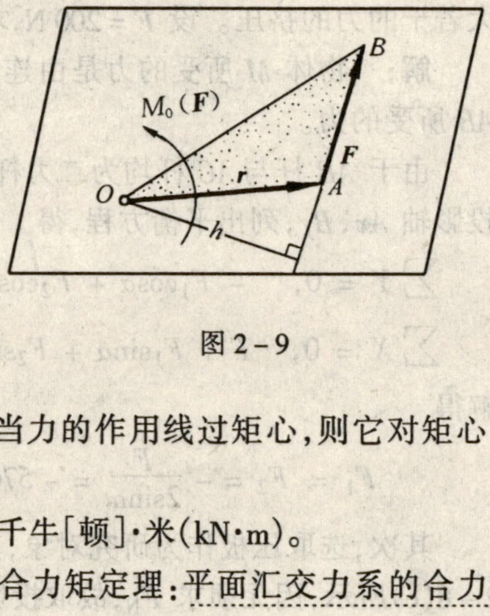

图2-9

显然，当力沿作用线移动时，力对点之矩保持不变；当力的作用线过矩心，则它对矩心的力矩为零。

在国际单位制中，力矩的单位是牛[顿]·米(N·m)或千牛[顿]·米(kN·m)。

在计算力系的合力对某点 O 之矩时，常用到所谓的合力矩定理：平面汇交力系的合力对某点 O 之矩等于各分力对同一点之矩的代数和。即

$$M_O(\boldsymbol{F}_R) = \sum_{i=1}^{n} M_O(\boldsymbol{F}_i) \tag{2-12}$$

合力矩定理建立了合力对点之矩与分力对同一点之矩的关系。该定理也可运用于有合力的其它力系(其证明见§3-1)。它提供了计算力对点之矩的另一种方法，此外它还可用于确定力系合力作用线的位置。

例2-5 一齿轮受到与它相啮合的另一齿轮的作用力 $F_n = 980$ N，压力角 20°，节圆直径 $D = 0.16$ m，如图2-10所示。试求力 $\boldsymbol{F}_n$ 对齿轮轴心 O 之矩。

解：

(1)应用力矩的计算公式

力臂　　$h=\frac{D}{2}\cos\alpha$

由式(2-11)得力 F_n 对点 O 之矩

$$M_O(\boldsymbol{F}_n)=-F_nh=-F_n\frac{D}{2}\cos\alpha=-73.7\ \text{N}\cdot\text{m}$$

负号表示力 $\boldsymbol{F}_n$ 使齿轮绕点 O 作顺钟向转动。

(2)应用合力矩定理

将力 $\boldsymbol{F}_n$ 分解为圆周力 $\boldsymbol{F}$ 和径向力 $\boldsymbol{F}_r$，如图 2-10(b)所示，则

$$F=F_n\cos\alpha,\qquad F_r=F_n\sin\alpha$$

根据合力矩定理

$$M_O(\boldsymbol{F}_n)=M_O(\boldsymbol{F})+M_O(\boldsymbol{F}_r)$$

因为径向力 F_r 过矩心 O，故 $M_O(F_r)=0$，于是

$$M_O(\boldsymbol{F}_n)=M_O(\boldsymbol{F})=-F\frac{D}{2}=-F_n\frac{D}{2}\cos\alpha=-73.7\ \text{N}\cdot\text{m}$$

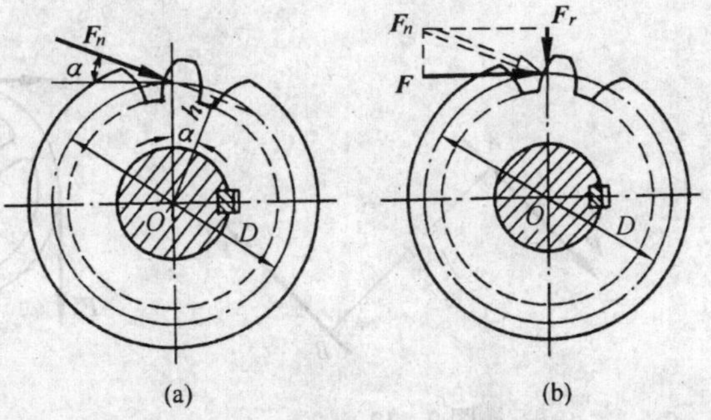

图 2-10

二者结果相同，在工程中齿轮的圆周力和径向力常常是分别给出的，故方法(2)用得较为普遍。另外，在计算力矩时，若力臂的大小不易求得时，也常用合力矩定理。

例 2-6　水平梁 AB 受按三角形分布的载荷作用，如图 2-11 所示。载荷的最大值为 q，梁长为 l。试求合力作用线的位置。

解： 在梁上距 A 端为 x 的微段 dx 上，作用力的大小为 $q'dx$ 其中 q' 为该处的载荷强度。由图可知，$q'=\frac{x}{l}q$，因此分布载荷的合力的大小为 $P=\int_0^l q'dx=\frac{1}{2}ql$，设合力 $\boldsymbol{P}$ 的作用线距 A 端的距离为 h，在微段 dx 上的作用力对点 A 之矩为 $xq'dx$，全部载荷对点 A 的矩的代数和可用积分求出。根据合力矩定理可写成

$$Ph=\int_0^l xq'dx$$

将 q' 和 P 的值代入上式，得

$$h=\frac{2}{3}l$$

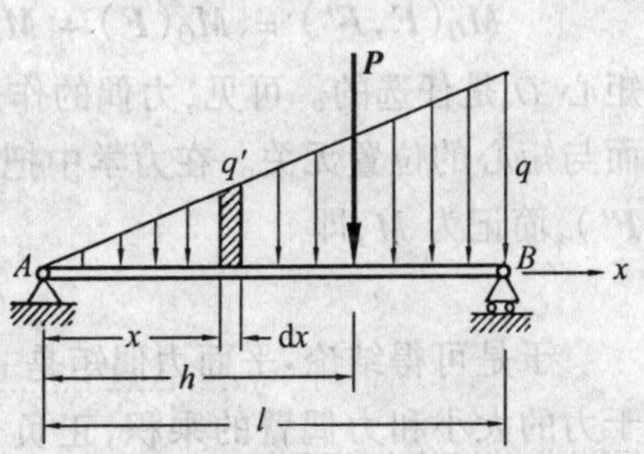

图 2-11

计算结果表明，合力大小等于三角形线分布载荷的面积，合力作用线通过该三角形的几何中心。

不难推广到一般情形，即同向的线分布力的合力的大小等于荷载图的面积(注意：该面积具有力的量纲)，合力作用线通过荷载图面积的形心。当分布力的荷载图是简单图形时，应用这一法则可以方便地求出分布力的合力及其作用线的位置。

§2－4　平面力偶理论

一、力偶与力偶矩

在生产实践中，常看到物体同时受到大小相等、方向相反、作用线互相平行的两个力的作用。例如，拧水龙头时人手作用在开关上的两个力，由于不满足二力平衡条件，显然不能平衡。在力学上我们把大小相等、方向相反，作用线互相平行的两个力叫做力偶，并记为（$\boldsymbol{F}$，$\boldsymbol{F'}$）。力偶中两力所在的平面叫力偶作用面，如作用面不同，力偶的作用效应也不一样。两力作用线间的垂直距离称为力偶臂，以 d 表示，如图 2－12 所示。

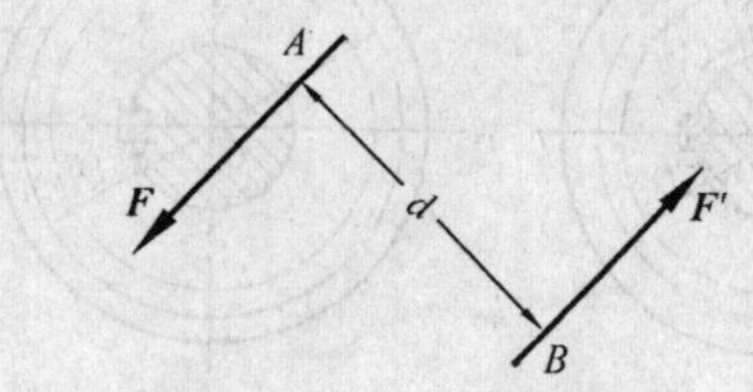

图 2－12

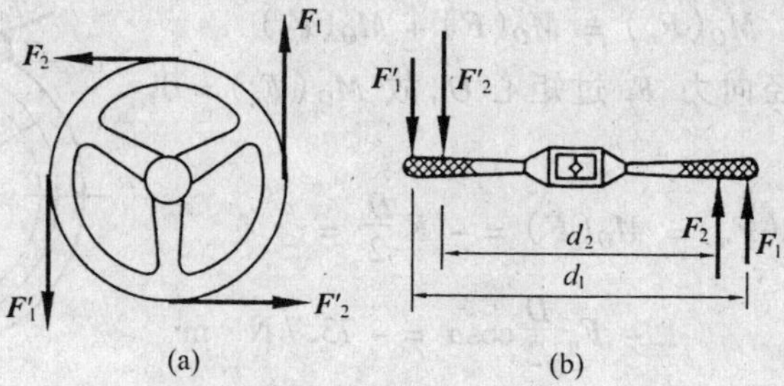

图 2－13

物体受力偶作用的实例还很多，如汽车司机旋转方向盘时，两手作用在方向盘上的两个力（$\boldsymbol{F}_1$，$\boldsymbol{F'}_1$），如图 2－13(a)所示。又如用丝锥攻丝时，两手作用于丝锥扳手上的两个力（$\boldsymbol{F}_1$，$\boldsymbol{F'}_1$），如图 2－13(b)所示，等等。

由于力偶中的两个力大小相等、方向相反、作用线平行，可见，力偶无合力，因而力偶对刚体不产生移动效应。实践证明力偶只能使刚体产生转动效应。力偶对刚体的转动效应，可用力偶矩来度量，即用力偶的两个力对其作用面内某点之矩的代数和来度量。

设有力偶（$\boldsymbol{F}$，$\boldsymbol{F'}$），其力偶臂为 d，如图 2－14 所示。力偶对点 O 之矩为 $M_O(\boldsymbol{F},\boldsymbol{F'})$，则有

$$M_O(\boldsymbol{F},\boldsymbol{F'}) = M_O(\boldsymbol{F}) + M_O(\boldsymbol{F'}) = F \cdot aO - F' \cdot bO = F(aO - bO) = Fd$$

矩心 O 是任选的。可见，力偶的作用效应决定于力的大小和力偶臂的长短以及力偶的转向，而与矩心的位置无关。在力学中把力和力偶臂的乘积并冠以正负号称为力偶矩，记作 $M(\boldsymbol{F},\boldsymbol{F'})$，简记为 M，即

$$M(\boldsymbol{F},\boldsymbol{F'}) = M = \pm Fd \tag{2-13}$$

于是可得结论：平面力偶矩是一个代数量，其绝对值等于力的大小和力偶臂的乘积，正负号表示力偶的转向。通常规定逆时针转向为正，反之为负。

从图 2－14 可见，力偶矩也可用三角形面积表示，即

$$M = \pm 2\triangle ABC \tag{2-14}$$

与力矩单位一样，力偶矩的单位是牛［顿］·米（N·m）或千牛［顿］·米（kN·m）。

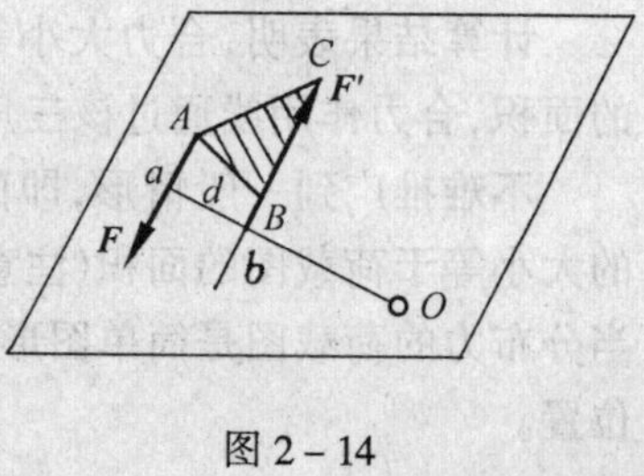

图 2－14

综上所述可知,力偶对物体的作用效应,取决于下列三个因素:力偶矩的大小,力偶的转向,力偶的作用平面。此三因素常称为力偶的三要素。

力偶无合力,本身又不平衡,是一个基本的力学量。力偶只能被另一个力偶所平衡。即力偶不能与力等效,只能用力偶等效。而力偶对物体的转动效应又完全取决于力偶矩,且与矩心的位置无关。所以,在同一平面内的两个力偶,只要它们的力偶矩大小相等、转向相同,则两力偶必等效。这就是平面力偶的等效定理。

上述定理,可直接由经验证实,如图 2-13(a)中作用在方向盘上的力偶($\boldsymbol{F}_1,\boldsymbol{F}_1'$)或($\boldsymbol{F}_2,\boldsymbol{F}_2'$),尽管它们的作用位置不同,如果它们的力偶矩相等,则对物体作用效应相同。

又如作用在丝锥扳手上的力偶($\boldsymbol{F}_1,\boldsymbol{F}_1'$)或($\boldsymbol{F}_2,\boldsymbol{F}_2'$),如图 2-13(b)所示,虽然 $F_1\neq F_2$,$d_1\neq d_2$,但如果 $F_1d_1=F_2d_2$,则它们对物体的作用效应就完全相同。

综上所述,可得出下列两个重要推论。

(1)力偶可在其作用面内任意移转,而不改变它对刚体的作用效果。即力偶对刚体的作用效果与它在作用面内的位置无关。

(2)在力偶矩不变的前提下,可以同时改变力偶中力的大小和力偶臂的长短,而不改变力偶对刚体的作用。

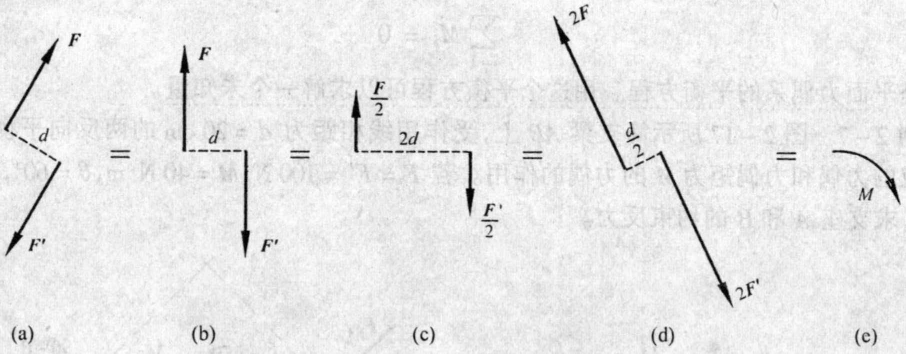

图 2-15

力偶的等效性可形象地表示为图 2-15 所示的情形。由此可见,力偶的臂和力的大小都不是力偶的特征量,力偶矩才是力偶作用效果的唯一度量。故常用图 2-15(e)所示的符号表示力偶。其中 M 表示力偶矩大小,带箭头的圆弧表示力偶转向。

应当指出,以上所得的结论,不适用于变形体效应的研究。

二、平面力偶系的合成和平衡

1. 平面力偶系的合成

设平面力偶系由 n 个力偶组成,其力偶矩分别 $M_1,M_2,\cdots M_n$,现求其合成的结果。如图 2-16 所示(为方便作图起见,取 $n=2$,这并不失一般性)。

根据力偶的性质,保持各力偶矩不变,同时调整其力与力偶臂,使它们有共同的臂长 d,由于 $M_i=F_id_i=F_{Pi}d$,故有调整后各力的大小为

$$F_{Pi}=F_i\frac{d_i}{d}\qquad (i=1,2,\cdots,n)$$

再将各力偶在平面内移转,使力偶各对力的作用线分别共线,如图 2-16(b)所示,然后求

各共线力系的代数和，每个共线力系得一合力，而这两个合力等值、反向，相距为 d，构成一个与原力偶系等效的合力偶，其力偶矩为

$$M = Fd = \sum_{i=1}^{n} F_{Pi}d = \sum_{i=1}^{n} F_i d_i = \sum_{i=1}^{n} M_i \tag{2-15}$$

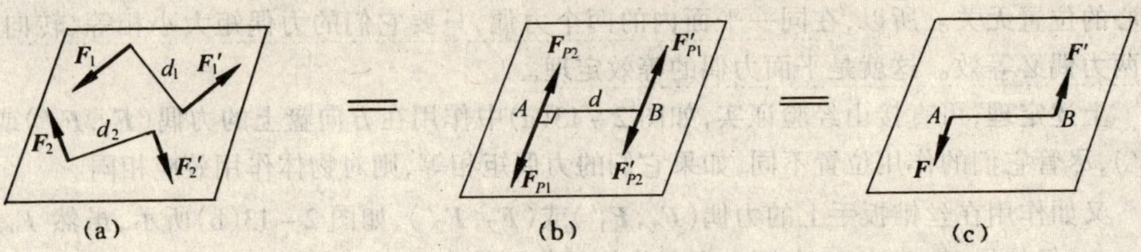

图 2-16

由此可知：平面力偶系可以用一个合力偶等效替换，其合力偶矩等于原来各分力偶矩的代数和。

2. 平面力偶系的平衡

由合成结果可知，力偶系平衡时，其合力偶矩等于零；反过来合力偶矩为零，则平面力偶系平衡。因此，平面力偶系平衡的必要和充分条件是所有各力偶矩的代数和等于零。即

$$\sum_{i=1}^{n} M_i = 0 \tag{2-16}$$

这就是平面力偶系的平衡方程。用这个平衡方程可以求解一个未知量。

例 2-7 图 2-17 所示简支梁 AB 上，受作用线相距为 $d = 20$ cm 的两反向平衡力 $\boldsymbol{F}$ 与 $\boldsymbol{F}'$ 组成的力偶和力偶矩为 M 的力偶的作用。若 $F = F' = 100$ N，$M = 40$ N·m，$\theta = 60°$，梁长 $l = 1.6$ m，求支座 A 和 B 的约束反力。

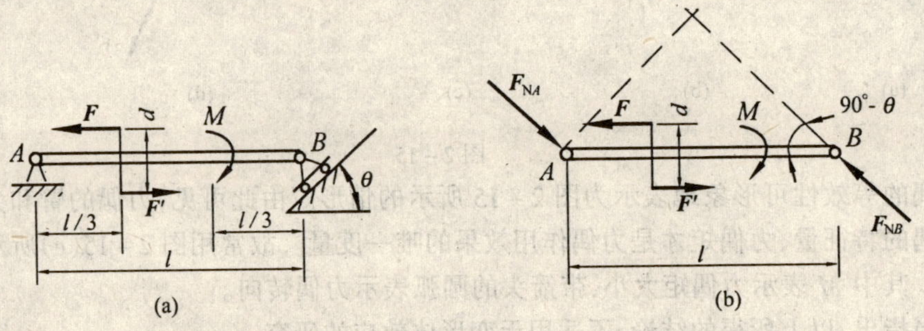

图 2-17

解： 取梁 AB 为研究对象，因为梁只受主动力偶作用，而力偶只能用力偶来平衡，故两支座反力必构成一力偶。现已知 $\boldsymbol{F}_{NB}$ 的方向，则 $\boldsymbol{F}_{NA}$ 应与 $\boldsymbol{F}_{NB}$ 平行且反向，如图 2-18(b) 所示，由平面力偶系的平衡条件有

$$\sum M = 0, \qquad Fd - M + F_{NB}l\sin(90° - \theta) = 0$$

解得

$$F_{NB} = \frac{M - Fd}{l\sin(90° - \theta)} = 25\ \text{N}$$

于是 $F_{NA} = F_{NB} = 25$ N，方向如图 2-17(b) 所示。

例 2-8 图 2-18 所示机构的自重不计。圆轮上的销子 A 放在摇杆 BC 上的光滑导槽

内,圆轮上作用一力偶,其力偶距为 $M_1 = 2\ \text{kN·m}$, $OA = r = 0.5\ \text{m}$,图示位置时 OA 与 OB 垂直,$\alpha = 30°$,且系统平衡。求作用于摇杆 BC 上的力偶的力偶矩 M_2 及铰链 O,B 处的约束反力。

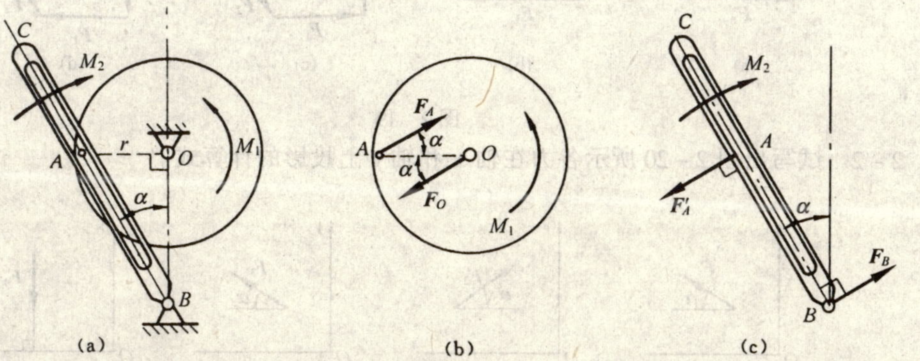

图 2-18

解: 先取圆轮为研究对象,其上受有力偶矩为 M_1 的力偶及光滑导槽对销子 A 作用力 $\boldsymbol{F}_A$ 和铰链 O 处约束反力 $\boldsymbol{F}_O$ 作用。由于力偶必须用力偶来平衡,因而 $\boldsymbol{F}_O$ 与 $\boldsymbol{F}_A$ 必定组成一力偶,如图 2-18(b)所示,由力偶系的平衡方程,得

$$\sum M = 0, \qquad M_1 - F_A r \sin\alpha = 0$$

解得

$$F_A = \frac{M_1}{r\sin 30°} \qquad (1)$$

再取摇杆 BC 为研究对象,其上作用有力偶矩为 M_2 的力偶及力 $\boldsymbol{F}'_A$ 与 $\boldsymbol{F}_B$,如图 2-18(c)所示。同理,$\boldsymbol{F}'_A$ 与 $\boldsymbol{F}_B$ 必组成力偶,由力偶系的平衡方程,得

$$\sum M = 0, \qquad -M_2 + F'_A \frac{r}{\sin\alpha} = 0 \qquad (2)$$

由于 $\boldsymbol{F}'_A = \boldsymbol{F}_A$,将式(1)代入式(2),得

$$M_2 = 4M_1 = 8\ \text{kN} \cdot \text{m}$$

$\boldsymbol{F}_O$ 与 $\boldsymbol{F}_A$ 组成力偶,$\boldsymbol{F}_B$ 和 $\boldsymbol{F}'_A$ 组成力偶,则有

$$F_O = F_B = F_A = \frac{M_1}{r\sin 30°} = 8\ \text{kN}$$

其方向如图 2-18(b)和(c)所示。

分析平面力偶系的合成与平衡问题时,应当注意:平面力偶的力偶矩用代数量表示,力偶矩是力偶对刚体作用效果的惟一度量。力偶只能用力偶进行平衡。其解题步骤与平面汇交力系解析法类似。所不同的是,若刚体只受主动力偶或主动力偶系作用时,常由力偶系平衡条件确定约束反力的方向。

思 考 题

2-1 试指出图 2-19 所示各力多边形中,哪个是自行封闭的?哪个不是自行封闭的?如果不是自行封闭,哪个力是合力?哪些力是分力?

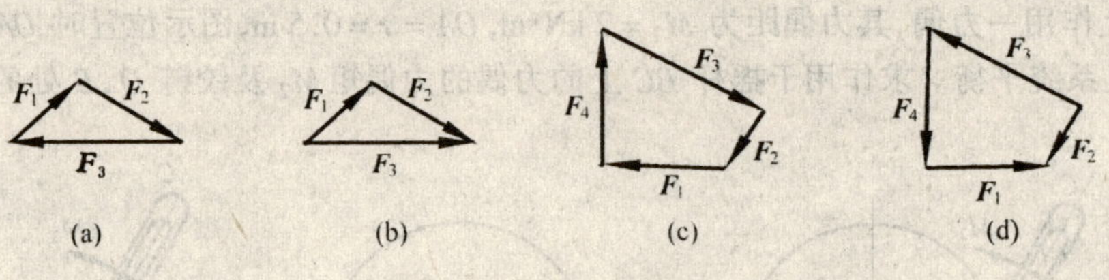

图 2－19

2－2　试写出图 2－20 所示各力在轴 x 和轴 y 上投影的计算式。

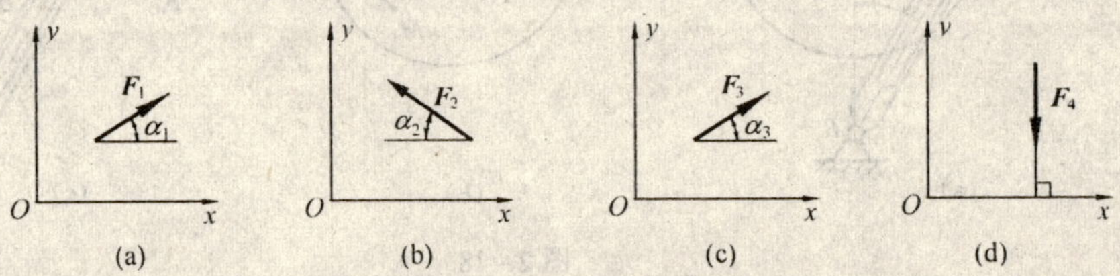

图 2－20

2－3　用解析法求平面汇交力系的合力时，是否一定要取直角坐标轴？若取不同的直角坐标轴，所求得的合力是否相同。

2－4　用解析法求解平面汇交力系的平衡问题时，投影轴 x 与 y 是否一定要相互垂直？为什么？

2－5　试比较力矩与力偶矩二者的异同。

2－6　图 2－21(a)中刚体受同平面内二力偶($\boldsymbol{F}_1,\boldsymbol{F}_3$)和($\boldsymbol{F}_2,\boldsymbol{F}_4$)的作用，其力多边形封闭，如图 2－21(b)所示，问该物体是否处于平衡？为什么？

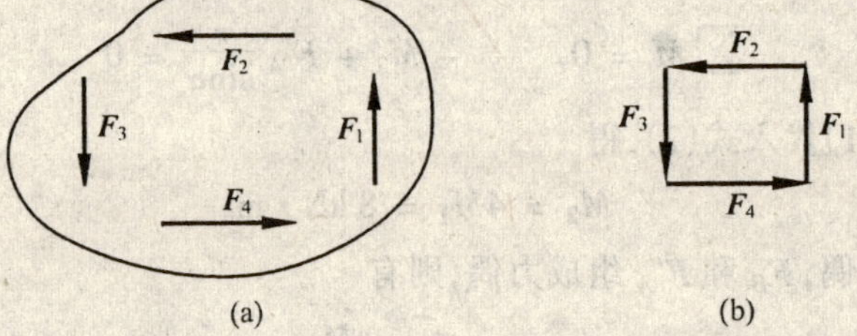

图 2－21

2－7　输电线跨度 l 相同时，电线下垂量 h 越小，电线越易于拉断，为什么？

2－8　若有两个力偶($\boldsymbol{F}_1,\boldsymbol{F}'_1$)和($\boldsymbol{F}_2,\boldsymbol{F}'_2$)，其中，$\boldsymbol{F}_1 = 10$ kN，$\boldsymbol{F}_2 = 15$ kN，能否说力偶($\boldsymbol{F}_2,\boldsymbol{F}'_2$)对物体的作用效果比力偶($\boldsymbol{F}_1,\boldsymbol{F}'_1$)对物体的作用效果大？应该怎样比较两个力偶对物体的转动效果？

习　　题

2－1　铆接钢板在孔 A，B 和 C 三个力作用，如题图 2－1 所示。已知 $P_1 = 100$ N，沿铅垂方向；$P_2 = 50$ N，沿 AB 方向；$P_3 = 50$ N，沿水平方面。图中长度单位为 cm。求此力系的合力。

2－2　压路机的碾子重 $W = 20$ kN，半径 $R = 40$ cm，如题图 2－2 所示。试求碾子越过厚度为 8 cm 的石板时，所需最小的水平力 $P_{\min}$。

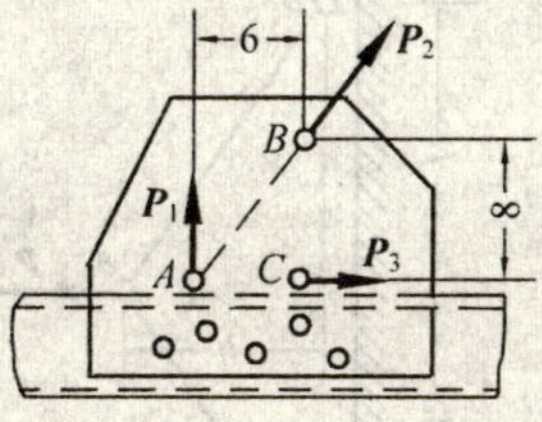

题图 2-1

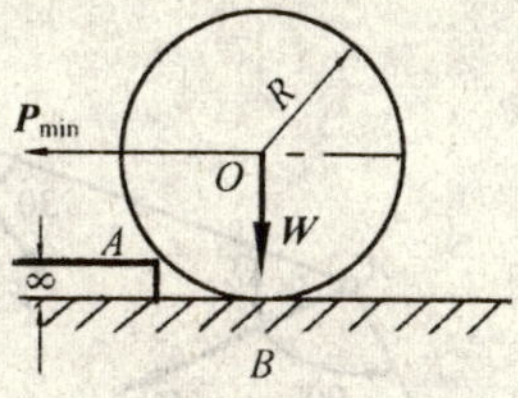

题图 2-2

2-3　支架由杆 AB，AC 构成，A，B 与 C 均为铰链，在销钉 A 上悬挂重量为 W 的重物。试求题图 2-3 所示四种情形下，杆 AB 与杆 AC 所受的力。

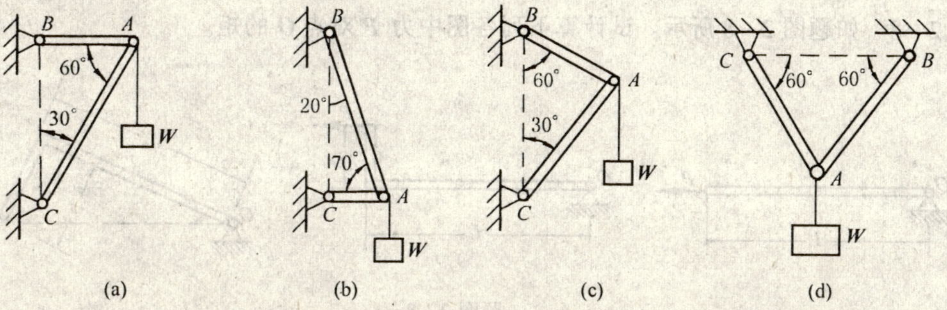

题图 2-3

2-4　简支梁 AB 中点 C 处作用一集中力 $P=4$ kN，如题图 2-4 所示。试求支座 A，B 的约束反力。

2-5　题图 2-5 所示三铰拱架由 AC 和 BC 两部分组成。A，B 为固定铰链，C 为中间铰。试求铰链 A，B 的反力。

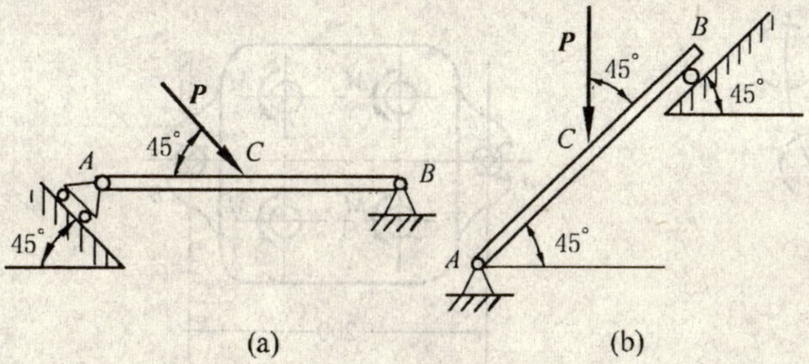

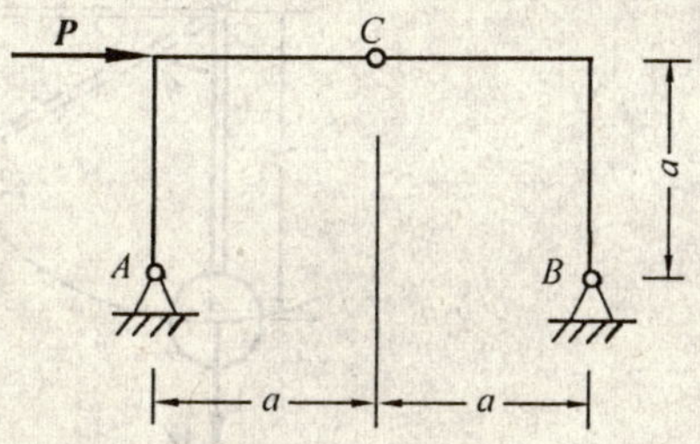

题图 2-4　　　　　　　　　　题图 2-5

2-6　题图 2-6 所示铰接四连杆机构 $CABD$ 的 CD 边固定。在铰链 A 上作用一力 $\boldsymbol{F}_1$。在铰链 B 上作用一力 $\boldsymbol{F}_2$，使四边形 $CABD$ 在图示位置处于平衡。求 $\boldsymbol{F}_1$ 与 $\boldsymbol{F}_2$ 的关系。杆重略去不计。

2-7　题图 2-7 所示为压轧机的结构简图，在铰 A 处作用水平力 $\boldsymbol{P}$，在点 B 为固定铰链。由于水平力 $\boldsymbol{P}$ 的作用使 C 块压紧物体 D。如 C 块与墙壁光滑接触，压轧机尺寸如图所示，试求物体 D 所受的压力 $\boldsymbol{F}_{\mathrm{N}}$。

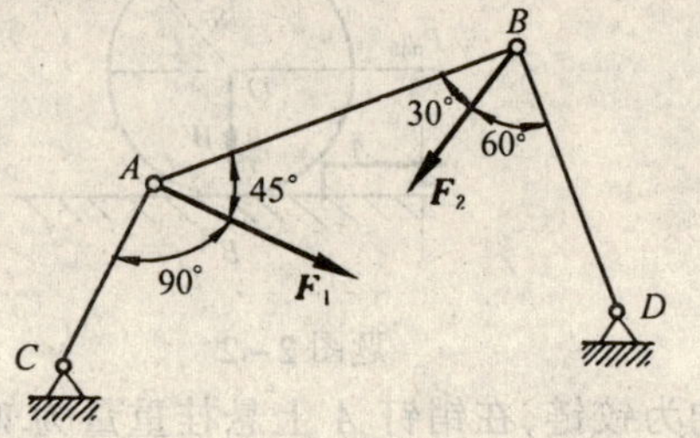

题图 2-6

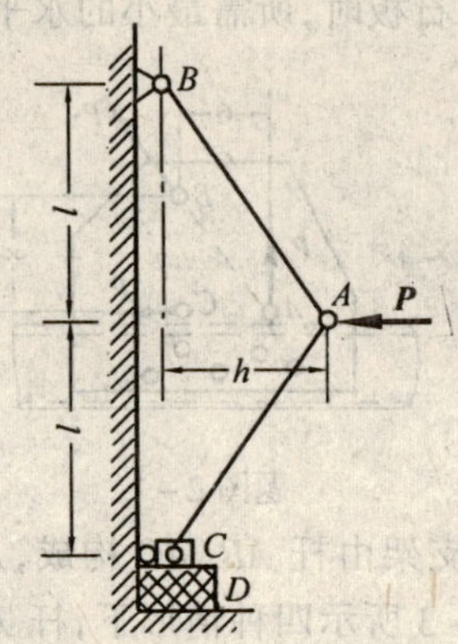

题图 2-7

2-8　如题图 2-8 所示。试计算下列各图中力 $\boldsymbol{P}$ 对点 O 的矩。

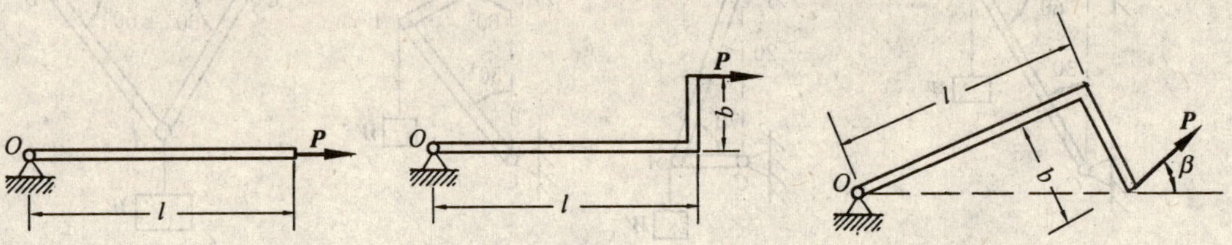

题图 2-8

2-9　题图 2-9 所示摆锤重 $\boldsymbol{W}$，其重心 A 到挂点 O 的距离为 l。试求在图示三个位置时，力 $\boldsymbol{W}$ 对点 O 之距。

2-10　用多轴钻床同时加工某工件上的四个孔，如题图 2-10 所示。钻孔时每个钻头的主切削力组成一力偶，力偶矩 $M = -15\ \mathrm{N \cdot m}$。长度单位为 mm。试求加工时两个固定螺钉 A 和 B 所受的力。

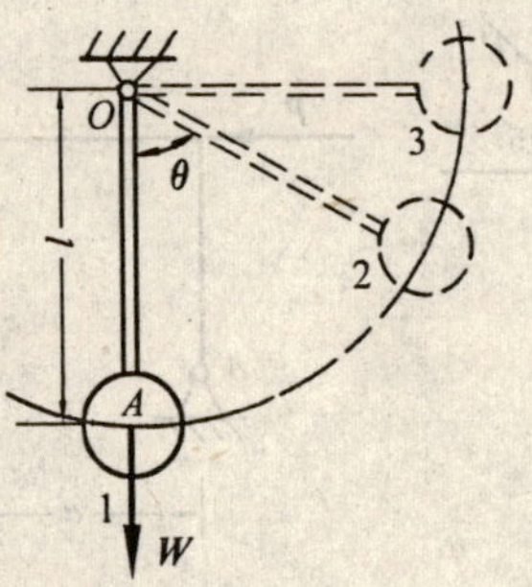

题图 2-9

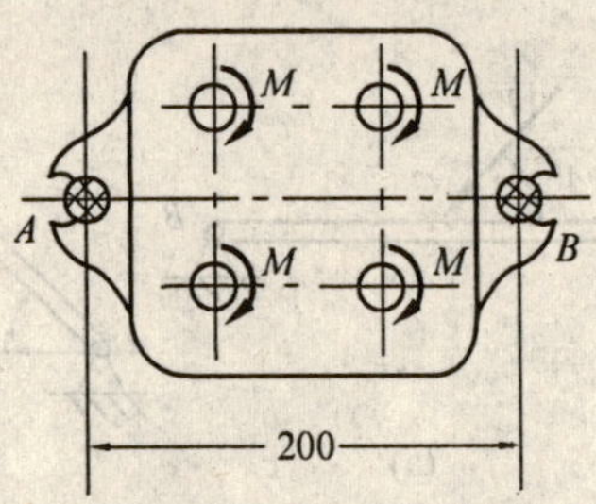

题图 2-10

2-11　梁 AB，长 $l = 6\ \mathrm{m}$，A，B 端各作用一力偶，力偶矩的大小分别为 $M_1 = 15\ \mathrm{kN \cdot m}$，$M_2 = 24\ \mathrm{kN \cdot m}$，转向如题图 2-11 所示，试求支座 A，B 的反力。

2-12　题图 2-12 所示一曲杆，其上作用两个力偶，试求其合力偶。若令此合力偶的两力分别作用在点 A 和点 B 处，问这两力的方向应该怎样选取，能使力的大小为最小。设杆的直径大小忽略不计。

2-13　平面机构 $ABCD$ 中的 $AB = 0.1\ \mathrm{m}$，$CD = 0.22\ \mathrm{m}$，杆 AB 及 CD 上各作用一力偶，在

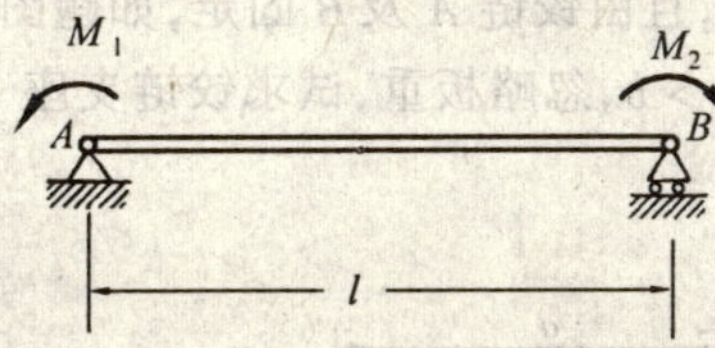

题图 2 – 11

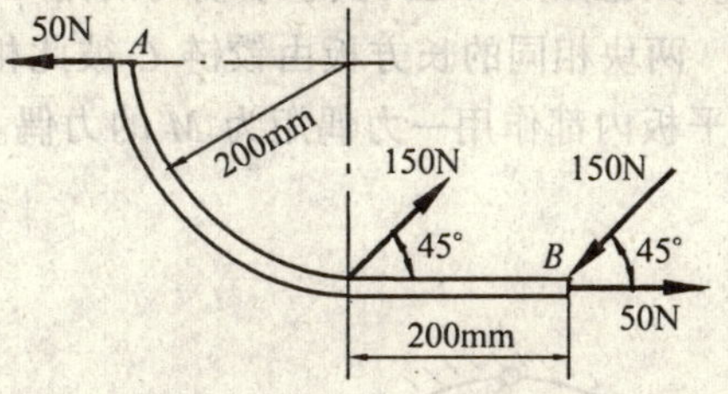

题图 2 – 12

题图 2 – 13 所示位置平衡。已知 $M_1 = 0.4\ \text{N}\cdot\text{m}$，杆重不计，求 A，D 两铰处的约束反力及力偶矩 M_2。

2 – 14　在题图 2 – 14 所示结构中，各构件的自重略去不计，在构件 BC 上作用一力偶矩为 M 的力偶。各尺寸如图，求支座 A 的约束反力。

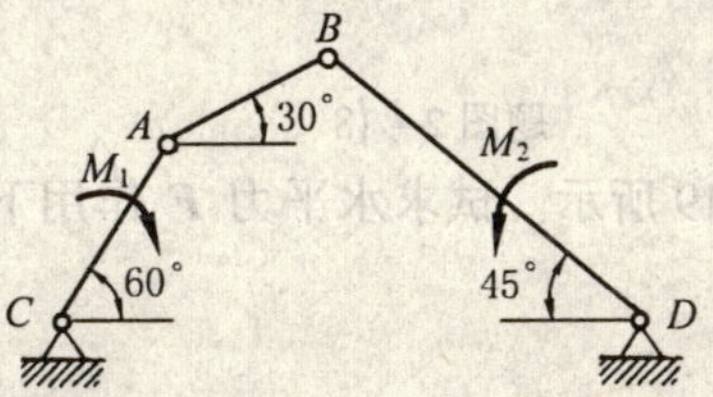

题图 2 – 13

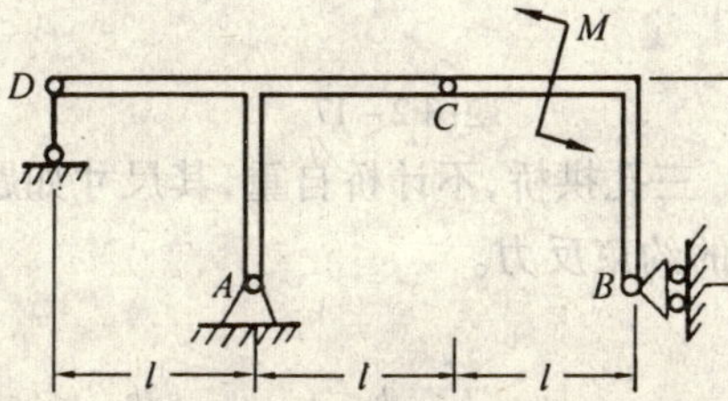

题图 2 – 14

2 – 15　直角弯杆 $ABCD$ 与直杆 DE 及 EC 铰接如图，作用在 DE 杆上的力偶的力偶矩 $M = 40\ \text{kN}\cdot\text{m}$，不考虑摩擦和各杆件自重，尺寸如题图 2 – 15 所示，求支座 A 和 B 处的约束反力及 EC 杆受力。

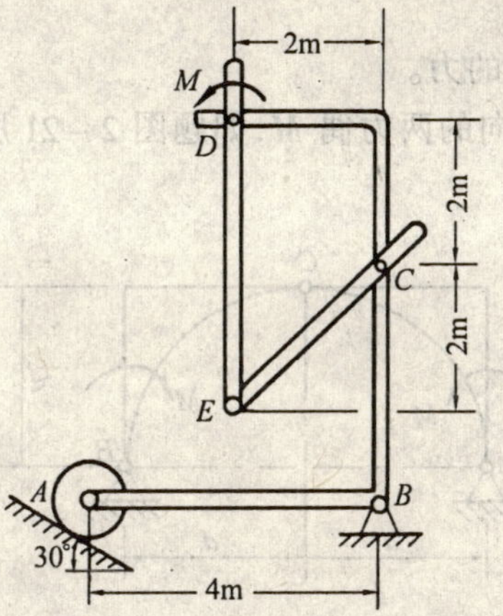

题图 2 – 15

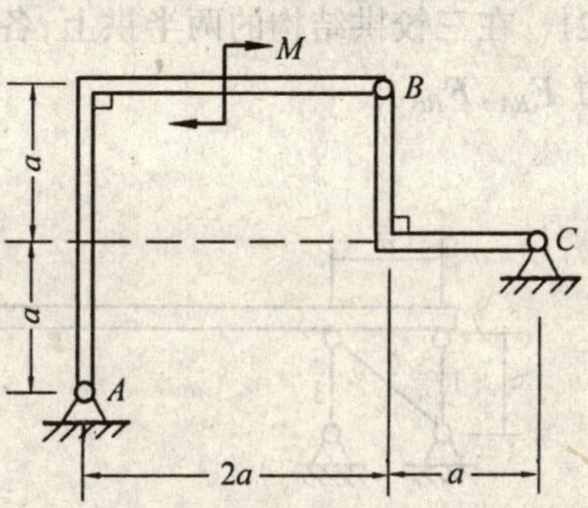

题图 2 – 16

2 – 16　在题图 2 – 16 所示结构中，各构件的自重略去不计。在构件 AB 上作用一力偶矩为 M 的力偶，求支座 A 和 C 的约束反力。

2 – 17　固定在铅垂 的大铁环上套着一个重为 P 的光滑小环 B，小环用弹性线 AB 维持平衡，如题图 2 – 17 所示。线中的拉力的大小 F 与线的伸长量 Δl 成正比，比例系数为 k（即

$F = k \cdot \Delta l$)。如已知 k 和 Δl,试求平衡时的角 φ。

2-18　两块相同的长方板由铰链 C 彼此相连接,且由铰链 A 及 B 固定,如题图 2-18 所示,在每一平板内都作用一力偶矩为 M 的力偶。如 $a > b$,忽略板重,试求铰链支座 A 及 B 的约束力。

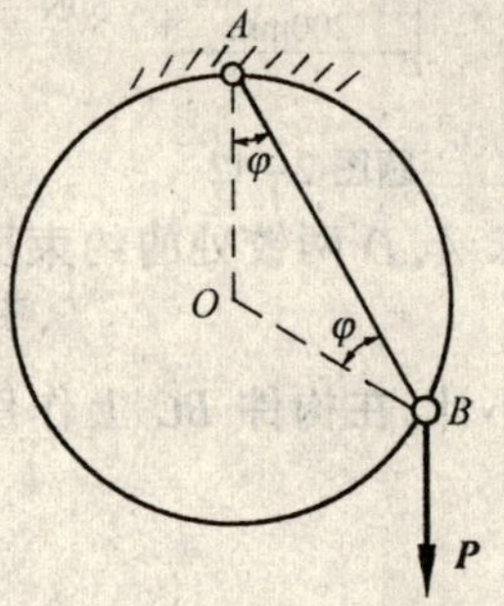

题图 2-17

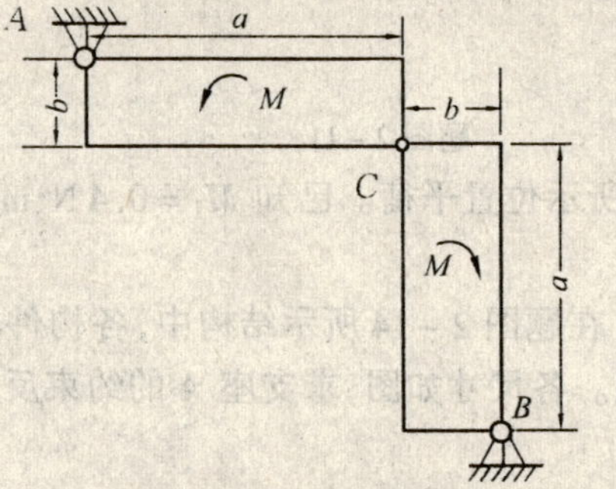

题图 2-18

2-19　三孔拱桥,不计桥自重,其尺寸如题图 2-19 所示。试求水平力 $\boldsymbol{F}$ 作用下各支座 A,B,C,D 的约束反力。

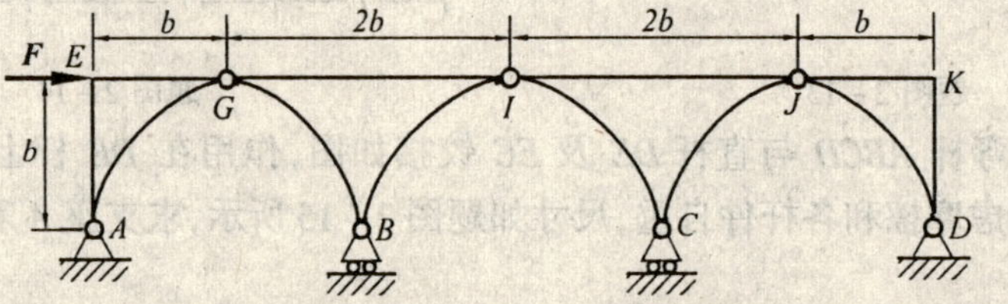

题图 2-19

2-20　试求题图 2-20 所示结构中杆 1,2,3 所受的力。

2-21　在三铰拱结构的两半拱上,各作用等值反向的两力偶 M,如题图 2-21 所示。试求约束力 $\boldsymbol{F}_{RA}$,$\boldsymbol{F}_{RB}$。

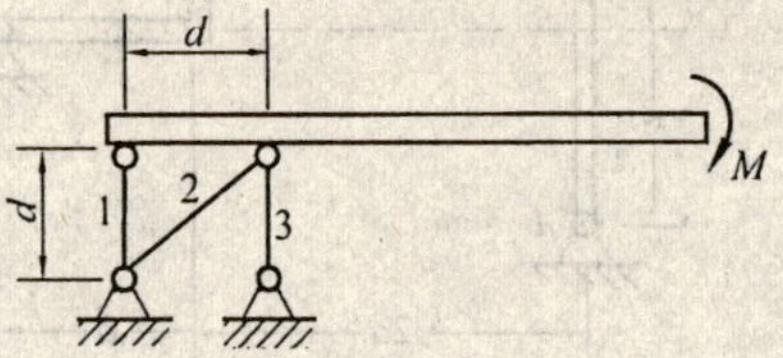

题图 2-20

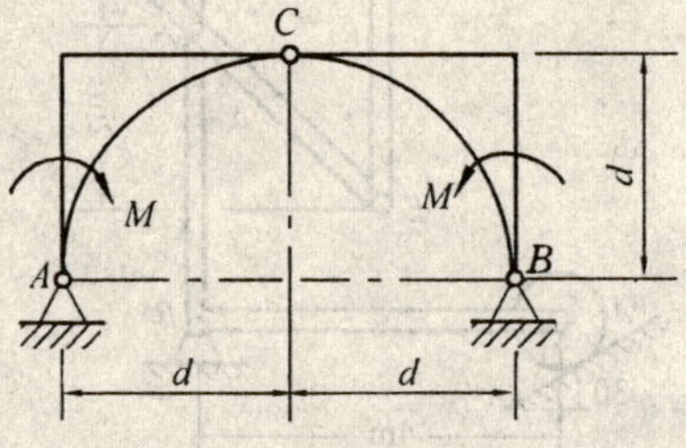

题图 2-21

第三章　平面任意力系

机器制造、建筑结构、交通运输等工程中许多结构和零部件的受力问题，都往往可以简化为平面任意力系的问题，即作用在物体上的力其作用线都位于同一平面内（或近似地位于同一平面内），并呈任意分布的力系。因此本章将在前面两章的基础上，较为详细地阐述平面任意力系的简化和平衡问题。并介绍考虑摩擦时物体的平衡问题。

§3-1　平面任意力系的简化

为了研究力系对刚体总的作用效果，并研究其平衡条件，需要将力系向一点简化，这是一种较为简便并且具有普遍性的力系简化方法。这个方法的理论基础是力的平移定理。

一、力的平移定理

定理　作用在刚体上某一点的力 $\boldsymbol{F}$ 可以平行移到刚体内任一点，但必须同时附加一个力偶，这个附加力偶的矩等于原来的力 $\boldsymbol{F}$ 对新作用点的矩。

证明：设力 $\boldsymbol{F}$ 作用于刚体的点 A。如图 3-1(a)所示，在刚体上任取一点 B，根据加减平衡力系公理，在点 B 加上两个等值反向的力 $\boldsymbol{F}'$ 和 $\boldsymbol{F}''$，使它们与力 $\boldsymbol{F}$ 平行，且 $\boldsymbol{F}' = -\boldsymbol{F}'' = \boldsymbol{F}$ 如图 3-1(b)所示，显然，三个力 $\boldsymbol{F}, \boldsymbol{F}', \boldsymbol{F}''$ 组成的新力系与原来的一个力 $\boldsymbol{F}$ 等效，但是，这三个力可看作是一个作用在点 B 的力 $\boldsymbol{F}'$ 和一个力偶($\boldsymbol{F}, \boldsymbol{F}''$)。这样，原来作用在刚体上点 A 的力 $\boldsymbol{F}$ 就被平行移到该刚体上的另一个点 B，但必须同时附加相应的力偶。如图 3-1(c)所示。此附加力偶矩 M 等于力 $\boldsymbol{F}$ 对点 B 之矩，即

$$M = M_B(\boldsymbol{F}) = Fd$$

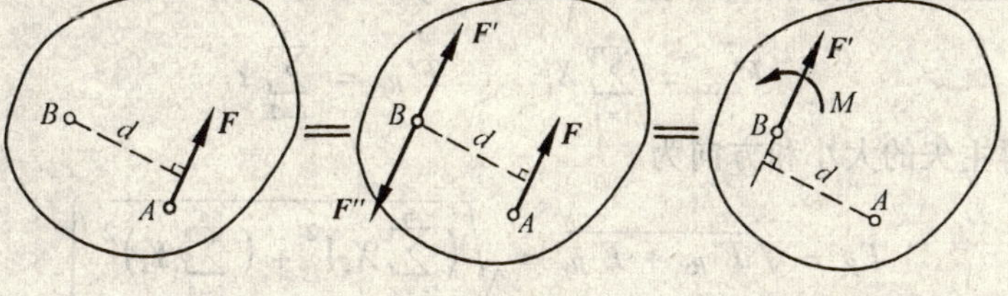

(a)　(b)　(c)

图 3-1

由力的平移定理可知，平面内的一个力和一个力偶也可以合成为一个力。合成过程为图 3-1 所示的逆过程。

力的平移定理在理论上和实践上都有重要意义，它建立了力与力偶这两个基本力学量之间的联系。既是力系向一点简化的理论依据，而且还可用来分析生产和生活实际中一些力学现象。例如用丝锥攻螺纹时，操作规程要求必须用两手同时握扳手，而且用力要均匀，以保证丝锥只产生转动。绝不允许只用一只手去转动扳手。读者可借助图 3-2 用力的平移定理自行分析其原因。

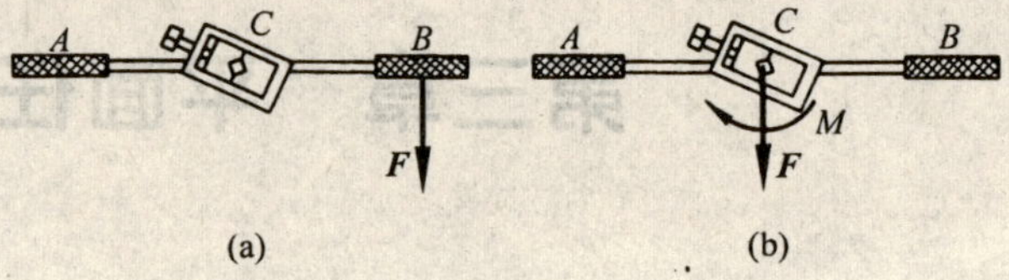

图 3-2

二、平面任意力系向作用面内一点简化

设刚体上作用一平面任意力系（$\boldsymbol{F}_1, \boldsymbol{F}_2, \cdots, \boldsymbol{F}_n$），如图 3-3(a)所示，下面将该力系向平面内某一点进行简化。

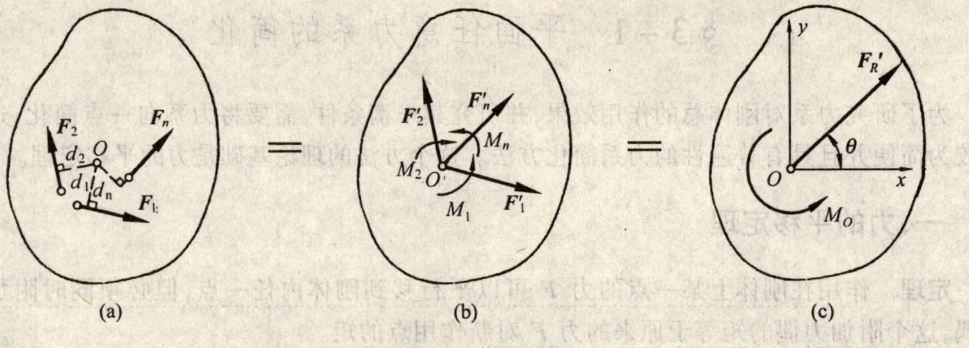

图 3-3

(1)在力系平面内任选一点 O，称为简化中心，应用力的平移定理，将力系中诸力向点 O 平移。这样，原力系便分解为两个简单力系：汇交于点 O 的平面汇交力系（$\boldsymbol{F'}_1, \boldsymbol{F'}_2, \cdots, \boldsymbol{F'}_n$）和力偶矩为（$M_1, M_2, \cdots, M_n$）的附加平面力偶系，如图 3-3(b)所示。

(2)汇交于点 O 的平面汇交力系可以简化成一个力 $\boldsymbol{F'}_R$，该力的作用线过简化中心 O，其力矢 $\boldsymbol{F'}_R$ 等于各分力矢 $\boldsymbol{F'}_1, \boldsymbol{F'}_2, \cdots, \boldsymbol{F'}_n$ 的矢量和，即

$$\boldsymbol{F'}_R = \sum_{i=1}^{n} \boldsymbol{F'}_i = \sum_{i=1}^{n} \boldsymbol{F}_i \tag{3-1}$$

它称为原力系的主矢。通过点 O 作直角坐标系 Oxy，将式(3-1)在直角坐标轴上投影，可得

$$F'_{Rx} = \sum_{i=1}^{n} X_i, \qquad F'_{Ry} = \sum_{i=1}^{n} Y_i \tag{3-2}$$

由此可求得主矢的大小和方向为

$$\left.\begin{aligned} F_R &= \sqrt{F'_{Rx} + F'_{Ry}} = \sqrt{\left(\sum_{i=1}^{n} X_i\right)^2 + \left(\sum_{i=1}^{n} Y_i\right)^2} \\ \tan\theta &= \left|\frac{F'_{Ry}}{F'_{Rx}}\right| = \left|\frac{\sum\limits_{i=1}^{n} Y_i}{\sum\limits_{i=1}^{n} X_i}\right| \end{aligned}\right\} \tag{3-3}$$

式中，θ 为 $\boldsymbol{F'}_R$ 与轴 x 所夹的锐角，F'_R 的指向由 F'_{Rx}，F'_{Ry}的正负号判定。

(3)附加平面力偶系可以简化为一个合力偶,该力偶的矩等于各附加力偶矩的代数和,它称为原力系对点 O 的主矩,用 M_O 表示,即

$$M_O = \sum_{i=1}^{n} M_i = \sum_{i=1}^{n} M_O(\boldsymbol{F}_i) \tag{3-4}$$

由此可得结论:平面任意力系向作用面内任一点简化,可得到一个力和一个力偶,该力的作用线通过简化中心,其大小和方向等于原力系的主矢,该力偶的力偶矩等于原力系对简化中心的主矩。

由简化过程不难看出,力系的主矢与简化中心的选取无关,而主矩一般随简化中心的不同而改变,因此,对于主矩,应指明是对哪个简化中心而言的。主矩符号 M_O 的下标 O 就表示简化中心是点 O。

作为力系向一点简化理论的应用,下面分析平面固定端(插入端)支座的约束反力。

例如,图 3-4 所示的梁,其一端嵌入墙内而固定不动,这种约束称为固定端或插入端支座,其简图如图 3-4(a)所示。

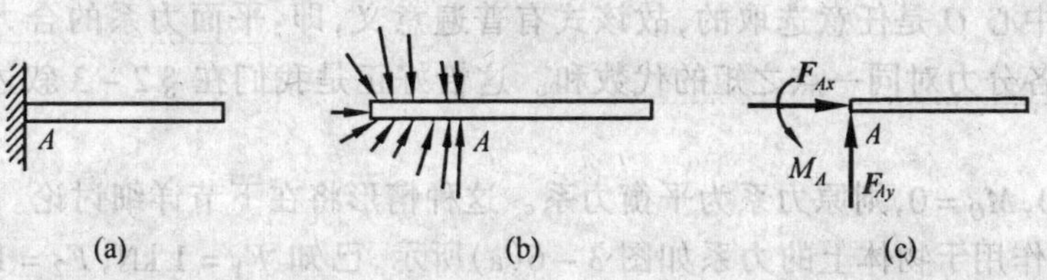

图 3-4

该约束的特点是连接处有很大的刚性,不允许构件发生任何移动或转动。它对物体的作用,是在接触面上作用了一群约束反力。在平面问题中,这些力为一平面力系,如图 3-4(b)所示,将这群力作用向平面的内点 A 简化,得到一个力和一个力偶,一般情况下,这个力的大小和方向均未知,可用两个正交的未知分力来代替。故在平面力系情况下,固定端 A 处的约束反力可简化为两个约束反力 $\boldsymbol{F}_{Ax}$,$\boldsymbol{F}_{Ay}$和一个矩为 M_A 的约束反力偶,如图 3-4(c)所示。

比较固定端约束和固定铰链支座的约束性质可知,固定铰支座只能限制物体的移动而不能限制物体在约束平面内的转动,固定端约束则除了限制物体的移动之外,还限制物体在约束平面内的转动,因此,除了约束反力外,还必须有约束反力偶。

三、简化结果的讨论

平面力系向刚体上任意一点简化可得力系的主矢和主矩,但这并不一定是力系简化的最终的最简单的结果。下面由这两个基本物理量来讨论力系简化的最后结果。

(1)$\boldsymbol{F}'_R = 0, M_O \neq 0$,则原力系与一力偶等效,此力偶称为平面力系的合力偶,其力偶矩等于主矩,即 $M = M_O = \sum_{i=1}^{n} M_O(\boldsymbol{F}_i)$。由力偶的性质可知,这种情形主矩与简化中心的选取无关。

(2)$\boldsymbol{F}'_R \neq 0, M_O = 0$,则原力系等效于作用线过简化中心的一个合力。合力矢 $\boldsymbol{F}_R$ 由力系的主矢 $\boldsymbol{F}'_R$ 确定,即 $\boldsymbol{F}_R = \boldsymbol{F}'_R$。

(3)$\boldsymbol{F}'_R \neq 0, M_O \neq 0$,这种情形还可以作进一步简化。根据力的平移定理知,$\boldsymbol{F}'_R$ 和 M_O 可以由一个合力 $\boldsymbol{F}_R$ 等效替换,且 $\boldsymbol{F}_R = \boldsymbol{F}'_R$,但是其作用线不过简化中心 O。若设合力作用线到简化中心 O 的距离为 d,则 $d = \left|\frac{M_O}{F'_R}\right|$。图 3-5 可说明上述简化过程,其中点 O_1 为合力 $\boldsymbol{F}_R$

的作用点。

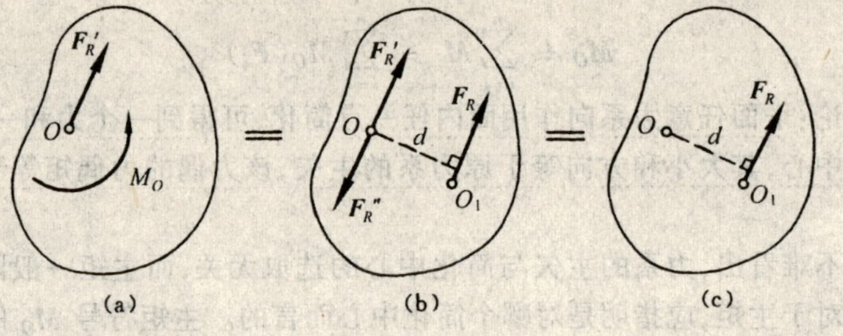

图 3－5

另外，从图 3－5(b)及其推证过程不难知道

$$M_O(\boldsymbol{F}_R) = F_R \cdot d = M_O = \sum_{i=1}^{n} M_O(\boldsymbol{F}_i) \tag{3-5}$$

由于简化中心 O 是任意选取的，故该式有普遍意义，即：平面力系的合力对作用面内任一点之矩等于各分力对同一点之矩的代数和。这恰好正是我们在§2－3 叙述过的合力矩定理及其证明。

(4)$\boldsymbol{F'}_R = 0, M_O = 0$，则原力系为平衡力系。这种情形将在下节详细讨论。

例 3－1 作用于物体上的力系如图 3－6(a)所示，已知 $F_1 = 1$ kN，$F_2 = 1$ kN，$F_3 = 2$ kN，$M = 4$ kN·m，$\theta = 30°$，图中长度单位为 m，试求该力系向点 O 简化的结果以及该力系最终简化结果。

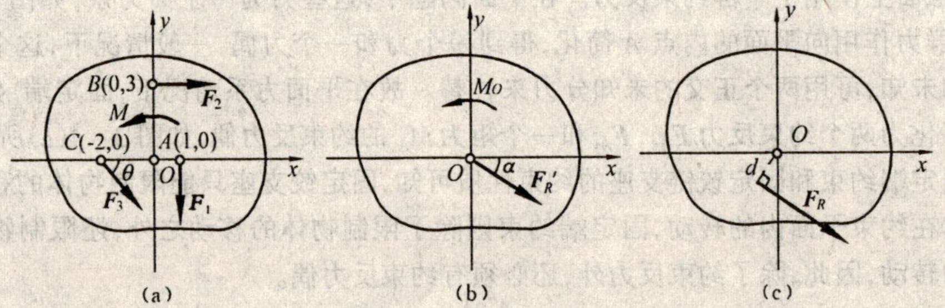

图 3－6

解： 将力系向点 O 简化。首先，以简化中心 O 为原点，建立直角坐标系 Oxy，如图 3－6(a)所示。求力系的主矢 $\boldsymbol{F'}_R$。由式(3－2)得主矢 $\boldsymbol{F'}_R$ 在轴 x, y 上的投影。

$$F_{Rx} = \sum X = F_3\cos\theta + F_2 = 2 \times \frac{\sqrt{3}}{2} + 1 = 2.73 \text{ kN}$$

$$F_{Ry} = \sum Y = -F_1 - F_3\sin\theta = -1 - 2 \times \frac{1}{2} = -2 \text{ kN}$$

故由式(3－3)得主矢 $\boldsymbol{F'}_R$ 的大小及方向为

$$F'_R = \sqrt{(\sum X)^2 + (\sum Y)^2} = \sqrt{2.37^2 + (-2)^2} = 3.39 \text{ kN}$$

$$\tan\alpha = \left|\frac{\sum Y}{\sum X}\right| = 0.732 \qquad \text{即 } \alpha = 36.2°$$

式中，α 是 $\boldsymbol{F'}_R$ 与轴 x 所夹的锐角，位于第四象限。

其次，求力系对简化中心 O 的主矩 M_O。由式(3-4)得

$$M_O = \sum M_O(\boldsymbol{F}) = -1 \times F_1 - 3 \times F_2 + 2\sin 30° \times F_3 + M = 2\ \text{kN} \cdot \text{m}$$

最后，由于 $\boldsymbol{F}_R \neq 0, M_O \neq 0$，故力系最终简化结果为一合力 $\boldsymbol{F}_R$。$\boldsymbol{F}_R$ 的大小和方向与主矢 $\boldsymbol{F'}_R$ 相同，合力 $\boldsymbol{F}_R$ 的作用线距点 O 的距离为 d

$$d = \left| \frac{M_O}{F'_R} \right| = \frac{2}{3.39} = 0.59\ \text{m}$$

M_O 为正值，表示主矩为逆时针转向，故合力 $\boldsymbol{F}_R$ 的作用线如图 3-6(c)所示。

§3-2 平面任意力系的平衡条件和平衡方程

从上节分析中可以看出，主矢 $\boldsymbol{F'}_R$ 和主矩 M_O 不同时为零时，力系是不平衡的，因此，要使平面力系平衡，则必须 $F'_R = 0, M_O = 0$；反之，如果两者都等于零，则说明力系必然是平衡的，所以平面任意力系平衡的必要和充分条件是：力系的主矢和对任一点的主矩都等于零。

由式(3-2)，(3-3)和(3-4)可得平面任意力系平衡条件的解析表达式

$$\left.\begin{aligned} \sum_{i=1}^{n} X_i &= 0 \\ \sum_{i=1}^{n} Y_i &= 0 \\ \sum_{i=1}^{n} M_O(\boldsymbol{F}_i) &= 0 \end{aligned}\right\} \tag{3-6}$$

为书写方便，上式简写为

$$\left.\begin{aligned} \sum X &= 0 \\ \sum Y &= 0 \\ \sum M_O(\boldsymbol{F}) &= 0 \end{aligned}\right\} \tag{3-6$'$}$$

这就是平面任意力系的平衡方程式，它表明，平面任意力系平衡的解析条件是：所有各力在两个任选的坐标轴上的投影的代数和分别等于零，并且各力对于任意一点之矩的代数和也等于零。

式(3-6)′由两个投影方程和一个力矩方程组成，是平衡方程的基本形式，可以求解三个未知量。

例 3-2 在图 3-7 所示刚架中，已知 $q = 3\ \text{kN} \cdot \text{m}$，$F = 6\sqrt{2}\ \text{kN}$，$M = 10\ \text{kN} \cdot \text{m}$，不计刚架自重，求固定端 A 处的约束反力。

解： 取刚架为研究对象，其上除受主动力外，还受有固定端 A 处的约束反力 $\boldsymbol{F}_{Ax}$，$\boldsymbol{F}_{Ay}$ 和约束反力偶 M_A，线性分布载荷可用一集中力 $\boldsymbol{F}_1$ 等效替代，其大小 $F_1 = \frac{1}{2} \times q \times 4 = 6\ \text{kN/m}$，作用于三角形分布载荷的几何中心，即距点 A 为 $\frac{4}{3}$ m 处，刚架的受力如图 3-7(b)所示。

列平衡方程

$$\sum X = 0, \qquad F_{Ax} + F_1 - F\cos 45° = 0$$

$$\sum Y = 0, \qquad F_{Ay} - F\sin45° = 0$$

$$\sum M_A(\boldsymbol{F}) = 0, \qquad M_A - F_1 \times \frac{4}{3} - M - F\sin45° \times 3 + F\cos45° \times 4 = 0$$

解方程,求得

$$F_{Ax} = 0, \qquad F_{Ay} = 6\,\text{kN}, \qquad M_A = 12\,\text{kN}\cdot\text{m}$$

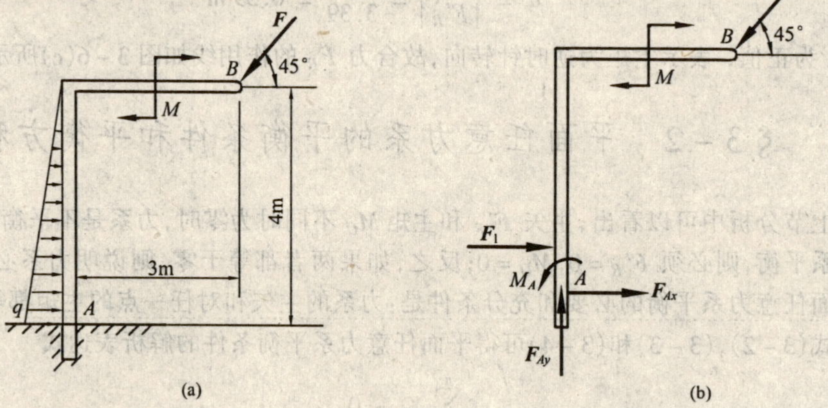

图 3-7

例 3-3 起重机重 $P_1 = 10\,\text{kN}$,可绕铅直轴 AB 转动;起重机的挂钩上挂一重为 $P_2 = 40\,\text{kN}$ 的重物。起重机的重心 C 到转动轴的距离为 1.5m,其它尺寸如图 3-8 所示。求止推轴承 A 和轴承 B 处的约束反力。

解: 取起重机为研究对象,它所受的主动力有 $\boldsymbol{P}_1$ 和 $\boldsymbol{P}_2$。由于对称性,约束反力和主动力都位于同一平面之内。止推轴承 A 处有两个约束反力 $\boldsymbol{F}_{Ax}$,$\boldsymbol{F}_{Ay}$,轴承 B 处只有一个与转轴垂直的约束反力 $\boldsymbol{F}_B$,起重机受力分析如图 3-8 所示。

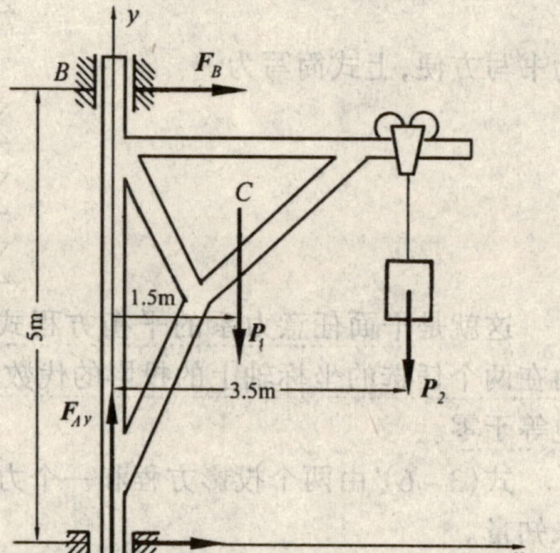

图 3-8

取坐标系如图,列出平衡方程

$$\sum X = 0, \qquad F_{Ax} + F_B = 0$$

$$\sum Y = 0, \qquad F_{Ay} - P_1 - P_2 = 0$$

$$\sum M_A(\boldsymbol{F}) = 0,$$

$$-F_B \times 5 - P_1 \times 1.5 - P_2 \times 3.5 = 0$$

解方程,得

$$F_{Ay} = 50\,\text{kN}, \ F_B = -31\,\text{kN}, \ F_{Ax} = 31\,\text{kN}$$

F_B 为负值,说明它的方向与假设的方向相反,即真实方向应指向左。

例 3-4 悬臂吊车如图 3-9(a)所示。横梁 AB 长 $l = 2.5\,\text{m}$,重量 $P = 1.2\,\text{kN}$,拉杆 CB 倾斜角 $\alpha = 30°$,质量不计。载荷 $Q = 7.5\,\text{kN}$。求图示位置 $b = 2\,\text{m}$ 时,拉杆的拉力和铰链 A 的约束反力。

解: 取横梁 AB 为研究对象。作用在横梁上的力有重力 $\boldsymbol{P}$、载荷 $\boldsymbol{Q}$、拉杆拉力 $\boldsymbol{F}_B$ 和铰

链 A 处的约束反力 $\boldsymbol{F}_{Ax}$ 及 $\boldsymbol{F}_{Ay}$。其受力分析如图 3-9(b)所示，取图示坐标，列出平衡方程。

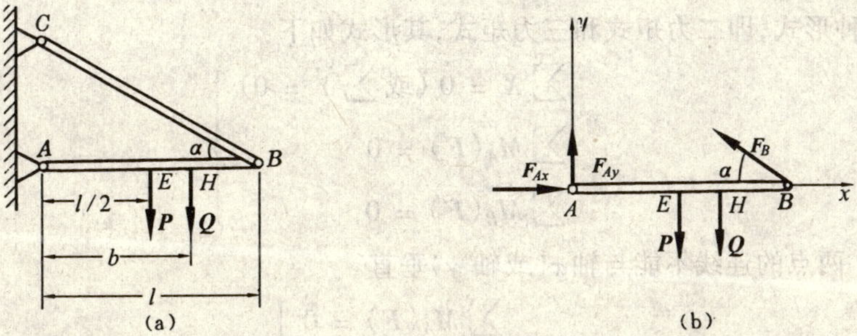

图 3-9

由

$$\sum M_A(\boldsymbol{F}) = 0,\ F_B l\sin\alpha - \frac{Pl}{2} - Qb = 0$$

可得

$$F_B = \frac{1}{l\sin\alpha}\left(\frac{P}{2}l + Qb\right) = 13.2\ \text{kN}$$

由

$$\sum X = 0,\quad F_{Ax} - F_B\cos\alpha = 0$$

可得

$$F_{Ax} = F_B\cos\alpha = 13.2 \times \frac{\sqrt{3}}{2} = 11.43\ \text{kN}$$

由

$$\sum Y = 0,\quad F_{Ay} - P - Q + F_B\sin\alpha = 0$$

可得

$$F_{Ay} = P + Q - F_B\sin\alpha = 2.1\ \text{kN}$$

讨论：

从上面的计算可以看出，杆 CB 所承受的拉力和铰链 A 的约束反力，是随载荷的位置不同而改变的，因此应当根据这些力的最大值来进行构件设计。

在本例中，如果写出对 A 和 B 两点的力矩平衡方程和对轴 x 的投影平衡方程，同样可以求解。即

$$\sum M_A(\boldsymbol{F}) = 0,\quad F_B l\sin\alpha - P \times \frac{l}{2} - Qb = 0$$

$$\sum X = 0,\quad F_{Ax} - F_B\cos\alpha = 0$$

$$\sum M_B(\boldsymbol{F}) = 0,\quad P \times \frac{l}{2} - F_{Ay}l + Q(l-b) = 0$$

解此方程组，所得结果与前面相同。

如果写出对 A，B，C 三点的力矩平衡方程，同样也可求解。即

$$\sum M_A(\boldsymbol{F}) = 0,\quad F_B l\sin\alpha - P \times \frac{l}{2} - Qb = 0$$

$$\sum M_B(\boldsymbol{F}) = 0,\quad P \times \frac{1}{2} - F_{Ay}l + Q(l-b) = 0$$

$$\sum M_C(\boldsymbol{F}) = 0,\quad F_{Ax}l\tan\alpha - P \times \frac{1}{2} - Qb = 0$$

解之,所得结果也与前面相同。

综合以上分析可以看出,平面任意力系平衡方程除了前面所介绍的基本形式(3-6)′外,还有其它两种形式,即二力矩式和三力矩式,其形式如下:

$$\left.\begin{aligned}&\sum X=0\ (\text{或}\sum Y=0)\\&\sum M_A(\boldsymbol{F})=0\\&\sum M_B(\boldsymbol{F})=0\end{aligned}\right\}\qquad(3-7)$$

其中,A 和 B 两点的连线不能与轴 x(或轴 y)垂直。

$$\left.\begin{aligned}&\sum M_A(\boldsymbol{F})=0\\&\sum M_B(\boldsymbol{F})=0\\&\sum M_C(\boldsymbol{F})=0\end{aligned}\right\}\qquad(3-8)$$

其中,A,B,C 三点不能选在同一直线上。

式(3-7)表明,力系分别向点 A 和点 B 简化,既满足 $\sum M_A(\boldsymbol{F})=0$,又满足 $\sum M_A(\boldsymbol{F})=0$,则力系不可能简化为一合力,有可能为一个通过点 A 和点 B 的合力 $\boldsymbol{F}_R$,或者合力为零。但因为力系又满足方程 $\sum X=0$,且轴 x 与 A 和 B 两点并不垂直,说明这个合力必等于零而力系平衡。因此必须附加这个限制条件:A 和 B 两点连线不能与轴 x 相互垂直。

三力矩式的论证读者可自行分析。

如不满足上述相应的附加条件,则所列三个平衡方程将会不独立。

前述三组方程式(3-6)′,(3-7),(3-8)都可用来解决平面任意力系的平衡问题。究竟选用哪一组方程,需根据具体情况确定,以便简化计算。对于受平面任意力系作用的单个刚体的平衡问题,只可以写出三个独立的平衡方程,求解三个未知量。任何第四个方程只是前三个方程的线性组合,因而是不独立的。我们可以利用这个方程来校核计算的结果。

从上述例题易见,选取适当的坐标轴和矩心,可以减少所列平衡方程中的未知量的数目。在列平衡方程时,矩心应该取在尽可能多的未知力的交点上,而投影轴应当与尽可能多的未知量相垂直。

§3-3 平面平行力系的平衡方程

所谓平面平行力系,就是各力的作用线都在同一平面内且互相平行的力系。

平面平行力系是平面任意力系的一种特殊情形。设物体受平面平行力系 $\boldsymbol{F}_1,\boldsymbol{F}_2,\cdots,\boldsymbol{F}_n$ 作用如图 3-10 所示。不妨选取轴 x 与各力垂直,则不论力系是否平衡,每一个力在轴 x 上的投影恒等于零,即 $\sum X=0$。于是,平面平行力系的独立平衡方程的数目只有两个,即

$$\left.\begin{aligned}&\sum Y=0\\&\sum M_O(\boldsymbol{F})=0\end{aligned}\right\}\qquad(3-9)$$

平面平行力系的平衡方程,也可用二矩式形式表示,即

$$\left.\begin{aligned}&\sum M_A(\boldsymbol{F})=0\\&\sum M_B(\boldsymbol{F})=0\end{aligned}\right\}\qquad(3-10)$$

其中 A,B 两点的连线不能与各力平行。

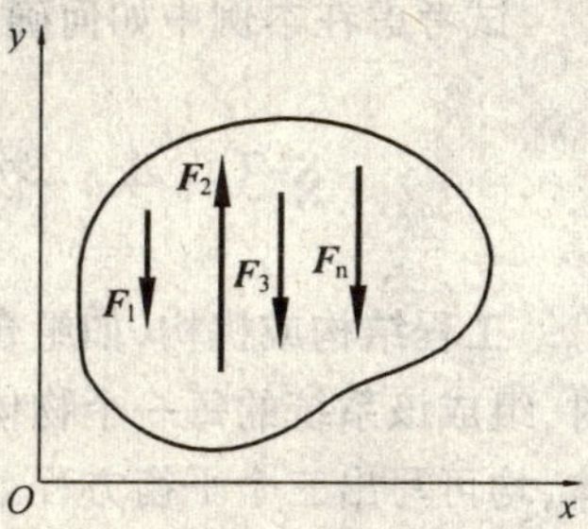

图 3-10

例 3-5 塔式起重机机架重为 G,其作用线离右轨 B 的距离为 e,轨距为 b,最大起重量 P 离右轨的最大距离为 l,平衡配重重力 Q 的作用线离左轨 A 的距离为 a(图 3-11),欲使起重机满载及空载时都不翻倒,试求平衡配重的重量 Q。

解: 取起重机为研究对象,受力如图 3-11 所示,这是一个平面平行力系的平衡问题。为使起重机不翻倒而始终处于平衡状态,该力系必须满足平衡条件。下面分别考虑满载和空载时起重机处于临界平衡状态的情况。

先研究满载时的情形。若起重机在满载时翻倒,将绕 B 顺钟向转动,而轮 A 脱离开钢轨,$F_A=0$,若使起重机满载时不翻倒,必须 $F_A \geqslant 0$。

$$\sum M_A(\boldsymbol{F}) = 0$$

$$Q(a+b) - Ge - Pl - F_A b = 0$$

解得 $F_A = \dfrac{1}{b}[Q(a+b) - Ge - Pl]$

因为 $F_A \geqslant 0$

故 $\dfrac{1}{b}[Q(a+b) - Ge - Pl] \geqslant 0$

所以 $$Q \geqslant \frac{Ge+Pl}{a+b} \qquad (1)$$

此即满载时不翻倒的条件。

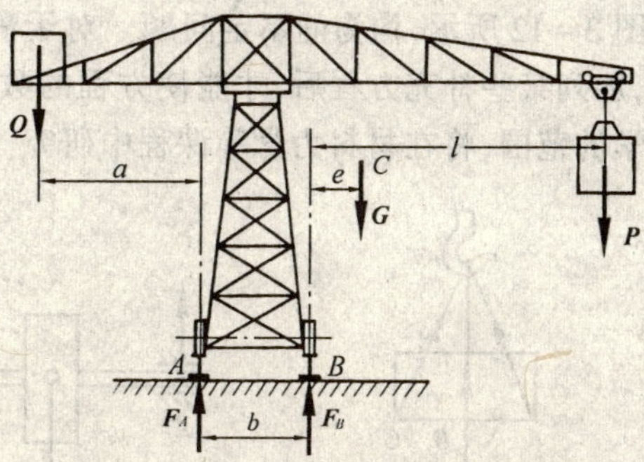

图 3-11

再研究空载时的情形。若起重机在空载时翻倒,将绕 A 逆钟向转动,而轮 B 脱离开钢轨,$F_B=0$。若使起重机空载时不翻倒,必须 $F_B \geqslant 0$。

由 $\sum M_B(\boldsymbol{F}) = 0, \quad Qa - G(b+e) + F_B b = 0$

可得 $$F_B = \frac{1}{b}[G(b+e) - Qa]$$

因为 $F_B \geqslant 0$

故 $$\frac{1}{b}[G(b+e) - Qa] \geqslant 0$$

所以 $$Q \leqslant \frac{G}{a}(b+e) \qquad (2)$$

此即空载时不翻倒的条件

起重机实际工作时,不允许处于极限状态,要使起重机不致翻倒,平衡配重 Q 应满足的条件为

$$\frac{Ge+Pl}{a+b} < Q < \frac{G(b+e)}{a} \qquad (3)$$

设计起重机时,确定了 G,P,l,b 和 e 的数据后,为了使起重机安全运行,应该选择合适的 a 值,相应确定允许的 Q 值的范围。

试考虑在本例中如何确定 $F_{A\max}$ 和 $F_{B\max}$？

§3-4 物体系统的平衡、静定和静不定问题

工程结构或机构，如组合构架、三铰拱等，都是由几个物体组成的系统。当物体系统平衡时，组成该系统的每一个物体也都处于平衡状态，因此对于每一个受平面任意力系作用的物体，均可写出三个平衡方程。如物体系统由 n 个物体组成，则总共可有 $3n$ 个独立方程，若系统中有的物体受平面汇交力系或平面平行力系等作用时，则系统的平衡方程数目相应要减少。当系统中的未知量数目等于独立平衡方程的数目时，则所有未知数都能由平衡方程求出，这样的问题称为静定问题，显然前面列举的各例都是静定问题。在工程实际中，有时为了提高结构的刚度和坚固性，常常增加多余的约束，因而使这些结构的未知量的数目多于平衡方程的数目，未知量就不能全部由平衡方程求出，这样的问题称为静不定问题或超静定问题。如图 3-12 所示，均为静不定问题。对于静不定问题，必须考虑物体因受力作用而产生的变形，加列某些补充方程后，才能使方程的数目等于未知量的数目。静不定问题已超出刚体静力学的范围，将在材料力学等课程中研究。

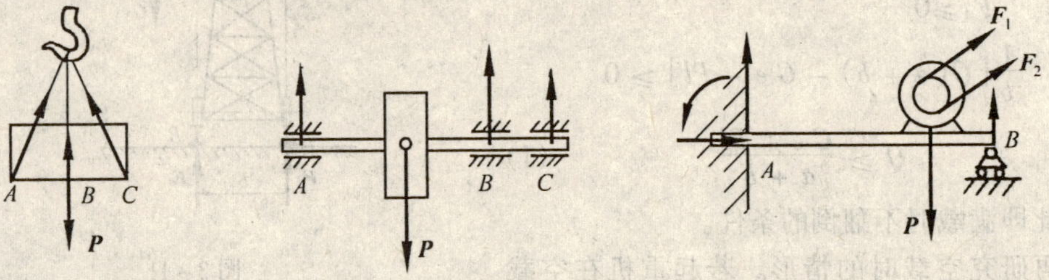

图 3-12

在求解静定的物体系统的平衡问题时，可以选每个物体为研究对象，列出全部平衡方程，然后求解；也可先取整个系统为研究对象，列出平衡方程，这样的方程因不包含内力，式中未知量较少，解出部分未知量后，再从系统中选取某些物体作为研究对象，列出有关的平衡方程，直至求出所有的未知量为止。在选择研究对象和列平衡方程时，应尽可能避免求解联立方程。

例 3-6 水平联合梁由梁 AB 和 BC 在 B 处铰接组成，如图 3-13(a)所示，A 为固定铰链支座，C 和 D 为滚动支座，已知 $F=8\,\text{kN}$，$q=2\,\text{kN/m}$，$M=5\,\text{kN}\cdot\text{m}$，图上长度单位为 m，试求支座 A，C，D 的反力。

解： 取系统中刚体 AB 和 BC 为分离体，分别作出它们的受力图，如图 3-13(b)、(c)所示，其中 $\boldsymbol{F}_{Bx}$，$\boldsymbol{F}_{By}$ 是梁 AB 作用于 BC 的反力，$\boldsymbol{F}'_{Bx}$，$\boldsymbol{F}'_{By}$ 则是梁 BC 反作用于 AB 的力，它们应符合作用与反作用定律，可见，梁 AB 和 BC 都受平面任意力系作用，共有六个独立平衡方程，而图 3-13(b)、(c)上的未知量有：F_{Ax}，F_{Ay}，F_C，F_D，$F_{Bx}(=F'_{Bx})$，$F'_{By}(=F_{By})$，共计六个。因此，本题是静定的。

为了确定一个合适的解题方案，不妨再作出整个系统的受力图，如图 3-13(d)所示，以便作全面考虑。这时 $\boldsymbol{F}_{Bx}$，$\boldsymbol{F}_{By}$，$\boldsymbol{F}'_{Bx}$，$\boldsymbol{F}'_{By}$ 属于内力，不必画出。检查图 3-13(b)，(c)和(d)上未知量的数目，它们分别为 5,3,4 个，我们可以从未和量数目较少的图 3-13(c)着手，求出 F_C，

F_{Bx}，F_{By}，再从图 3-13(d)求出其余的三个未知量 F_{Ax}，F_{Ay}，F_D。

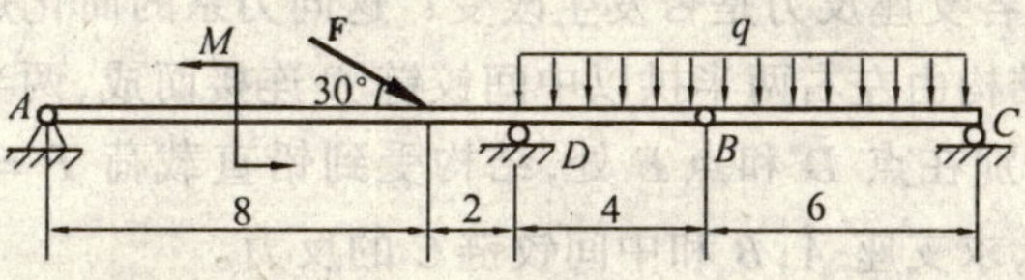

(a)

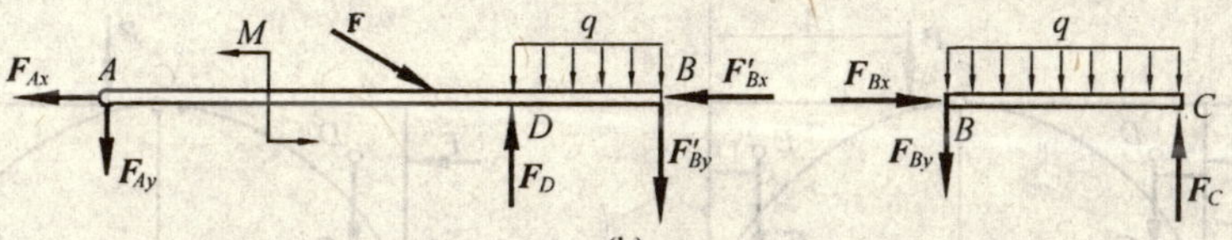

(b)

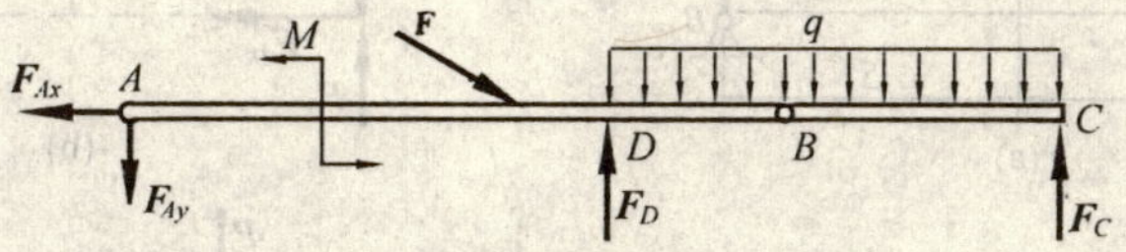

(c)

图 3-13

(1)取梁 BC 为研究对象，其受力如图 3-13(c)所示，列平衡方程

$$\sum M_B(\boldsymbol{F}) = 0, \qquad F_C \times 6 - 6q \times 3 = 0$$

解得

$$F_C = 3q = 6\ \text{kN}$$

通过另两个平衡方程可以求出 F_{Bx}，F_{By}，根据题设条件，可不必列出。

(2)取整个系统为研究对象，其受力如图 3-13(d)所示，列平衡方程

$$\sum X = 0, \qquad -F_{Ax} + F\cos30^\circ = 0$$

所以

$$F_{Ax} = F\cos30^\circ = 6.928\ \text{kN}$$

$$\sum M_A(\boldsymbol{F}) = 0, \qquad F\sin30^\circ \times 8 - M - F_C \times 20 - F_D \times 10 + 10q \times 15 = 0$$

所以

$$F_D = 20.7\ \text{kN}$$

$$\sum Y = 0, \qquad F_{Ay} + F_C + F_D - F\sin30^\circ - 10q = 0$$

所以

$$F_{Ay} = 2.7\ \text{kN}$$

讨论：

(1)考察梁 AB，BC 和整个系统的平衡，如图 3-13(b)，(c)，(d)，总共可列 9 个平衡方程，但其中只有 6 个是独立的。实际上，对系统列出的平衡方程可由对系统中每一刚体列出的平衡方程线性相合而得到。所以，计算独立平衡方程总数时，只须将每个刚体的独立方程式的数目相加即可，而不应将整体为研究对象时的平衡方程数目包括在内。但是，在列写解题所需的平衡方程时，根据具体情况，可以选单个刚体，也可以选整体(或系统某一部分)作为研究对象，列出适用的平衡方程。

(2)如果一开始就取整体为研究对象，如图 3-14(d)所示，通过 $\sum X = 0$，求出 F_{Ax}，再列出三个平衡方程：$\sum M_A(\boldsymbol{F}) = 0$，$\sum M_C(\boldsymbol{F}) = 0$，$\sum M_P(\boldsymbol{F}) = 0$，($P$ 是与 A，C 不共线的一个已知点)，试问：能否从这三个方程中解出三个未知量 F_{Ay}，F_C，F_D，为什么？

(3)试问：①将作用于梁 AB 的力偶移到梁 BC 上，各支座反力是否发生变化？这同"力偶

可在作用面内任意移转”的结论是否矛盾？②将均布载荷 q 用其合力(大小为 $10q = 20$ kN,作用于 CD 中点)来代替,各支座反力是否发生改变？这同力系的简化是否矛盾？

例 3-7 三铰拱结构由左右两半拱以中间铰链 C 连接而成,两半拱的重量相等,即 $G_1 = G_2 = G = 40$ kN,重心分别在点 D 和点 E 处,结构受到铅直载荷 $P = 20$ kN,水平载荷 $F = 10$ kN,如图 3-14(a)所示,求支座 A,B 和中间铰链 C 的反力。

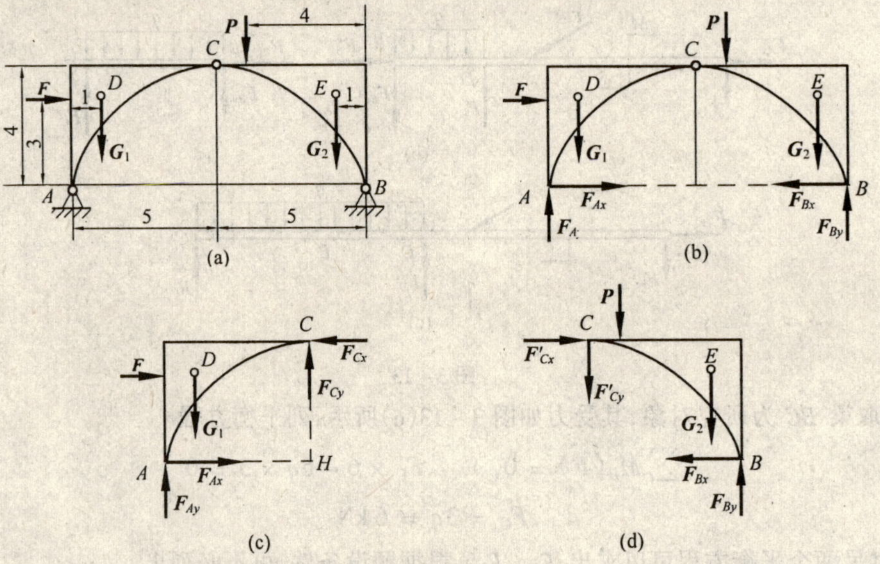

图 3-14

解： 本题的刚体系统由左右两半拱组成,该系统所受的外约束反力并不复杂,故先分析整个系统的平衡问题。

(1)取整体为研究对象,其受力如图 3-14(b)所示,列平衡方程。

$$\sum M_B(\boldsymbol{F}) = 0, \quad -10F_{Ay} - 3F + 4P + 9G_1 + 1 \times G_2 = 0 \tag{1}$$

$$\sum M_A(\boldsymbol{F}) = 0, \quad 10F_{By} - 3F - 6P - 1 \times G_1 - 9G_2 = 0 \tag{2}$$

$$\sum X = 0, \qquad F + F_{Ax} - F_{Bx} = 0 \tag{3}$$

解方程,得

$$F_{Ay} = 45\ \text{kN}, \qquad F_{By} = 55\ \text{kN}$$

尚有两个未知量 F_{Ax}和 F_{Bx},不能从方程(3)中解出。为了求解 $\boldsymbol{F_{Ax}}$和 $\boldsymbol{F_{Bx}}$,必须考察与这些未知量有关的其它刚体的平衡。比如考察左半拱的平衡。

(2)取左半拱为研究对象,其受力如图 3-14(c)所示,列平衡方程

$$\sum M_C(\boldsymbol{F}) = 0, \qquad 4F_{Ax} - 5F_{Ay} + 4G_1 + 1 \times F = 0$$

$$\sum M_H(\boldsymbol{F}) = 0, \qquad -5F_{Ay} + 4G_1 - 3F + 4F_{Cx} = 0$$

$$\sum Y = 0, \qquad F_{Ax} + F_{Cy} - G_1 = 0$$

解方程组,得

$$F_{Ax} = 13.75\ \text{kN}, \ F_{Cx} = 23.75\text{kN}, \ F_{Cy} = -5\ \text{kN}$$

将 F_{Ax} 代入式(3),可得

$$F_{Bx} = F + F_{Ax} = 23.75\text{ kN}$$

至此,我们已求得全部未知量。右半拱的平衡条件可用来进行校核,右半拱的受力图如图 3-14(d)所示,列出相应的三个平衡方程,将上面所得的解代入,如果这些方程自然满足,则所得解是正确的。否则说明解有错误。例如:

$$\sum M_B(\boldsymbol{F}) = 1 \times G_2 + 4P + 5F'_{Cy} - 4F'_{Cx} =$$

$$1 \times 40 + 4 \times 20 + 5 \times (-5) - 4 \times 23.75 = 0$$

此方程是满足的,对其它两个平衡方程,读者可自行验证。

例 3-8 曲柄连杆式压榨机中的曲柄 OA 上作用一力偶,其力偶矩 $M = 500\ \text{N}\cdot\text{m}$,如图 3-15(a)所示。已知 $OA = r = 0.1\text{m}$, $BD = DC = ED = a = 0.3\text{m}$,机构在水平面内,在图 3-15 所示位置平衡,此时 $\angle OAB = 90°$,$\angle DEC = \theta = 30°$,求水平压榨力 $\boldsymbol{P}$。

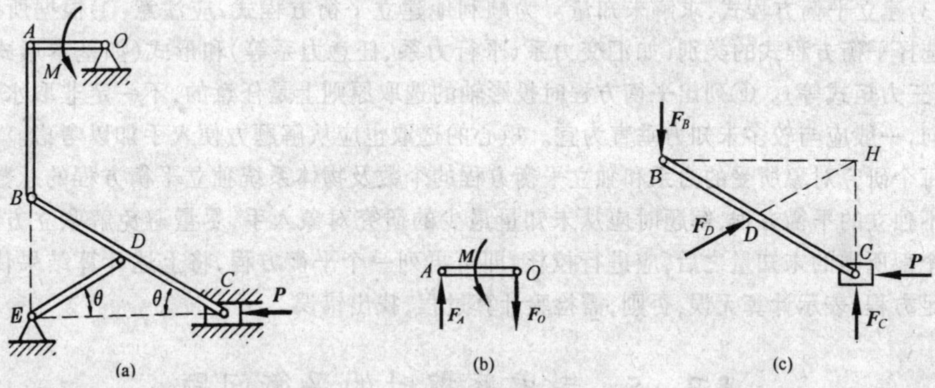

图 3-15

解: 本题属于求解机构平衡时主动力之间的关系问题,不必求出许多约束反力,通常按力传递顺序将机构拆开,分别选作研究对象,通过连接点的力,逐步求得主动力之间应满足的关系式。

(1)取杆 OA 为研究对象。它受有力偶作用,杆 AB 是二力直杆,杆 AB 的 A 端对杆 OA 的力 $\boldsymbol{F}_A$ 沿 BA 方向。根据平面力偶系平衡条件,铰链 O 的反力 $\boldsymbol{F}_0$ 必与 $\boldsymbol{F}_A$ 反向。受力如图 3-15(b)所示。

列平面力偶系平衡方程

$$\sum M = 0,\ M - rF_A = 0$$

所以

$$F_A = \frac{M}{r}$$

(2)取杆 BC(包括滑块 C)为研究对象,其受力如图 3-15(c)所示,为了使方程中只出现一个未知力 $\boldsymbol{P}$,选择其余两个未知力的交点 H 为矩心,列平衡方程。

$$\sum M_H(\boldsymbol{F}) = 0, \quad 2a\cos\theta F_B - 2a\sin\theta P = 0$$

所以

$$P = F_B\cot\theta$$

因为杆 AB 为二力杆,所以

$$F_B = F_A$$

故

$$P = F_A\cot\theta = \frac{M}{r}\cot\theta$$

由此可见,适当地选用力矩方程和恰当选择矩心,可以使计算简便。

通过以上例题,我们可以将求解物体系统的平衡问题的步骤及解题要点总结如下:

(1)恰当地选择研究对象。研究对象的选取在研究单个刚体的平衡时不成问题,对于刚体系统的平衡问题,则应以解题方便为原则。如整个系统所受外约束力的未知量不超过三个,或虽超过三个而仍能由整体平衡条件求得部分未知量时,可先选择整体为研究对象,否则就应选择既含已知力又含待求未知量、且受力情况较为简单的单个刚体或系统的某一部分为研究对象。

(2)对选取的研究对象进行受力分析,正确地画出其受力图。画受力图时,应注意合理地运用简单力系的平衡条件,如二力平衡、三力平衡汇交定理和力偶等效定理等,确定未知反力的方位,以便简化求解过程。

(3)建立平衡方程式,求解未知量。为顺利地建立平衡方程式,应注意:①根据所研究的力系选择平衡方程式的类别(如汇交力系、平行力系、任意力系等)和形式(如基本形式、二力矩式、三力矩式等)。②列出平衡方程时投影轴的选取原则上是任意的,不一定非取水平或铅垂方向,一般应与较多未知力垂直为宜。矩心的选取也应从解题方便入手加以考虑。要判断清楚每个研究对象所受的力系和独立平衡方程的个数及物体系统独立平衡方程的总数,避免列出不独立的平衡方程,解题时应从未知量最少的研究对象入手,尽量避免解联立方程。③求出全部所需的未知量之后,应进行校核,即可再列一个平衡方程,将上述计算结果代入,若能满足方程,表示计算无误,否则,需检验计算过程,找出错误。

§3-5 考虑摩擦时的平衡问题

在以前的讨论中,都略去了摩擦力而假定物体的接触面是绝对光滑的,所以接触物体间的约束反力沿着接触面的公法线,这是理想化的约束模型,完全光滑的表面实际上并不存在。当问题中的摩擦力很小,假定接触面绝对光滑,可使问题的研究得以简化。但在某些情况下,摩擦力却可能是重要的甚至是决定性的因素,如重力坝与挡土墙的滑动稳定性问题,摩擦离合器械、车辆的起动和制动等,都必须考虑摩擦力的作用。

一、滑动摩擦

当两个固体沿着它们粗糙的接触面相对滑动,或者有相对滑动的趋势时,在接触面上彼此作用着阻碍相对滑动的力,这种力称为滑动摩擦力,简称摩擦力。在仅有相对滑动趋势而尚未滑动时产生的摩擦力称为静摩擦力,在相对滑动时产生的摩擦力称为动摩擦力。

可以通过图 3-16 所示的简单实验来分析摩擦力的规律。设物体重 $\boldsymbol{P}$,放在固定水平面上,两者接触面是粗糙的,物块上作用有水平力 $\boldsymbol{F}$,在 $\boldsymbol{F}$ 的大小由零逐渐增加到某一值 $\boldsymbol{F}_1$ 的过程中,物块始终保持静止。分析物块的平衡条件,如图 3-16(b)所示,可见两接触面间除法向反力 $\boldsymbol{F}_N$ 外,必定还存在着切向反力即静摩擦力 $\boldsymbol{F}_s$,否则物块在水平方向是不可能保持平衡的。在此过程中,静摩擦力 $\boldsymbol{F}_s$ 大小将随主动力 $\boldsymbol{F}$ 的增大而增大,其值可以通过平衡条件($\sum X = F - F_s = 0$)来确定。实验也表明,当力 $\boldsymbol{F}$ 的大小增加到超过上述值 $\boldsymbol{F}_1$ 时,物体就不能继续保持静止，而开始沿水平面滑动。这说明，静摩擦力 $\boldsymbol{F}_s$ 的大小不能无限增加而具有一最大值 F_{max}。最大静摩擦力 $\boldsymbol{F}_{max}$发生在力 $\boldsymbol{F}$ 增大到 $F = F_1$ 时，这时物体处于虽尚未滑动但无限接近于滑动的状态，故称为临界状态。综上所述，可见静摩擦力作用于两物体接触的公切面内，方向与两接触面相对滑动的趋势相反，在未达到临界状态时，其大小可在一定范围内变化。

$$0 \leqslant F < F_{max} \qquad (3-11)$$

这时，$\boldsymbol{F}$ 的大小应通过平衡条件确定，就像确定普通的约束反力一样。当达到临界状态时，静摩擦力达到其最大值 F_{max}，通过大量实验知道，最大静摩擦力 F_{max}的近似规律为最大静摩擦力与两接触面间的法向压力(即法向约束反力)F_N 成正比

$$F_{max} = f_s F_N \qquad (3-12)$$

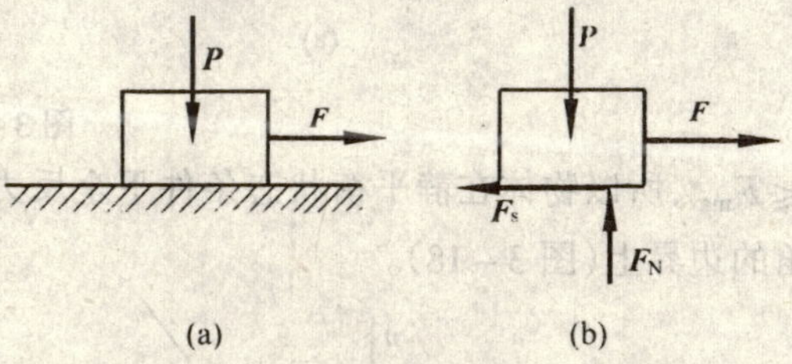

图 3-16

这就是静滑动摩擦定律，又称库仑定律。式中，f_s 是无量纲的比例常数，称为静摩擦因数。它可由实验测定，也可以在一般的工程手册中查找。静摩擦因数与两接触物体的材料和接触表面的状态(粗糙程度、温度、湿度等)有关，一般与接触面积的大小无关。

当两接触面产生相对滑动时，两者之间相互作用着动摩擦力 $\boldsymbol{F}_d$。动摩擦力的方向与两接触面相对滑动的方向相反。通过实验知道，动摩擦力的大小 F_d 也与两接触面间的法向力 F_N 成正比

$$F_d = fF_N \qquad (3-13)$$

式中比例常数 f 称为动摩擦因数。实验表明，动摩擦因数与接触面材料、表面状态以及相对滑动速度有关，其值一般略小于静摩擦因数。在一般工程中，精确度要求不高时，可近似认为动摩擦因数与静摩擦因数相等。

二、摩擦角和自锁现象

1. 摩擦角

当考虑摩擦时，支承面对平衡物体的约束反力包含两个分量：法向反力 $\boldsymbol{F}_N$ 和切向反力 $\boldsymbol{F}_s$(即静摩擦力)。这两个分力的几何和 $\boldsymbol{F}_R = \boldsymbol{F}_N + \boldsymbol{F}_s$ 称为支承面的全约束反力，简称全反力，它的作用线与接触面的公法线成一偏角 φ，如图 3-17(a)所示，在临界状态下，$\boldsymbol{F}_R = \boldsymbol{F}_N + \boldsymbol{F}_{max}$，上述偏角 φ 达到最大值 φ_m，如图 3-17(b)所示。全约束反力与法线间夹角的最大值 φ_m，称为摩擦角，由图 3-17(b)可知

$$\tan\varphi_m = \frac{F_{max}}{F_N} = \frac{f_s F_N}{F_N} = f_s \qquad (3-14)$$

此式表明，摩擦角的正切等于静摩擦因数。可见，摩擦角和摩擦因数一样，都是表示材料的表面性质的重要参数。摩擦角与摩擦因数之间的数值关系为用几何法求解考虑摩擦的平衡问题提供了可能性。

2. 自锁现象

下面分析与摩擦角有关的力学现象。一个考虑摩擦的物体所受的力如果按主动力和约束力来分类，则可认为其上作用有两个力：主动力系的合力 $\boldsymbol{F}_A$ 和全约束反力 $\boldsymbol{F}_R$，由于

图 3-17

$F_s \leqslant F_{max}$，所以物体在静平衡状态条件下全反力 F_R 的作用线总保持在摩擦角内，最多到达摩擦角的边界上（图 3-18）。

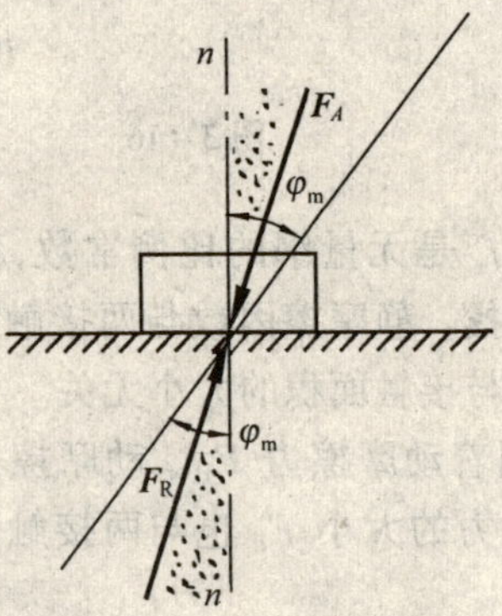

图 3-18

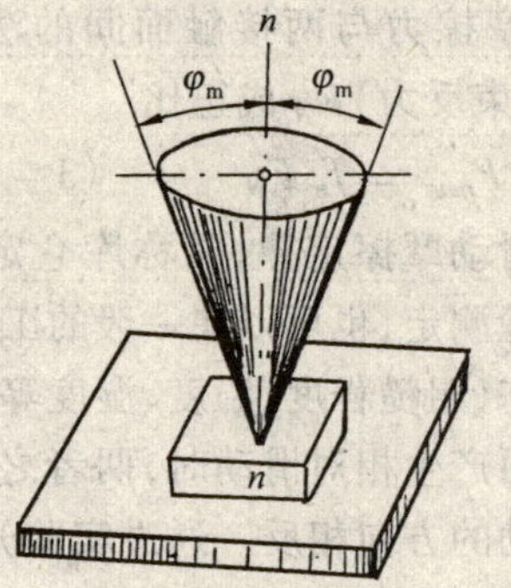

图 3-19

当主动力系的合力 F_A 的作用线与接触面法线的夹角 $\varphi \leqslant \varphi_m$ 时，即 F_A 的作用线在摩擦角以内，至多到达边界上时，不论其值 F_A 多大，必能产生与它等值、反向、共线的全反力 F_R 使物体保持静止；当主动力系的合力 F_A 作用线在摩擦角之外，不论其值 F_A 多小，全反力 F_R 不可能与之共线，因此物体不能保持静止。主动力系的合力 F_A 的作用线在摩擦角内能使物体保持静止的现象称为摩擦自锁，$\varphi \leqslant \varphi_m$ 称为自锁条件。

若物体沿接触面各个方向的静摩擦因数相等，则可以法线 $n-n$ 为轴，φ_m 为半顶角画出一个圆锥，称为摩擦锥。如图 3-19 所示，若主动力系合力 F_A 的作用线在锥内，则不论其值 F_A 多大，物体可保持静止。

摩擦自锁现象在日常生活及工程技术中都是很常见的。例如：在木器上钉木楔、千斤顶、螺栓等是利用自锁条件而工作的。而一些运动机械如水闸门的自动启闭、工作台在导轨中的滑动等则要避免出现自锁现象。

三、考虑滑动摩擦的平衡问题

考虑滑动摩擦的平衡问题大致分为两类：

（1）$F_s < F_{max}$ 的情形，一般要求解出未知的约束力，对此类静定问题，可将摩擦力 F_s 完全视为普通的约束反力，其方向可以假设，大小可由平衡方程解出，其解题方法及步骤与前面所述平衡问题相似。

（2）$F_s = F_{max}$ 的情形，此时一般要求分析保持平衡或不平衡的条件，这种条件常体现为判定平衡位置、平衡时主动力之间关系等等。求解这类问题，主要借助于处于临界平衡状态的条件，所用方法可以是解析法，也可以是几何法。特别应注意的是：

1）分析受力时，$\boldsymbol{F}_{max}$的方向要根据相关物体接触面的相对滑动趋势正确判定。

2）作用于物体上的力系，除须满足平衡方程外，还要满足摩擦补充方程 $0 \leqslant F_s \leqslant F_{max}$。

3）由于物体平衡时摩擦力有一定的范围：$0 \leqslant F_s \leqslant F_{max}$，因而考虑摩擦的平衡问题的解亦有一定的范围，而非一个确定的值。

工程实际中有不少问题是分析物体平衡的临界状态（通常平衡的破坏可能是滑动、翻倒等），此时补充方程可能取不等号。有时，为了计算方便，避免解不等式，即使求解确定平衡范围的问题，通常也是在临界状态下计算，求得结果后，再利用力学概念或实践经验确定所需的平衡范围。

例 3-9 重量为 P 的物块放在固定斜面上，斜面的倾斜角为 α，已知物块与斜面间的静摩擦因数为 f_s，且 $\varphi_m < \alpha$，为使物体在斜面上保持静止，在其上作用一水平力 $\boldsymbol{F}_1$，如图 3-20(a)所示，试求力 $\boldsymbol{F}_1$ 的大小。

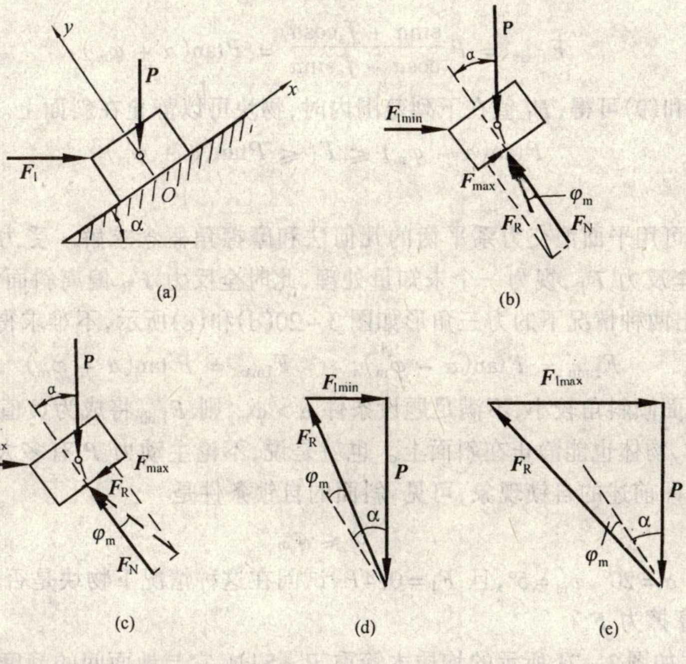

图 3-20

解： 力 $\boldsymbol{F}_1$ 过大或过小，将使物块沿斜面上滑或下滑，故 F_1 值在一定范围内时能保持物块处于静止状态。

先求 F_1 的最小值 F_{1min}。在力 F_{1min}的作用下，物块处于下滑的临界状态，它所受到的摩擦力沿斜面向上，并达到最大值 F_{max}，物块的受力如图 3-20(b)所示，若略去物块的大小，则这些力可作为平面汇交力系处理，取图示坐标轴，列平衡方程：

$$\sum X = 0,\ F_{1min}\cos\alpha - P\sin\alpha + F_{max} = 0 \tag{1}$$

$$\sum Y = 0,\ F_N - P\cos\alpha - F_{1min}\sin\alpha = 0 \tag{2}$$

此外，根据摩擦定律有补充条件

$$F_{max} = f_s F_N \tag{3}$$

解之得

$$F_{1\min} = P\frac{\sin\alpha - f_s\cos\alpha}{\cos\alpha + f_s\sin\alpha} \tag{4}$$

若令 $f_s = \tan\varphi_m$，则上式可改为

$$F_{1\min} = P\frac{\sin\alpha - \tan\varphi_m\cos\alpha}{\cos\alpha + \tan\varphi_m\sin\alpha} = P\tan(\alpha - \varphi_m) \tag{5}$$

再求 F_1 的最大值 $F_{1\max}$，在力 $F_{1\max}$ 作用下，物块处于上滑的临界状态，物体受到的最大静摩擦力 $F_{\max}$ 沿斜面向下，如图 3-20(c)所示。同样地列出平衡方程和补充条件：

$$\sum X = 0,\ F_{1\max}\cos\alpha - P\sin\alpha - F_{\max} = 0 \tag{6}$$

$$\sum Y = 0,\ F_N - P\cos\alpha - F_{1\max}\sin\alpha = 0 \tag{7}$$

$$F_{\max} = f_s F_N \tag{8}$$

可解得

$$F_{1\max} = P\frac{\sin\alpha + f_s\cos\alpha}{\cos\alpha - f_s\sin\alpha} = P\tan(\alpha + \varphi_m) \tag{9}$$

综合式(5)和(9)可得，F_1 值在下列范围内时，物块可以静止在斜面上。

$$P\tan(\alpha - \varphi_m) \leqslant F_1 \leqslant P\tan(\alpha + \varphi_m) \tag{10}$$

讨论：

(1)本题也可用平面汇交力系平衡的几何法和摩擦角概念求解。受力分析时应将力 $\boldsymbol{F}_N$ 和 $\boldsymbol{F}_{\max}$ 合成为全反力 $\boldsymbol{F}_R$，视为一个未知量处理，此时全反力 $\boldsymbol{F}_R$ 偏离斜面法线的角度等于摩擦角。分别作出两种情况下的力三角形如图 3-20(d)和(e)所示，不难求得

$$F_{1\min} = P\tan(\alpha - \varphi_m), \qquad F_{1\max} = P\tan(\alpha + \varphi_m)$$

(2)如果斜面倾斜角较小，不满足题设条件 $\alpha > \varphi_m$，则 $F_{1\min}$ 将成为负值，这说明无需力 $\boldsymbol{F}_1$ 的维持($F_1 = 0$)，物体也能静止在斜面上。也就是说，不论主动力 $\boldsymbol{P}$ 有多大，也无法推动物块沿斜面下滑，此即前述的自锁现象，可见，斜面的自锁条件是

$$\alpha \leqslant \varphi_m \tag{3-15}$$

(3)若已知 $\alpha = 20°$，$\varphi_m = 5°$，且 $F_1 = 0.4P$，试问在这种情况下物块是否处于临界状态？怎样求出这时的摩擦力 $\boldsymbol{F}_s$？

例 3-10 如图 3-21 所示的均质木箱重 $P = 5$ kN，它与地面间的静摩擦因数 $f_s = 0.4$，图中 $h = 2a = 2$ m，$\alpha = 30°$，试求：(1)当 D 处的拉力 $F = 1$ kN 时，木箱是否平衡？(2)能保持木箱平衡的最大拉力。

解： 欲保持木箱平衡，必须满足两个条件：一是木箱不发生滑动，这就是要求静摩擦力 $F_s \leqslant F_{\max} = f_s F_N$；二是木箱不绕点 A 翻倒，这时要求法向反力 F_N 的作用线距点 A 的距离 d 必须大于零，即 $d > 0$。

(1)取木箱为研究对象，其受力如图 3-21 所示，列平衡方程

$$\sum X = 0,\ F_s - F\cos\alpha = 0 \tag{1}$$

$$\sum Y = 0,\ F_N - P + F\sin\alpha = 0 \tag{2}$$

$$\sum M_A(\boldsymbol{F}) = 0,\ hF\cos\alpha - P\frac{a}{2} + F_N d = 0 \tag{3}$$

解方程组，得

$$F_s = 866\ \text{N},\ F_N = 4\ 500\ \text{N},\ d = 0.171\ \text{m}$$

由静止摩擦定律知，此时木箱与地面间最大摩擦力

$$F_{max} = f_s F_N = 1\ 800\ \text{N}$$

由此可见，$F_s < F_{max}$，木箱不滑动；又 $d > 0$，木箱不会翻倒，因此，木箱保持平衡。

(2)为了求得木箱保持平衡的最大拉力 F，可分别求出木箱欲滑动时的临界拉力 $F_{滑}$ 和木箱将绕点 A 翻倒的临界拉力 $F_{翻}$，二者中取其小者即为所求。

木箱欲滑动的条件为

$$F_s = F_{max} = f_s F_N \tag{4}$$

由式(1)，(2)和(4)联立解得

$$F_{滑} = \frac{f_s P}{\cos\alpha + f_s \sin\alpha} = 1\ 876\ \text{N}$$

木箱欲绕点 A 翻倒的条件为 $d = 0$，代入式(3)，得

$$F_{翻} = \frac{P_a}{2h\cos\alpha} = 1\ 443\ \text{N}$$

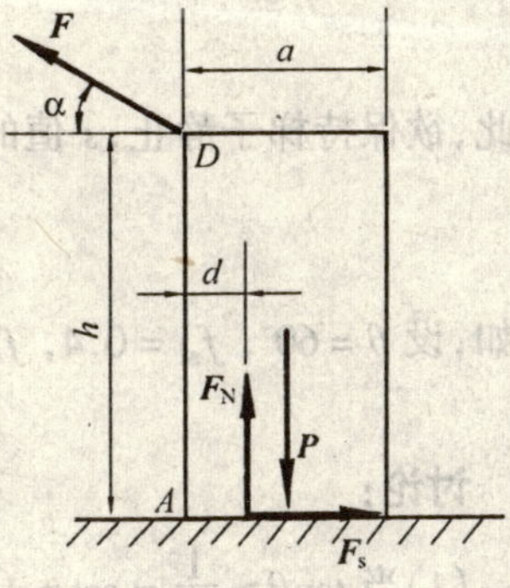

图 3－21

由于 $F_{翻} < F_{滑}$，所以欲保持木箱平衡的最大拉力为

$$F = F_{翻} = 1\ 443\ \text{N}$$

这说明，当拉力 F 逐渐增大时，木箱将先翻倒而失去平衡。

例 3－11 梯子 AB 靠在墙上，与水平面成 θ 角。梯子长 $AB = l$，重量可以略去，如图 3－22(a)所示。已知梯子与地面、墙面间的静摩擦因数分别为 f_{s1}，f_{s2}，重量为 P 的人沿梯向上登爬，他在梯上的位置点 C 不能过高，即 $AC = s$，如超过一定限度，则梯子将滑倒，试求梯子滑倒时 s 的变化范围。

解： 设人沿梯向上登爬已达极限位置，s 达最大值 s_{max}，如再继续上登，梯子即将滑倒。当 $s = s_{max}$ 时，梯子处于平衡的临界状态。梯子与地面的接触点 A 有沿地面向右滑动的趋势，故该处摩擦力 F_{Amax} 指向左方，且其大小达到最大值 $f_{s1}F_{NA}$，同理，梯子与墙面的接触点 B 有向下滑动的趋势，故 F_{Bmax} 指向上方，且其大小达到最大值 $f_{s2}F_{NB}$。这时，梯子的受力分析如图 3－22(b)所示。取图示坐标系，列出平衡方程

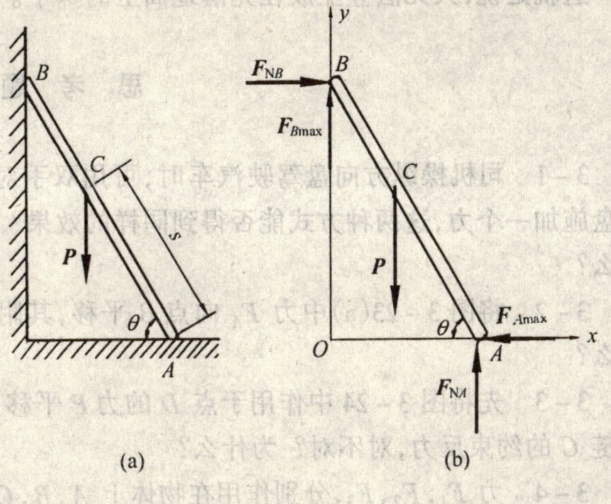

图 3－22

$$\sum X = 0,\ F_{NB} - F_{Amax} = 0 \tag{1}$$

$$\sum Y = 0,\ F_{NA} + F_{Bmax} - P = 0 \tag{2}$$

$$\sum M_A(\boldsymbol{F}) = 0,\ P s_{max}\cos\theta - F_{NB} l \sin\theta - F_{Bmax} l \cos\theta = 0 \tag{3}$$

且有

$$F_{A\max} = f_{s1} F_{NA} \tag{4}$$

$$F_{B\max} = f_{s2} F_{NB} \tag{5}$$

将式(4),(5)代入式(1),(2)中,消去 F_{NA}后解得

$$F_{NB} = \frac{f_{s1}}{1 + f_{s1} f_{s2}} P \tag{6}$$

将式(6)代入式(3)并利用关系式(5),整理后得到

$$s_{\max} = \frac{f_{s1}(\tan\theta + f_{s2})}{1 + f_{s1} f_{s2}} l \tag{7}$$

因此,欲保持梯子静止,s 值的范围为

$$0 \leqslant s \leqslant \frac{f_s(\tan\theta + f_{s2})}{1 + f_{s1} f_{s2}} l \tag{8}$$

例如,设 $\theta = 60°$, $f_{s1} = 0.4$, $f_{s2} = 0.2$,则可算出

$$s_{\max} = 0.715\ 6l$$

讨论:

(1)当 $\tan\theta \geqslant \frac{1}{f_{s1}} = \cot\varphi_{m1} = \tan(90° - \varphi_{m1})$时,($\varphi_{m1}$为 A 处的摩擦角),由式(7)知 $s_{\max} \geqslant l$,这就是说,当 $\theta \geqslant 90° - \varphi_{m1}$时,人可以一直登上梯顶,梯子也不会滑倒。

(2)当 $f_{s2} = 0$,即墙面光滑时

$$s_{\max} = l f_{s1} \tan\theta$$

但当 $f_{s1} = 0$,即地面光滑时

$$s_{\max} = 0$$

这就是说,人无法登上放在光滑地面上的梯子。

思 考 题

3-1 司机操纵方向盘驾驶汽车时,可用双手对方向盘施加一个力偶,也可用单手对方向盘施加一个力,这两种方式能否得到同样的效果?这是否说明一个力与一个力偶等效?为什么?

3-2 将图 3-23(a)中力 F_A 向点 B 平移,其附加力偶如图 3-23(b)所示,对不对?为什么?

3-3 先将图 3-24 中作用于点 D 的力 $\boldsymbol{P}$ 平移至点 E 成为 $\boldsymbol{P}'$,附加相应的力偶,然后求铰链 C 的约束反力,对不对?为什么?

3-4 力 F_1, F_2, F_3,分别作用在物体上 A, B, C 三点,它们的大小正好和三点间的距离 AB, BC, CA 成正比(图 3-25),$\triangle ABC$ 表示 F_1, F_2, F_3 组成的封闭的力三角形。试问此物体是否平衡?

3-5 某平面力系向 A, B 两点简化的主矩皆为零,此力系简化的最终结果可能是一个力吗?可能是一个力偶吗?可能平衡吗?

3-6 平面汇交力系的平衡方程中,可否取两个力矩方程,或一个力矩方程和一个投影

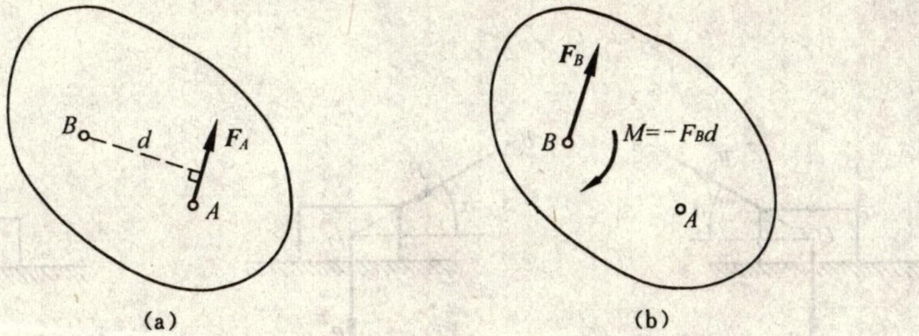

图 3-23

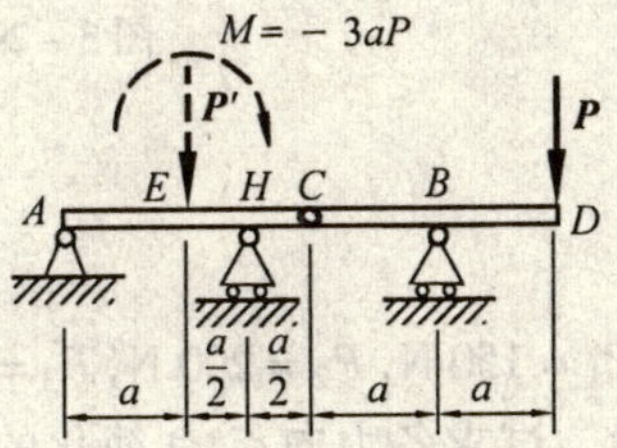

图 3-24

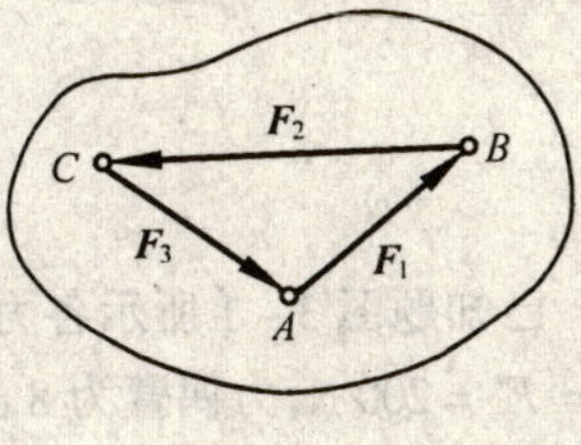

图 3-25

方程？这时，其矩心和投影轴的选择有何限制？

3-7　试从平面一般力系的平衡方程推出平面内其它力系的平衡方程。

3-8　如图 3-26 所示，已知一重量为 $P=100$ N 的物块放在水平面上，其摩擦因数 $f_s=0.3$。当作用在物块上的水平推力 $\boldsymbol{F}$ 的大小分别为 10 N，20 N，40 N 时，试分析这三种情形下物块是否平衡？摩擦力等于多少？

3-9　已知一物块重 $P=100$ N，用 $F=500$ N 的力压在一铅直表面上，如图 3-27 所示，其摩擦因数 $f_s=0.3$。问此时物块所受的摩擦力等于多少？

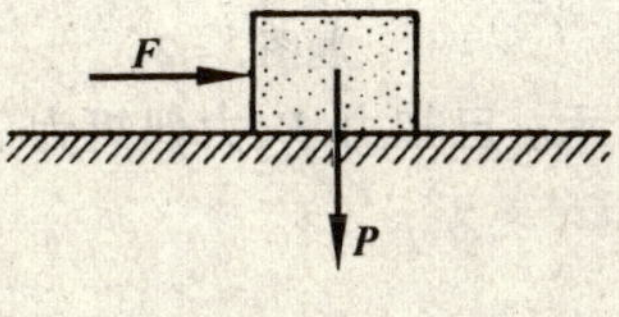

图 3-26

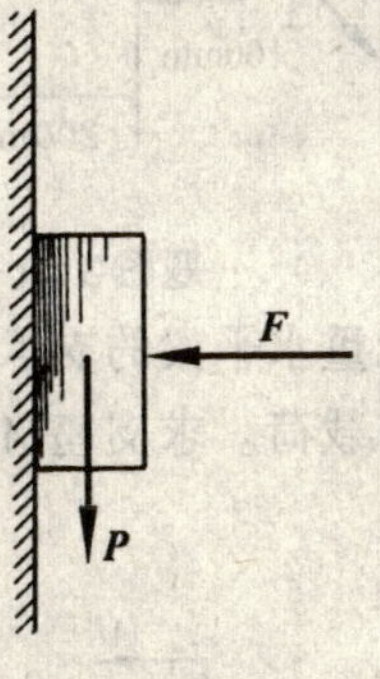

图 3-27

3-10　在摩擦定律 $F_{max}=f_sF_N$ 中，F_N 代表什么？在图 3-28 中，重量均为 $\boldsymbol{P}$ 的两物体放在水平面上，摩擦因数也相同，问是拉动省力？还是推动省力？为什么？

3-11　物块重 P，一力 $\boldsymbol{F}$ 作用在摩擦角之外，如图 3-29 所示，已知：$\theta=25°$，摩擦角 $\varphi_m=20°$，$F=P$，问物块是否能够平衡？为什么？

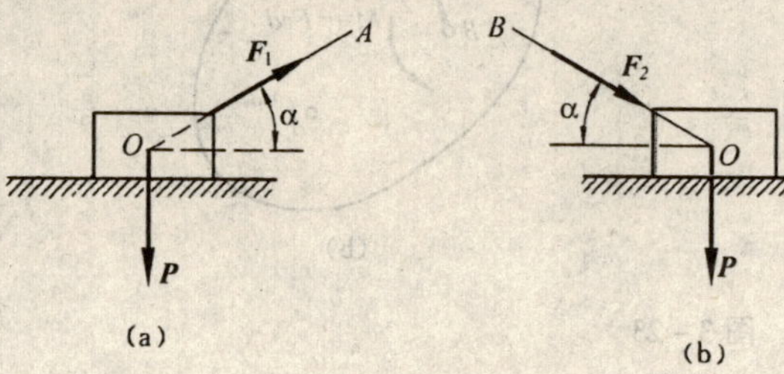

图 3-28

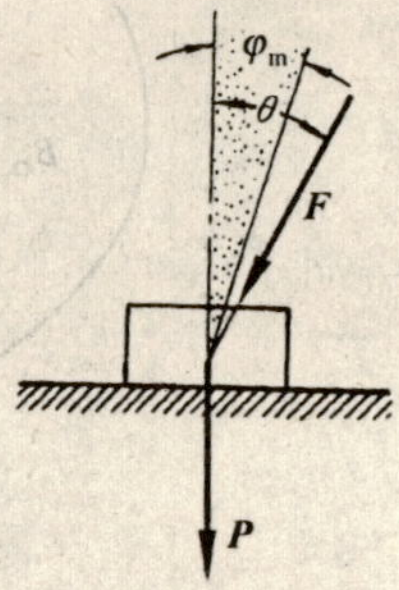

图 3-29

习 题

3-1 已知题图 3-1 所示各力的大小分别为 $P_1=150$ N,$P_2=200$ N,$P_3=300$ N,组成力偶的力 $F=F'=200$ N,力偶臂为 8 cm,方向如图所示。试求各力向点 O 简化的最后结果。

3-2 起重机简图如题图 3-2 所示,已知 P,Q,a,b 及 c,求向心轴承 A 及向心推力轴承 B 的约束反力。

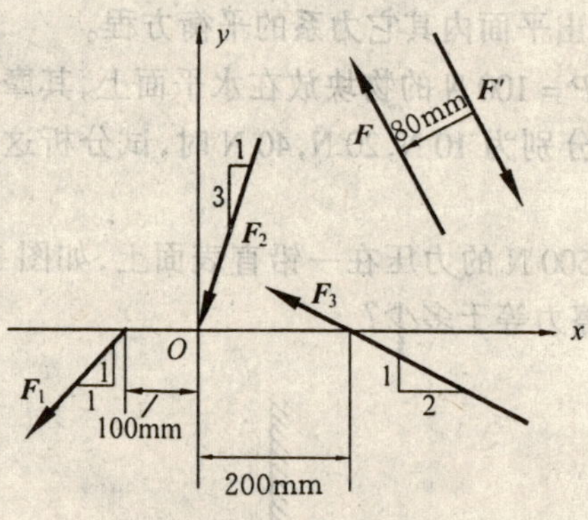

题图 3-1

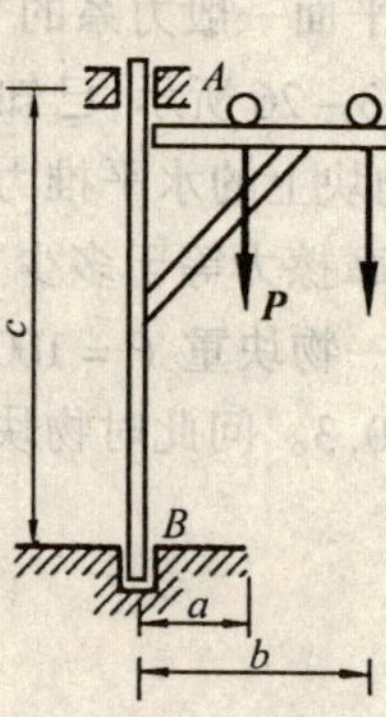

题图 3-2

3-3 无重水平梁的支承和载荷如题图 3-3 所示。已知力 F、力偶矩为 M 的力偶和集度为 q 的均布载荷。求支座 A 和 B 处的约束反力。

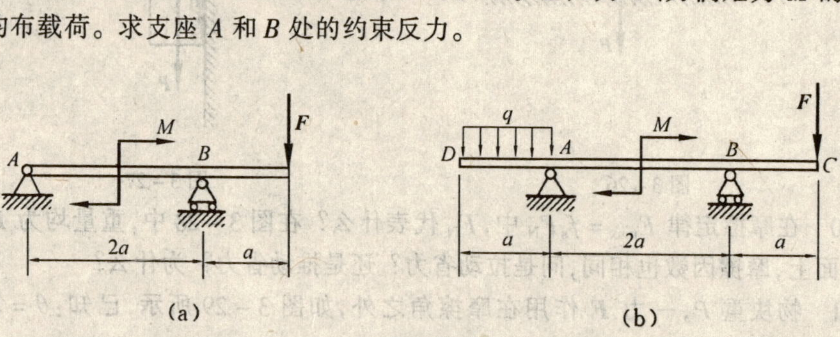

题图 3-3

3-4 梁的支承和载荷如题图 3-4 所示。$F=2\,000$ N,线性分布载荷的最大值 $q=1\,000$

N/m。如不计梁重，求支座反力。

3-5 悬臂刚架受力如题图3-5所示，已知 $q=4\,\text{kN/m}$，$P=5\,\text{kN}$，$a=0.5\,\text{m}$，求固定端 A 的约束反力。

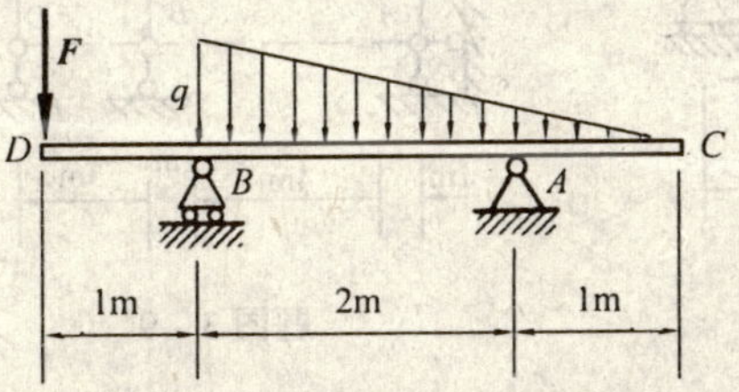

题图3-4

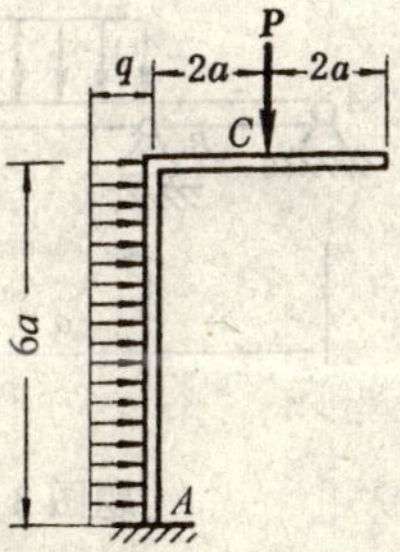

题图3-5

3-6 起重机重 $Q=50\,\text{kN}$，放置在水平连续梁上，起吊重量 $P=10\,\text{kN}$，不计梁重量，如题图3-6所示，图中尺寸单位为m。求支座 A，B 和 D 的反力。

3-7 梯子的两部分 AB 和 AC 在点 A 铰接，又在 D，E 两点用水平绳连接，如题图3-7所示。梯子放在光滑的水平面上，其一边作用有铅直力 F，尺寸如图所示。如不计梯重，求绳的拉力 S。

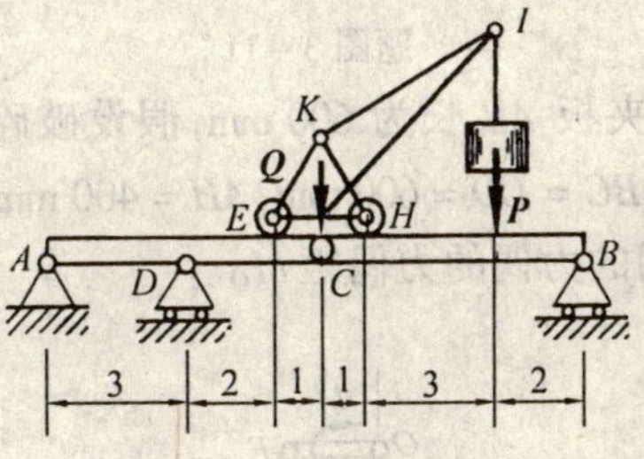

题图3-6

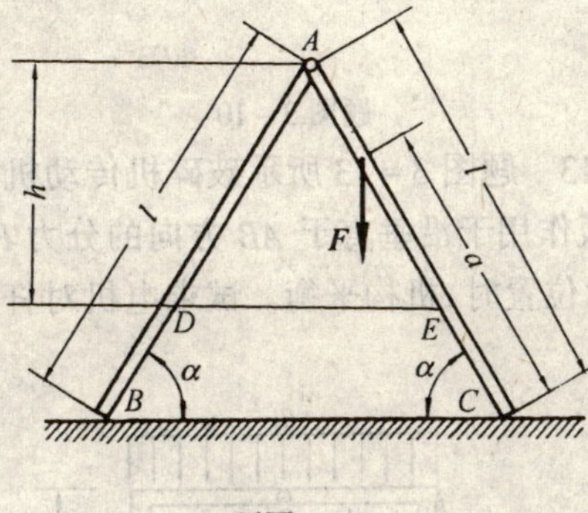

题图3-7

3-8 由杆 AC 和 CD 构成的复合梁通过铰链 C 连接，它的支承和受力如题图3-8所示。已知均布载荷集度 $q=10\,\text{kN/m}$，力偶矩 $M=40\,\text{kN·m}$，$a=2\,\text{m}$，不计梁重。试求支座 A，B 和 D 的约束反力以及铰链 C 所受的力。

3-9 刚架 ACB 和刚架 CD 通过铰链 C 连接，并与地面通过铰链 A，B 和 D 连接，如题图3-9所示。已知 $F=100\,\text{kN}$，$q=10\,\text{kN/m}$。试求刚架的支座约束反力。

3-10 起重构架如题图3-10所示，滑轮直径 $d=200\,\text{mm}$，钢丝绳的倾斜部分平行于杆 BE。吊起的载荷重为10 kN，其它重量不计。试求固定铰链支座 A 和 B 的约束反力。

3-11 题图3-11所示无底的圆柱形空筒放在光滑的固定平面上，其内放两个各重 P 的重球。球的半径为 r，圆筒的半径为 R，不计摩擦。试求不致翻倒圆筒的最小重量 $G_{\min}$（$R<2r<2R$）。

3-12 刚架由 AC 和 BC 两部分组成，所受载荷如题图3-12所示。试求 A，B 和 C 处约束力。

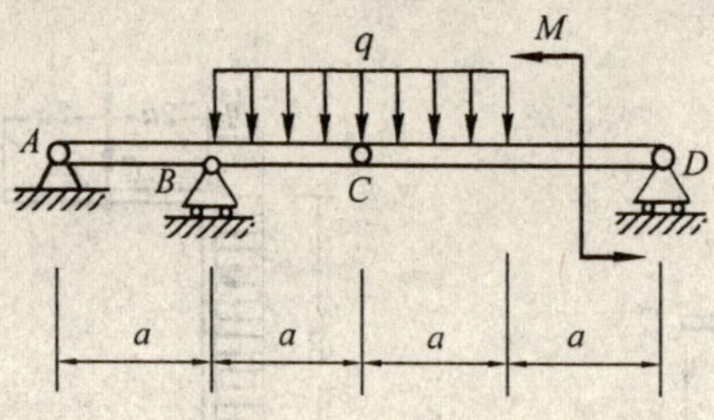

题图 3－8

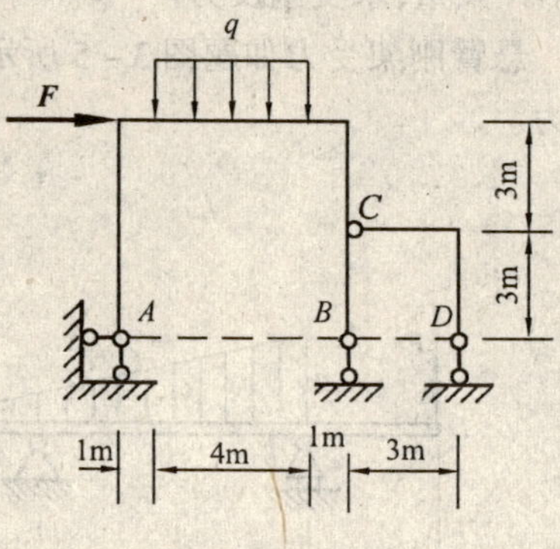

题图 3－9

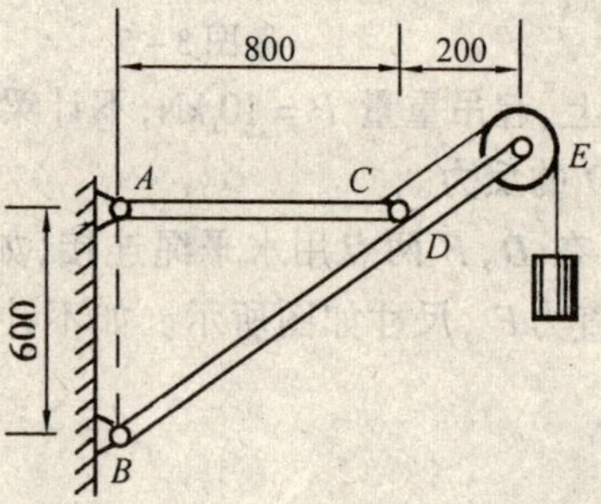

题图 3－10

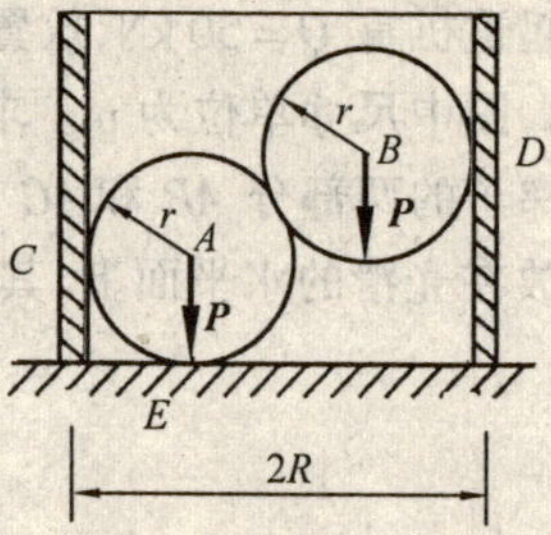

题图 3－11

3－13　题图 3－13 所示破碎机传动机构，活动夹板 AB 长为 600 mm，假设破碎时矿石对活动夹板作用于沿垂直于 AB 方向的分力 $P=1$ kN，$BC=CD=600$ mm，$AH=400$ mm，$OE=100$ mm，图示位置时，机构平衡。试求电机对杆 OE 作用的力偶的力偶矩 M_O。

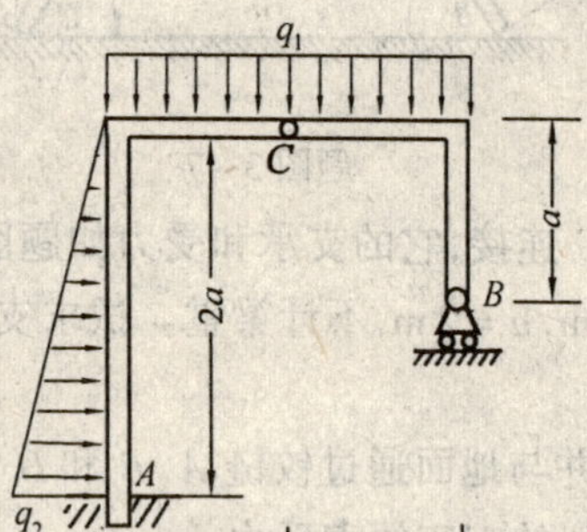

题图 3－12

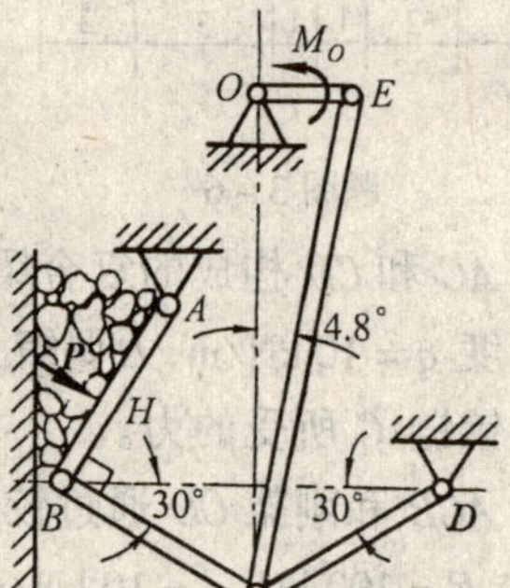

题图 3－13

3－14　曲柄滑道机构如题图 3－14 所示，已知 $M=600$ N·m，$OA=0.6$ m，$BC=0.75$ m，机构在图示位置处于平衡，$\alpha=30°$，$\beta=60°$。求平衡时的 P 值及铰链 O 和 B 的反力。

3－15　插床机构如题图 3－15 所示，已知 $OA=310$ mm，$O_1B=AB=BC=665$ mm，$CD=600$ mm，$OO_1=545$ mm，$P=25$ kN。在图示位置：OO_1A 在铅垂位置，O_1C 在水平位置，机构处于平衡，试求作用在曲柄 OA 上的主动力偶的力偶矩 M。

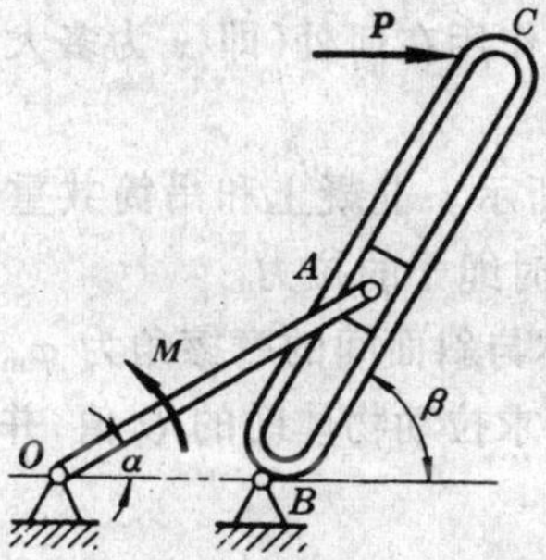

题图 3 - 14

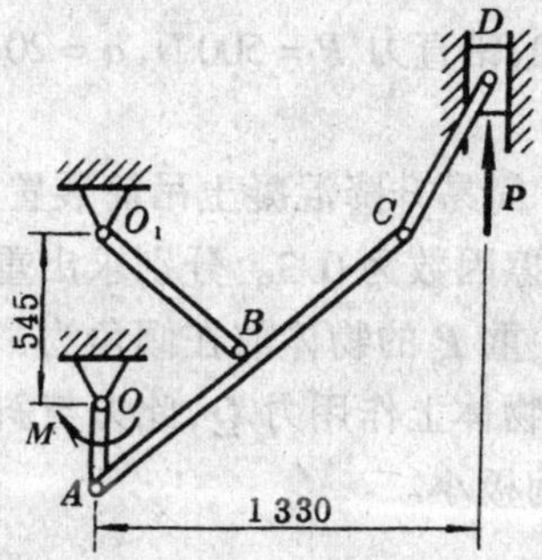

题图 3 - 15

3 - 16　桥由两部分组成，重 $W_1 = W_2 = 40$ kN，桥上有载荷 $P = 20$ kN，尺寸如题图 3 - 16 所示。试求出铰链 A，B 和 C 的反力。

3 - 17　两根位于垂直平面内的均质杆的底端彼此相靠地搁在光滑地板上，其上端则靠在两垂直且光滑的墙上，重量分别为 P_1 与 P_2，如题图 3 - 17 所示。求平衡时两杆的水平倾角 α_1 与 α_2 的关系。

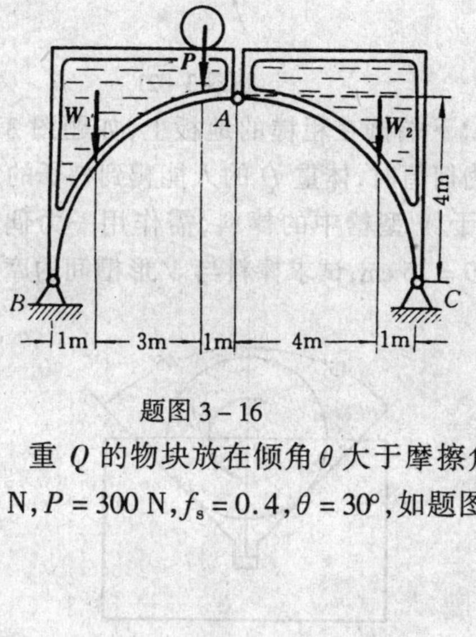

题图 3 - 16

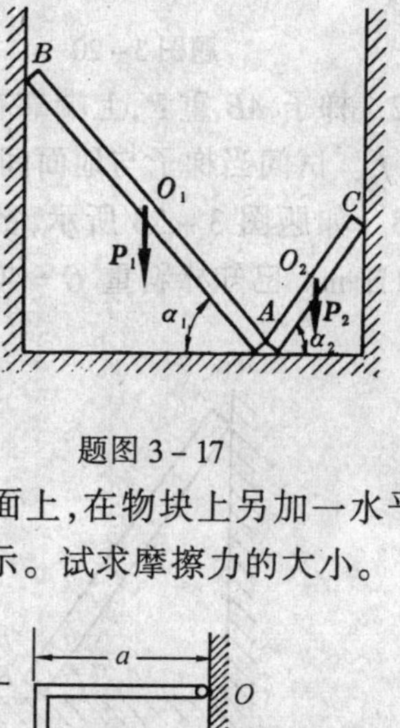

题图 3 - 17

3 - 18　重 Q 的物块放在倾角 θ 大于摩擦角 φ_m 的斜面上，在物块上另加一水平力 $\boldsymbol{P}$，已知 $Q = 500$ N，$P = 300$ N，$f_s = 0.4$，$\theta = 30°$，如题图 3 - 18 所示。试求摩擦力的大小。

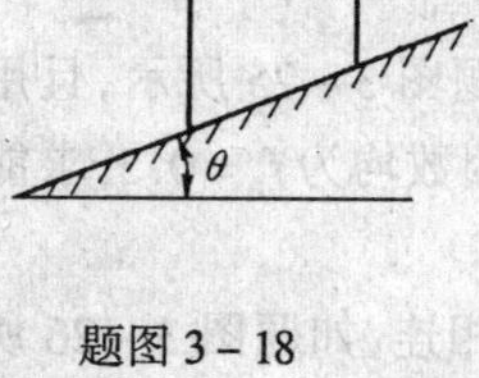

题图 3 - 18

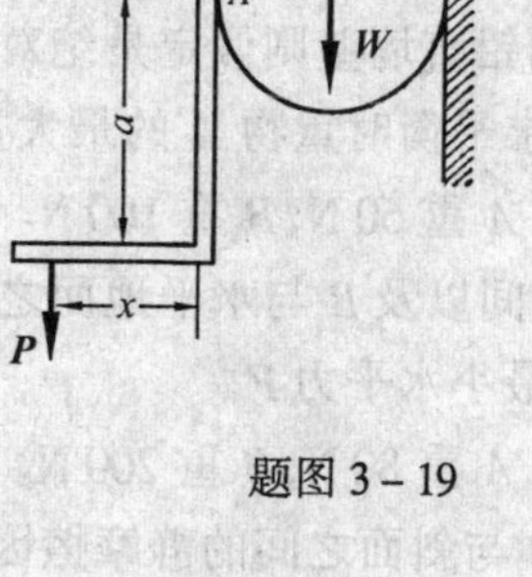

题图 3 - 19

3－19　如题图 3－19 所示，球重 $W=400$ N，折杆自重不计，所有接触面间的静摩擦系数均为 $f_s=0.2$，铅直力 $P=500$ N，$a=20$ cm。问力 $\boldsymbol{P}$ 应作用在何处(即 x 为多大)时，球才不致下落？

3－20　简易升降混凝土吊筒装置如题图 3－20 所示。混凝土和吊筒共重 25 kN，吊筒与滑道间的摩擦因数为 0.3。分别求出重物上升和下降时绳子的拉力。

3－21　重 $\boldsymbol{P}$ 的物体放在倾角为 α 的斜面上，物体与斜面间的摩擦角为 φ_m，如题图 3－21 所示。如在物体上作用力 $\boldsymbol{Q}$，此力与斜面的交角为 θ，求拉动物体时的 Q 值，并问当角 θ 为何值时，此力为极小。

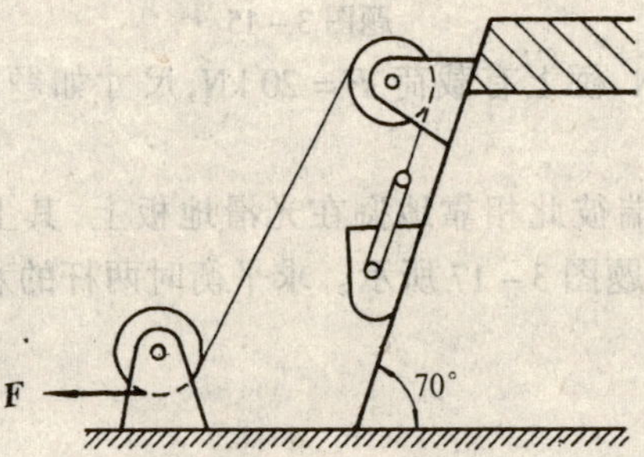

题图 3－20

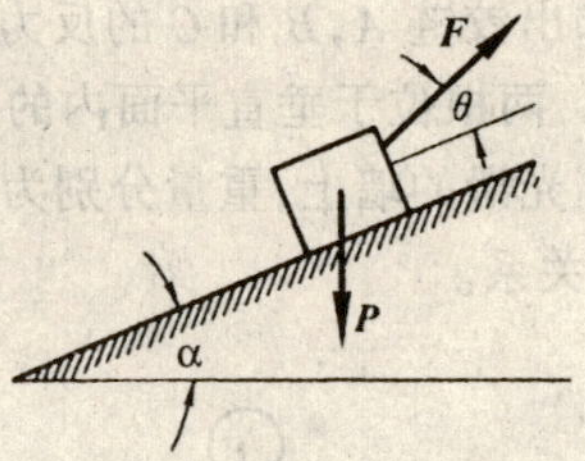

题图 3－21

3－22　梯子 AB 重 $\boldsymbol{P}$，上端靠在光滑墙上，下端搁在粗糙的地板上，如题图 3－22 所示。摩擦因数 f_s。试问当梯子与地面间之夹角 α 为何值时，体重 Q 的人能爬到梯子的顶点？

3－23　如题图 3－23 所示，欲转动一置于 V 型槽中的棒料，需作用一力偶，力偶的矩 $M=1\,500$ N·m。已知棒料重 $G=400$ N，直径 $D=25$ cm，试求棒料与 V 形槽间的摩擦因数 f_s。

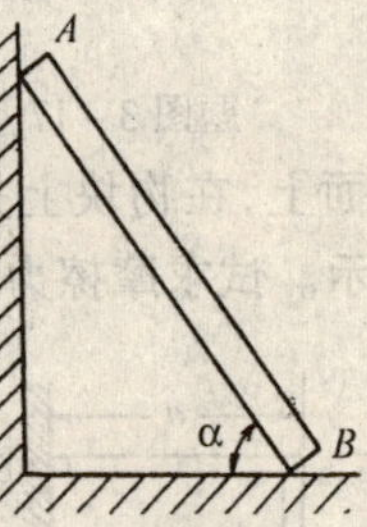

题图 3－22

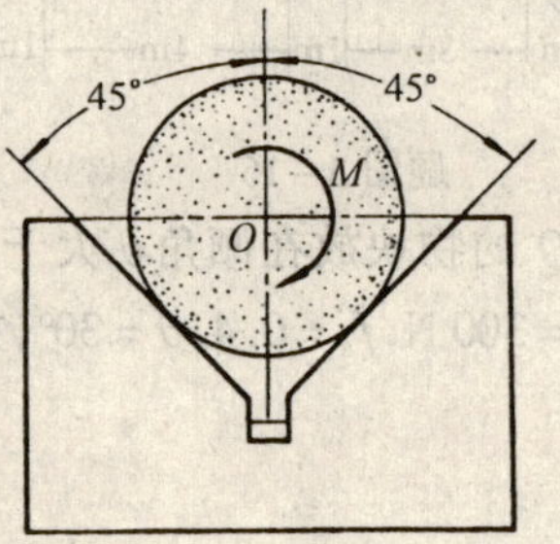

题图 3－23

3－24　鼓轮 B 重 500 N，放在墙角里，如题图 3－24 所示。已知鼓轮与水平地板间的摩擦因数为 0.25，而铅直墙壁则假定是绝对光滑的。鼓轮上的绳索下端挂着重物。设半径 $R=20$ cm，$r=10$ cm，求平衡时重物 A 的最大重量。

3－25　物块 A 重 50 N，B 重 100 N。两者叠置如题图 3－25 所示，且用细绳将物块 A 栓住。已知 A，B 之间以及 B 与水平地面之间的静摩擦因数均为 $f_s=0.3$，求能使物块 B 相对于地面产生滑动的最小水平力 $\boldsymbol{F}$。

3－26　物块 A 重 80 N，B 重 200 N。两者用细绳相连，如题图 3－26 所示。物块 A 与水平面之间、物块 B 与斜面之间的静摩擦因数分别为 $f_{sA}=0.2$，$f_{sB}=0.1$。作用于物块 B 上的力

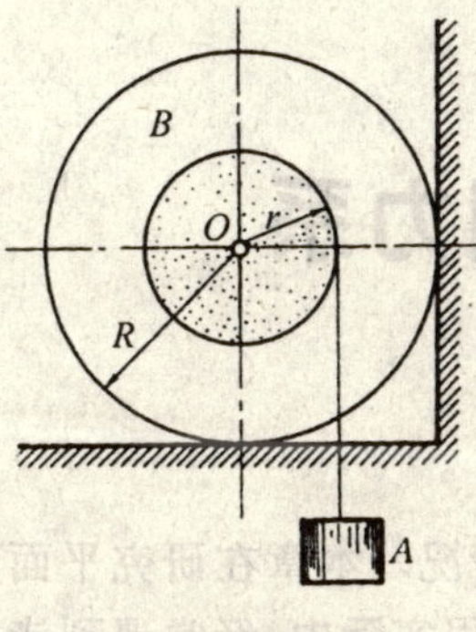

题图 3－24

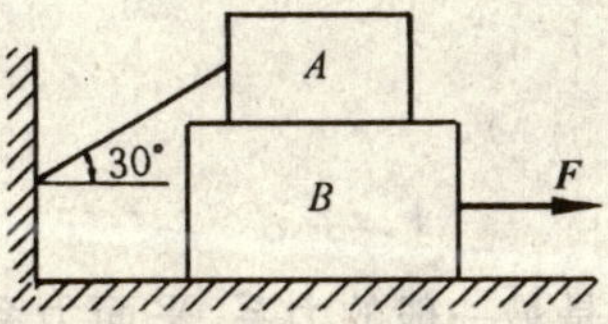

题图 3－25

F 平行于斜面。求能使物块开始向上滑动的力 **F** 的最小值。

3－27　均质棱柱体重 $G = 4.8$ kN，放置在水平面上，摩擦因数 $f_s = \dfrac{1}{3}$，力 **P** 按题图 3－27 所示方向作用，试问当力 **P** 的值逐渐增大时，该棱柱体先滑动还是先倾倒？并计算运动刚发生时力 **P** 的值。

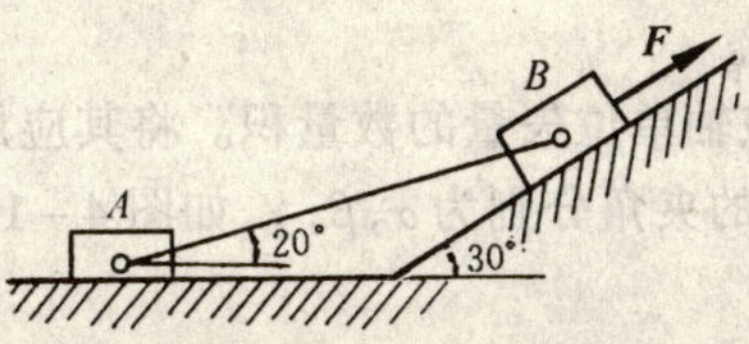

题图 3－26

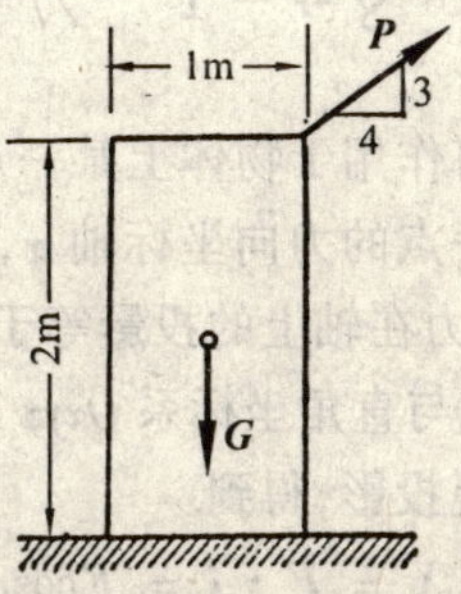

题图 3－27

3－28　如题图 3－28 所示，物块 B 和 C 各重 $W = 20$ N，在杆 OA 的 A 端作用一力 $Q = 40$ N，杆重忽略不计。若各接触面间的静摩擦因数均为 $f_s = 0.1$，问拉动物块 C 的最小水平力 P 等于多少？此时物块 B 是否静止？

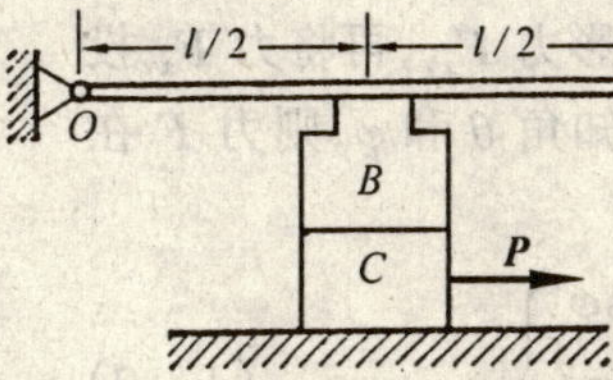

题图 3－28

第四章　空间力系

空间力系是最一般的力系，平面力系是它的特殊情况。本章在研究平面力系的基础上，进一步研究物体在空间力系作用下的平衡问题。在工程实际中，经常遇到诸如各类机床、起重设备、运输机械、高压输电线塔等空间结构，作用在这些结构上的各力作用线在空间任意分布，既不汇交于同一点，又不全部相互平行，这样的力系称为空间任意力系。与平面力系一样，空间力系按其作用线的分布也可分为空间汇交力系、空间平行力系和空间任意力系等。本章着重研究空间任意力系的平衡问题。

§4-1　力在直角坐标轴上的投影

与平面力系将作用于物体上某一点的力向坐标轴 x,y 上投影一样，在空间力系中，也可将作用于空间某一点的力向坐标轴 x,y,z 上投影。

由前述可知，力在轴上的投影等于力矢量与该轴单位矢量的数量积。将其应用到空间力系中，若已知力 $\boldsymbol{F}$ 与直角坐标系 $Oxyz$ 三轴正向间的夹角分别为 α,β,γ，如图 4-1 所示，则可直接将力在三轴上投影，得到

$$\left.\begin{aligned} X &= \boldsymbol{F}\cdot\boldsymbol{i} = F\cos\alpha \\ Y &= \boldsymbol{F}\cdot\boldsymbol{j} = F\cos\beta \\ Z &= \boldsymbol{F}\cdot\boldsymbol{k} = F\cos\gamma \end{aligned}\right\} \tag{4-1}$$

这种投影法称为一次投影法或称直接投影法。

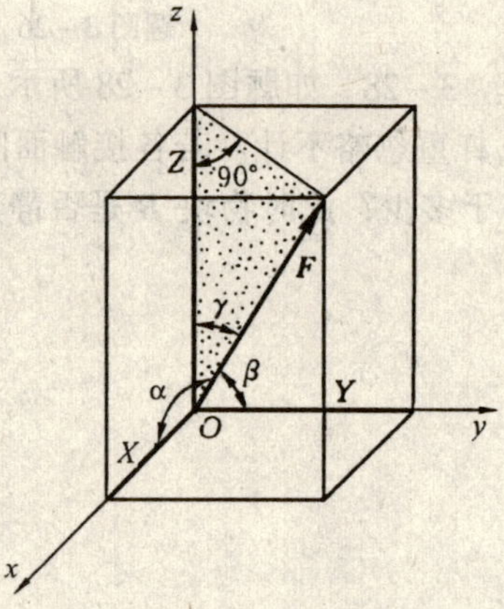

图 4-1

当力 $\boldsymbol{F}$ 与坐标轴间夹角不全知道，或不易求得时，可采用二次投影法（也称间接投影法）求力在轴上的投影，即先将力 $\boldsymbol{F}$ 投影到平面 Oxy 上，得投影力 $\boldsymbol{F}_{xy}$，再将力 $\boldsymbol{F}_{xy}$ 投影到轴 x,y 上，如图 4-2 所示，已知角 θ 和 φ，则力 $\boldsymbol{F}$ 在三轴上的投影为

$$\left.\begin{aligned} X &= F\cos\theta\cos\varphi \\ Y &= F\cos\theta\sin\varphi \\ Z &= F\sin\theta \end{aligned}\right\} \tag{4-2}$$

具体计算时，选用哪一种方法要视问题给定的条件而定。应注意的是：力在轴上的投影是代数量，在平面上投影是矢量。

若以 $\boldsymbol{F}_x,\boldsymbol{F}_y,\boldsymbol{F}_z$ 表示力 $\boldsymbol{F}$ 沿直角坐标轴 x,y,z 的正交分量，以 $\boldsymbol{i},\boldsymbol{j},\boldsymbol{k}$ 表示三个坐标轴的单位向量，如图 4-3 所示，则

$$\boldsymbol{F} = \boldsymbol{F}_x + \boldsymbol{F}_y + \boldsymbol{F}_z = X\boldsymbol{i} + Y\boldsymbol{j} + Z\boldsymbol{k} \tag{4-3}$$

与平面力系类似，力 $\boldsymbol{F}$ 在空间坐标轴上的投影和力沿坐标轴的正交分量之间的关系仍为

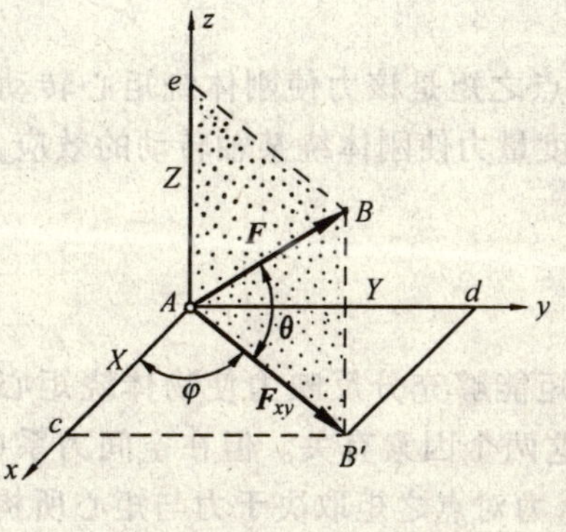

图 4-2

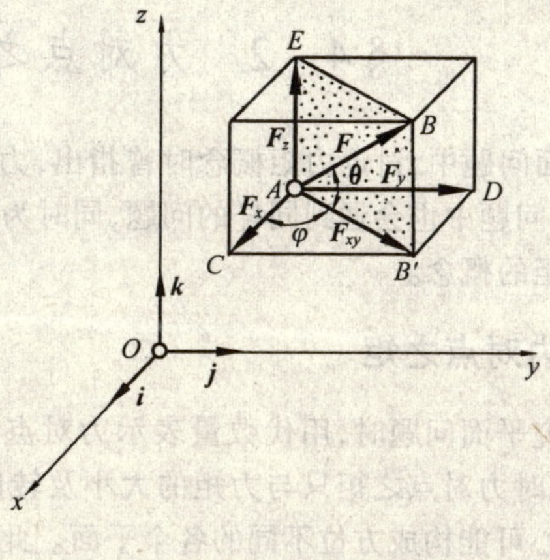

图 4-3

$$\left.\begin{aligned} \boldsymbol{F}_x &= X\boldsymbol{i} \\ \boldsymbol{F}_y &= Y\boldsymbol{j} \\ \boldsymbol{F}_z &= Z\boldsymbol{k} \end{aligned}\right\} \qquad (4-4)$$

若已知力 $\boldsymbol{F}$ 在正交轴系 $Oxyz$ 的三个投影，则力 $\boldsymbol{F}$ 的大小和方向余弦为

$$\left.\begin{aligned} & F = \sqrt{X^2 + Y^2 + Z^2} \\ & \cos(\boldsymbol{F},\boldsymbol{i}) = \frac{X}{F},\quad \cos(\boldsymbol{F},\boldsymbol{j}) = \frac{Y}{F},\quad \cos(\boldsymbol{F},\boldsymbol{k}) = \frac{Z}{F} \end{aligned}\right\} \qquad (4-5)$$

例 4-1 长方体上作用有三个力，$F_1 = 500$ N，$F_2 = 1\,000$ N，$F_3 = 1\,000$ N，其方向及尺寸如图 4-4 所示，求各力在坐标轴上的投影。

解： 由于力 $\boldsymbol{F}_1$ 及 $\boldsymbol{F}_2$ 与坐标轴间的方向角都为已知，可应用直接投影法，力 $\boldsymbol{F}_3$ 与坐标轴间的方位角 φ 及仰角 θ 为已知，可应用二次投影法，而

$$\sin\theta = \frac{AC}{AB} = \frac{2.5}{5.59},\quad \cos\theta = \frac{BC}{AB} = \frac{5}{5.59}$$

$$\sin\varphi = \frac{CD}{CB} = \frac{4}{5},\quad \cos\varphi = \frac{DB}{CB} = \frac{3}{5}$$

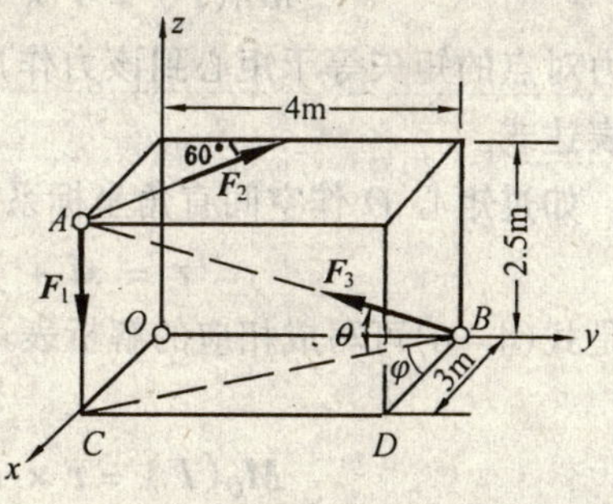

图 4-4

因此，力 $\boldsymbol{F}_1$ 在坐标轴上的投影为

$$X_1 = 500\cos 90° = 0$$

$$Y_1 = 500\cos 90° = 0$$

$$Z_1 = 500\cos 180° = -500\text{ N}$$

力 $\boldsymbol{F}_2$ 在坐标轴上的投影为

$$X_2 = -1\,000\sin 60° = -866\text{ N}$$

$$Y_2 = 1\,000\cos 60° = 500\text{ N}$$

$$Z_2 = 1\,000\cos 90° = 0$$

力 $\boldsymbol{F}_3$ 在坐标轴上的投影为

$$X_3 = 1\,500\cos\theta\cos\varphi = 805\text{ N}$$

$$Y_3 = -1\,500\cos\theta\sin\varphi = -1\,073\text{ N}$$

$$Z_3 = 1\,500\sin\varphi = 671\ \text{N}$$

§4-2 力对点之矩和力对轴之矩

在平面问题中，讨论力矩概念时曾指出，力对点之矩是该力使刚体绕矩心转动效应的度量，在空间问题中也会遇到同样的问题，同时为了度量力使刚体绕某轴转动的效应，还将引入力对轴之矩的概念。

一、力对点之矩

在研究平面问题时，用代数量表示力对点之矩能够充分反映力使物体绕矩心转动的效应，因为此时力对点之矩只与力矩的大小及转向这两个因素有关。但在空间力系中，力系中各力与矩心可能构成方位不同的各个平面。此时，力对点之矩取决于力与矩心所构成的平面的方位、力矩在该平面内的转向及力矩大小三个要素。这三个要素可以用一个矢量来表示：矢量的模表示力对点之矩的大小，矢量的方位与该力和矩心所在平面的法线方位相同，矢量的指向由力矩的转向按右手螺旋法则确定，这个矢量称为力对点的矩矢，简称为力矩矢，记作 $\boldsymbol{M}_O(\boldsymbol{F})$，如图 4-5 所示，力矩矢的大小为

$$|\boldsymbol{M}_O(\boldsymbol{F})| = Fh = 2\triangle OAB$$

式中，$\triangle OAB$ 为三角形 OAB 面积，由于 $\boldsymbol{M}_O(\boldsymbol{F})$ 的大小及方向与矩心 O 的位置有关，故力矩矢的始端必须画在矩心上，它是定位矢量。

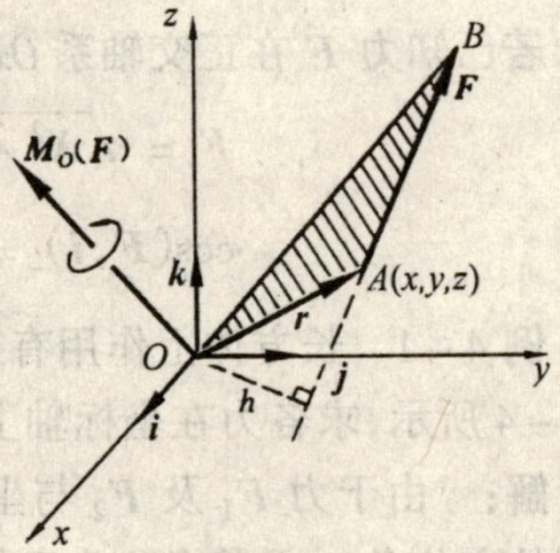

图 4-5

若以 $\boldsymbol{r}$ 表示矩心 O 到力作用点 A 的矢径，则由矢量代数的知识得，矢积 $\boldsymbol{r}\times\boldsymbol{F}$ 的模 $|\boldsymbol{r}\times\boldsymbol{F}| = Fr\sin\alpha = Fh = |\boldsymbol{M}_O(\boldsymbol{F})|$，其方向垂直于 $\boldsymbol{r}$ 和 $\boldsymbol{F}$ 所决定的平面，并与 $\boldsymbol{M}_O(\boldsymbol{F})$ 的指向一致，因此，力矩矢也可写成

$$\boldsymbol{M}_O(\boldsymbol{F}) = \boldsymbol{r}\times\boldsymbol{F} \tag{4-6}$$

即力对点的矩矢等于矩心到该力作用点的矢径与该力的矢量积。式(4-6)称为力矩矢的矢积表达式。

如过矩心 O 作空间直角坐标系 $Oxyz$，如图 4-5 所示，则有

$$\boldsymbol{r} = x\boldsymbol{i} + y\boldsymbol{j} + z\boldsymbol{k}, \qquad \boldsymbol{F} = X\boldsymbol{i} + Y\boldsymbol{j} + Z\boldsymbol{k}$$

于是式(4-6)可写成相应的解析表达式

$$\boldsymbol{M}_O(\boldsymbol{F}) = \boldsymbol{r}\times\boldsymbol{F} = \begin{vmatrix} \boldsymbol{i} & \boldsymbol{j} & \boldsymbol{k} \\ x & y & z \\ X & Y & Z \end{vmatrix} = (yZ - zY)\boldsymbol{i} + (zX - xZ)\boldsymbol{j} + (xY - yX)\boldsymbol{k} \tag{4-7}$$

单位矢量 $\boldsymbol{i},\boldsymbol{j},\boldsymbol{k}$ 前面的三个系数，分别表示力矩矢 $\boldsymbol{M}_O(\boldsymbol{F})$ 在三个坐标轴上的投影，即

$$\left.\begin{aligned} [\boldsymbol{M}_O(\boldsymbol{F})]_x &= yZ - zY \\ [\boldsymbol{M}_O(\boldsymbol{F})]_y &= zX - xZ \\ [\boldsymbol{M}_O(\boldsymbol{F})]_z &= xY - yX \end{aligned}\right\} \tag{4-8}$$

二、力对轴之矩

设力 $\boldsymbol{F}$ 作用在可绕轴 z 转动的刚体上的点 A，如图 4 – 6 所示，不妨过点 A 作垂直于轴 z 的平面，该平面与轴 z 的交点为 O，将力 $\boldsymbol{F}$ 分解为平行于轴 z 的分力 $\boldsymbol{F}_z$ 和垂直于 y 轴的分力 $\boldsymbol{F}_{xy}$，由经验可知，只有分力 $\boldsymbol{F}_{xy}$ 才能使刚体绕轴 z 转动，将分力 $\boldsymbol{F}_{xy}$ 的大小与其作用线到轴 y 垂直距离 d 的乘积 $F_{xy}d$ 冠以正负号来表示力 $\boldsymbol{F}$ 对轴 z 之矩，并记为

$$M_z(\boldsymbol{F}) = M_O(\boldsymbol{F}_{xy}) = \pm F_{xy}d = \pm 2\triangle OAB \quad (4-9)$$

于是，力对轴之矩可定义如下：力对轴之矩是力使刚体绕该轴转动效果的度量，是一个代数量，其大小等于力在垂直于该轴平面上的分力对于轴与平面的交点之矩，其正负号按右手螺旋法则确定，四指顺着力矩的转向去握转轴，大姆指与轴 z 正向一致为正，反之为负。

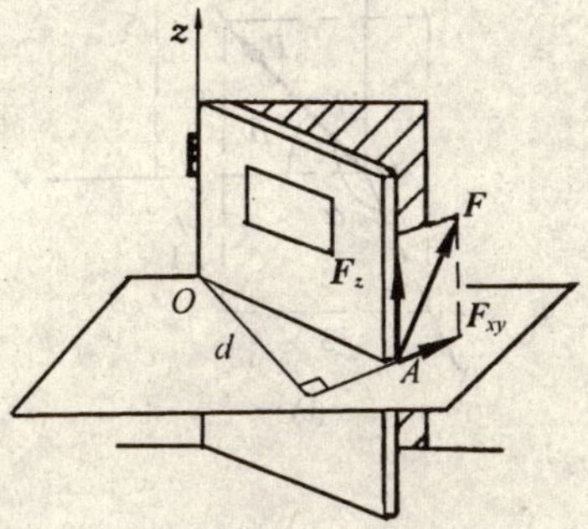

图 4 – 6

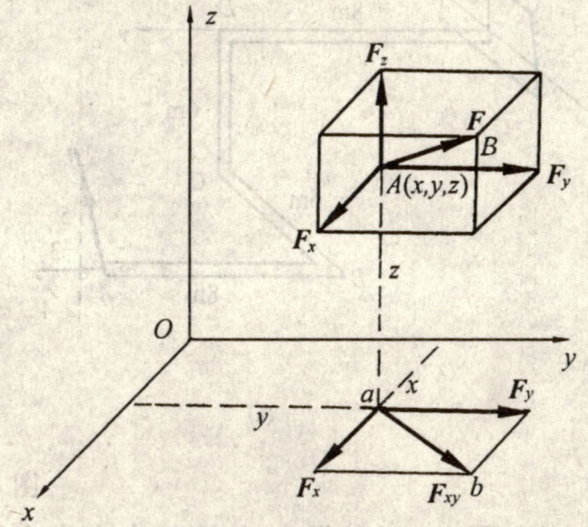

图 4 – 7

由定义可知，当力的作用线与轴相交或平行时，即力与轴共面时，力对该轴的矩为零。日常生活中，开门就是一个很好的例子，当施加于门上的力的作用线过门轴或与门轴平行时，都不能将门打开或关闭。

力对轴之矩也可用解析式表示，设力 $\boldsymbol{F}$ 在三个坐标轴上的投影为 X, Y, Z，力作用点 A 的坐标为 x, y, z，如图 4 – 7 所示，根据合力矩定理，得

$$M_z(\boldsymbol{F}) = M_O(\boldsymbol{F}_{xy}) = M_O(\boldsymbol{F}_x) + M_O(\boldsymbol{F}_y) = xY - yX$$

同理可得其余二式。将此三式合写，则

$$\left.\begin{aligned} M_x(\boldsymbol{F}) &= yZ - zY \\ M_y(\boldsymbol{F}) &= zX - xZ \\ M_z(\boldsymbol{F}) &= xY - yX \end{aligned}\right\} \quad (4-10)$$

以上三式是计算力对轴之矩的解析表达式。

三、力对点之矩与力对通过该点的轴之矩的关系

将式(4 – 8)与式(4 – 10)比较可得

$$\left.\begin{aligned} [\boldsymbol{M}_O(\boldsymbol{F})]_x &= M_x(\boldsymbol{F}) \\ [\boldsymbol{M}_O(\boldsymbol{F})]_y &= M_y(\boldsymbol{F}) \\ [\boldsymbol{M}_O(\boldsymbol{F})]_z &= M_z(\boldsymbol{F}) \end{aligned}\right\} \quad (4-11)$$

这就是力矩关系定理，它表明，力对点之矩矢在通过该点的某轴上的投影，等于力对该轴之矩。这一结论给出了力对点之矩与力对轴之矩的关系。

若 $M_x(\boldsymbol{F}) = M_y(\boldsymbol{F}) = 0$，则式(4-11)退化为

$$M_O(\boldsymbol{F}) = M_z(\boldsymbol{F}) \tag{4-11$'$}$$

式(4-11)′表明平面力对点之矩与该力对过该点并垂直于力作用面之轴的矩相同，故在平面问题中，我们不区分力对点之矩和力对轴之矩，这恰好是平面力系力矩的定义。

例 4-2 折杆 OA 各部分尺寸如图 4-8(a)所示，杆端 A 作用一大小等于 1 000 N 的力 $\boldsymbol{P}$，求力 $\boldsymbol{P}$ 对点 O 之矩以及它对坐标系 $Oxyz$ 各轴之矩。

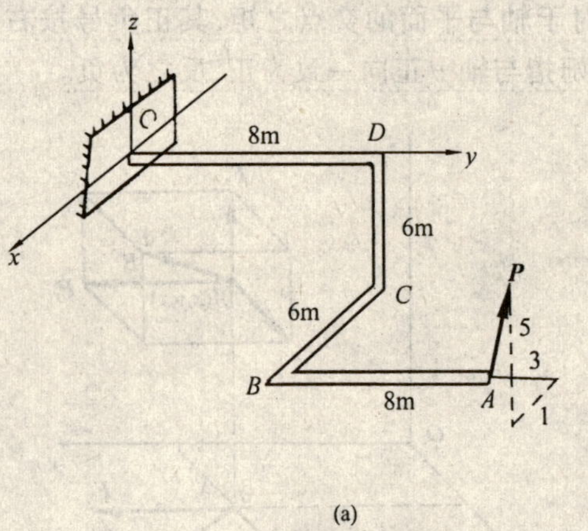

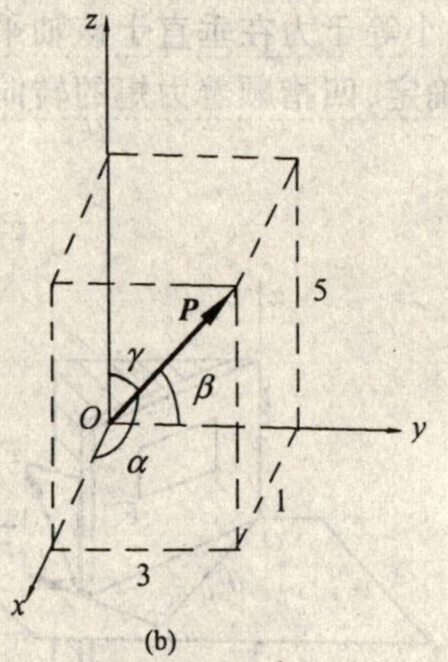

图 4-8

解： 由图 4-8(b)得力 $\boldsymbol{P}$ 的三个方向余弦

$$\cos\alpha = \frac{1}{\sqrt{1^2+3^2+5^2}} = \frac{1}{\sqrt{35}}, \quad \cos\beta = \frac{3}{\sqrt{35}}, \quad \cos\gamma = \frac{5}{\sqrt{35}}$$

于是力 $\boldsymbol{P}$ 在各坐标轴上的投影分别为

$$X = P\cos\alpha = 1\,000 \times \frac{1}{\sqrt{35}} = 169.0\ \text{N}$$

$$Y = P\cos\beta = 1\,000 \times \frac{3}{\sqrt{35}} = 507.1\ \text{N}$$

$$Z = P\cos\gamma = 1\,000 \times \frac{5}{\sqrt{35}} = 845.5\ \text{N}$$

又力 $\boldsymbol{P}$ 的作用点 A 的坐标为 $x = 6$ m，$y = 16$ m，$z = -6$ m，故由式(4-7)可得力 $\boldsymbol{P}$ 对坐标原点 O 之矩为

$$\boldsymbol{M}_O(\boldsymbol{P}) = (yZ - zY)\boldsymbol{i} + (zX - xZ)\boldsymbol{j} + (xY - yX)\boldsymbol{k} = $$
$$16\,565.8\boldsymbol{i} - 6\,085.2\boldsymbol{j} + 338.6\boldsymbol{k} \quad \text{N}\cdot\text{m}$$

由式(4-8)得力 $\boldsymbol{P}$ 对各坐标轴之矩为

$$M_x(\boldsymbol{P}) = [\boldsymbol{M}_O(\boldsymbol{P})]_x = 16\,565.8\ \text{N}\cdot\text{m}$$
$$M_y(\boldsymbol{P}) = [\boldsymbol{M}_O(\boldsymbol{P})]_y = -6\,085.2\ \text{N}\cdot\text{m}$$
$$M_z(\boldsymbol{P}) = [\boldsymbol{M}_O(\boldsymbol{P})]_z = 338.6\ \text{N}\cdot\text{m}$$

此题还可以先求力 $\boldsymbol{P}$ 对各坐标轴的之矩，然后再求它对坐标原点 O 之矩。

根据合力矩定理，力 $\boldsymbol{P}$ 对轴之矩等于各分力对同一轴之矩的代数和，并且注意到力与轴共面时的矩为零，于是有

$$M_x(\boldsymbol{P}) = M_x(\boldsymbol{P}_y) + M_x(\boldsymbol{P}_z) = P_y \cdot DC + P_z(OD + BA) =$$
$$507.1 \times 6 + 845.2 \times (8 + 8) = 16\ 565.8\ \mathrm{N \cdot m}$$
$$M_y(\boldsymbol{P}) = M_y(\boldsymbol{P}_x) + M_y(\boldsymbol{P}_z) = -P_x \cdot DC - P_z \cdot CB =$$
$$-169.0 \times 6 - 845.2 \times 6 = -6\ 085.2\ \mathrm{N \cdot m}$$
$$M_z(\boldsymbol{P}) = M_z(\boldsymbol{P}_x) + M_z(\boldsymbol{P}_y) = -P_x(OD + BA) + P_y \cdot CB =$$
$$-169.0 \times 16 + 507.1 \times 6 = 338.8\ \mathrm{N \cdot m}$$

且力 $\boldsymbol{P}$ 对 O 点之矩为

$$\boldsymbol{M}_O(\boldsymbol{P}) = M_x(\boldsymbol{P})\boldsymbol{i} + M_y(\boldsymbol{P})\boldsymbol{j} + M_z(\boldsymbol{P})\boldsymbol{k} =$$
$$16\ 565.8\boldsymbol{i} - 6\ 085.2\boldsymbol{j} + 338.6\boldsymbol{k} \quad \mathrm{N \cdot m}$$

二者结果相同。

§4-3　空间力系的平衡方程及其应用

建立空间力系平衡条件的方法与建立平面力系平衡条件的方法相同，都是通过力系的简化得出的。对于空间力系来说，平衡条件的推导过程比较复杂，这里不作介绍。本节只用比较直观的方法介绍物体在空间力系作用下的平衡，从而得到物体在空间任意力系作用下的平衡方程。

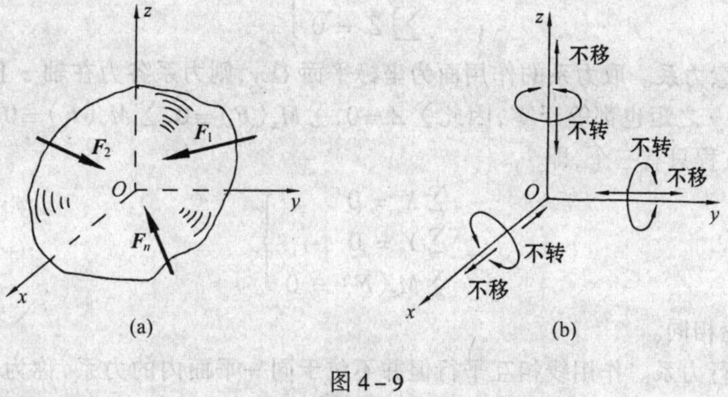

图 4-9

设物体上作用一个空间任意力系($\boldsymbol{F}_1, \boldsymbol{F}_2, \cdots, \boldsymbol{F}_n$)，如图 4-9(a)所示，则力系既能产生使物体沿空间直角坐标轴 x, y, z 方向移动的效应，又能产生使物体绕轴 x, y, z 转动的效应。若物体在空间力系作用下保持平衡，则物体既不能沿三轴 x, y, z 移动，也不能绕三轴 x, y, z 转动。若物体沿轴 x 方向不移动，如图 4-9(b)所示，则此空间力系各力在轴 x 上投影的代数和为零($\sum X = 0$)；同理，如物体沿轴 y, z 方向不移动，则力系各力在轴 y、轴 z 上投影的代数和亦必须为零($\sum Y = 0, \sum X = 0$)。相应地若物体不绕轴 x, y, z 转动，则空间力系各力分别对轴 x, y, z 之矩的代数和为零($\sum M_x(\boldsymbol{F}) = 0, \sum M_y(\boldsymbol{F}) = 0, \sum M_z(\boldsymbol{F}) = 0$)，由此得到空间力系的平衡方程为

$$\left.\begin{array}{ll}\sum X = 0, & \sum M_x(\boldsymbol{F}) = 0 \\ \sum Y = 0, & \sum M_y(\boldsymbol{F}) = 0 \\ \sum Z = 0, & \sum M_z(\boldsymbol{F}) = 0\end{array}\right\} \quad (4-12)$$

这就是空间力系的平衡方程,它表明,物体若平衡,则必须满足上述方程。反之,空间力系若满足上述六个方程,则物体必然保持平衡状态。故式(4-12)表示了空间力系平衡的必要和充分条件是:力系所有各力在三个坐标轴中每一轴上的投影的代数和分别等于零,以及这些力对于每一个坐标轴的矩的代数和也分别等于零。

必须指出,方程(4-12)虽然是在直角坐标系下讨论的,但具体应用时,与平面力系的平衡方程类似,不一定要使三个投影轴或矩轴互相垂直,也没有必要使矩轴和投影轴重合,而可以选取适宜轴线为投影轴或矩轴,使每一平衡方程中所含未知量最少,以简化计算。此外,还可将投影方程用适当的力矩方程取代,得到四矩式、五矩式甚至六矩式平衡方程,以使计算更为方便,后面将用具体例子说明。

空间任意力系是物体受力最一般的情形,其它类型的力系均可认为是空间任意力系的特殊情况,因而它们的平衡方程均可由(4-12)直接导出,例如:

(1)空间汇交力系。取力系的汇交点作为坐标系 $Oxyz$ 的原点,力系各力都通过该点,即与各坐标轴相交。因此,各力对坐轴之矩都等于零,方程(4-12)中的三个力矩式方程为恒等式。可见,空间汇交力系的平衡方程只有三个,即

$$\left.\begin{array}{l}\sum X = 0 \\ \sum Y = 0 \\ \sum Z = 0\end{array}\right\} \quad (4-13)$$

(2)平面任意力系。取力系的作用面为坐标平面 Oxy,则力系各力在轴 z 上的投影都等于零,各力对轴 x,y 之矩也都等于零,因此 $\sum Z \equiv 0$, $\sum M_x(\boldsymbol{F}) \equiv 0$, $\sum M_y(\boldsymbol{F}) \equiv 0$。这样,平面任意力系的平衡方程只有三个,即

$$\left.\begin{array}{l}\sum X = 0 \\ \sum Y = 0 \\ \sum M_z(\boldsymbol{F}) = 0\end{array}\right\}$$

其与第三章结论相同。

(3)空间平行力系。作用线相互平行但并不位于同一平面内的力系,称为空间平行力系。若取轴 z 平行于力系各力的作用线,则坐标平面 Oxy 与各力作用线垂直,因此,$\sum X \equiv 0$, $\sum Y \equiv 0$, $\sum M_z(\boldsymbol{F}) \equiv 0$,可见,空间平行力系的平衡方程只有三个

$$\left.\begin{array}{l}\sum Z = 0 \\ \sum M_x(\boldsymbol{F}) = 0 \\ \sum M_y(\boldsymbol{F}) = 0\end{array}\right\} \quad (4-14)$$

求解空间力系的平衡问题时,其解题步骤与平面问题类似,首先确定研究对象,进行受力分析并画出受力图,然后列出平衡方程求解未知量。

这里把工程实际中常见的几种空间约束及其约束反力的表示法列于表 4-1 中,以便分析问题时应用。

表 4－1　空间约束的类型及其约束反力举例

约束反力未知量		约　束　类　型
1	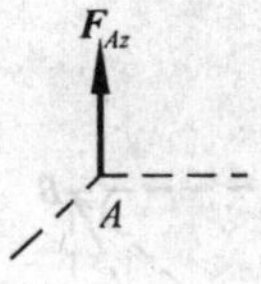	
2	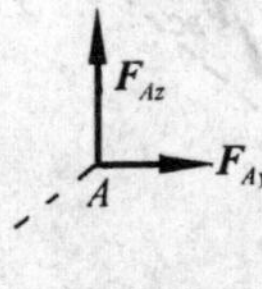	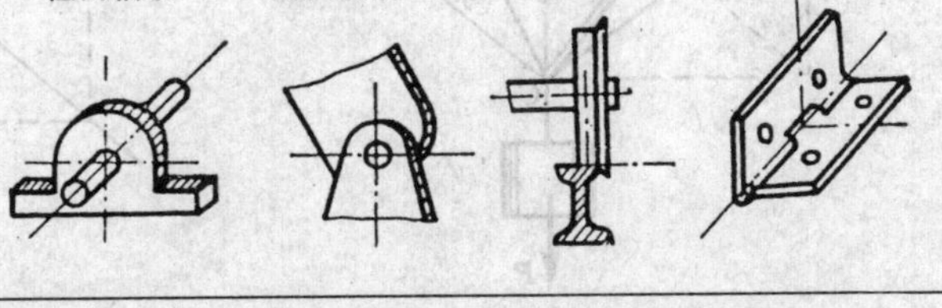
3	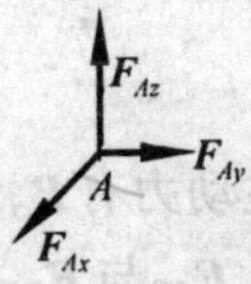	
4	(a) 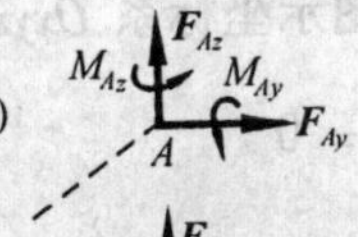 (b) 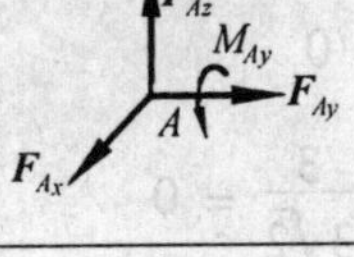	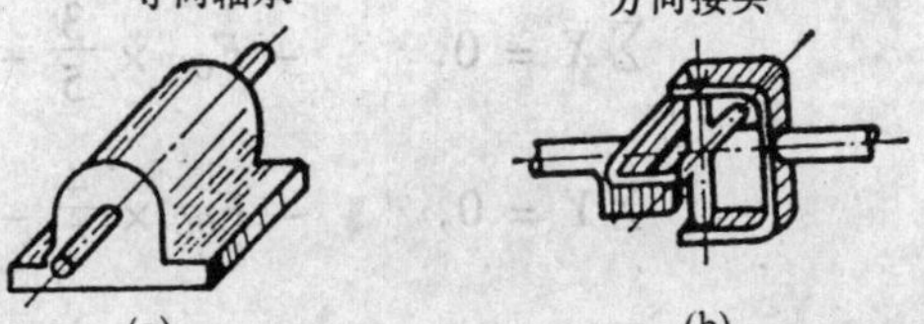 (a) (b)
5	(a) 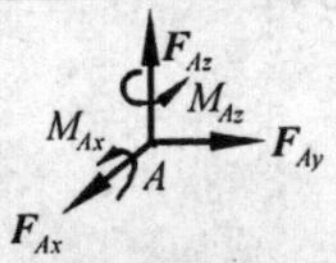 (b) 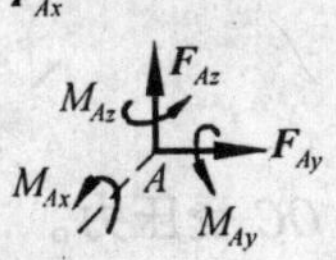	 (a) (b)
6	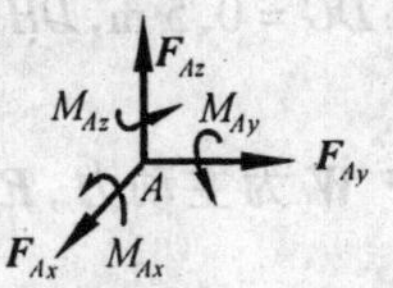	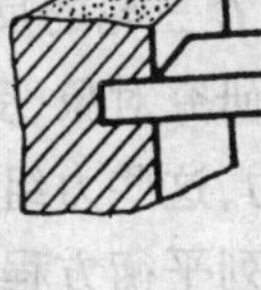

例 4－3 杆 OC 的 O 端由球铰支承，C 端由绳索 AC 及 BC 系住，使杆 OC 处于水平位置，如图 4－10(a)所示。若在点 C 悬挂重为 $P=1\,000$ N 的重物，略去杆 OC 的重量，试求两绳的拉力及支座 O 端的约束力。

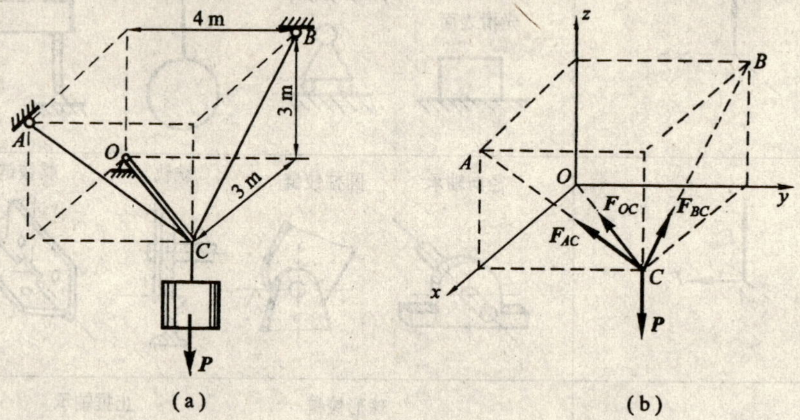

图 4－10

解： 选点 C 为研究对象，画出其分离体图。作用在点 C 的主动力有 $\boldsymbol{P}$，约束力有二力杆 OC 的约束力 $\boldsymbol{F}_{OC}$（图中 $\boldsymbol{F}_{OC}$ 表示杆 OC 受拉力）及两条绳索的拉力 $\boldsymbol{F}_{AC}$ 与 $\boldsymbol{F}_{BC}$，点 C 的受力如图 4－10(b)所示。

这是个空间汇交力系的平衡问题，宜用解析法求解。选定图示坐标系 $Oxyz$，列平衡方程

$$\sum X=0,\qquad -F_{OC}\times\frac{3}{5}-F_{BC}\times\frac{3}{3\sqrt{2}}=0$$

$$\sum Y=0,\qquad -F_{OC}\times\frac{4}{5}-F_{AC}\times\frac{4}{5}=0$$

$$\sum Z=0,\qquad -P+F_{AC}\times\frac{3}{5}-F_{BC}\times\frac{3}{3\sqrt{2}}=0$$

三个独立的方程可解得 F_{OC}，F_{AC}，F_{BC} 三个未知量。解得

$$F_{OC}=-833.3\ \text{N(压)}$$

$$F_{AC}=833.3\ \text{N}$$

$$F_{BC}=707.1\ \text{N}$$

F_{OC} 为负值表示受力图中所设 F_{OC} 的指向与实际指向相反，即杆 OC 受压力。

例 4－4 三轮小车 ABC 静止于光滑水平面上，如图 4－11 所示，已知 $AD=BD=0.5$ m，$CD=1.5$ m，若有铅直载荷 $W=1.5$ kN 作用于车上点 E，$EH=DG=0.5$ m，$DH=EG=0.1$ m，求地面作用于 A，B，C 三轮的反力。

解： 取小车为研究对象，受力分析如图 4－11 所示，其中 $\boldsymbol{W}$ 为主动力，$\boldsymbol{F}_A$，$\boldsymbol{F}_B$，$\boldsymbol{F}_C$ 为地面对轮子的约束反力，这些力组成一空间平行力系。

取图示坐标系，列平衡方程

$$\sum Z=0,\qquad F_A+F_B+F_C-W=0$$

$$\sum M_x(\boldsymbol{F}) = 0,\quad 1.5F_C - 0.5W = 0$$

$$\sum M_y(\boldsymbol{F}) = 0,$$

$$-F_B - 0.5F_C + (0.5 - 0.1)W = 0$$

解此方程组，得

$$F_C = 0.5\ \text{kN}$$

$$F_B = 0.35\ \text{kN}$$

$$F_A = 0.65\ \text{kN}$$

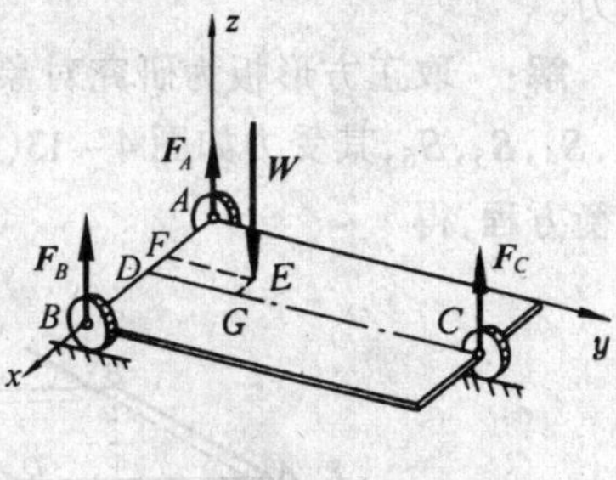

图 4－11

例 4－5 在图 4－12(a)中，皮带的拉力 $F_2 = 2F_1$，曲柄上作用有铅垂力 $F = 2\,000$ N。已知皮带轮的直径 $D = 400$ mm，曲柄长 $R = 3\,000$ mm，皮带 1 和皮带 2 与铅垂线间的夹角分别为 α 和 β，$\alpha = 30°$，$\beta = 60°$，其它尺寸如图 4－12(a)所示，求皮带拉力和轴承约束反力。

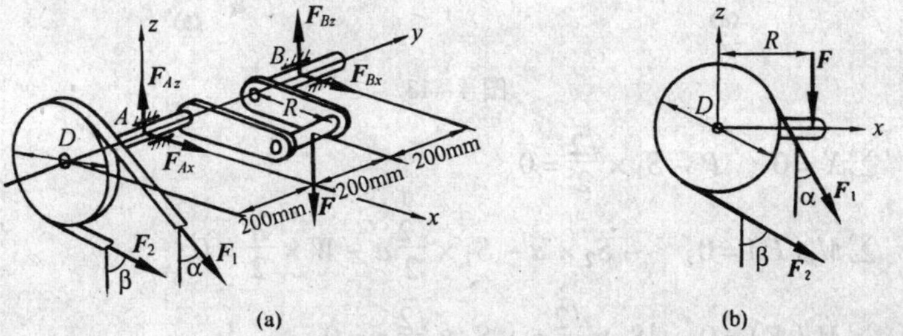

图 4－12

解： 以整个轴为研究对象。在轴上作用的力有：皮带拉力 $\boldsymbol{F}_1, \boldsymbol{F}_2$；作用在曲柄上的力 $\boldsymbol{F}$；轴承反力 $\boldsymbol{F}_{Ax}$ 和 $\boldsymbol{F}_{Az}$，$\boldsymbol{F}_{Bx}$ 和 $\boldsymbol{F}_{Bz}$，轴受空间任意力系作用，选坐标轴如图所示，列出平衡方程。

$$\sum X = 0,\qquad F_1\sin30° + F_2\sin60° + F_{Ax} + F_{Bx} = 0$$

$$\sum Z = 0,\qquad -F_1\cos30° - F_2\cos60° - F + F_{Az} + F_{Bz} = 0$$

$$\sum M_x(\boldsymbol{F}) = 0,\quad F_1\cos30° \times 200 + F_2\cos60° \times 200 - F \times 200 + F_{Bz} \times 400 = 0$$

$$\sum M_y(\boldsymbol{F}) = 0,\quad FR - \frac{D}{2}(F_2 - F_1) = 0$$

$$\sum M_z(\boldsymbol{F}) = 0,\quad F_1\sin30° \times 200 + F_2\sin60° \times 200 + F_{Bx} \times 400 = 0$$

又有

$$F_2 = 2F_1$$

联立上述方程，解得

$$F_1 = 3\,000\ \text{N},\quad F_2 = 6\,000\ \text{N},\quad F_{Ax} = -1\,004\ \text{N},$$

$$F_{Az} = 9\,397\ \text{N},\quad F_{Bx} = 3\,348\ \text{N},\quad F_{Bz} = -1\,799\ \text{N}$$

此题中，由于 $\sum Y \equiv 0$，独立的平衡方程只有五个。在题设条件 $F_2 = 2F_1$ 下，才能解出上述六个未知量。

例 4－6 正方形均质板 $ABCD$ 重为 W，由六根直杆支撑，各杆尺寸如图 4－13(a)所示。在板上点 A 和点 B 处分别沿 AD 边和 BA 边作用水平力 $\boldsymbol{P}$ 和 $\boldsymbol{F}$，各杆的重量都不计。求各杆的内力。

解：取正方形板为研究对象。作用其上的力有：主动力 $\boldsymbol{W}, \boldsymbol{P}, \boldsymbol{F}$，各杆的内力 $\boldsymbol{S}_1, \boldsymbol{S}_2, \boldsymbol{S}_3, \boldsymbol{S}_4, \boldsymbol{S}_5, \boldsymbol{S}_6$，其受力如图 4－13(b)所示，建立坐标系 $Axyz$，如图所示，应用空间任意力系的平衡方程，得

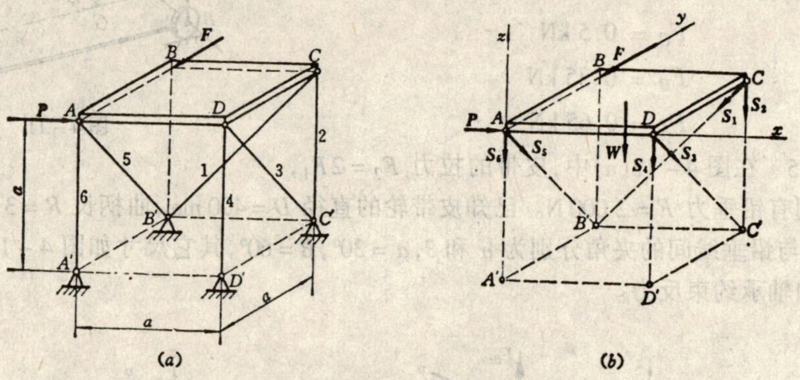

图 4－13

$$\sum X=0,\quad P-S_1\times\frac{\sqrt{2}}{2}=0 \tag{1}$$

$$\sum M_x(\boldsymbol{F})=0,\quad -S_2\times a-S_1\times\frac{\sqrt{2}}{2}a-W\times\frac{a}{2}=0 \tag{2}$$

$$\sum M_z(\boldsymbol{F})=0,\quad S_3\times\frac{\sqrt{2}}{2}a+S_1\times\frac{\sqrt{2}}{2}a=0 \tag{3}$$

$$\sum M_{AC}(\boldsymbol{F})=0,\quad S_4\times\frac{\sqrt{2}}{2}a+S_3\times\frac{\sqrt{2}}{2}\times\frac{\sqrt{2}}{2}a=0 \tag{4}$$

$$\sum Y=0,\quad S_5\times\frac{\sqrt{2}}{2}+S_3\times\frac{\sqrt{2}}{2}-F=0 \tag{5}$$

$$\sum M_{CD}(\boldsymbol{F})=0,\quad W\times\frac{a}{2}+S_6\times a+S_5\times\frac{\sqrt{2}}{2}a=0 \tag{6}$$

由式(1)解得

$$S_1=\sqrt{2}P \quad （拉力）$$

将 $S_1=\sqrt{2}P$ 代入式(2)解得

$$S_2=-P-\frac{W}{2} \quad （压力）$$

将 $S_1=\sqrt{2}P$ 代入式(3)解得

$$S_3=-\sqrt{2}P \quad （压力）$$

将 $S_3=-\sqrt{2}P$ 代入式(4)解得

$$S_4=P \quad （拉力）$$

将 $S_3=-\sqrt{2}P$ 代入式(5)解得

$$S_5=\sqrt{2}P+\sqrt{2}F \quad （拉力）$$

将 $S_5=\sqrt{2}P+\sqrt{2}F$ 代入式(6)解得

$$S_6=-P-F-\frac{W}{2} \quad （压力）$$

此例为一空间杆系承载结构，用四矩式平衡方程求得六个杆的内力。一般而言，力矩方程比较灵活，常可使一个方程只含一个未知量，当然还可全部采用力矩式的平衡方程求解，比如用$\sum M_{CC'}(\boldsymbol{F})=0$，求得 $S_5=\sqrt{2}P+\sqrt{2}F$；$\sum M_{DD'}(\boldsymbol{F})=0$，求得 $S_1=\sqrt{2}P$。但无论怎样列方程，独立的平衡方程数最多只有6个。

通过以上例题，现将求解空间力系平衡问题的要点归纳如下：

(1)对于空间力系的平衡问题，其解题步骤与平面力系的平衡问题基本相同，即先确定研究对象，再进行受力分析，画出受力图，最后列平衡方程求解未知量。但是由于力系中各力在空间任意分布，故某些约束的类型与反力的画法与平面问题有所不同。

(2)为简化计算，在选择投影轴与力矩轴时，注意应使轴与各力的有关角度及尺寸为已知或较易求出，并尽可能使轴与尽可能多的未知力平行或相交，这样可使平衡方程中所含的未知量最少，易于计算。

(3)根据题目特点，可选用不同形式的平衡方程。所选取的三个坐标轴并不一定相互垂直，投影轴与矩轴也可不重合。当用力矩方程取代投影方程，应当注意附加的条件，以确保方程的独立性。但由于这些附加条件比较复杂，故具体应用时，只要所建立的一组平衡方程能解出全部未知量，则说明这组平衡方程是彼此独立的，已满足了附加条件。

(4)解题结束后，最好利用多余的平衡方程校核所得结果以确保计算无误。

§4-4　重　　心

重心的位置对于物体的平衡与运动都有很大影响。工程实践中，建筑物的重心位置直接影响其抗倾稳定性及内部受力的分布 。高速运转的飞轮偏心过大，会引起激烈的振动而影响机器寿命。塔式起重机的重心位置如果设置不当，工作时起重机就有可能倾倒。飞机重心若超前，就会增加起飞和着陆的困难；若重心偏后，飞机就不能稳定飞行。因此，正确确定物体重心的位置在工程实际中有重要意义。

一、重心的概念及其坐标公式

在地球表面附近的物体都受到地球对它的作用力，即物体的重力。作用于物体内每一微小部分的重力是一个分布力系，这种分布的重力可视为空间平行力系。通常所谓物体的重力，就是指这个空间平行力系的合力。不变形的物体(刚体)在地球表面无论怎样放置，其平行分布的重力的合力作用线都通过此物体上(或其延伸部分)一个确定的几何点，这一点称为物体的重心。

下面通过平行力系的合力推导重心的坐标公式，这些公式也可用于确定物体的质量中心、面积形心、风压力中心等等。

如图4-14所示，取直角坐标系 $Oxyz$，将物体分割成许多微小单元体，每一单元体体积为ΔV_i，所受重力为 $\boldsymbol{P}_i$，对应的重心坐标为 $M_i(x_i, y_i, z_i)$，各单元体的重力组成平行力系，其合力 $\boldsymbol{P}$ 的大小就是整个物体的重量，即

$$P=\sum_{i=1}^{n}P_i \tag{4-15}$$

设物体重心 C 的坐标为$C(x_C, y_C, z_C)$，根据合力矩定理，对 x 轴取矩，得

$$M_x(\boldsymbol{P}) = \sum_{i=1}^{n} M_x(\boldsymbol{P}_i)$$

即

$$-P y_C = -\sum_{i=1}^{n} P_i y_i$$

同理,对 y 轴取矩,得

$$P x_C = \sum_{i=1}^{n} P_i x_i$$

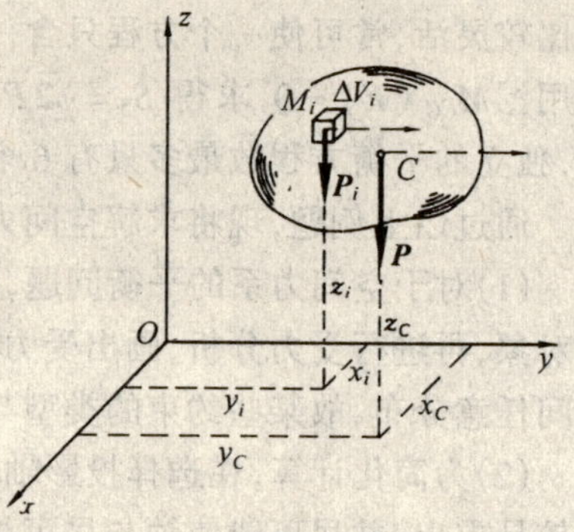

图 4-14

由于物体的重心相对于物体本身始终是一个确定的几何特定点,与该物体在空间的放置状况无关。因此,若将物体连同坐标系一起顺钟向绕轴 x 转 90°,则重力 $\boldsymbol{P}_i$ 及 $\boldsymbol{P}$ 分别绕它们的作用点转过 90°,如图 4-14 中虚线所示,再根据合力矩定理,对 x 轴取矩,得

$$P z_C = \sum_{i=1}^{n} P_i z_i$$

由以上三式可得物体重心的坐标公式为

$$\left.\begin{aligned} x_C &= \frac{\sum_{i=1}^{n} P_i x_i}{P} = \frac{\sum_{i=1}^{n} P_i x_i}{\sum_{i=1}^{n} P_i} \\ y_C &= \frac{\sum_{i=1}^{n} P_i y_i}{P} = \frac{\sum_{i=1}^{n} P_i y_i}{\sum_{i=1}^{n} P_i} \\ z_C &= \frac{\sum_{i=1}^{n} P_i z_i}{P} = \frac{\sum_{i=1}^{n} P_i z_i}{\sum_{i=1}^{n} P_i} \end{aligned}\right\} \tag{4-16}$$

显然,将物体分割得越细,单元体数目越多,每个单元的体积越小,由式(4-16)求得重心的位置就越精确。、根据微积分理论,极限情况下,上式可用积分进行计算。

对于均质物体,设其密度为 ρ,用 $\triangle V_i$ 和 V 分别表示物体微元体及整体的体积,则有 $P_i = \rho g \triangle V_i$, $P = \rho g V$,于是式(4-16)可写成

$$\left.\begin{aligned} x_C &= \frac{\sum x_i V_i}{V} \\ y_C &= \frac{\sum y_i V_i}{V} \\ z_C &= \frac{\sum z_i V_i}{V} \end{aligned}\right\} \tag{4-17}$$

若用微积分表示,则

$$x_C = \frac{\int_V x \mathrm{d}V}{V}, \quad y_C = \frac{\int_V y \mathrm{d}V}{V}, \quad z_C = \frac{\int_V z \mathrm{d}V}{V} \tag{4-17'}$$

这时的重心亦称为体积重心。由于体积重心的位置与重力的大小无关,完全取决于物体的几何形状和尺寸,它是物体的几何中心,所以又称之为形心。由此可见,均质物体的重心与形心是重合的。

对于均质等厚度的薄壳(板),如厂房的双曲顶壳、薄壁容器等,由于其厚度远小其余二维面积尺寸,其重心公式简化为

$$\left.\begin{aligned} x_C &= \frac{\sum x_i \Delta S_i}{S} = \frac{\int_S x\mathrm{d}S}{S} \\ y_C &= \frac{\sum y_i \Delta S_i}{S} = \frac{\int_S y\mathrm{d}S}{S} \\ z_C &= \frac{\sum z_i \Delta S_i}{S} = \frac{\int_S z\mathrm{d}S}{S} \end{aligned}\right\} \tag{4-18}$$

式中,S 为薄壳(板)的表面积,这时的重心称为面积重心。曲面的重心一般不在曲面上,而相对于曲面位于确定的一点。

对于均质等截面细长线段,如细金属丝、细长曲杆等,其截面尺寸远小于其长度 l,类似地可得其重心坐标公式为

$$\left.\begin{aligned} x_C &= \frac{\sum x_i \Delta l_i}{l} = \frac{\int_l x\mathrm{d}l}{l} \\ y_C &= \frac{\sum y_i \Delta l_i}{l} = \frac{\int_l y\mathrm{d}l}{l} \\ z_C &= \frac{\sum z_i \Delta l_i}{l} = \frac{\int_l z\mathrm{d}l}{l} \end{aligned}\right\} \tag{4-19}$$

这时的重心称为线段重心,注意,曲线的重心一般在曲线之外。

二、确定物体重心的方法

1. 简单几何形状物体的重心

凡是具有对称面、对称轴或对称中心的均质物体,其重心一定在物体的对称面、对称轴或对称中心上,简单形状物体的重心一般可直观确定,也可从工程手册上查到。表 4－2 给出了常见的几种简单形状物体的重心。工程中常用的型钢(如工字钢、角钢、槽钢)的截面的形心,也可以从型钢表中查到。

2. 用组合法求重心

由简单的几何形体组合而成的组合形体的重心位置,可通过将组合形体分割成若干个简单几何形体求得,下面通过例题介绍这种方法。

表 4-2　简单形状物体重心(形心)表

图　　形	重心位置	图　　形	重心位置
圆弧 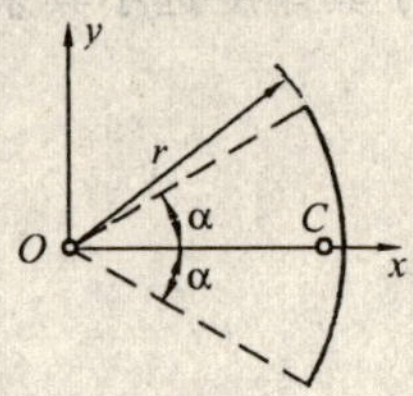	$x_C = \frac{r\sin\alpha}{\alpha}$ 半圆弧 $x_C = \frac{2r}{\pi}$	弓形 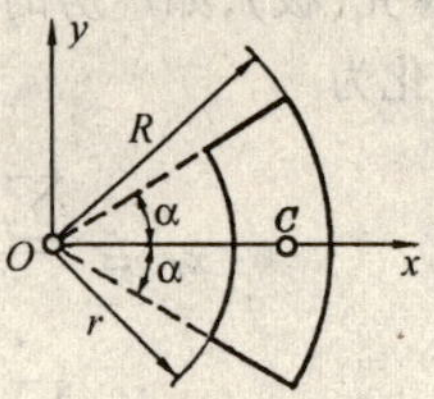	$x_C = \frac{2(R^3 - r^3)\sin\alpha}{3(R^2 - r^2)\alpha}$
三角形 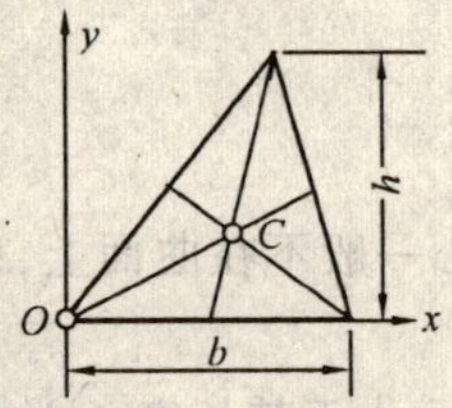	在中线交点上 $y_C = \frac{1}{3}h$	部分圆环 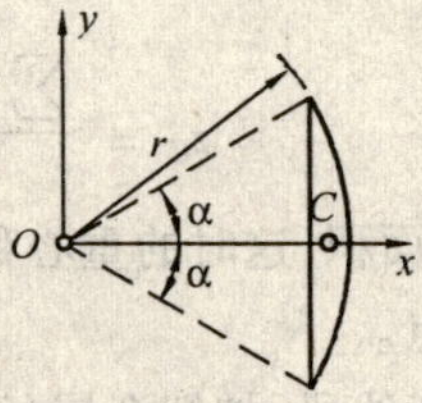	$x_C = \frac{4R\sin^3\alpha}{3(2\alpha - \sin2\alpha)}$
梯形 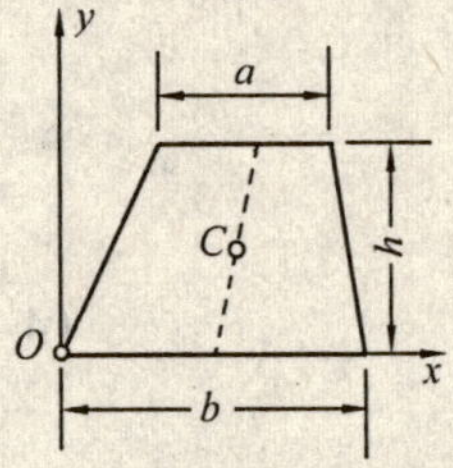	在上下底中点的连线上 $y_C = \frac{h(2a + b)}{3(a + b)}$	半圆球体 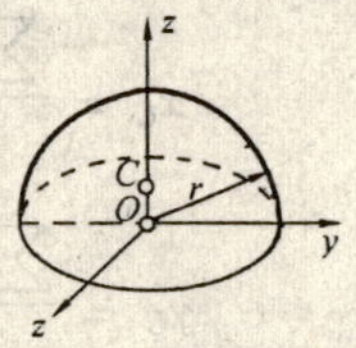	$z_C = \frac{3}{8}r$
扇形 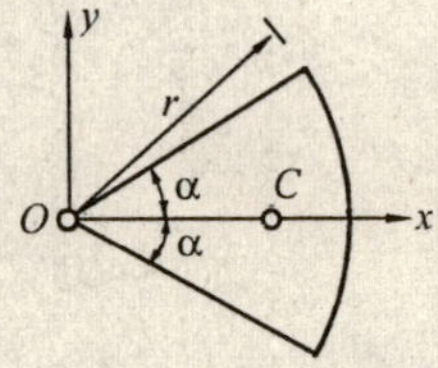	$x_C = \frac{2r\sin\alpha}{3\alpha}$ 半圆 $x_C = \frac{4r}{3\pi}$	正圆椎体 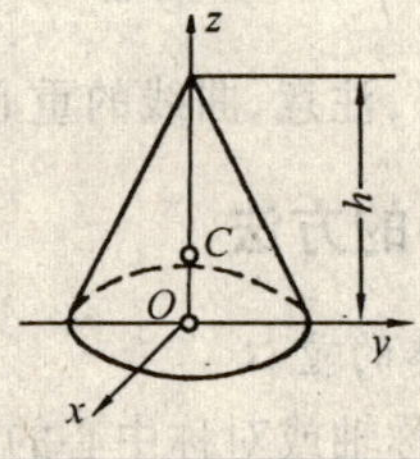	$z_C = \frac{1}{4}h$

例 4-7　试求图 4-15 所示凹形截面重心的位置,已知 $a = 20$ cm, $b = 30$ cm, $c = 40$ cm, $d = 10$ cm。

解:

(1)采用组合法,即认为整个图形由图 4-15 所示的三个矩形Ⅰ,Ⅱ,Ⅲ组合而成,取坐标系如图,由于轴 Ox 为图形的对称轴,重心必在此轴上,即 $y_C = 0$。每一个矩形的面积及重心坐标为

矩形Ⅰ:　$S_1 = b \times d = 30 \times 10 = 300\ \text{cm}^2$,　　$x_1 = \frac{b}{2} = 15$ cm

矩形Ⅱ:　$S_2 = (c - 2d) \times (b - a) = 20 \times 10 = 200\ \text{cm}^2$,　　$x_2 = \frac{b - a}{2} = 5$ cm

矩形Ⅲ： $S_3 = S_1 = 300\ \text{cm}^2$， $x_3 = x_1 = 15\ \text{cm}$
故由式(4-18)有

$$x_C = \frac{S_1x_1 + S_2x_2 + S_3x_3}{S_1 + S_2 + S_3} = \frac{300 \times 15 + 200 \times 5 + 300 \times 15}{300 + 200 + 300} = 12.5\ \text{cm}$$

(2)采用负面积法，即认为原图形是由大矩形$ABCD$挖去小矩形$EFGH$而得到，使用公式 时将挖去面积的项视为负值即可，各矩形的面积及重心坐标为

矩形 $ABCD$： $S_1 = b \times c = 30 \times 40 = 1200\ \text{cm}^2$

$$x_1 = \frac{b}{2} = 15\ \text{cm}$$

矩形 $EFGH$： $S_2 = a \times a = 20 \times 20 = 400\ \text{cm}^2$

$$x_1 = b - \frac{a}{2} = 30 - 10 = 20\ \text{cm}$$

则组合形体的重心坐标为

$$x_C = \frac{S_1x_1 - S_2x_2}{S_1 - S_2} = \frac{1200 \times 15 - 400 \times 20}{1200 - 400} = 12.5\ \text{cm}$$

两种算法所得结果相同。

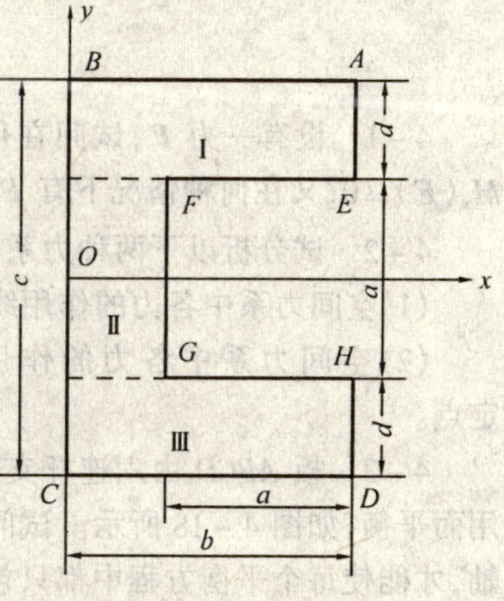

图 4-15

3. 用实验方法测定重心的位置

工程上还常用实验方法来测定复杂形状和不均质物体的重心，这种方法比较简便，且具有足够的准确度。

(1)悬挂法：如果需求一薄板或有对称面的薄零件的重心，可先通过板上任一点 A 将板悬挂起来，如图 4-16(a)所示，根据二力平衡公理，重心必在过悬挂点的铅垂直线上，于是可在板上画出此线；然后再通过板上另一点 B 将板悬挂起来，同样可画出另一直线，而直线相交于点 C，这点就是重心，如图 4-16(b)所示。有时再作第三次悬挂用来校验。

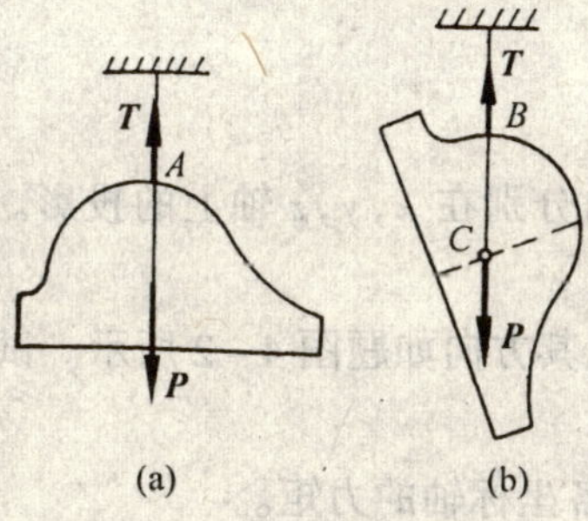

图 4-16

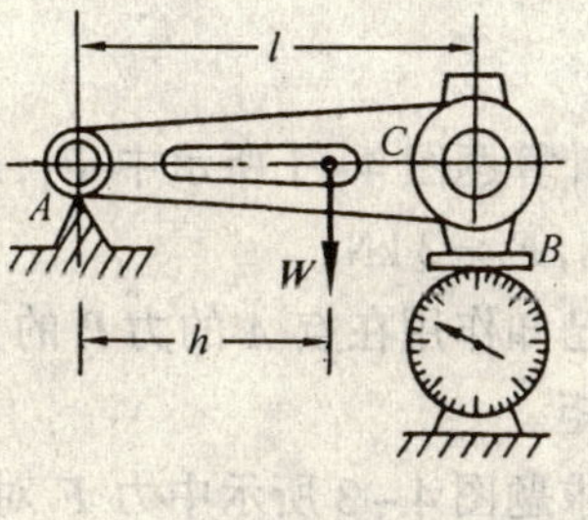

图 4-17

(2)称重法：形状复杂或体积较大的物体常用称重法求重心。例如曲柄滑块机构中的连杆，因为具有对称轴，所以只要确定重心在此轴上的位置 h 即可。将连杆 B 端放在台秤上，A 端搁在水平面或刀口上，使中心线处于水平位置，如图 4-17 所示，台秤上的读数，就是 B 端的反力 F_{NB}的大小，由力矩平衡方程。

$$\sum M_A(\boldsymbol{F}) = 0, \quad F_{NB}l - Ph = 0$$

$$h = \frac{F_{NB}l}{P}$$

式中，l 及连杆重量 P 均可测出，代入上式，即可求出 h 的数值。

对于空间形状非对称的物体，可通过三次秤重来确定物体的重心位置。

思考题

4-1　设有一力 $\boldsymbol{F}$，试问在何种情况下有 $F_x=0, M_x(\boldsymbol{F})=0$？在何种情况下有 $F_x=0$，$M_x(\boldsymbol{F})\neq 0$？又在何种情况下有 $F_x\neq 0, M_x(\boldsymbol{F})=0$？

4-2　试分析以下两种力系各有几个平衡方程。

(1)空间力系中各力的作用线平行于某一固定平面；

(2)空间力系中各力的作用线分别汇交于两个固定点。

4-3　板 $ABCD$ 由六连杆支承，受一空间任意力系作用而平衡，如图 4-18 所示。试问应该怎样取矩轴和投影轴，才能使每个平衡方程中都只包含一个杆件内力。

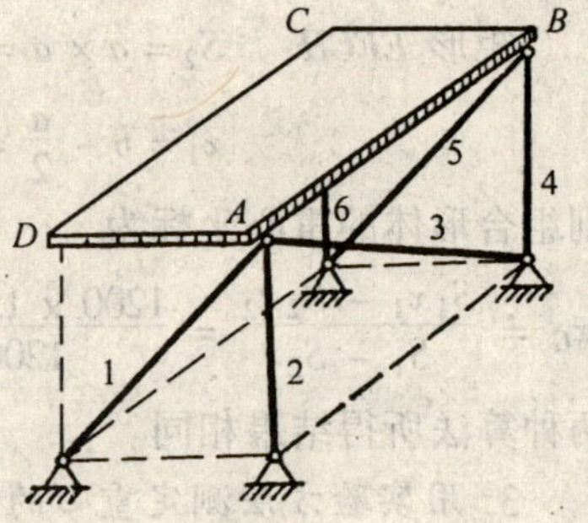

图 4-18

4-4　空间任意力系向三个相互垂直的坐标平面投影，得到三个平面任意力系，为什么其独立的平衡方程数只有六个。

4-5　若已知力 $\boldsymbol{F}$ 与 x 轴的夹角为 α，与 y 轴的夹角为 β，以及力 $\boldsymbol{F}$ 的大小，能否计算出 $\boldsymbol{F}$ 在轴 z 上的投影 $\boldsymbol{F}_z$？

4-6　计算某一物体重心的位置时，如果选取的坐标轴不同，重心的坐标是否改变？重心在物体内的位置是否会改变？

4-7　当物体质量分布不均匀时，重心和几何中心还重合吗？为什么？

习　题

4-1　计算题图 4-1 所示中 $\boldsymbol{F}_1, \boldsymbol{F}_2, \boldsymbol{F}_3$ 三个力分别在 x, y, z 轴上的投影。已知 $F_1=2$ kN，$F_2=1$ kN，$F_3=3$ kN。

4-2　已知作用在点 A 的力 $\boldsymbol{P}$ 的大小为 200 N，其方向如题图 4-2 所示。试计算该力对 x, y, z 轴之矩。

4-3　求题图 4-3 所示中力 $\boldsymbol{F}$ 对坐标原点及各坐标轴的力矩。

4-4　轴 AB 与沿铅直线成 α 角，悬臂 CD 与轴垂直地固定在轴上，其长为 a，并与铅直面 zAB 成 β 角，如题图 4-4 所示，如在点 D 作用铅直向下的力 $\boldsymbol{F}$，求此力对轴 AB 之矩。

4-5　水平圆盘的半径为 r，外缘 C 处作用有已知力 $\boldsymbol{F}$，力 $\boldsymbol{F}$ 位于铅垂平面内，且与 C 处圆盘切线夹角为 60°，其它尺寸如题图 4-5 所示。求力 $\boldsymbol{F}$ 对 x, y, z 轴之矩。

4-6　空间构架由三根直杆组成，在 D 端用球铰链连接，如题图 4-6 所示。A，B 和 C 端则用球铰链固定在水平地板上。如果挂在 D 端的物重 $P=10$ kN，各杆重量不计，试求铰链

A，B 和 C 的反力。

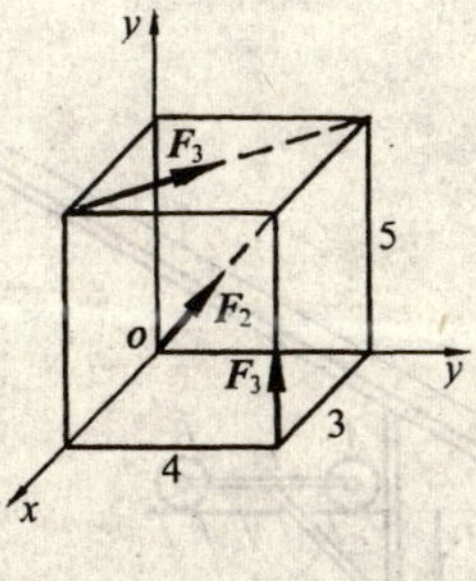

题图 4－1

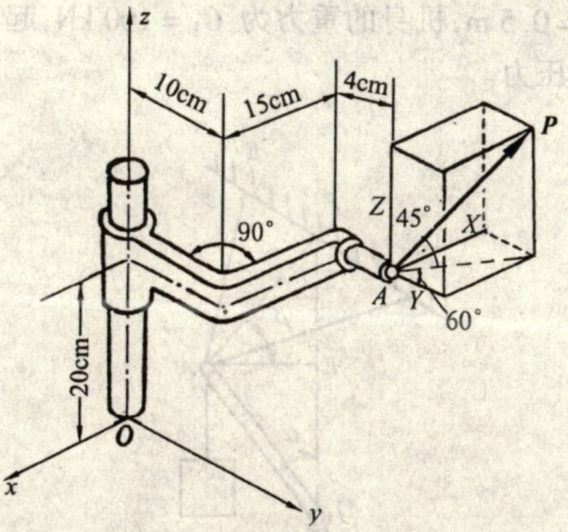

题图 4－2

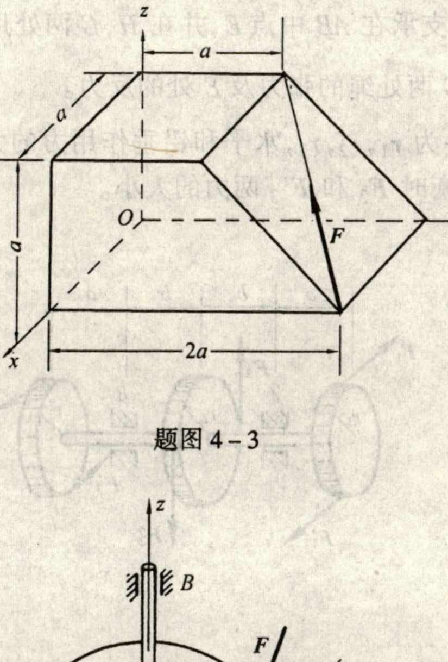

题图 4－3

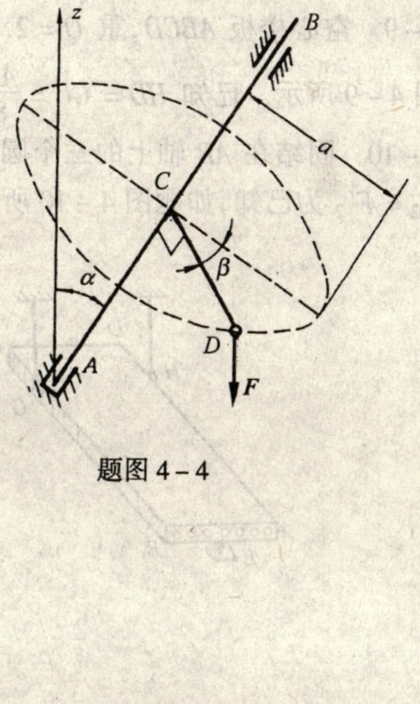

题图 4－4

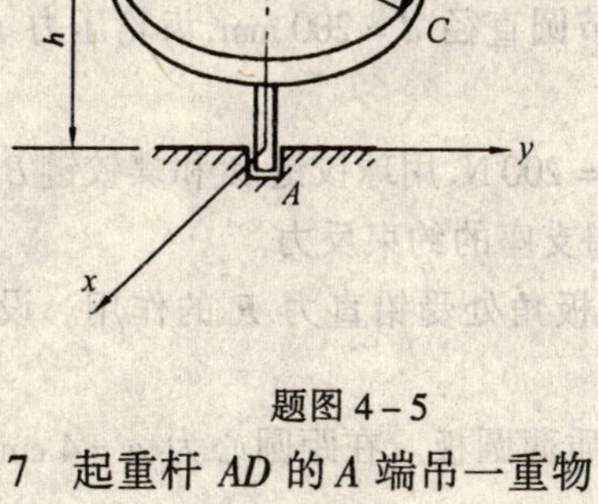

题图 4－5

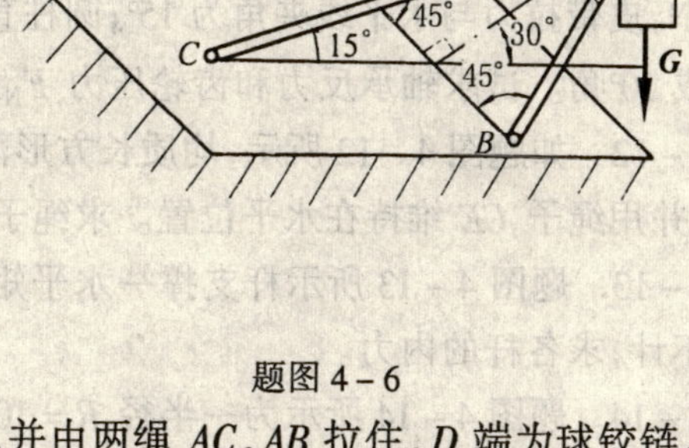

题图 4－6

4－7　起重杆 AD 的 A 端吊一重物 $P=2\ \text{kN}$，并由两绳 AC，AB 拉住，D 端为球铰链。$\alpha=30°$，$\beta=45°$，$AB=AC=BC$，$AF\perp BC$，$AE\perp FD$，杆 AD 自重不计，如题图 4－7 所示。求两绳

AC 和 AB 的拉力以及球铰链 D 的约束力。

4－8　简易起重机如题图 4－8 所示，已知 $AD = BD = 1$ m，$CD = 1.5$ m，$CM = 1$ m，$ME = 4$ m，$MS = 0.5$ m，机身的重力为 $G_1 = 100$ kN，起吊重物的重力 $G_2 = 10$ kN。试求 A，B，C 三轮对地面的压力。

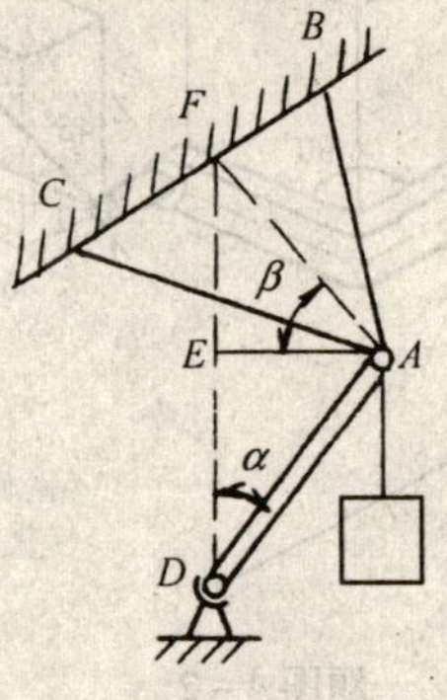

题图 4－7

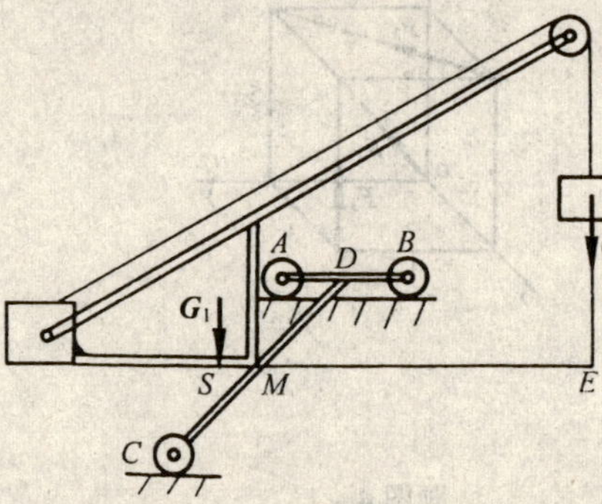

题图 4－8

4－9　空心楼板 $ABCD$，重 $Q = 2.8$ kN，一端支承在 AB 中点 E，并在 H，G 两处用绳悬挂，如题图 4－9 所示。已知 $HD = GC = \frac{AD}{8}$，求 H，G 两处绳的张力及 E 处的反力。

4－10　固结在 AB 轴上的三个圆轮，半径各为 r_1，r_2，r_3，水平和铅垂作用力的大小 $F_1 = F'_1$，$F_2 = F'_2$ 为已知，如题图 4－10 所示。求平衡时 $\boldsymbol{F}_3$ 和 $\boldsymbol{F}'_3$ 两力的大小。

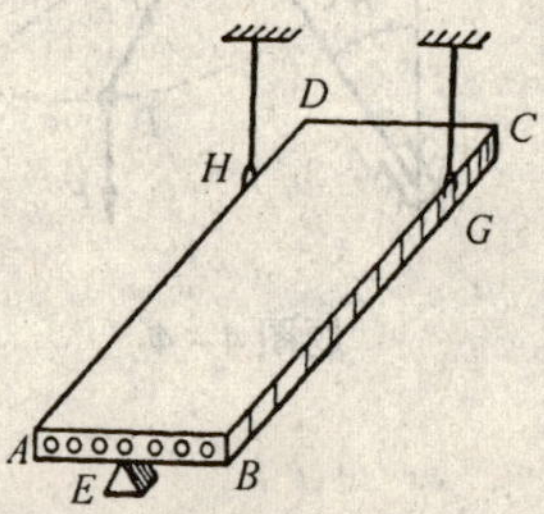

题图 4－9

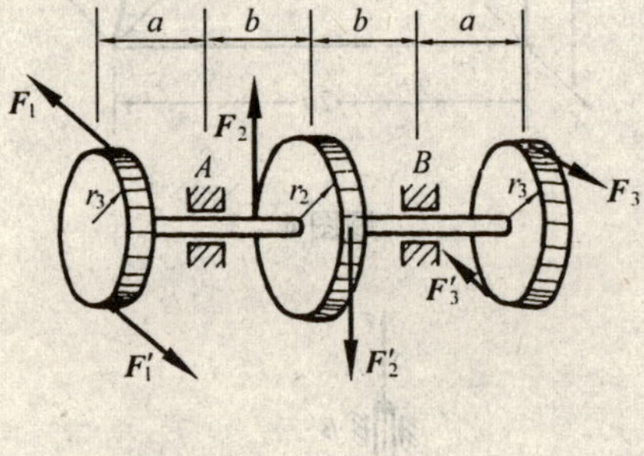

题图 4－10

4－11　传动轴如题图 4－11 所示。皮带轮直径 $D = 400$ mm，皮带拉力 $F_1 = 2\ 000$ N，$F_2 = 1\ 000$ N，皮带拉力与水平线夹角为 15°；圆柱直齿轮的节圆直径 $d = 200$ mm，齿轮压力 F_N 与铅垂线成 20°角。试求轴承反力和齿轮压力 F_N。

4－12　如题图 4－12 所示，均质长方形薄板重 $P = 200$ N，用球铰链 A 和蝶铰链 B 固定在墙上，并用绳子 CE 维持在水平位置。求绳子的拉力和支座的约束反力。

4－13　题图 4－13 所示杆支撑一水平矩形板，在板角处受铅直力 $\boldsymbol{F}$ 的作用。设板与杆自重不计，求各杆的内力。

4－14　题图 4－14 所示为一半径 $R = 10$ cm 的均质薄圆板。在距圆心为 $a = 4$ cm 处有一半径为 $r = 3$ cm 的小孔。试计算此薄圆板的重心位置。

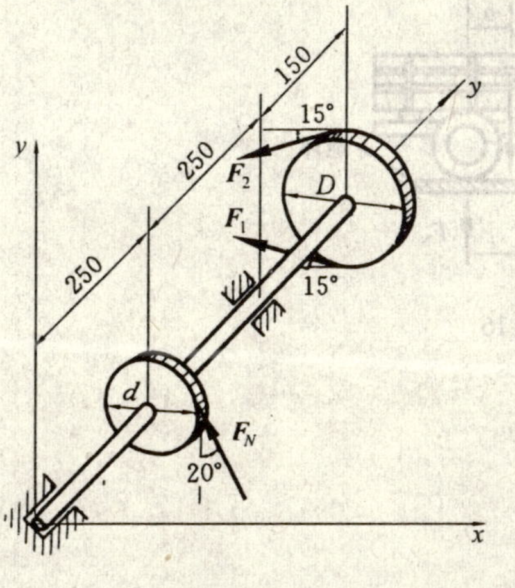

题图 4-11

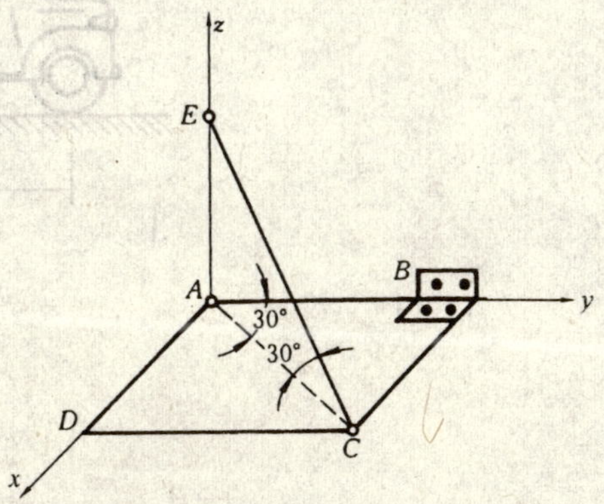

题图 4-12

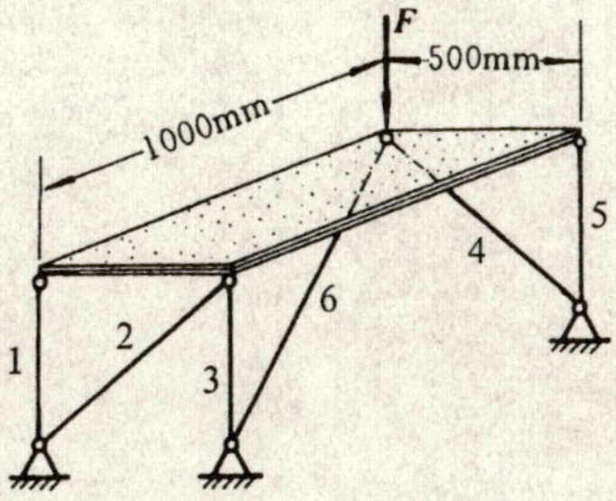

题图 4-13

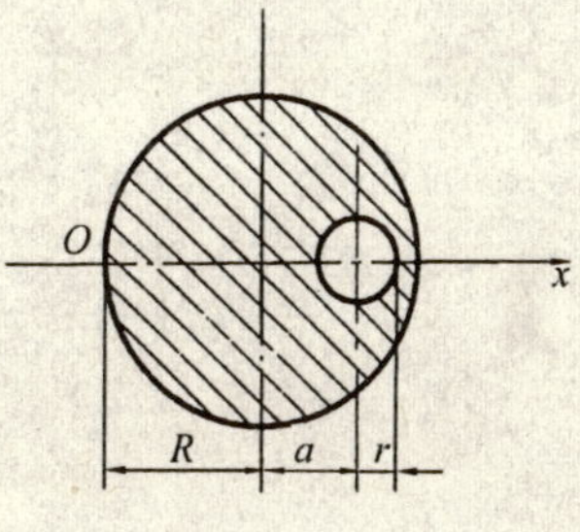

题图 4-14

4-15　求题图 4-15 所示各图形有阴影线面积的形心坐标(图示尺寸单位:cm)。

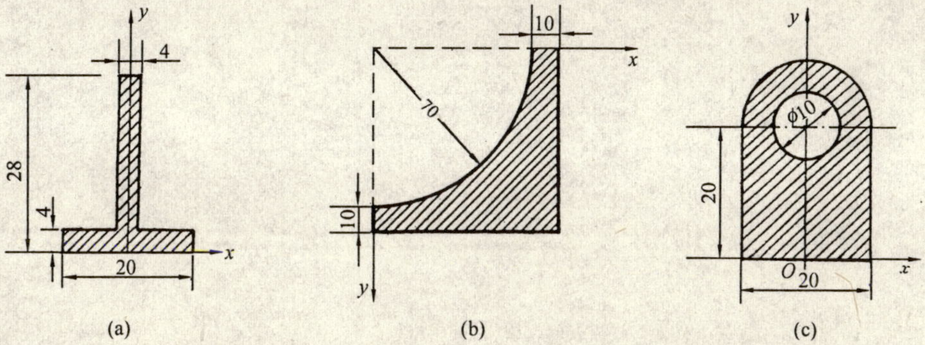

题图 4-15

4-16　为了测汽车的重心位置,可将汽车驶到秤上,秤得汽车总重的大小为 W,再将后轮驶到地秤上,秤得后轮的压力 $\boldsymbol{F}_{\mathrm{N}}$,即可求得重心的位置,如题图 4-16 所示。今已知 $W=34.3\ \mathrm{kN}$,$F_{\mathrm{N}}=19.6\ \mathrm{kN}$,前后两轮之间的距离 $l=3.1\ \mathrm{m}$,试求重心 C 到后轴的距离 b。

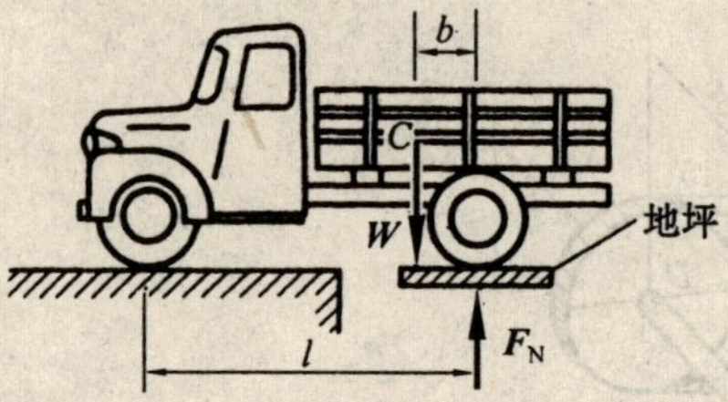

题图 4 - 16

运动　学

导　论

运动学是从几何的观点来研究物体的运动，而不考虑诸如力和质量等与运动变化有关的物理因素。

运动是指物体在空间的位置随时间的变化。要描述物体位置以及它的运动，必须选取另一个物体作为参考，这个用作参考的物体称为参考体。同一物体的运动，对不同参考体来说，其运动是不同的。例如，行驶的车厢内放置的物体，对车厢而言是静止的，而对地面而言则是运动的，所以，运动的描述具有相对性。在力学中，描述任何物体的运动都必须指明参考体。在参考体上固结的坐标系称为参考系。工程问题中，一般都取与地球固结的坐标系为参考系，特殊问题将另加说明。

必须明确，这种对运动的描述的相对性，并不意味着运动是随我们的主观意识而决定的。因为运动本身就是客观存在的、是绝对的，并不由所选取的参考系不同而改变，只不过是对不同参考系所描述的运动情况不同而已。这就是运动的绝对性与描述运动的相对性。

在描述物体运动时，要区别时间间隔与瞬时这两个概念。时间间隔对应于物体在不停顿的运动中从某一位置移动到另一位置所经历的时间。瞬时是时间间隔趋于零的一瞬间。

在运动学中不涉及力和质量的概念，因此，所采用的力学模型是点和刚体。所谓点，是指不计大小和质量，但在空间占有确定位置的几何点。所谓刚体，是指由无数点组成的不变形系统。点和刚体都是实际物体的抽象化。当描述一物体的运动时，如果它的大小不起主要作用，可以把它抽象化为一个点，反之，就应把它看成刚体。例如，分析汽车在制动过程中的速度和加速度时，虽然汽车各部分的运动情况各不相同，但是我们研究的是汽车整体的运动规律，因此可以忽略其大小，将汽车的运动简化为点的运动。但是当分析汽车车轮上各点的运动时，我们必须把车轮简化为一定尺寸的刚体来研究。又如，一艘货船虽然体积很大，当考虑该船在航道上运行位置、航速时，可以看做一个点。而机器的飞轮，尽管尺寸不大，当分析其转动规律时，就必须看作刚体。因此，将其如何简化，完全由所研究问题的性质而定，不取决于物体的大小和形状。

学习运动学的目的首先是为学习动力学打好基础，因为只有掌握了运动分析方法，才能正确地进行物体系统的运动特性分析，并建立运动与力的关系。其次，运动学在工程技术中也具有直接指导实践的意义。例如，在机械设计中常要进行机构分析与综合，这就要求对所选机构进行运动分析，以便能达到预定的运动要求。

第五章　运动学基础

点的运动和刚体基本运动是研究点和刚体复杂运动的基础。本章主要介绍点的运动和刚体基本运动的分析计算方法。

§5-1　点的运动学

点的运动可以采用不同的坐标系进行描述。本节将讨论矢径法、直角坐标法和自然法。

一、矢径法

设动点 M 在空间运动，选取参考系上一固定点 O 作为参考点，由 O 向动点 M 作矢量 $\boldsymbol{r}$，如图 5-1 所示。动点 M 运动时，矢径 $\boldsymbol{r}$ 的大小和方向都随时间而变化，它是时间 t 的单值连续的矢量函数，即

$$\boldsymbol{r} = \boldsymbol{r}(t) \tag{5-1}$$

这就是用矢量形式表示的点的运动方程。它表明了动点在空间的位置随时间变化的规律，又称运动规律。

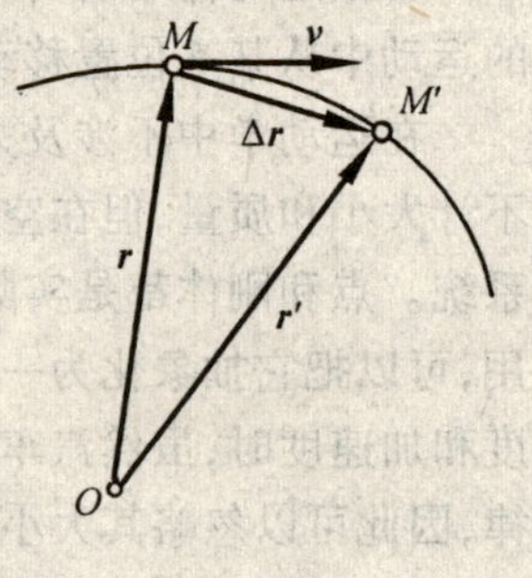

图 5-1

动点 M 在空间运动时，矢径 $\boldsymbol{r}$ 的末端将描绘出一条连续曲线，称为矢端曲线，它就是动点运动的轨迹。

设动点在瞬时 t 到瞬时 $t+\Delta t$，其位置由点 M 运动到点 M'，如图 5-1 所示。在 Δt 时间间隔内，矢径的改变量为

$$\Delta\boldsymbol{r} = \boldsymbol{r}' - \boldsymbol{r}$$

它代表动点在 Δt 时间间隔内的位移。根据速度的定义可知

$$\boldsymbol{v} = \lim_{\Delta t\to 0}\frac{\Delta\boldsymbol{r}}{\Delta t} = \frac{\mathrm{d}\boldsymbol{r}}{\mathrm{d}t} \tag{5-2}$$

这就是动点在瞬时 t 的速度。它表明：动点的速度等于它的矢径对时间的一阶导数。它的方向是位移 $\Delta\boldsymbol{r}$ 的极限方向，即沿着轨迹在点 M 的切线，并与动点的运动方向一致。

在国际单位制中，速度的单位是米/秒(m/s)。

点在运动过程中，其速度的大小和方向一般都随时间变化。设在瞬时 t 和 $t+\Delta t$，动点分别位于点 M 和 M'，其相应的速度分别为 $\boldsymbol{v}$ 和 $\boldsymbol{v}'$，如图 5-2 所示。速度的变化量是 $\Delta\boldsymbol{v} = \boldsymbol{v}' - \boldsymbol{v}$，根据加速度的定义可知

$$\boldsymbol{a} = \lim_{\Delta t\to 0}\frac{\Delta\boldsymbol{v}}{\Delta t} = \frac{\mathrm{d}^2\boldsymbol{r}}{\mathrm{d}t^2} \tag{5-3}$$

这就是动点在瞬时 t 的加速度。它表明：动点加速度等于它的速度对时间的一阶导数，亦等于它的矢径对时间的二阶导数。

点的加速度是矢量。如果把各瞬时动点的速度矢量 $\boldsymbol{v}$ 的始端画在同一点 O' 上，按照时间顺序，这些速度矢量的末端将描绘出一条连续的曲线，称为速度矢端曲线，如图 5－3 所示。图中 $O'M$，$O'M'$ 分别代表动点在位置 M，M' 时的速度。动点加速度的方向是速度矢端曲线在点 M 的切线方向。

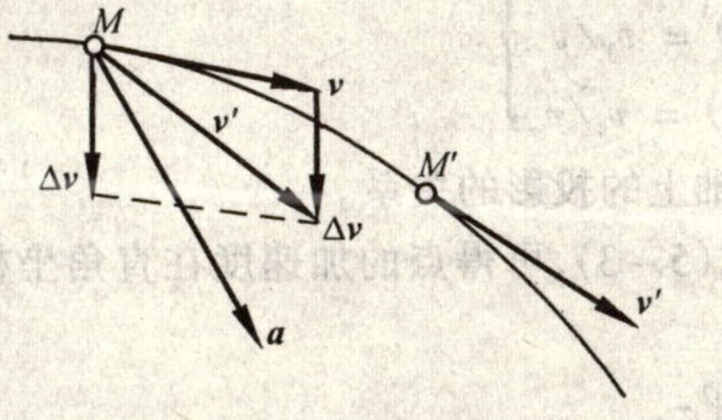

图 5－2

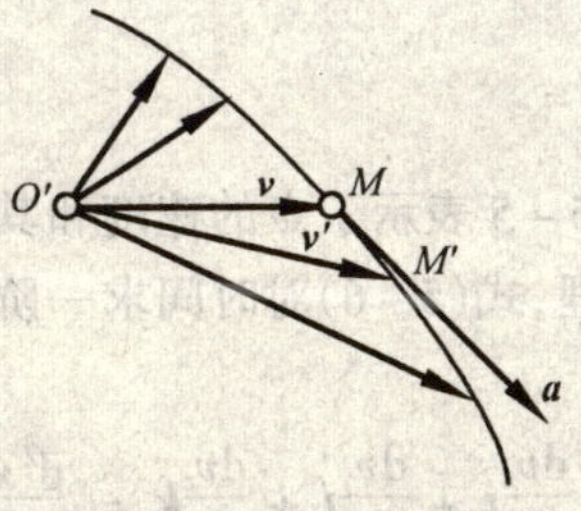

图 5－3

在国际单位制中，加速度的单位是米/秒^2（m/s^2）。

以矢量法表示点的运动最便于公式的推导，在具体建立动点的运动方程并计算其速度和加速度时，常有用直角坐标法和自然法等。

二、直角坐标法

在参考体的固定点 O 上，建立直角坐标系统 $Oxyz$ 作为参考坐标系。设动点在瞬时 t，它的位置 M 可用三个坐标 x,y,z 表示，如图 5－4 所示。它与矢径 $\boldsymbol{r}$ 的关系为

$$\boldsymbol{r} = x\boldsymbol{i} + y\boldsymbol{j} + z\boldsymbol{k} \qquad (5-4)$$

式中 $\boldsymbol{i},\boldsymbol{j},\boldsymbol{k}$ 是 $Oxyz$ 坐标系中沿 x,y,z 三个坐标的单位矢量。

动点运动过程中，它在直角坐标系 $Oxyz$ 中的位置可用坐标 x,y,z 惟一地确定下来。x,y,z 都是时间 t 的单值连续函数，即

$$\left.\begin{aligned} x &= f_1(t) \\ y &= f_2(t) \\ z &= f_3(t) \end{aligned}\right\} \qquad (5-5)$$

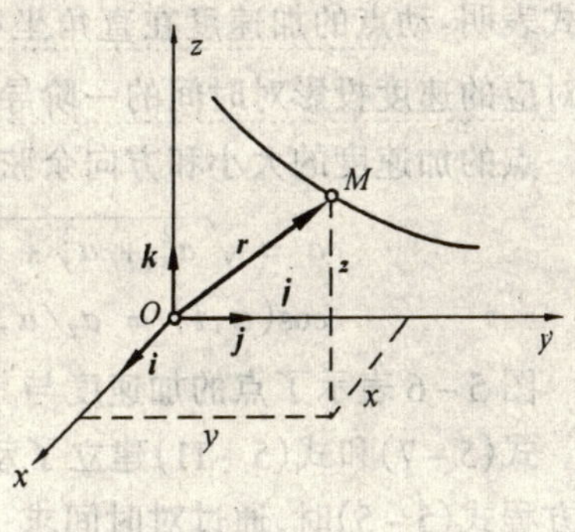

图 5－4

这就是用直角坐标表示的动点的运动方程。实际上，它是以时间 t 为参变量的空间曲线方程。从运动方程中消去参变量 t，可得到点的轨迹方程。

将式(5－4)对时间求一阶导数，注意到 $\boldsymbol{i},\boldsymbol{j},\boldsymbol{k}$ 是常矢量，再代入式(5－2)，可得点的速度在直角坐标系中的表达式

$$\boldsymbol{v} = \frac{dx}{dt}\boldsymbol{i} + \frac{dy}{dt}\boldsymbol{j} + \frac{dz}{dt}\boldsymbol{k} \qquad (5-6)$$

由此得到，速度在直角坐标轴上的投影为

$$v_x = \frac{dx}{dt},\quad v_y = \frac{dy}{dt},\quad v_z = \frac{dz}{dt} \qquad (5-7)$$

此式表明：动点的速度在直角坐标轴上的投影等于其对应坐标对时间的一阶导数。

由速度的投影可求出速度的大小

$$v = \sqrt{v_x^2 + v_y^2 + v_z^2} \tag{5-8}$$

速度的方向由其方向余弦确定

$$\left.\begin{aligned} \cos(\boldsymbol{v},\boldsymbol{i}) &= v_x/v \\ \cos(\boldsymbol{v},\boldsymbol{j}) &= v_y/v \\ \cos(\boldsymbol{v},\boldsymbol{k}) &= v_z/v \end{aligned}\right\} \tag{5-9}$$

图 5-5 表示了点的速度和其在直角坐标轴上的投影的关系。

同理，式(5-6)对时间求一阶导数，代入式(5-3)，可得点的加速度在直角坐标系中的表达式

$$\boldsymbol{a} = \frac{\mathrm{d}v_x}{\mathrm{d}t}\boldsymbol{i} + \frac{\mathrm{d}v_y}{\mathrm{d}t}\boldsymbol{j} + \frac{\mathrm{d}v_z}{\mathrm{d}t}\boldsymbol{k} = \frac{\mathrm{d}^2x}{\mathrm{d}t^2}\boldsymbol{i} + \frac{\mathrm{d}^2y}{\mathrm{d}t^2}\boldsymbol{j} + \frac{\mathrm{d}^2z}{\mathrm{d}t^2}\boldsymbol{k} \tag{5-10}$$

于是，加速度在直角坐标轴上的投影为

$$\left.\begin{aligned} a_x &= \frac{\mathrm{d}v_x}{\mathrm{d}t} = \frac{\mathrm{d}^2x}{\mathrm{d}t^2} \\ a_y &= \frac{\mathrm{d}v_y}{\mathrm{d}t} = \frac{\mathrm{d}^2y}{\mathrm{d}t^2} \\ a_z &= \frac{\mathrm{d}v_z}{\mathrm{d}t} = \frac{\mathrm{d}^2z}{\mathrm{d}t^2} \end{aligned}\right\} \tag{5-11}$$

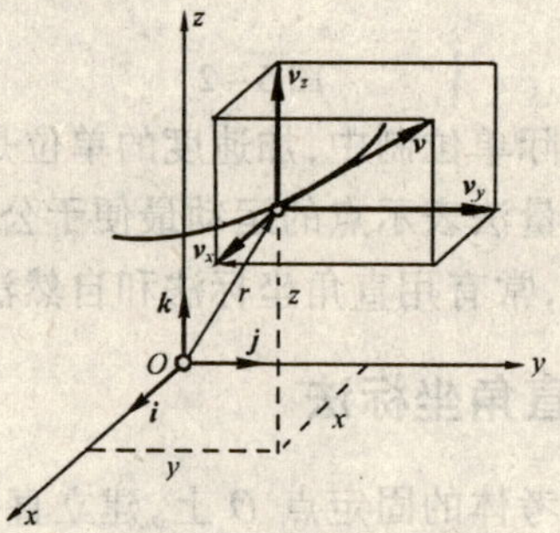

图 5-5

此式表明：动点的加速度在直角坐标轴上的投影等于其对应的速度投影对时间的一阶导数；亦等于对应的坐标对时间的二阶导数。

点的加速度的大小和方向余弦为

$$a = \sqrt{a_x^2 + a_y^2 + a_z^2}$$

$$\cos(\boldsymbol{a},\boldsymbol{i}) = a_x/a, \quad \cos(\boldsymbol{a},\boldsymbol{j}) = a_y/a, \quad \cos(\boldsymbol{a},\boldsymbol{k}) = a_z/a \tag{5-12}$$

图 5-6 表示了点的加速度与其在坐标轴上投影的关系。

式(5-7)和式(5-11)建立了动点的运动方程与其速度、加速度的关系。已知动点的运动方程式(5-5)时，通过对时间求一阶、二阶导数，可求出动点的速度、加速度；反之，已知动点的加速度和运动的初始条件，通过积分则可求出动点的速度、运动方程和轨迹方程。

三、自然法

在点的运动轨迹上建立弧坐标及自然轴系，并用它们来描述和分析点的运动的方法，称为自然法。

设动点沿已知的轨迹曲线运动，如图 5-7 所示。在轨迹上任选一点 O 为参考点，并规定从点 O 沿某一边量取的弧长为正值；另一边的则为负值。从点 O 到动点 M 之间的弧长 s 称为动点的弧坐标。由此可知，弧坐标是一代数量。

当点 M 运动时，s 是时间 t 的单值连续函数。

$$s = f(t) \tag{5-13}$$

这就是用弧坐标表示的点的运动方程，此式表达了动点沿已知轨迹的运动规律。

讨论点的速度、加速度的自然表示法时，将用到与轨迹曲线几何形状有关的自然轴系，为此，先简要介绍自然轴系的概念。

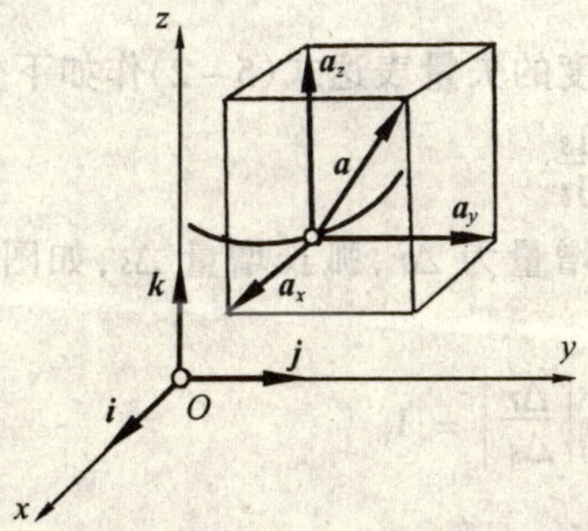

图 5－6

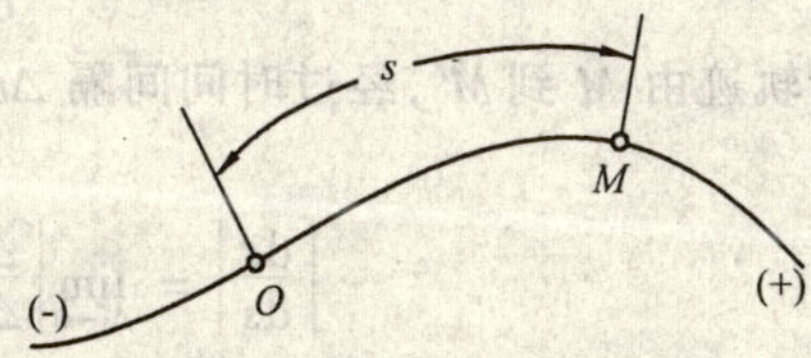

图 5－7

1. 自然轴系

在图 5－8 所示的空间曲线 AB 中，$\boldsymbol{\tau}$ 表示曲线在点 M 的切线方向上的单位矢量。简称切向单位矢量。$\boldsymbol{\tau}'$ 表示与点 M 邻近的点 M' 的切向单位矢量。过点 M 作平行于 $\boldsymbol{\tau}'$ 的矢量 $\boldsymbol{\tau}''$，并作一包含矢量 $\boldsymbol{\tau}$ 和 $\boldsymbol{\tau}''$ 的平面 P。在点 M' 趋近于点 M 的过程中，单位矢量 $\boldsymbol{\tau}$ 固定不动，$\boldsymbol{\tau}'$ 则不断地改变着它的方向，所以，平面 P 的位置也在变化，绕着 $\boldsymbol{\tau}$ 不断地转动。当 M' 趋近于点 M 时，平面 P 将趋向某一极限位置。这个极限位置所在的平面称为此空间曲线在点 M 的密切面。点 M 附近的无限小弧段可以近似地看成是一条在密切面内的一平面曲线，整个空间曲线则可近似地看成是由无限多条无限小的、在一系列密切面内的平面曲线段的组合。显然，对于平面曲线而言，密切面就是该曲线所在的平面。

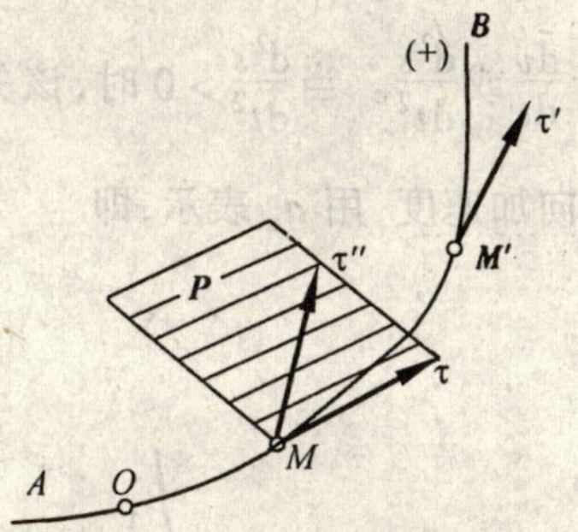

图 5－8

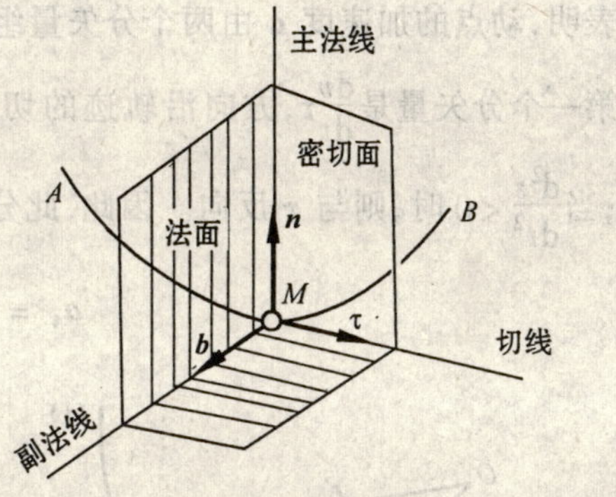

图 5－9

在图 5－9 中，$\boldsymbol{\tau}$ 是曲线 AB 在点 M 的切向单位矢量，过 M 作垂直于 $\boldsymbol{\tau}$ 的平面，此平面称为曲线在点 M 的法面。在法平面内，过点 M 的一切直线都是该曲线在点 M 的法线。在这些法线中，位于密切面内的法线称为曲线在点 M 的主法线；与密切面垂直的法线称为副法线。用 $\boldsymbol{n}$ 表示主法向单位矢量，$\boldsymbol{b}$ 表示副法向单位矢量，$\boldsymbol{\tau}, \boldsymbol{n}, \boldsymbol{b}$ 三个矢量的轴线将构成互相垂直的自然轴系。它们的正向是这样确定的：$\boldsymbol{\tau}$ 的正向指向弧坐标的正向；$\boldsymbol{n}$ 的正向是指向曲线内凹的一边，准确地说是指向曲线在点 M 的曲率的中心；$\boldsymbol{b}$ 的正向则由右手规则决定的，即

$$\boldsymbol{b} = \boldsymbol{\tau} \times \boldsymbol{n} \tag{5－14}$$

在空间曲线的各点上都有一组对应的自然轴系，所以自然轴系 $\boldsymbol{\tau}, \boldsymbol{n}, \boldsymbol{b}$ 的方向将随动点

在曲线上的位置变化而变化。由此可知，自然轴系的单位矢量 $\boldsymbol{\tau},\boldsymbol{n},\boldsymbol{b}$，不同于固定的直角坐标系的单位矢量 $\boldsymbol{i},\boldsymbol{j},\boldsymbol{k}$。前者是方向在不断变化的单位矢量，后者则是常矢量。

2. 点的速度与加速度

为了得到点的速度在自然轴系中的表达式，把速度的矢量表达式(5－2)作如下变换：

$$\boldsymbol{v}=\frac{\mathrm{d}\boldsymbol{r}}{\mathrm{d}t}=\frac{\mathrm{d}\boldsymbol{r}}{\mathrm{d}s}\frac{\mathrm{d}s}{\mathrm{d}t}$$

点沿轨迹由 M 到 M'，经过时间间隔 Δt，其矢径增量为 $\Delta\boldsymbol{r}$，弧长增量 Δs，如图 5－10 所示，则得

$$\left|\frac{\mathrm{d}\boldsymbol{r}}{\mathrm{d}s}\right|=\lim_{\Delta s\to0}\left|\frac{\Delta\boldsymbol{r}}{\Delta s}\right|=\lim_{\Delta s\to0}\left|\frac{\Delta\boldsymbol{r}}{\Delta s}\right|=1$$

用 v 表示 $\boldsymbol{v}$ 的代数值，则得

$$v=\frac{\mathrm{d}s}{\mathrm{d}t}$$

此式表明：速度的代数值等于弧坐标对时间的一阶导数。

当 v 为正时，表示弧坐标的代数值随时间增大，动点沿弧坐标的正向运动；v 为负时，则相反。

速度 $\boldsymbol{v}$ 可表示成

$$\boldsymbol{v}=\frac{\mathrm{d}s}{\mathrm{d}t}\boldsymbol{\tau}=v\boldsymbol{\tau} \tag{5-15}$$

将式(5－15)代入式(5－3)，得

$$\boldsymbol{a}=\frac{\mathrm{d}\boldsymbol{v}}{\mathrm{d}t}=\frac{\mathrm{d}}{\mathrm{d}t}(v\boldsymbol{\tau})=\frac{\mathrm{d}v}{\mathrm{d}t}\boldsymbol{\tau}+v\frac{\mathrm{d}\boldsymbol{\tau}}{\mathrm{d}t} \tag{5-16}$$

此式表明，动点的加速度 $\boldsymbol{a}$ 由两个分矢量组成。

第一个分矢量是$\frac{\mathrm{d}v}{\mathrm{d}t}\boldsymbol{\tau}$，方向沿轨迹的切线，大小等于$\frac{\mathrm{d}v}{\mathrm{d}t}$或$\frac{\mathrm{d}^2s}{\mathrm{d}t^2}$。当$\frac{\mathrm{d}^2s}{\mathrm{d}t^2}>0$时，该矢量与 $\boldsymbol{\tau}$ 同向；当$\frac{\mathrm{d}^2s}{\mathrm{d}t^2}<0$时，则与 $\boldsymbol{\tau}$ 反向。因此，此分矢量称为切向加速度，用 $\boldsymbol{a}_\tau$ 表示，即

$$\boldsymbol{a}_\tau=\frac{\mathrm{d}v}{\mathrm{d}t}\boldsymbol{\tau}=\frac{\mathrm{d}^2s}{\mathrm{d}t^2}\boldsymbol{\tau} \tag{5-17}$$

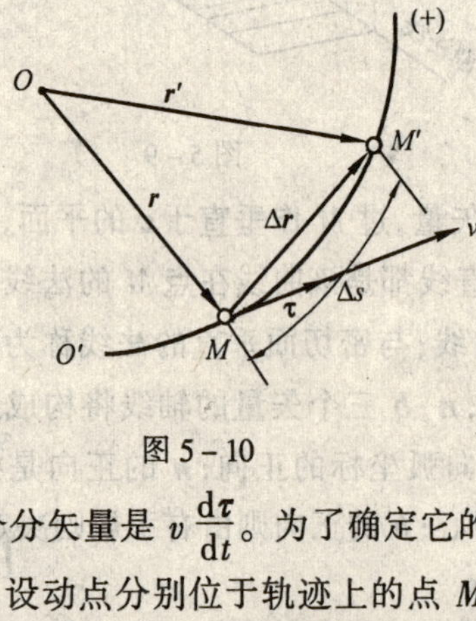

图 5－10

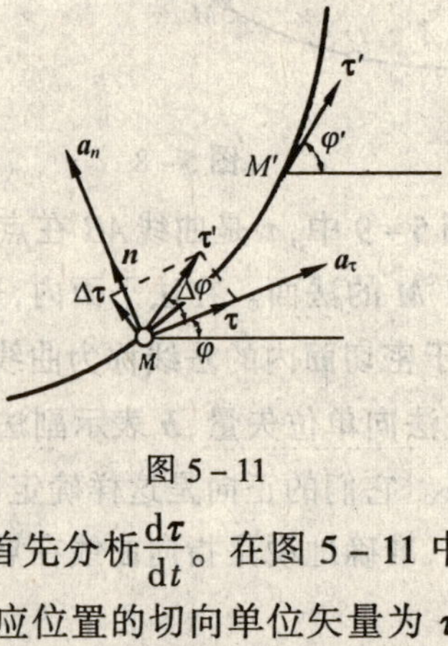

图 5－11

第二个分矢量是 $v\frac{\mathrm{d}\boldsymbol{\tau}}{\mathrm{d}t}$。为了确定它的大小和方向，首先分析$\frac{\mathrm{d}\boldsymbol{\tau}}{\mathrm{d}t}$。在图 5－11 中，在 t 和 $t+\Delta t$瞬时，设动点分别位于轨迹上的点 M 和点 M'处，对应位置的切向单位矢量为 $\boldsymbol{\tau}$ 和 $\boldsymbol{\tau}'$，矢量 $\boldsymbol{\tau},\boldsymbol{\tau}'$ 的方位角(与水平线的夹角)分别为 φ,φ'。$\Delta\boldsymbol{\tau}=\boldsymbol{\tau}'-\boldsymbol{\tau}$ 是切向单位矢量的改变量，

$\Delta\varphi=\varphi'-\varphi$是方位角的改变量。$\boldsymbol{\tau}$ 的方向随它的方位角 φ 和动点弧坐标 s 变化而变化。又因为，$v=\dfrac{\mathrm{d}s}{\mathrm{d}t}$，$\dfrac{1}{\rho}=\dfrac{\mathrm{d}\varphi}{\mathrm{d}s}$，$\rho$ 为曲线在点 M 的曲率半径，所以

$$\frac{\mathrm{d}\boldsymbol{\tau}}{\mathrm{d}t}=\frac{\mathrm{d}\boldsymbol{\tau}}{d\varphi}\frac{\mathrm{d}\varphi}{\mathrm{d}s}\frac{\mathrm{d}s}{\mathrm{d}t}=\frac{v}{\rho}\frac{\mathrm{d}\boldsymbol{\tau}}{\mathrm{d}\varphi}$$

由图 5-11 所示的几何关系知

$$\left|\frac{\mathrm{d}\boldsymbol{\tau}}{\mathrm{d}\varphi}\right|=\lim_{\Delta\varphi\to0}\left|\frac{\Delta\boldsymbol{\tau}}{\Delta\varphi}\right|=\lim_{\Delta\varphi\to0}\frac{2\times1\times\sin\dfrac{\Delta\varphi}{2}}{\Delta\varphi}=1$$

其方向由 $\Delta\boldsymbol{\tau}$ 的极限方向决定。当 $\Delta t\to0$ 时，$\Delta\varphi\to0$ 时，$\Delta\boldsymbol{\tau}$ 的方向趋近于轨迹在点 M 的主法线方向。于是

$$\frac{\mathrm{d}\boldsymbol{\tau}}{\mathrm{d}t}=\frac{v}{\rho}\boldsymbol{n},\quad v\frac{\mathrm{d}\boldsymbol{\tau}}{\mathrm{d}t}=\frac{v^2}{\rho}\boldsymbol{n}$$

上式表明，加速度 $\boldsymbol{a}$ 的第二个分矢量的大小为$\dfrac{v^2}{\rho}$，其方向恒沿主法线的正向，即指向曲率中心，称之为法向加速度，用 $\boldsymbol{a}_n$ 表示，即

$$\boldsymbol{a}_n=\frac{v^2}{\rho}\boldsymbol{n}\tag{5-18}$$

将式(5-17)、式(5-18)代入式(5-16)，可得点的加速度在自然轴系的表达式

$$\boldsymbol{a}=\boldsymbol{a}_\tau+\boldsymbol{a}_n=\frac{\mathrm{d}v}{\mathrm{d}t}\boldsymbol{\tau}+\frac{v^2}{\rho}\boldsymbol{n}\tag{5-19}$$

点的加速度在自然轴上的投影

$$\left.\begin{aligned}a_\tau&=\frac{\mathrm{d}v}{\mathrm{d}t}\\a_n&=\frac{v^2}{\rho}\\a_b&=0\end{aligned}\right\}\tag{5-20}$$

以上分析表明：点的加速度沿副法线的分量恒等于零，加速度矢量在密切面内并等于切向加速度与法向加速度的矢量和。切向加速度反映速度代数值的变化快慢程度；法向加速度则反映速度方向的变化快慢程度。如图 5-12 所示，式(5-20)完全确定了点的加速度的大小和方向

$$\left.\begin{aligned}a&=\sqrt{a_\tau^2+a_n^2}=\sqrt{\left(\frac{\mathrm{d}v}{\mathrm{d}t}\right)^2+\left(\frac{v^2}{\rho}\right)^2}\\\tan\theta&=\left|\frac{a_\tau}{a_n}\right|\end{aligned}\right\}\tag{5-21}$$

综上所述，运用自然法能够方便地描述点在轨迹上的位置，同时由于自然轴系是与轨迹的几何特性联系在一起的参考系，这就导致点的速度、加速度在自然轴系中的各个分量有着明显的几何意义。当点的运动轨迹已知时，常采用自然轴系来描述点的速度、加速度；当点的运动轨迹未知时，则运用直角坐标来描述点的运动规律。

例 5-1 长 l 的摇杆 OM，由按规律 $\varphi=kt$ 转动的曲柄 O_1A 带动，如图 5-13(a)所示。设 $O_1O=O_1A$，试建立摇杆上一点 M 的运动方程，并求其速度、加速度和轨迹方程。

解： 点 M 作平面曲线运动。选取坐标系 Oxy。设点 M 的坐标为 x,y，并设$\angle MOO_1=$

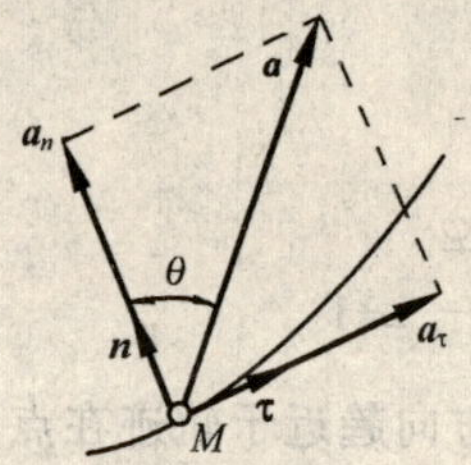

图 5-12

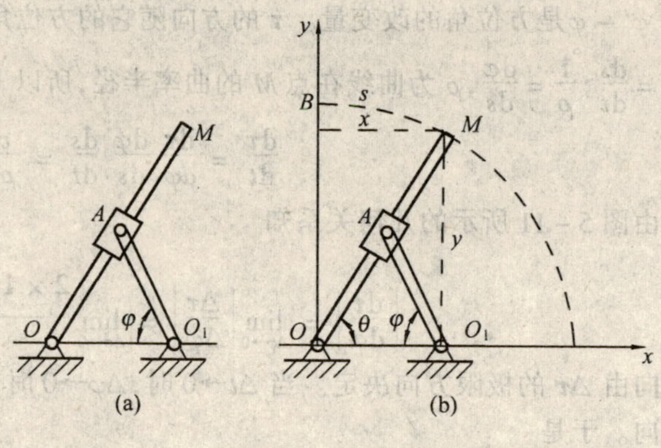

图 5-13

θ,如图 5-13(b)所示。因$\triangle OO_1A$ 为等腰三角形,所以有

$$\theta = \frac{180° - \varphi}{2} = 90° - \frac{\varphi}{2} = \frac{\pi}{2} - \frac{\varphi}{2}$$

由图 5-13(b)中的几何关系得

$$\begin{cases} x = OM\cos\theta = l\cos(\frac{\pi}{2} - \frac{\varphi}{2}) = l\sin\frac{\varphi}{2} \\ y = OM\sin\theta = l\sin(\frac{\pi}{2} - \frac{\varphi}{2}) = l\cos\frac{\varphi}{2} \end{cases}$$

注意到 $\varphi = kt$,可得到点 M 的运动方程

$$\begin{cases} x = l\sin\frac{kt}{2} \\ y = l\cos\frac{kt}{2} \end{cases}$$

由式(5-7)得

$$\begin{cases} v_x = \frac{\mathrm{d}x}{\mathrm{d}t} = \frac{lk}{2}\cos\frac{kt}{2} \\ v_y = \frac{\mathrm{d}y}{\mathrm{d}t} = -\frac{lk}{2}\sin\frac{kt}{2} \end{cases}$$

$$v = \sqrt{v_x^2 + v_y^2} = \frac{lk}{2}$$

$$\cos(\boldsymbol{v}, \boldsymbol{i}) = \frac{v_x}{v} = \cos\frac{kt}{2}, \qquad \cos(\boldsymbol{v}, \boldsymbol{j}) = \frac{v_y}{v} = -\sin\frac{kt}{2}$$

由式(5-11)得

$$\begin{cases} a_x = \frac{\mathrm{d}v_x}{\mathrm{d}t} = -\frac{lk^2}{4}\sin\frac{kt}{2} \\ a_y = \frac{\mathrm{d}v_y}{\mathrm{d}t} = -\frac{lk^2}{4}\cos\frac{kt}{2} \end{cases}$$

$$a = \sqrt{a_x^2 + a_y^2} = \frac{lk^2}{4}$$

$$\cos(\boldsymbol{a}, \boldsymbol{i}) = \frac{a_x}{a} = -\sin\frac{kt}{2}, \qquad \cos(\boldsymbol{a}, \boldsymbol{j}) = \frac{a_y}{a} = -\cos\frac{kt}{2}$$

由运动方程消去时间 t,得轨迹方程

$$x^2 + y^2 = l^2$$

此式表示点 M 的轨迹是以点 O 为圆心的圆曲线。

讨论:

由于点 M 轨迹是圆曲线,所以本题用自然法求解更方便。以点 B 为弧坐标原点,规定顺时针为正向,则点 M 的运动方程可写为

$$s = l\left(\frac{\pi}{2} - \theta\right) = \frac{l\varphi}{2} = \frac{lkt}{2}$$

所以有

$$v = \frac{ds}{dt} = \frac{lk}{2}$$

$$a_\tau = \frac{dv}{dt} = 0, \quad a_n = \frac{v^2}{\rho} = \frac{lk^2}{4}, \quad a = \sqrt{a_\tau^2 + a_n^2} = \frac{lk^2}{4}$$

$\boldsymbol{a}$ 方向指向点 O。

例 5-2 已知点的运动方程为

$$\begin{cases} x = 50t \\ y = 500 - 5t^2 \end{cases}$$

式中 x 和 y 以 m 计,t 以 s 计。试求当 $t=0$ 时,点的切向和法向加速度的大小以及轨迹的曲率半径。

解: 由已知的运动方程可求出该点任意瞬时在直角坐标系下的速度和加速度的大小

$$v = \sqrt{\dot{x}^2 + \dot{y}^2} = 10\sqrt{25 + t^2} \quad \text{m/s}$$

$$a = \sqrt{\ddot{x}^2 + \ddot{y}^2} = 10 \text{ m/s}^2$$

而该点的切向加速度

$$a_\tau = \frac{dv}{dt} = \frac{10t}{\sqrt{25 + t^2}} \quad \text{m/s}^2$$

则该点的法向加速度

$$a_n = \sqrt{a^2 + a_\tau^2} = \frac{10}{\sqrt{25 + t^2}} \quad \text{m/s}^2$$

于是轨迹的曲率半径

$$\rho = \frac{v^2}{a_n} = 2(25 + t^2)^{3/2} \quad \text{m}$$

当 $t=0$ 时有

$$a_\tau = 0, \quad a_n = 100 \text{ m/s}^2, \quad \rho = 250 \text{ m}$$

例 5-3 子弹以初速 $v_0 = 60$ m/s 竖直向下发射进入液体介质。若液体阻力引起子弹的减加速度 $a = -0.4v^3$ m/s²。试求子弹发射 4s 后的速度 v 及位置 x。

解: 子弹作减速直线运动。以液面的位置为坐标原点,选坐标轴 Ox,如图 5-14 所示。

$$a = \frac{dv}{dt} = -0.4v^3$$

分离变量并积分得

$$\int_{60}^{v}\frac{dv}{-0.4v^3}=\int_0^t dt$$

即得

$$\frac{1}{0.8}\left[\frac{1}{v^2}-\frac{1}{60^2}\right]=t$$

所以

$$v=\left[0.8t+\frac{1}{60^2}\right]^{-\frac{1}{2}}$$

当 $t=4\text{s}$ 时

$$v=\left(0.8\times4+\frac{1}{60^2}\right)^{-\frac{1}{2}}=0.559\ \text{m/s}$$

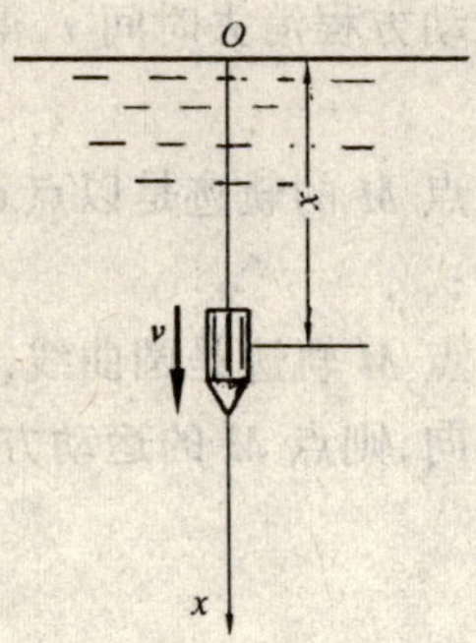

图 5-14

再由

$$v=\frac{dx}{dt}=\left(0.8t+\frac{1}{60^2}\right)^{-\frac{1}{2}}$$

分离变量并积分得

$$\int_0^x dx=\int_0^t\left(0.8t+\frac{1}{60^2}\right)^{-\frac{1}{2}}dt$$

所以

$$x=\frac{2}{0.8}\sqrt{0.8t+\frac{1}{60^2}}\Bigg|_0^t=\frac{1}{0.4}\left[\left(0.8t+\frac{1}{60^2}\right)^{-\frac{1}{2}}-\frac{1}{60}\right]$$

当 $t=4\ \text{s}$ 时

$$x=4.43\ \text{m}$$

通过以上分析可知,分析点的运动学问题应注意以下问题:

(1) 求解点的运动问题时,应恰当选取坐标系,并且应把动点置于运动的一般位置即任一瞬时的位置来分析,而不能是特定的瞬时位置。要有效地保证运动方程能完整地描述点运动的整个过程。

(2) 若运动轨迹已知时,可选用自然法,否则,一般选用直角坐标法。

(3) 求速度或加速度,应在所选的坐标系上根据题设条件和几何关系写出点的运动方程,即写出坐标与时间的函数关系,然后按相关公式进行求导即可。

(4) 若已知速度或加速度,应根据前述公式写出有关微分关系式由题设初始条件,通过适当的积分来进行计算。

§5-2 刚体的基本运动

一般说来,刚体运动时,体内各点的运动轨迹、速度和加速度未必相同。但是,刚体内各点间的距离保持不变,刚体整体的运动与其内各点的运动存在着一定的联系。因而,在研究刚体的运动时,一方面需要研究其整体的运动特征和运动规律;另一方面还需要讨论组成刚体的各个点的运动特征和运动规律,从而揭示刚体内各个点的运动与整体运动的联系。

一、刚体的平行移动

刚体在运动过程中，若其上任一直线与它初始位置始终保持平行，这种运动称为刚体的平行移动，简称平动。例如，电梯的垂直升降运动；图 5-15 中，体育锻炼用的荡木 AB 在图示平面内的运动，都是刚体的平动。

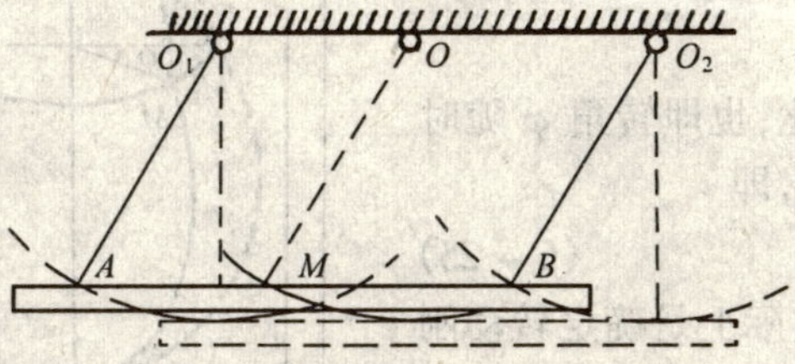

图 5-15

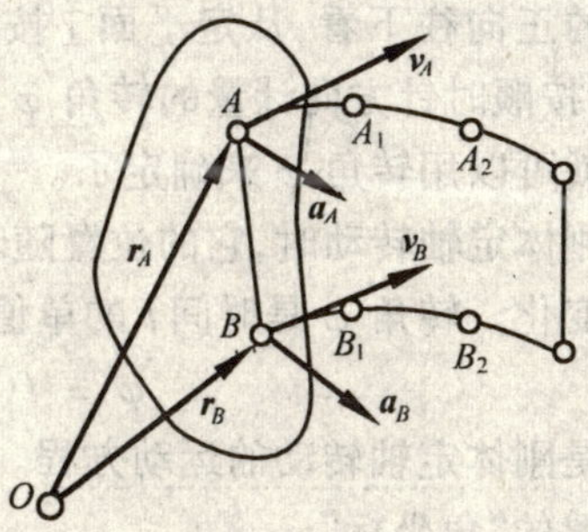

图 5-16

下面研究刚体平动时，其体内各点的运动特征。

在作平动的刚体上任取两点 A 和 B，并作矢量 $\overrightarrow{BA}$，如图 5-16 所示。由刚体的不变形性质和平动的特点，则矢量 $\overrightarrow{BA}$ 为一常矢量。因此，刚体在运动过程中，A，B 两点所描绘出的轨迹曲线的形状彼此相同。也就是说，将点 B 的轨迹曲线沿 $\overrightarrow{BA}$ 方向平行移动一段距离 BA 后，点 B 与点 A 的轨迹曲线完全重合。从固定点 O 作 A，B 的矢径 $\boldsymbol{r}_A$，$\boldsymbol{r}_B$，由图 5-16 知

$$\boldsymbol{r}_A = \boldsymbol{r}_B + \overrightarrow{BA} \tag{5-22}$$

上式对时间求一阶导数，由于 $\frac{\mathrm{d}}{\mathrm{d}t}\overrightarrow{BA} = 0$，故得

$$\frac{\mathrm{d}\boldsymbol{r}_A}{\mathrm{d}t} = \frac{\mathrm{d}\boldsymbol{r}_B}{\mathrm{d}t}$$

即

$$\boldsymbol{v}_A = \boldsymbol{v}_B \tag{5-23}$$

上式对时间求一阶导数，得

$$\boldsymbol{a}_A = \boldsymbol{a}_B \tag{5-24}$$

由以上分析可知：刚体平动时，体内所有各点的轨迹形状相同。在同一瞬时，所有各点具有相同的速度和加速度。因此，对于平行移动的刚体，只需确定出刚体内任一点的运动，也就确定了整个刚体的运动。即刚体的平动问题，可归结为点的运动问题。

值得注意的是：由于平动刚体上任一点的轨迹可能是直线或曲线，平动又分为直线平动、曲线平动两种。在前面提到的例子中，电梯的垂直升降运动为直线平动；荡木 AB 的运动则为曲线平动，如图 5-16 中，A，B，M 各点均围绕着各自的圆心 O_1，O_2，O 作圆周运动。

二、刚体的定轴转动

刚体在运动过程中，若其内（或其扩展部分）有一条直线始终保持不动，则这种运动称为刚体绕固定轴的转动，简称定轴转动。这条固定不动的直线称为转轴。如电机的转子、机器上的飞轮、皮带轮以及门窗等都是定轴转动的刚体。

在研究刚体的定轴转动时，首先要确定刚体的位置随时间变化的规律。

设有一定轴转动的刚体，如图 5－17 所示。轴 z 为其转轴。通过轴 z 选一固定平面Ⅰ，再选一个通过转轴 z、且与刚体固连的平面Ⅱ。刚体在转动过程中，如果平面Ⅱ的位置确定了，此刚体的位置也就确定了。从图 5－17 看出，平面Ⅱ的位置可由它和平面Ⅰ之间的夹角 φ 来确定。考虑到平面Ⅱ有两种转向，φ 角可看成是代数量，称为刚体的转角，以弧度(rad)计。并规定由轴 z 的正向往下看，从定平面Ⅰ按逆时针方向计量的转角 φ 取正值；按顺时针方向计量的转角 φ 取负值。这样，刚体在空间的位置就可以用转角 φ 来确定了。

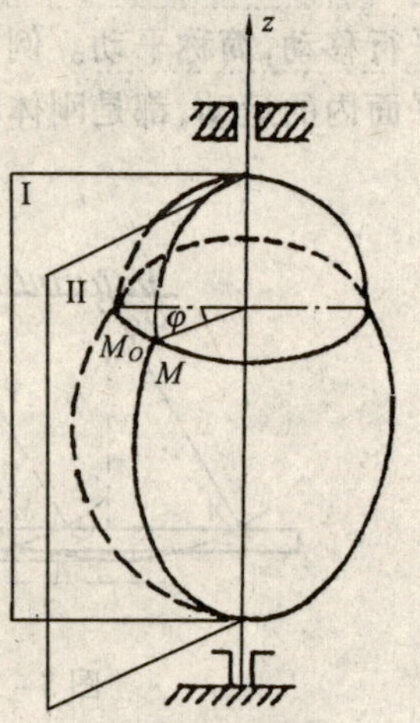

图 5－17

刚体定轴转动时，它的位置随时间而变化，也即转角 φ 随时间而变化。转角 φ 是时间 t 的单值连续函数，即

$$\varphi = f(t) \tag{5-25}$$

这就是刚体定轴转动的运动方程。转角 φ 实际上是确定转动刚体位置的“角坐标”。

定轴转动刚体的角速度等于其转角对时间的一阶导数。即

$$\omega = \lim_{\Delta t \to 0} \frac{\Delta \varphi}{\Delta t} = \frac{\mathrm{d}\varphi}{\mathrm{d}t} \tag{5-26}$$

角速度 ω 是个代数量。它的大小表示刚体在瞬时 t 转动的快慢程度；它的正负号表示刚体的转动方向。由转轴 z 的正向往下看，正号表示刚体是逆时针转动；负号表示顺时针转动。

在国际单位制中，角速度的单位是弧度/秒(rad/s)。因为弧度是无量纲的量，所以，角速度的单位也可写成 1/秒(1/s)。工程上常用转速表示刚体的转动的快慢。转速 n 与 ω 的换算关系为

$$\omega = \frac{n\pi}{30}\ (1/\mathrm{s}) \tag{5-27}$$

定轴转动刚体的角加速度等于角速度对时间的一阶导数，亦等于转角对时间的二阶导数。即

$$\alpha = \lim_{\Delta t \to 0} \frac{\Delta \omega}{\Delta t} = \frac{\mathrm{d}\omega}{\mathrm{d}t} = \frac{\mathrm{d}^2\varphi}{\mathrm{d}t^2} \tag{5-28}$$

应该注意，角加速度 α 的转向并不能表示刚体转动的方向，也不能确定刚体是加速转动还是减速转动。刚体的转动情况同时由 ω 与 α 来确定。α 与 ω 同号，刚体加速转动；α 与 ω 异号，刚体减速转动。

在国际单位制中，角加速度的单位是弧度/秒^2(rad/s^2)或写成 1/秒^2(1/s^2)。

三、定轴转动刚体内各点的速度与加速度

刚体绕定轴转动时，体内每一点都在垂直于转轴的平面内作圆周运动，各圆半径等于该点到转轴的垂直距离，圆心都在转轴上。设点 M 为刚体内任一点，它离转轴的垂直距离为 R，即 $OM = R$，称之为转动半径，如图 5－18 所示。在运动的初瞬时，点 M 与固定平面Ⅰ的点 M_O 重合。取 M_O 为圆周曲线弧坐标的原点，当刚体转动 φ 角时，该点的弧坐标

$$s = \overset{\frown}{M_O M} = R\varphi \tag{5-29}$$

这就是动点 M 沿其圆周轨迹的运动方程。

动点速度的代数值

$$v = \frac{ds}{dt} = R\frac{d\varphi}{dt} = R\omega \tag{5-30}$$

即转动刚体内任一点的速度的代数值等于该点的转动半径与刚体的角速度的乘积。速度的方向沿圆周的切线方向，指向与角速度的转向一致，如图 5-19 所示。从图中还可以看出，转动刚体上各点的速度方向与其转动半径垂直，速度的大小与转动半径成正比。

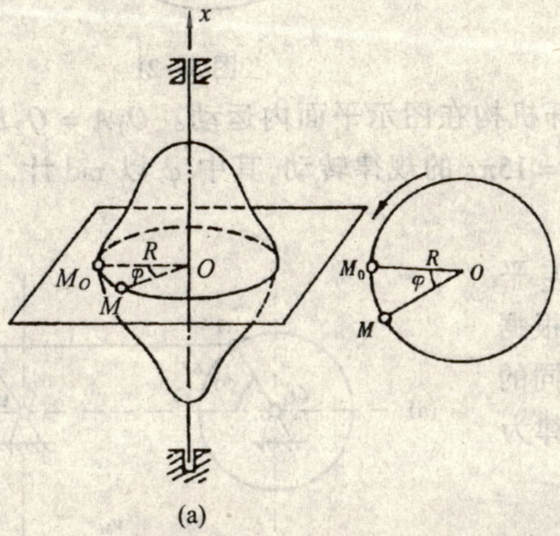

图 5-18

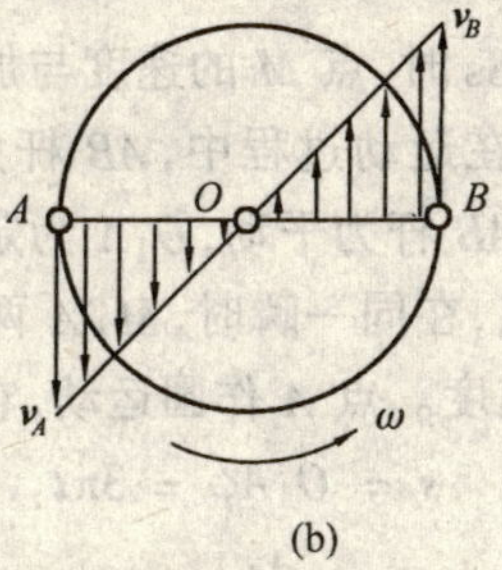

图 5-19

动点加速度由切向加速度和法向加速度两部分组成，即

$$a_\tau = \frac{dv}{dt} = R\frac{d^2\varphi}{dt^2} = R\alpha \tag{5-31}$$

$$a_n = \frac{v^2}{\rho} = R\omega^2 \tag{5-32}$$

式(5-31)表明：转动刚体内任一点的切向加速度的大小等于该点的转动半径与刚体的角加速度的乘积。它沿该点轨迹的切线方向，而指向与角加速度的转向一致，如图 5-20 所示。

式(5-32)表明：转动刚体内任一点的法向加速度的大小等于该点转动半径与刚体的角速度平方的乘积。它总是沿着转动半径的方向，指向转轴，如图 5-20 所示。

点 M 的加速度 $\boldsymbol{a}$ 等于其切向加速度和法向加速度的矢量和，即

$$\boldsymbol{a} = \boldsymbol{a}_\tau + \boldsymbol{a}_n$$

$\boldsymbol{a}_\tau$ 与 $\boldsymbol{a}_n$ 相互垂直，加速度 $\boldsymbol{a}$ 的大小为

$$a = \sqrt{a_\tau^2 + a_n^2} = R\sqrt{\alpha^2 + \omega^4} \tag{5-33}$$

加速度 $\boldsymbol{a}$ 的方向可由它与法线之间的夹角 θ 来确定

$$\tan\theta = \frac{|a_\tau|}{a_n} = \frac{|\alpha|}{\omega^2}$$

$$\theta = \arctan\frac{|\alpha|}{\omega^2} \tag{5-34}$$

由此可见，在同一瞬时，刚体内各点的加速度的大小与其转动半径成正比，方向均相同，并且与其转动半径的夹角均为 θ，即 θ 角与转动半径的大小无关，如图 5-21 所示。

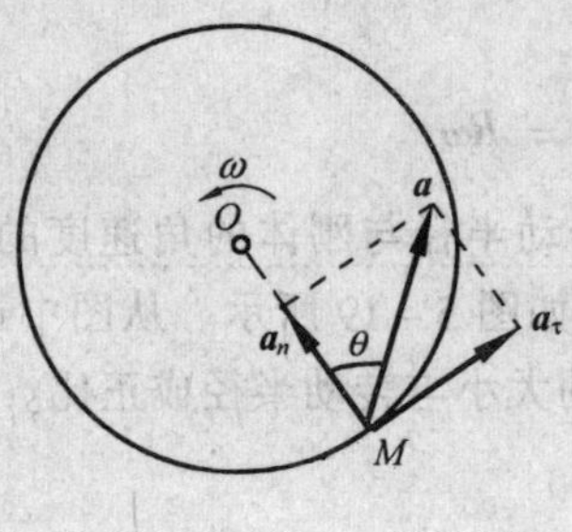

图 5-20

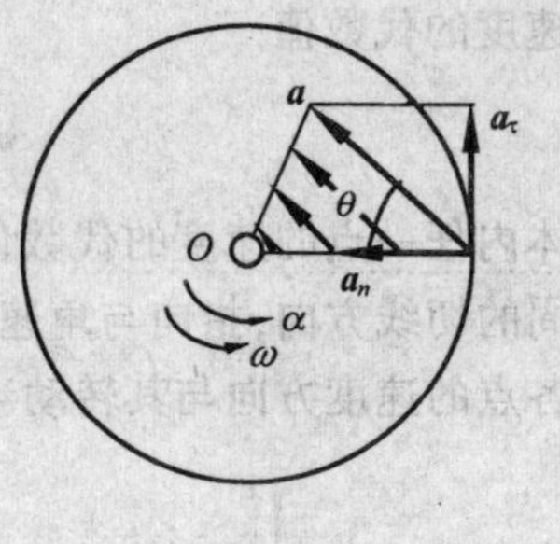

图 5-21

例 5-4 在图 5-22(a)中，平行四连杆机构在图示平面内运动。$O_1A = O_2B = 0.2\text{m}$，$O_1O_2 = AB = 0.6\text{m}$，$AM = 0.2\text{m}$，如 O_1A 按 $\varphi = 15\pi t$ 的规律转动，其中 φ 以 rad 计，t 以 s 计。试求 $t = 0.8\text{s}$ 时，点 M 的速度与加速度。

解： 在运动过程中，AB 杆始终与 O_1O_2 平行。因此，AB 杆为平动，O_1A 为定轴转动。根据平动的特点，在同一瞬时，M，A 两点具有相同的速度和加速度。点 A 作圆运动，它的运动规律为

$$s = O_1A\varphi = 3\pi t \quad \text{m}$$

所以

$$v_A = \frac{\mathrm{d}s}{\mathrm{d}t} = 3\pi \quad \text{m/s}$$

$$a_A{}^{\tau} = \frac{\mathrm{d}v}{\mathrm{d}t} = 0$$

$$a_A{}^{n} = \frac{v_A^2}{O_1A} = \frac{9\pi^2}{0.2} = 45\pi^2 \quad \text{m/s}$$

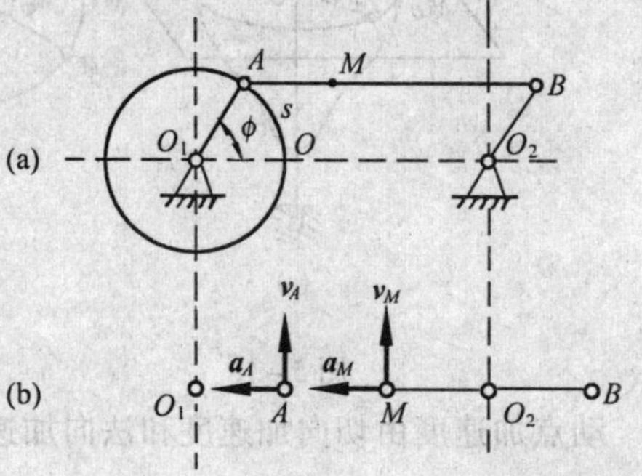

图 5-22

当 $t = 0.8\text{ s}$ 时，$s = 2.4\pi\text{ m}$，$O_1A = 0.2\text{ m}$，$\varphi = \dfrac{2.4\pi}{0.2} = 12\pi$，$AB$ 杆正好第六次回到起始的水平位置，v_M，a_M 的方向如图 5-22(b)所示。

例 5-5 曲柄 O_1A 和 O_2B 的长度均等于 $2r$，并同以角速度 ω_0 分别绕 O_1 和 O_2 轴转动。通过固接在连杆 AB 上的齿轮Ⅰ带动齿轮Ⅱ绕 O 轴转动。如图 5-23 所示，两齿轮的半径均为 r，求齿轮Ⅰ和齿轮Ⅱ缘上任一点的加速度。

解： 曲柄 O_1A 和 O_2B 作定轴转动，两者始终平行且相等，O_1ABO_2 是平行四边形，AB 始终平行 O_1O_2，所以 AB 和固结在它上面的齿轮Ⅰ作平动。于是齿轮Ⅰ轮缘上任一点的加速度与点 A 的加速度相同。因 O_1A 作匀角速转动，故

$$a_A = a_a^n = 2r\omega_0^2 \qquad \text{方向沿 } AO_1 \text{ 指向点 } O_1$$

因此齿轮Ⅰ上任一点加速度为

$$a_1 = 2r\omega_0^2 \qquad \text{方向平行于 } AO_1$$

图 5-23

又齿轮Ⅰ轮缘上任一点的速度与点 A 的速度相同，即

$$v_1 = v_A = 2r\omega_0$$

齿轮Ⅱ由齿轮Ⅰ带动，显然齿轮Ⅱ和齿轮Ⅰ啮合点始终有相同的大小不变的速度，即

$$v_2 = v_A = 2r\omega_0$$

故轮Ⅱ亦作匀角速转动，其轮缘上任一点的加速度大小为

$$a_2 = a_2^n = \frac{v_2^2}{r} = \frac{v_A^2}{r} = 4r\omega_0^2$$

方向指向轮Ⅱ的轮心 O。

例 5-6 圆柱齿轮传动是常用的轮系传动方式之一，可用来升降转速、改变转动方向。图 5-24(a)、(b)为外啮合的原理图，图中的半径分别为各齿轮节圆的半径。两齿轮外啮合时，它们的转向相反，内啮合时，转向则相同。设主动轮 A 和从动轮 B 的节圆半径为 r_1, r_2，轮 A 的角速度为 ω_1(转速 n_1)，试求轮 B 的角速度 ω_2(转速 n_2)。

图 5-24

解： 在定轴齿轮传动中，齿轮相互啮合，可视为两齿轮的节圆之间无相对滑动，接触点 M_1, M_2 具有相同的速度 v。

由于

$$v = r_1\omega_1 = \frac{n_1\pi}{30}r_1 \tag{a}$$

$$v = r_2\omega_2 = \frac{n_2\pi}{30}r_2 \tag{b}$$

因而得到

$$\omega_2 = \frac{r_1}{r_2}\omega_1, \quad n_2 = \frac{r_1}{r_2}n_1$$

分析刚体基本运动时，应先分析刚体的运动情况。刚体平动时，其上任意一点的运动就代表刚体上其它各点的运动。对于定轴转动的刚体，要注意其速度和加速度分布规律，按照题设的已知条件，应用相关公式通过求导或积分进行计算。对于多个刚体组成的运动系统，要特别注意铰接点和接触点运动的传递规律的分析。

思 考 题

5-1 动点作直线运动，某瞬时速度 $v = 1\ \text{m/s}$，根据点的直线运动的加速度计算公式 $a = \dfrac{\mathrm{d}v}{\mathrm{d}t}$，可求出该瞬时的加速度等于零，这种说法对吗？

5-2 若已知点的直线运动方程为 $x = f(t)$，试分析在下列几种情况下点作何种运动：

(1) $\dfrac{\mathrm{d}x}{\mathrm{d}t} =$ 常数； (2) $\dfrac{\mathrm{d}x}{\mathrm{d}t} \neq$ 常数； (3) $\dfrac{\mathrm{d}^2x}{\mathrm{d}t^2} = 0$； (4) $\dfrac{\mathrm{d}^2x}{\mathrm{d}t^2} \neq$ 常数。

5-3 若一刚体运动时，其上各点均作曲线运动，试问这个刚体有可能是作平动吗？若在运动的刚体上有的点作直线运动，有的点作曲线运动，这个刚体有可能是作平动吗？

5-4 点的运动方程与轨迹方程有什么区别？

5－5　电车停在十字路口，绿灯一亮，立刻以加速度 2 m/s^2 匀加速运行。在此瞬时有一辆以速度 10 m/s 匀速行驶的卡车刚好追上电车，并超过电车。问电车将在何处追上卡车？

5－6　定轴转动刚体内各点的速度和加速度是怎样分布的？

5－7　刚体绕定轴转动时，若刚体内各点的全加速度均沿点的轨迹的法线方向，问此刚体作什么样的转动？定轴转动刚体内任一点的全加速度有否可能沿该点轨迹的切线方向？

5－8　加速度 $\boldsymbol{a}$ 的方向是否表示点的运动方向？加速度的大小是否表示点的运动快慢程度？

习　题

5－1　已知动点的运动方程为 $x = t^2 - t$，$y = 2t$，求其轨迹及 $t = 1$ s 时的速度、加速度，并分别求切向、法向加速度及曲率半径。x 及 y 的单位为 m，t 的单位为 s。

5－2　杆 AB 以等角速度 ω 绕点 A 转动，并带动套在固定的水平杆 OC 上的小环 M 运动，如题图 5－1 所示。运动开始时，杆 AB 在铅直位置，高 $OA = h$，求：

(1)小环 M 沿杆 OC 滑动的速度；

(2)小环 M 相对于杆 AB 运动的速度。

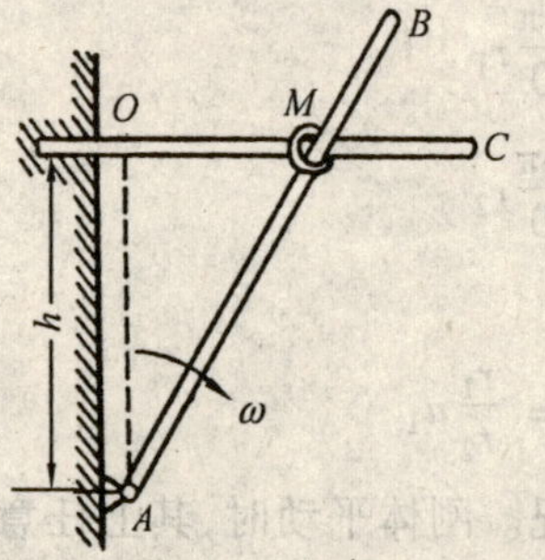

题图 5－1

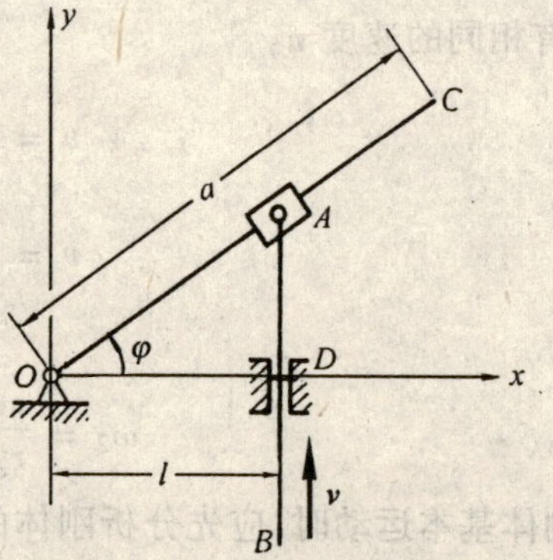

题图 5－2

5－3　如题图 5－2 所示，摇杆机构的滑杆 AB 以匀速 $\boldsymbol{v}$ 向上运动，试建立摇杆 OC 上点 C 的运动方程，并求此点在 $\varphi = \dfrac{\pi}{4}$ 时的速度大小。假定初始瞬时 $\varphi = 0$，摇杆长 $OC = a$，距离 $OD = l$。

5－4　如题图 5－3 所示，OA 和 O_1B 两杆分别绕 O 和 O_1 轴转动，用十字块 D 将两杆连接。在运动过程中，两杆保持相交成直角。已知：$OO_1 = l$，$\angle AOO_1 = \varphi = kt$，其中 k 为常数。求滑块 D 的速度和相对于 OA 的速度。

5－5　点沿曲线作匀变速运动。某瞬时点的速度和加速度在 x，y 轴上投影分别为 $v_x = 3.2$ m/s，$v_y = 2.4$ m/s 和 $a_x = 1$ m/s^2，$a_y = -3$ m/s^2。求：(1)此时点的切向和法向加速度；(2)轨迹上此时点所在位置的曲率半径；(3)在此后的 6 s 内，点所走过的路程。

5－6　T 形杆 ABC 以垂直于轴 y 的匀速度 $\boldsymbol{u}$ 沿轴 x 的正向平动，带动套在抛物线 $y^2 = 2px$ 形导轨上的小环 M，其中 p 是常量，如题图 5－4 所示。试求当 $x = 2p$ 时，小环 M 的速度和加速度的大小。

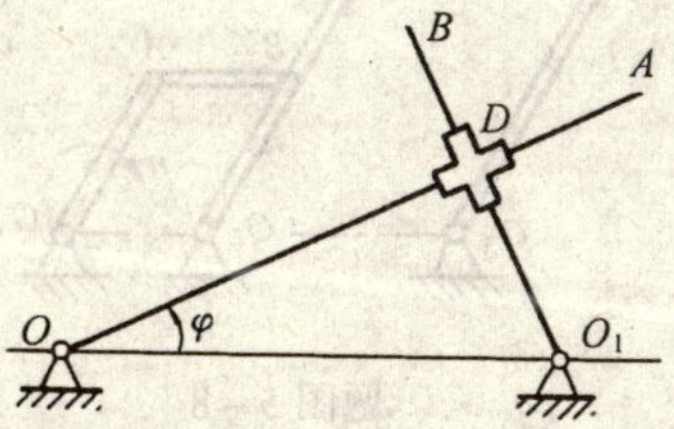

题图 5-3

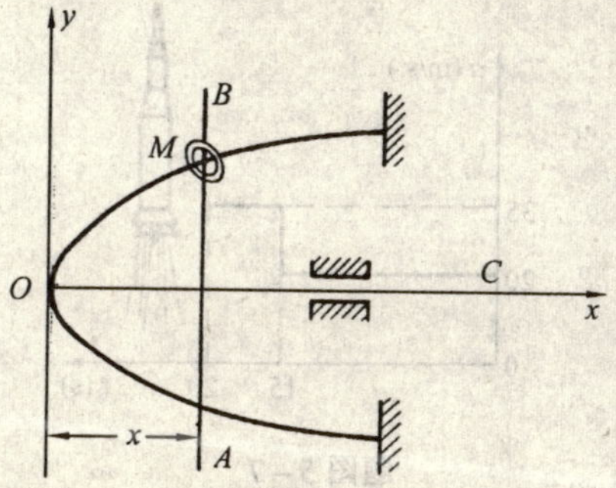

题图 5-4

5-7 偏心轮的半径为 r,偏心转轴到轮心的偏心距 $OC=a$,坐标轴 Ox 如题图 5-5 所示。求从动杆 AB 的运动规律。已知 $\varphi=\omega t$,ω 为常数。

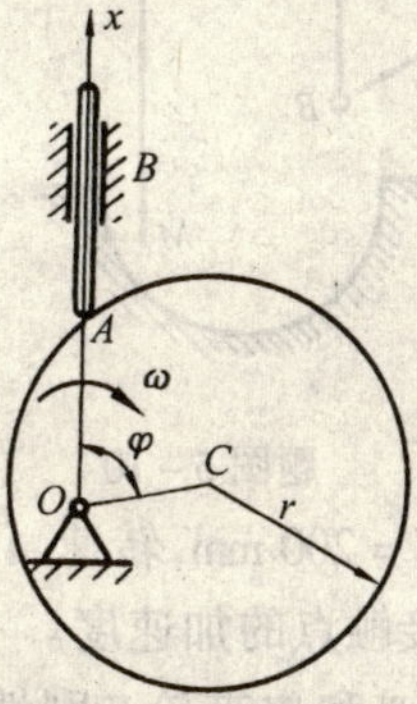

题图 5-5

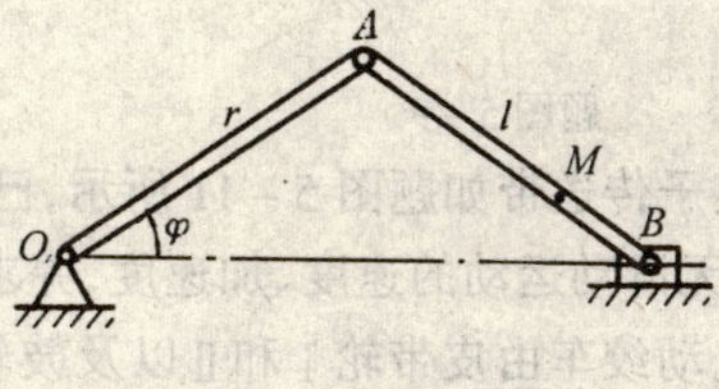

题图 5-6

5-8 某飞轮绕固定轴 O 转动的过程中,轮缘上任一点的全加速度与其转动半径的夹角恒为 $\theta=60°$。当运动开始时,其转角 φ_0 为零,角速度为 ω_0,求飞轮的转动方程及其角速度与转角间的关系。

5-9 曲柄连杆机构 $r=l=60\text{ cm}$,$MB=\dfrac{1}{3}l$,$\varphi=4t$(t 以 s 计),如题图 5-6 所示。求连杆上点 M 的轨迹。并求当 $t=0$ 时,该点的速度与加速度。

5-10 两级导弹从静止开始垂直向上发射,第一级火箭 A 级 15 s 烧完抛去,第二级火箭 B 级点火,其加速度如题图 5-7 所示。试画出导弹在 $0\leqslant t\leqslant 20\text{ s}$ 内运动的 $v-t$ 和 $s-t$ 图。

5-11 点沿给定的抛物线 $y=0.2x^2$ 运动(其中 x,y 均以 m 计)。在 $x=5\text{ m}$ 处时,速度 $v=4\text{ m/s}$,切向加速度 $a_\tau=3\text{ m/s}^2$。求点在该位置时的加速度。

5-12 题图 5-8 所示机构中,O_1A 平行且等于 O_2B,O_2C 平行且等于 O_3D,$O_1A=0.4\text{ m}$,$O_2C=0.8\text{ m}$。已知 O_1A 以转速 $n=30\text{ r/min}$ 作匀速转动,试画出点 M 的轨迹、并求其在图示位置的速度和加速度。

5-13 如题图 5-9 所示,曲柄 CB 以等角速度 ω_0 绕 C 轴转动,其转动方程为 $\varphi=\omega_0 t$。滑块 B 带动摇杆 OA 绕轴 O 转动。设 $OC=h$,$CB=r$。求摇杆的转动方程。

5-14 搅拌机如题图 5-10 所示,已知 $O_1A=O_2B=R$,$O_1O_2=AB$,曲柄 O_1A 以不变转速 n r/min 转动。试分析 BAM 构件上点 M 的轨迹、速度和加速度。

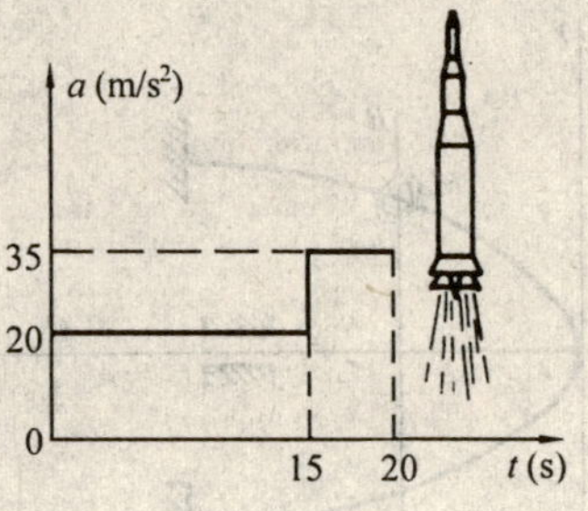

题图 5－7

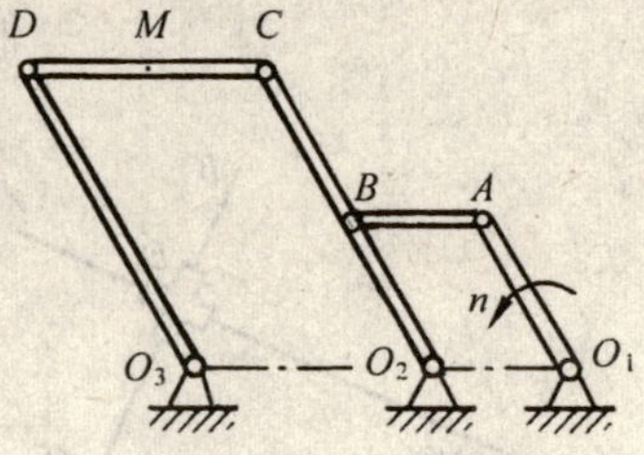

题图 5－8

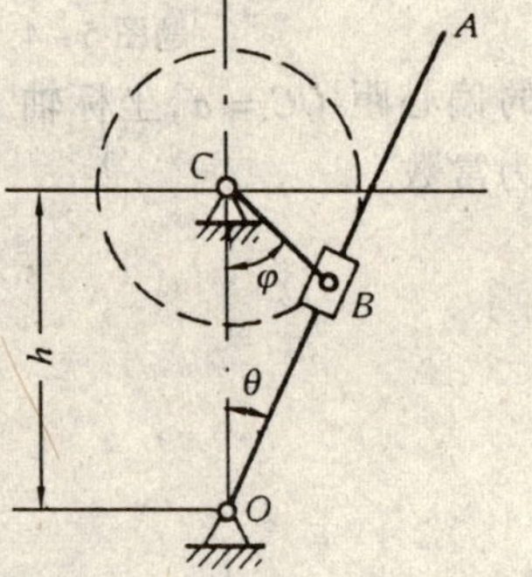

题图 5－9

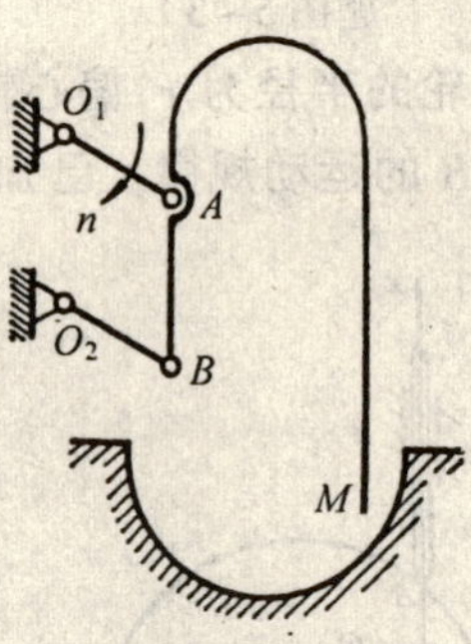

题图 5－10

5－15　滚子传送带如题图 5－11 所示，已知滚轮直径 $d = 200$ mm，转速 $n = 50$ r/min。求钢板在滚子上无滑动运动的速度、加速度，并求滚轮与钢板接触点的加速度。

5－16　电动绞车由皮带轮Ⅰ和Ⅱ以及鼓轮Ⅲ组成，鼓轮Ⅲ和皮带轮Ⅱ刚性地固定在同一轴上，如题图 5－12 所示。各轮的半径分别为 $r_1 = 0.3$ m，$r_2 = 0.75$ m，$r_3 = 0.4$ m，轮Ⅰ的转速为 $n_1 = 100$ r/min。设皮带轮与皮带之间无滑动，求重物 P 上升的速度和皮带各段上点的加速度。

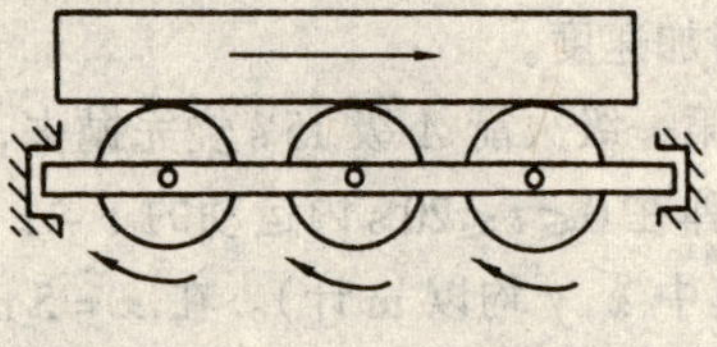

题图 5－11

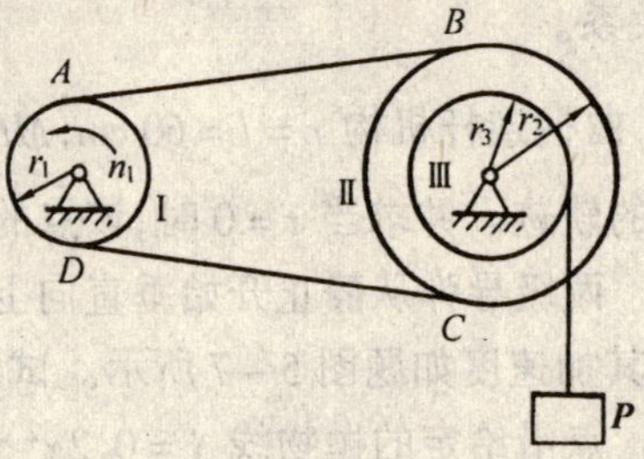

题图 5－12

5－17　飞轮轮缘上一点，在某瞬时其速度为 10 m/s，切线加速度为 60 m/s²，方向与速度相反，全加速度为 100 m/s²。求飞轮的半径 R。

5－18　飞轮的半径 $R = 2$ m，以等加速度由静止开始转动。经过 10 s 后，轮缘上各点获得线速度 $v = 100$ m/s。求当 $t = 15$ s 时，轮缘上一点的速度以及切向和法向加速度。

第六章　点的合成运动

在上一章里，我们讨论了在所选定的某一参考系中研究点和刚体运动的一般方法。本章将介绍从两个具有不同运动的参考系中，去研究同一动点的运动以及其相互关系的合成运动方法，这是分析复杂运动的一种有效方法，无论在理论上或在工程实践中都具有重要的意义。

§6-1　点的合成运动的概念

同一个点对于有相对运动的两个参考系所表现的运动显然是不相同的。例如，沿直线轨道滚动的车轮(图 6-1)，其轮缘上点 M 的运动，站在地面上的人看它，其轨迹是旋轮线，而坐在行驶着的车中的人看它，其轨迹则是一个圆周曲线。又如，在作升降运动的直升飞机上，人们看到水平螺旋桨端点作圆周曲线运动，而站在地面上的人则看到该点作螺旋线运动，由此可以发现，点对某一参考体的运动可以视为几个运动组合而成，这种运动称为合成运动。图 6-1中，轮缘上的点 M 的旋轮线运动可看成为点 M 相对于车厢的圆周运动和车厢对地面的平动的合成。

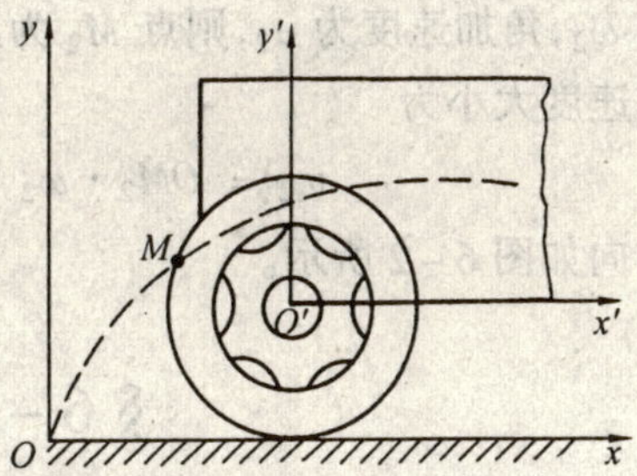

图 6-1

在应用合成运动理论时，我们把所要考察的点称为动点 M。将固定在地 上的坐标系称为定参考系，以 $Oxyz$ 表示，简称定系。将固结在相对于地球运动的参考体上的坐标系称为动参考系，以 $O'x'y'z'$ 表示，简称动系。为了区分动点对不同参考系的运动及动系的运动，将动点相对于定参考系的运动称为绝对运动；动点对动参考系的运动称为相对运动；动参考系对定参考系的运动称为牵连运动。在图 6-1 中，取轮缘上的点 M 为动点，固结在车厢上的坐标系为动系，与地面固结的坐标系为定系。动点 M 相对于定系(地面)的旋轮线运动是绝对运动，相对于动系(车厢)的圆周曲线运动是相对运动。动系(车厢)相对于定系(地面)的平动是牵连运动。直升飞机升降时，取螺旋桨端点为动点，将动系固结在机身上，定系固结在地面上，则螺旋桨端点相对地面的螺旋线运动为绝对运动，相对于机身的圆周曲线运动是相对运动，机身相对于地面的运动是牵连运动。

应当注意：动点的相对运动、绝对运动是指　一个点的运动，它可以是直线运动或者是曲线运动；而牵连运动是指动参考系的运动，也就是与动参考系相固结的物体的运动，因此是指一个刚体的运动，它可能是平动、转动或其它运动。

动点在绝对运动(定参考系)中的轨迹、速度、加速度，分别称为绝对轨迹、绝对速度和绝对加速度，常用 $\boldsymbol{v}_a$ 和 $\boldsymbol{a}_a$ 分别表示动点的绝对速度和绝对加速度。动点在相对运动(动参考系)中的轨迹、速度和加速度,分别称为相对轨迹、相对速度、相对加速度。常用 $\boldsymbol{v}_r$ 和 $\boldsymbol{a}_r$ 分别表示动点的相对速度和相对加速度。在点的合成运动中,动参考系的运动牵连着动点的运动,由于动参考系代表了与其所固结的刚体的运动,一般来说,除了动参考系平动外,其上各点的速度和加速度是不相同的,而动参考系直接牵连着动点运动的是动参系中与动点相重合的点。因此,我们定义:在某瞬时,在动参考系上与动点相重合的那一点的速度和加速度称为该瞬时动点的牵连速度和牵连加速度,分别用 $\boldsymbol{v}_e$ 和 $\boldsymbol{a}_e$ 表示。而在动参考系上与动点相重合的那一点也称为此瞬时动点的牵连点。换句话,牵连点的速度和加速度即为该瞬时动点的牵连速度和牵连加速度。应当注意:由于动点的相对运动,在不同瞬时,动点的牵连点是不相同的。分析动点的牵连速度和牵连加速度,实际上是分析此瞬时牵连点相对于定参考系的速度和加速度。例如,图 6-2 所示直管 OA 绕固定轴 O 在水平面内转动,管内有一小球 M 沿直管向外运动,取小球 M 为动点,动系固结在直管上,定系固结在地面上,在 t_1 瞬时,直管的角速度为 ω_1,角加速度为 α_1,动点 M 位于直管上的点 M_1,所以,直管上的 M_1 点就是该瞬时动点的牵连点,其速度和加速度就是该瞬时动点的牵连速度和牵连加速度,其大小

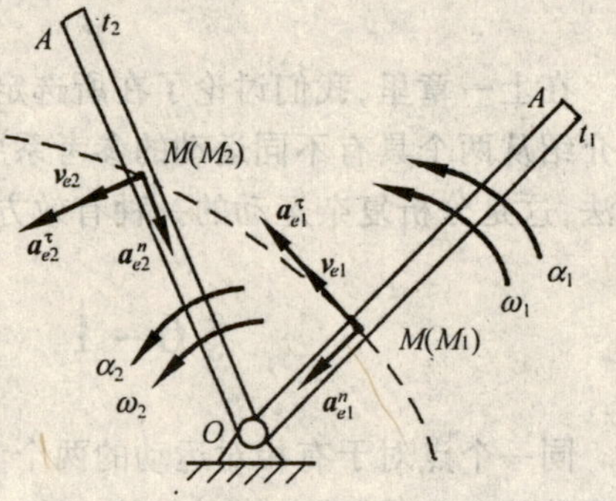

图 6-2

$$v_{e1} = OM_1 \cdot \omega_1, \qquad a_{e1}^{\tau} = OM_1 \cdot \alpha_1, \qquad a_{e1}^{n} = OM_1 \cdot \omega_1^2$$

方向如图 6-2 所示。在 t_2 瞬时,动点运动到直管上的 M_2 位置,设此瞬时直管转动的角速度为 ω_2,角加速度为 α_2,则点 M_2 为此瞬时动点的牵连点,所以 t_2 瞬时动点的牵连速度和牵连加速度大小为

$$v_{e2} = OM_2 \cdot \omega_2, \qquad a_{e2}^{\tau} = OM_2 \cdot \alpha_2, \qquad a_{e2}^{n} = OM_2 \cdot \omega_2^2$$

方向如图 6-2 所示。

§6-2 点的速度合成定理

本节讨论动点的绝对速度、相对速度与牵连速度之间的关系。

设动点 M 按某一规律沿已知曲线 K 运动,而曲线 K 又随动参考系 $O'x'y'$ 运动(图 6-3)。曲线 K 称为动点相对运动轨迹。

在瞬时 t,动点位于相对轨迹上的点 M 位置,经过时间间隔 Δt 之后,相对轨迹随同动参考系一起运动到一新位置 K'。假如动点不作相对运动,则点随动参考系运动到点 M',$\overset{\frown}{MM'}$ 称为动点的牵连轨迹。但由于有相对运动,在 Δt 时间间隔内,动点沿曲线 K 作相对运动,最后到达点 M''。曲线 $\overset{\frown}{MM''}$ 称为动点的绝对轨迹。显然,矢量 $\overrightarrow{MM''}$,$\overrightarrow{M'M''}$ 分别代表了动点在 Δt 时间内的绝对位移和相对位移,而矢量 $\overrightarrow{MM'}$ 为动点 t 瞬时的牵连点在 Δt 时间间隔内的位移,称为动点的牵连位移。由矢量三角形 $MM'M''$ 可以得到这三个位移的关系

$$\overrightarrow{MM''} = \overrightarrow{MM'} + \overrightarrow{M'M''}$$

将上式除以 Δt,并取 Δt 趋近于零的极限,则得

$$\lim_{\Delta t\to 0}\frac{\overrightarrow{MM''}}{\Delta t} = \lim_{\Delta t\to 0}\frac{\overrightarrow{MM'}}{\Delta t} + \lim_{\Delta t\to 0}\frac{\overrightarrow{M'M''}}{\Delta t} \tag{6-1}$$

矢量 $\lim\limits_{\Delta t\to 0}\frac{\overrightarrow{MM''}}{\Delta t}$ 就是动点 M 在瞬时 t 的速度 $\boldsymbol{v}_a$,其方向沿着绝对轨迹 $\overset{\frown}{MM''}$ 上点 M 的切线方向。

矢量 $\lim\limits_{\Delta t\to 0}\frac{\overrightarrow{M'M''}}{\Delta t}$ 就是动点 M 在瞬时 t 的相对速度 $\boldsymbol{v}_r$,其方向沿着相对轨迹 K 上点 M 的切线方向。

矢量 $\lim\limits_{\Delta t\to 0}\frac{\overrightarrow{MM'}}{\Delta t}$ 就是动点 M 在瞬时 t 的牵连速度 $\boldsymbol{v}_e$,即 t 瞬时动参考系上与动点 M 相重合那点的速度,其方向沿着牵连轨迹 $\overset{\frown}{MM'}$ 上点 M 的切线方向。

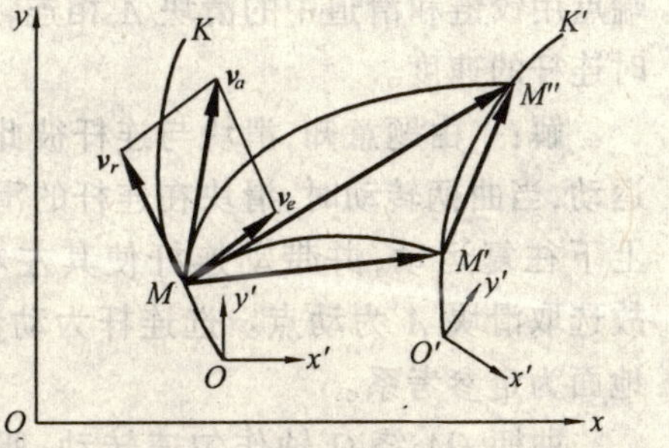

图 6-3

于是式(6-1)可写成

$$\boldsymbol{v}_a = \boldsymbol{v}_e + \boldsymbol{v}_r \tag{6-2}$$

这就是点的速度合成定理:动点的绝对速度等于它的牵连速度和相对速度的矢量和。换句话说,动点的绝对速度可以由牵连速度和相对速度为边所作的平行四边形的对角线来表示。

例 6-1 仿形机床中的凸轮顶杆机构如图 6-4 所示。已知凸轮速度为 v,方向水平向右,求图 6-4 所示位置($\varphi = 60°$)时顶杆 AB 的速度。

解: 取 AB 杆端的点 A 为动点,半圆凸轮为动参考系,地面为定参考系。

动点 A 的绝对运动是动点 A 相对地面的铅垂直线运动;其相对运动是动点 A 沿凸轮轮缘的圆弧线运动,相对运动轨迹是半径为 R 的半圆;而其牵连运动是凸轮相对地面水平向右的直线平动。

于是,牵连速度的大小和方向都是已知的,绝对速度和相对速度的大小是未知的,但是其方向是可以确定的,绝对速度方向在铅垂方向,相对速度方向沿凸轮轮缘曲线的切线方向,根据速度合成定理作速度矢量分析图,如图 6-4 所示。将各速度沿 OA 方向投影,则得

$$v_a \sin\varphi = v_e \cos\varphi$$

所以

$$v_a = v_e \cot\varphi = v\cot 60° = \frac{\sqrt{3}}{3}v$$

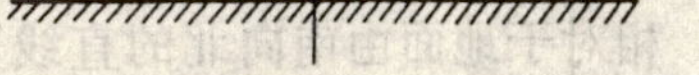

图 6-4

由于顶杆为平动,故 $v_a = \frac{\sqrt{3}}{3}v$ 就是顶杆的速度。

本题运动传递的方式是机构运动中很常见的一种类型。一个刚体(凸轮)通过它与另一个刚体(顶杆)的公共接触点来传递运动。这两个刚体的公共接触点各有其明显的特征:在整个机构运动过程中,一个刚体上的接触点(顶杆端点 A)总是不变换,始终在另一刚体(凸轮)上滑动;另一刚体(凸轮)上的接触点则总是随时间的变化而不断改变。对于这类运动机构,一般总是将接触点不断变换的那个物体作为动参考系,而将另一个刚体上的那个不变换的接

触点取作动点。这样，动参考系上那些不断变换的接触点就构成动点明显的相对轨迹，从而使相对速度和加速度的方向得以确定。

例 6-2 图 6-5 为曲柄滑道连杆机构。曲柄长 $OA = b$，以匀角速度 ω 绕 O 轴转动，其端点用铰链和滑道中的滑块 A 相连，并带动连杆作往复运动。求当曲柄与连杆轴线成 φ 角时连杆的速度。

解： 由题意知，滑块与连杆彼此有相对运动，当曲柄转动时，滑块在连杆的滑槽中作上下往复运动，并带动连杆使其左右运动。故选取滑块 A 为动点。选连杆为动参考系，地面为定参考系。

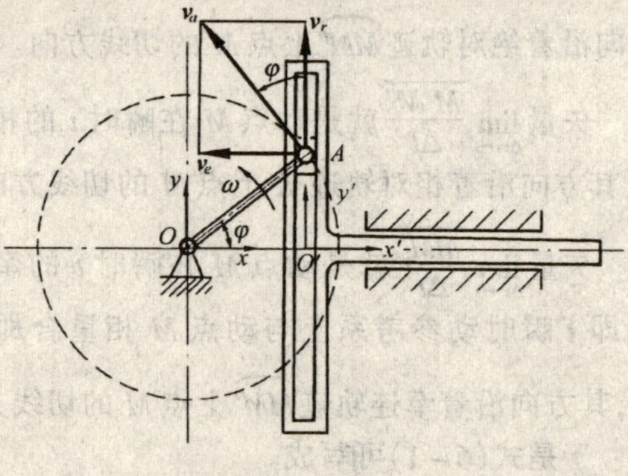

图 6-5

曲柄 OA 绕 O 轴作匀速转动，所以动点 A 的绝对运动是绕点 O 的圆周运动。图 6-5 中的虚线圆即为动点 A 的绝对轨迹。动点 A 的绝对速度 $v_a = b\omega$，方向沿点 A 圆周的切线方向。

动点 A 在连杆滑槽里作直线运动，相对运动轨迹是直线，相对速度 $\boldsymbol{v}_r$ 的方向向上，大小是未知的。

连杆向左的平动是牵连运动。连杆上和动点 A 相重合的那一点的速度就是动点的牵连速度 $\boldsymbol{v}_e$。连杆作平动，连杆上各点的速度相同，其方向向左，大小是未知的。

根据速度合成定理，由式(6-2)得

$$\boldsymbol{v}_a = \boldsymbol{v}_e + \boldsymbol{v}_r$$

上式中三个速度矢量只有两个要素未知，即 $\boldsymbol{v}_e$ 和 $\boldsymbol{v}_r$ 的大小是未知的，故可作速度平行四边形如图 6-5 所示。由几何关系，可得连杆在图示位置时的速度大小为

$$v_e = v_a \sin\varphi = b\omega \sin\varphi$$

方向水平向左。

例 6-3 设有汽车 A 以速度 $v_A = 40$ km/h 由南向北行驶，另一汽车 B 以速度 $v_B = 30$ km/h由西向东行驶，如图 6-6 所示。试求图示瞬时，B 车相对于 A 车的速度 $\boldsymbol{v}_{BA}$。

解： 将汽车 B 视为动点，动参考系固结在汽车 A 上，地面作为定参考系。

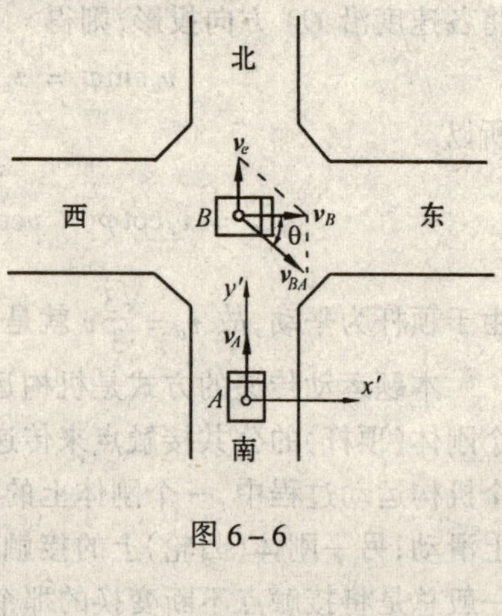

图 6-6

汽车 B 由西向东的直线运动是绝对运动。汽车 A 相对于地面由南向北的直线平动是牵连运动。汽车 B 相对于汽车 A 的运动是相对运动。所以，绝对速度 $v_a = v_B = 30$ km/h，牵连速度 $v_e = v_A = 40$ km/h。相对速度大小和方向是待求未知量。

根据速度合成定理，在动点 B 上画出速度平行四边形，如图 6-6 所示。利用几何关系，可得相对速度大小为

$$v_r = v_{BA} = \sqrt{30^2 + 40^2} = 50 \text{ km/h}$$

设 $\boldsymbol{v}_{BA}$ 与 $\boldsymbol{v}_B$ 之间夹角为 θ，则

$$\theta = \arctan \frac{v_e}{v_a} = \arctan \frac{v_A}{v_B} = \arctan \frac{40}{30} = 57.13°$$

这个题设的运动也是生产实践中常需要分析的一类运动形式，其显著的特点是两个运动不直接相关的物体，各自以不同的速度运动。此类问题应用合成运动的方法研究时，宜取一个物体为动点，另一个物体为动参考系，并且取作动点的物体应视为点，固结动参考系的物体应视为刚体。

§6-3 点的加速度合成定理

点的速度合成定理所得结论，对于任何形式的牵连运动都是适用的。点的加速度的合成则与牵连运动的形式有关。下面先讨论牵连运动为平动时的情况。

设某物体在空间作平动，该物体内有一条曲线 AB，一动点 M 按一定的规律沿此曲线 AB 运动。选取动点 M 为研究对象，动系 $O'x'y'z'$ 固结于平动物体上（此平动系未画出），系 $Oxyz$ 与地面固连，如图 6-7 所示。

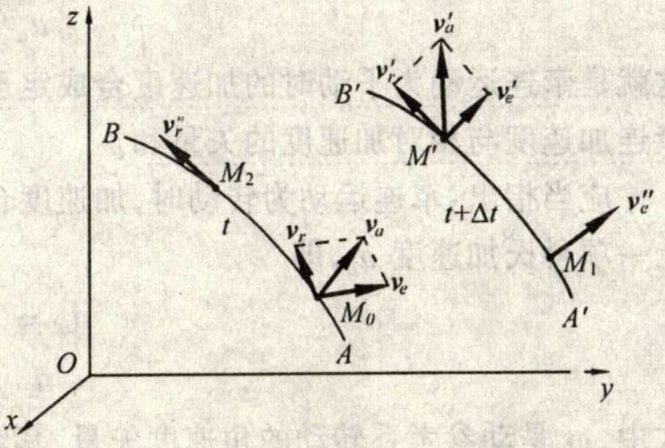

图 6-7

在瞬时 t，动点 M 与曲线上的点 M_0 相重合。该瞬时，动点 M 的相对速度，牵连速度和绝对速度分别为 $\boldsymbol{v}_r, \boldsymbol{v}_e, \boldsymbol{v}_a$，由式(6-2)得

$$\boldsymbol{v}_a = \boldsymbol{v}_r + \boldsymbol{v}_e \tag{1}$$

经过 Δt 时间间隔，即在瞬时 $t + \Delta t$，由于动点 M 有相对运动而与曲线上点 M_2 重合，与此同时，由于牵连运动，曲线 AB 运动到 $A'B'$，此时的动点运动到 M'（与动点的重合点为 M_2），此瞬时动点的相对速度、牵连速度和绝对速度分别为 $\boldsymbol{v}'_r, \boldsymbol{v}'_e$ 和 $\boldsymbol{v}'_a$，则

$$\boldsymbol{v}_a' = \boldsymbol{v}_e' + \boldsymbol{v}_r' \tag{2}$$

根据加速度的定义，可知动点在瞬时 t 的绝对加速度为

$$\boldsymbol{a}_a = \lim_{\Delta t \to 0} \frac{\boldsymbol{v}_a' - \boldsymbol{v}_a}{\Delta t} \tag{3}$$

将式(1)和式(2)代入式(3)，可得

$$\boldsymbol{a}_a = \lim_{\Delta t \to 0} \frac{(\boldsymbol{v}_e' + \boldsymbol{v}_r') - (\boldsymbol{v}_e + \boldsymbol{v}_r)}{\Delta t} = \lim_{\Delta t \to 0} \frac{\boldsymbol{v}_e' - \boldsymbol{v}_e}{\Delta t} + \lim_{\Delta t \to 0} \frac{\boldsymbol{v}_r' - \boldsymbol{v}_r}{\Delta t} \tag{4}$$

由于牵连运动为平动，所以，在瞬时 $(t + \Delta t)$，曲线 AB 上的点 M' 与点 M_1 的速度相等，即 $v_e' = v_e''$。因此式(4)右端的第一项为

$$\lim_{\Delta t \to 0} \frac{\boldsymbol{v}_e' - \boldsymbol{v}_e}{\Delta t} = \lim_{\Delta t \to 0} \frac{\boldsymbol{v}_e'' - \boldsymbol{v}_e}{\Delta t} \tag{5}$$

而 $\boldsymbol{v}_e''$ 与 $\boldsymbol{v}_e$ 分别表示 AB 曲线（即动系）上同一点 M_0 在瞬时 t 和瞬时 $(t + \Delta t)$ 时的速度。而点 M_0 就是动点 M 在瞬时 t 的牵连点，所以，式(5)右端就是动点 M 在瞬时 t 的牵连加速度 $\boldsymbol{a}_e$，故可得

$$\lim_{\Delta t\to 0}\frac{\boldsymbol{v}_e' - \boldsymbol{v}_e}{\Delta t} = \boldsymbol{a}_e \tag{6}$$

在动坐标系上观察曲线 AB(即动系)是静止的，因此，在时间间隔 Δt 内，动点 M 从点 M_O 位置沿相对轨迹 AB 运动到点 M_2 位置，在点 M 位置有相对速度 $\boldsymbol{v}_r''$。由于动系是平动参考系，且动系与曲线 AB 固连在一起，所以

$$\boldsymbol{v}_r'' = \boldsymbol{v}_r'$$

由此可得

$$\lim_{\Delta t\to 0}\frac{\boldsymbol{v}_r' - \boldsymbol{v}_r}{\Delta t} = \lim_{\Delta t\to 0}\frac{\boldsymbol{v}_r'' - \boldsymbol{v}_r}{\Delta t}$$

而此式右端就是动点在瞬时 t 的相对加速度，故可得

$$\lim_{\Delta t\to 0}\frac{\boldsymbol{v}_r'' - \boldsymbol{v}_r}{\Delta t} = \boldsymbol{a}_r \tag{7}$$

将式(6)和(7)代入式(4)中即得

$$\boldsymbol{a}_a = \boldsymbol{a}_e + \boldsymbol{a}_r \tag{6-3}$$

这就是牵连运动为平动时的加速度合成定理。即牵连运动为平动时，动点的绝对加速度等于牵连加速度与相对加速度的矢量和。

应当指出：牵连运动为转动时，加速度合成定理不再是式(6-3)的形式，而需要在右边加上一项科氏加速度 $\boldsymbol{a}_c$，即

$$\boldsymbol{a}_a = \boldsymbol{a}_e + \boldsymbol{a}_r + \boldsymbol{a}_c \tag{6-4}$$

$$\boldsymbol{a}_c = 2\boldsymbol{\omega} \times \boldsymbol{v}_r \tag{6-5}$$

式中，$\boldsymbol{\omega}$ 是动参考系转动的角速度矢量，其转向和指向由右手法则确定。

根据矢积运算规则，科氏加速度 $\boldsymbol{a}_c$ 的方向垂直于 $\boldsymbol{\omega}$ 与 $\boldsymbol{v}_r$ 所决定的平面，指向由右手法则确定，如图 6-8 所示。

科氏加速度的产生，是牵连运动和相对运动之间相互影响的结果。当牵连运动平动时，就不存在这种相互影响，因此不出现科氏加速度。关于科氏加速度的详细讨论，可参阅有关书籍。

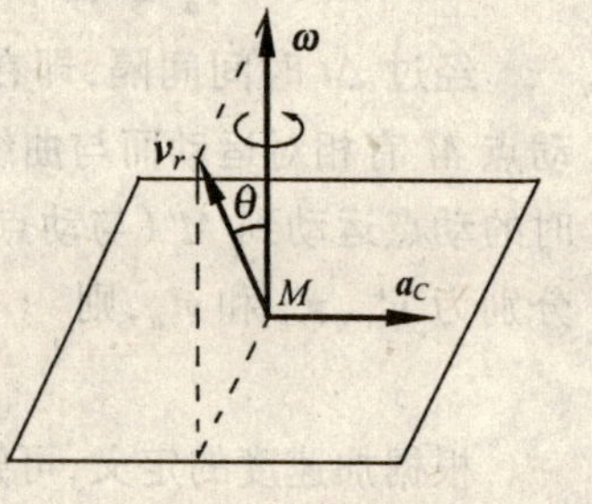

图 6-8

例 6-4　凸轮顶杆机构见例 6-1 题设条件。又知凸轮半径 $R = 10$ cm。在图 6-9 所示位置，$\varphi = 60°$，凸轮的平动速度 $v = 60$ cm/s，加速度 $a = 45$ cm/s²。求此瞬时顶杆 AB 的加速度。

解： 动点、动系和定系的取法同例 6-1，由例 6-1 可求得相对速度 $v_r = 2\sqrt{3}v/3$。动点 A 的绝对加速度过点 A 沿铅垂线方位，指向未知，可假设向上。动点 A 的牵连加速度等于凸轮的平动加速度 $a_e = a = 45$ cm/s²，相对轨迹是凸轮轮缘曲线，所以相对加速度由两分量组成：切向分量 $\boldsymbol{a}_r^\tau$ 大小是未知的，指向假设如图 6-9 所示，法向分量 $\boldsymbol{a}_r^n$ 的方向如图 6-9 所示，其大小

$$a_r^n = \frac{v_r^2}{R} = \frac{4v^2}{3R} = 480\ \text{cm/s}^2$$

根据牵连运动为平动时的加速度合成定理，得

$$\boldsymbol{a}_a = \boldsymbol{a}_e + \boldsymbol{a}_r^\tau + \boldsymbol{a}_r^n$$

上式中只有 $\boldsymbol{a}_a$ 和 $\boldsymbol{a}_r^\tau$ 的大小未知。其加速度矢量如图 6－9 所示。因为题设不求 $\boldsymbol{a}_r^\tau$，故选投影轴 $A\eta$ 与 $\boldsymbol{a}_r^\tau$ 垂直。将上式各矢量投影于 $A\eta$ 轴上，得

$$a_a \sin\varphi = a_e \cos\varphi - a_r^n$$

解之得

$$a_a = (a_e \cos\varphi - a_r^n)/\sin\varphi$$

故顶杆平动的加速度

$$a_{AB} = a_a = (45\cos60° - 480)/\sin60° = -528 \text{ cm/s}^2$$

式中，负号表示顶杆在此瞬时的加速度方向与图中所示假设的方向相反。

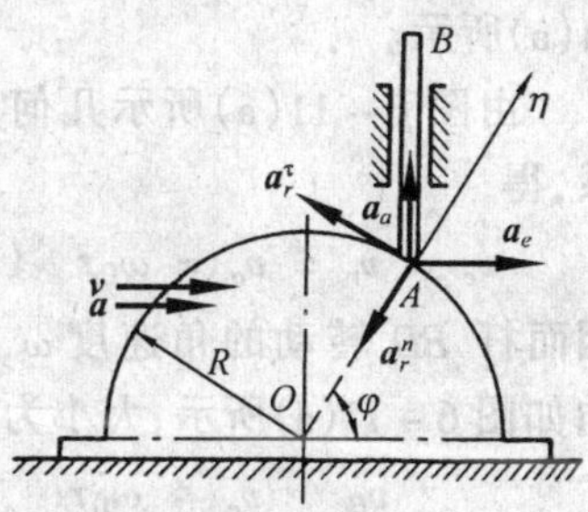

图 6－9

例 6－5 图 6－10(a)所示的曲柄滑道机构中，曲柄长 $OA = 10$ cm，绕 O 轴转动。当 $\varphi = 30°$时，其角速度 $\omega = 1$ rad/s，角加速度 $\alpha = 1$ rad/s^2；求导杆 BC 的加速度和滑块 A 在滑道中的相对加速度。

解： 取滑块 A 为动点，动坐标系固连于导杆上，静坐标系固连于地面。这样，动点 A 的绝对运动是圆周运动，绝对加速度分为切向加速度 $\boldsymbol{a}_a^\tau$ 和法向加速度 $\boldsymbol{a}_a^n$，其大小为

$$a_a^\tau = OA \cdot e = 10 \text{ cm/s}^2$$

$$a_a^n = OA \cdot \omega^2 = 10 \text{ cm/s}^2$$

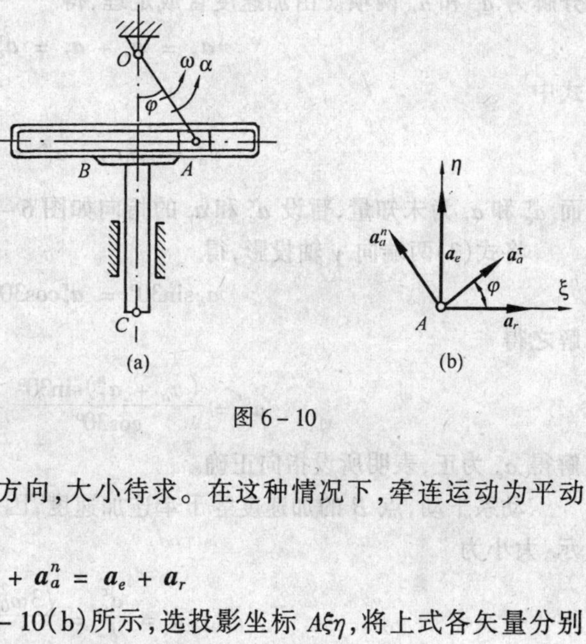

图 6－10

方向如图 6－10(b)所示；相对运动为沿滑道的往复直线运动，故相对加速度 $\boldsymbol{a}_r$ 的方向为水平，大小待求；牵连运动为导杆的直线平动，故牵连加速度 $\boldsymbol{a}_e$ 为铅垂方向，大小待求。在这种情况下，牵连运动为平动的加速度合成定理为

$$\boldsymbol{a}_a = \boldsymbol{a}_a^\tau + \boldsymbol{a}_a^n = \boldsymbol{a}_e + \boldsymbol{a}_r$$

利用解析法，即假设 $\boldsymbol{a}_e$ 与 $\boldsymbol{a}_r$ 的指向如图 6－10(b)所示，选投影坐标 $A\xi\eta$，将上式各矢量分别投影在 $A\xi$ 轴和 $A\eta$ 轴上，得

$$a_a^\tau \cos30° - a_a^n \sin30° = a_r$$

$$a_a^\tau \sin30° - a_a^n \cos30° = a_e$$

解之得

$$a_r = 10\cos30° - 10\sin30° = 3.66 \text{ cm/s}^2$$

$$a_e = 10\sin30° - 10\cos30° = 13.66 \text{ cm/s}^2$$

求出的 a_e 和 a_r 为正值，说明假设的指向是正确的，而 a_e 即为导杆在此瞬时的平动加速度。

例 6－6 如图 6－11 所示平面机构中，曲柄 $OA = r$，以匀角速度 ω_0 转动。套筒 A 可沿 BC 杆滑动。已知 $BC = DE$，且 $BD = CE = l$。求：图 6－11 所示位置时，杆 BD 的角速度和角加速度。

解： 由于 $DBCE$ 为平行四边形，因而杆 BC 作平动。以套筒 A 为动点，绝对速度 $v_a = \omega_0 r$。以杆 BC 为动系，牵连速度 $\boldsymbol{v}_e$ 等于点 B 速度 $\boldsymbol{v}_B$。以基础为定系，其速度四边形如图 6－11(a)所示。

由图 6－11(a)所示几何关系，得

$$v_e = v_r = v_a = \omega_0 r \quad (1)$$

因而杆 BD 转动的角速度 ω 方向如图 6－11(a)所示，大小为

$$\omega = \frac{v_B}{l} = \frac{v_e}{l} = \frac{\omega_0 r}{l} \quad (2)$$

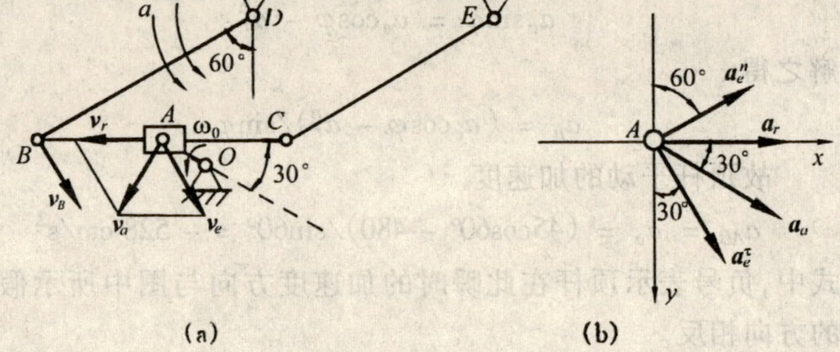

图 6－11

动系 BC 为曲线平动，牵连加速度与点 B 加速度相同，应分解为 a_e^τ 和 a_e^n 两项。由加速度合成定理，得

$$\boldsymbol{a}_a = \boldsymbol{a}_e + \boldsymbol{a}_r = \boldsymbol{a}_e^\tau + \boldsymbol{a}_e^n + \boldsymbol{a}_r \quad (3)$$

式中

$$a_a = \omega_0^2 r, \quad a_e^n = \omega^2 l = \frac{\omega_0^2 r^2}{l}$$

而 a_e^τ 和 a_r 为未知量，暂设 $\boldsymbol{a}_e^\tau$ 和 $\boldsymbol{a}_r$ 的指向如图 6－11(b)所示。

将式(3)两端向 y 轴投影，得

$$a_a \sin 30° = a_e^\tau \cos 30° - a_e^n \sin 30°$$

解之得

$$a_e^\tau = \frac{(a_a + a_e^n)\sin 30°}{\cos 30°} = \frac{\sqrt{3}\omega_0^2 r(l + r)}{3l}$$

解得 a_e^τ 为正，表明所设指向正确。

动系平动，点 B 的加速度等于牵连加速度，因而杆 BD 的角加速度方向如图 6－11(a)所示，大小为

$$\alpha = \frac{a_e^\tau}{l} = \frac{\sqrt{3}\omega_0^2 r(l + r)}{3l^2}$$

在应用点合成运动方法分析运动学问题时，应注意以下步骤和要点：

(1) 点合成运动分析方法的实质是运动的分解与合成。通过选取动点、动系和定系来研究不同运动之间的关系。

(2) 动点、动系和定系的合理选取是正确应用合成运动方法的关键。在研究机构或物体系统运动前应先分析各物体或系统各部分的运动情况和运动的相互关系。动点和动系的选取应同时进行，其基本原则是：第一，动点对动系必须要有相对运动，即要求动点和动系不能选择在同一物体上。第二，动点的相对轨迹要直观而明显。

(3) 求解速度问题时，必须画出三种速度的平行四边形，然后应用几何关系，由正弦定理或余弦定理求解所需未知量。必须注意，画速度矢量的平行四边形时，绝对速度 $\boldsymbol{v}_a$ 一定是平行四边形的对角线。

(4) 计算加速度问题时，必须清楚动系的运动形式，牵连运动形式不同则加速度合成定理

有差别。加速度矢量往往可写为切向分矢量和法向分矢量，所以，矢量项数较多，故求解时多采用解析法（即合矢量投影定理），而很少用几何法。在画动点的加速度矢量图时，其中凡方向已知的要画出其正确的方向；凡方位已知而指向未知的可假设其指向；凡大小和方向都未知的可分解为两个相互垂直的方向的分量，并假设其指向。

思考题

6-1　什么是牵连速度？牵连加速度？是否动参考系中任何一点的速度（或加速度）就是牵连速度（或加速度）？

6-2　为什么牵连运动为平动时，动参考系某瞬时的速度与加速度就是动点的牵连速度与牵连加速度？

6-3　点的速度合成定理公式 $\boldsymbol{v}_a=\boldsymbol{v}_e+\boldsymbol{v}_r$ 表示的动点绝对速度与式 $v_a=v_e+v_r$ 表示的动点绝对速度有无区别？为什么？

6-4　某瞬时动参考系上与动点 M 相重合的点为 M'，试问动点 M 与点 M' 在此瞬时的绝对速度是否相等？为什么？

6-5　动系相对于定系运动的速度称为牵连速度，对吗？为什么？

6-6　判断下列结论是否正确：

(1)某瞬时动点的绝对速度 $v_a=0$，则动点的牵连速度 v_e 和相对速度 v_r 也都等于零；

(2)$\boldsymbol{v}_a,\boldsymbol{v}_e,\boldsymbol{v}_r$ 三种速度的大小之间不可能有这样的关系：$v_r=\sqrt{v_a^2+v_e^2}$；

(3)由速度合成定理公式 $\boldsymbol{v}_a=\boldsymbol{v}_e+\boldsymbol{v}_r$ 可知，绝对速度绝对值一定比相对速度大，也比牵连速度绝对值大。

6-7　如何选取合适的动点与动系，能否给出一般的原则指导？并请举例加以说明。

习题

6-1　汽车 A 以 $v_1=40$ km/h 沿着直线道路行驶，汽车 B 以 $v_2=40\sqrt{2}$ km/h 沿着另一叉道行驶，如题图 6-1 所示。求在 B 车上观察到的 A 车的速度。

6-2　在题图 6-2 所示的曲柄滑道连杆机构中，已知曲柄 $OA=r=\sqrt{3}$ cm，$\omega=2$ rad/s，$\varphi=60°$，求曲柄 OA 在 $\theta=0°,30°,60°$ 时 BC 的速度。

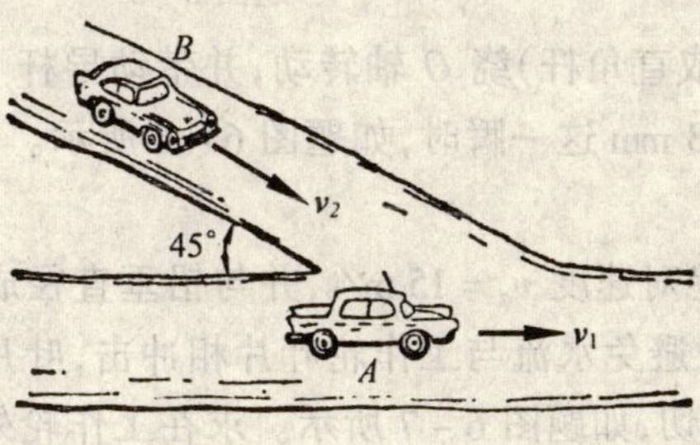

题图 6-1

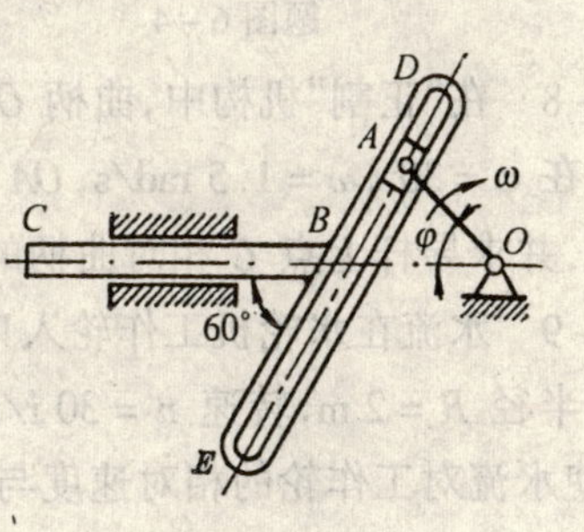

题图 6-2

6-3　在题图 6-3(a)和(b)所示的两种机构中，已知 $O_1O_2=a=20$ cm，$\omega_1=3$ rad/s，求图示位置时，杆 O_2A 的角速度。

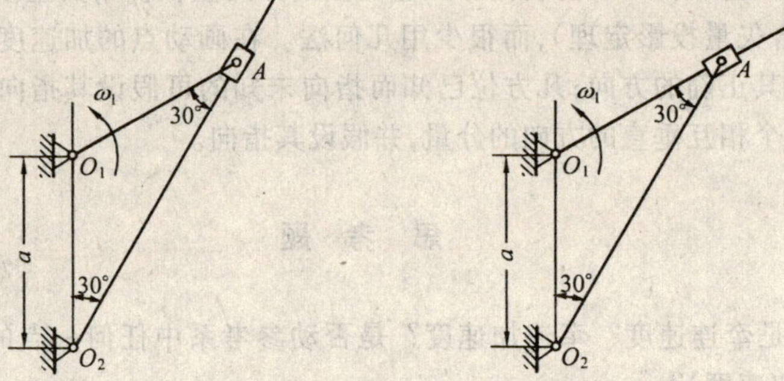

(a)　　　　　　　　　　　　(b)

题图 6 - 3

6 - 4　飞机以速度 $v_1 = 400$ km/h(相对于空气)向北偏东 45°飞行,地面导航站测得飞机的航向为北偏东 48°,飞行速度 $v = 422.6$ km/h,试求风速大小和方向。

6 - 5　矿砂从传送带 A 落到另一传送带 B 的绝对速度为 $v_1 = 4$ m/s,其方向与铅垂线成 30°。该传送带 B 与水平面成 15°,其速度 $v_2 = 2$ m/s,如题图 6 - 4 所示。求此时矿砂对于传送带 B 的相对速度;又问当传送带 B 的速度为多大时,矿砂相对速度才能与它垂直。

6 - 6　车厢以速度 v_1 沿水平直线轨道行驶。雨滴铅直落下,滴在车厢的玻璃上,留下与铅直线成 β 角的雨痕。求雨滴的绝对速度。

6 - 7　偏心凸轮偏心距 $OC = e$,轮半径 $r = \sqrt{3}e$,以匀角速度 ω_0 绕 O 轴转动。在题图 6 - 5所示位置时,$OC \perp CA$;试求从动杆的速度。

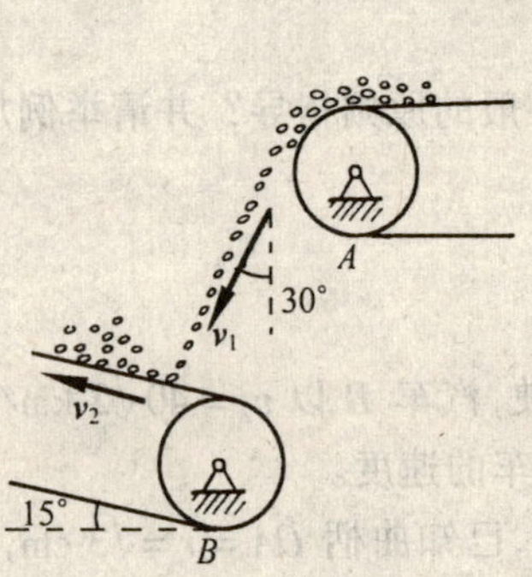

题图 6 - 4

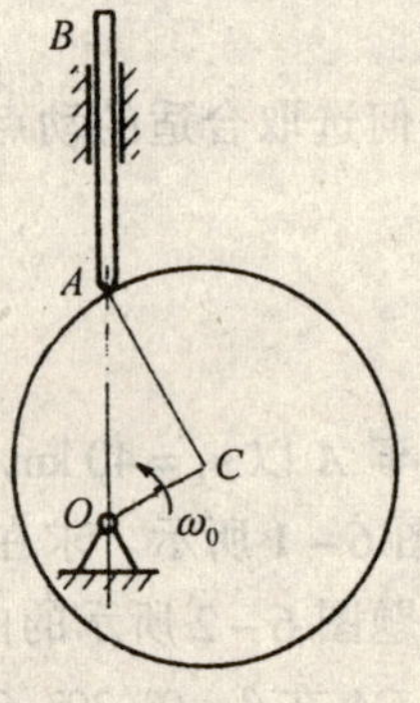

题图 6 - 5

6 - 8　在“正割”机构中,曲柄 OAB(弯成直角杆)绕 O 轴转动,并带动导杆 CD 在滑槽中滑动。在 $\varphi = 30°$,$\omega = 1.5$ rad/s,$OA = 100\sqrt{3}$ mm 这一瞬时,如题图 6 - 6 所示。试求导杆 CD 的速度,并求导杆上点 C 相对曲柄的速度。

6 - 9　水流在水轮机工作轮入口处的绝对速度 $v_a = 15$ m/s,并与铅垂直径成 $\alpha = 60°$。工作轮的半径 $R = 2$ m,转速 $n = 30$ r/min。为避免水流与工作轮叶片相冲击,叶片应恰当地安装,以使水流对工作轮的相对速度与叶片相切,如题图 6 - 7 所示。求在工作轮外缘处水流对工作轮的相对速度的大小及方向。

6 - 10　摇杆 OC 经过固定的齿条 AB 上的销子 K 带动齿条上下平移。齿条又带动半径为 10 cm 的齿轮绕轴 O_1 转动。如在题图 6 - 8 所示位置时摇杆角速度 $\omega = 0.5$ rad/s,求此时

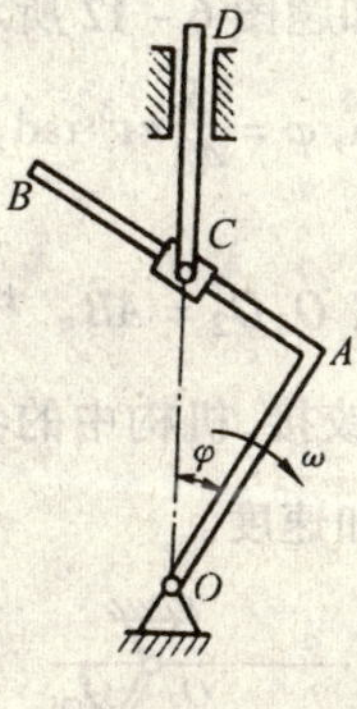

题图 6-6

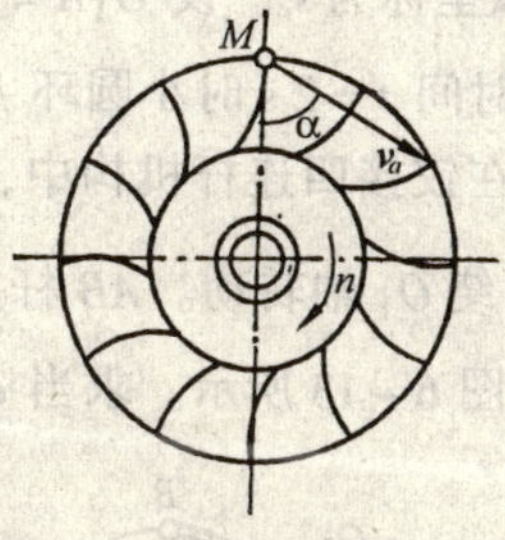

题图 6-7

齿轮的角速度。

6-11　半径为 r，偏心距为 e 的圆形凸轮以匀角速度 ω 绕固定轴 O 转动，AB 杆长 l，其 A 端置于凸轮上，B 端以铰链支承，在题图 6-9 所示瞬时 AB 杆恰好处于水平位置，试求此时 AB 杆的角速度。

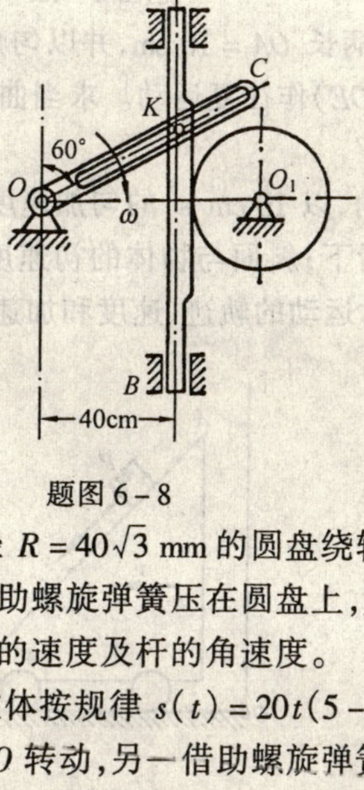

题图 6-8

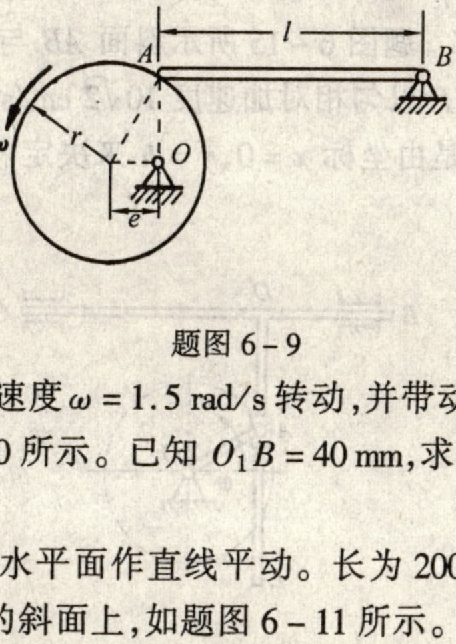

题图 6-9

6-12　半径 $R=40\sqrt{3}$ mm 的圆盘绕轴 O 以匀角速度 $\omega=1.5$ rad/s 转动，并带动 AB 杆绕轴 O_1 转动，它借助螺旋弹簧压在圆盘上，如题图 6-10 所示。已知 $O_1B=40$ mm，求当 $\varphi=30°$ 时，AB 杆上点 B 的速度及杆的角速度。

6-13　棱柱体按规律 $s(t)=20t(5-t)$ mm 沿着水平面作直线平动。长为 200 mm 的直杆 OA 一端绕轴 O 转动，另一借助螺旋弹簧压在棱柱的斜面上，如题图 6-11 所示。已知 $\alpha=30°$，求当 $t=1$ s，$\beta=60°$时，直杆 OA 的角速度和角加速度。

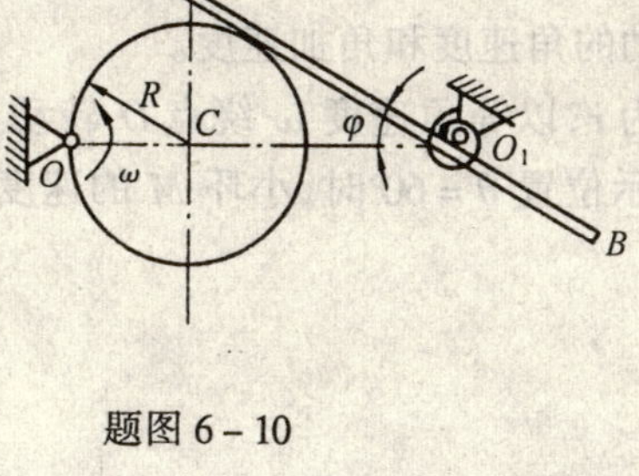

题图 6-10

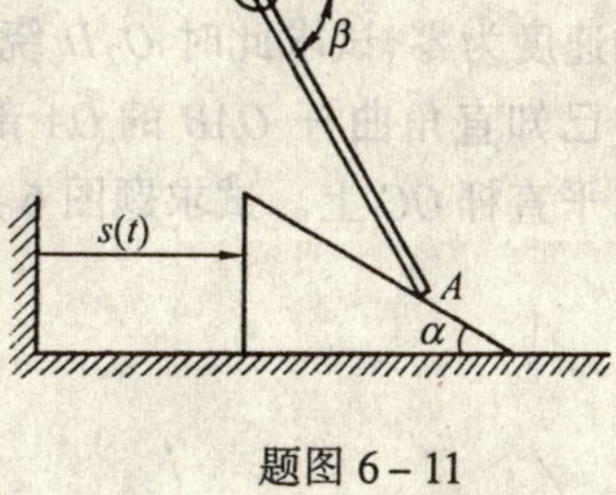

题图 6-11

6－14　平行机构 O_1ABO_2 与一半圆环铰接于 A，B 两点如题图 6－12 所示，小圆环 M 相对半圆环的弧坐标为 s_r。设 $O_1A=O_2B=200$ mm，$R=160$ mm，$\varphi=\dfrac{5}{48}\pi t^3$ rad，$s_r=\overset{\frown}{AM}=10\pi t^2$ mm。试求当时间 $t=2$ s 时小圆环 M 的速度和加速度。

6－15　在铰接四连杆机构中，$O_1A=O_2B=100$ mm，并且 $O_1O_2=AB$。杆 O_1A 按规律 $\varphi=\dfrac{\pi}{3}\sin\left(\dfrac{\pi}{6}t\right)$ 绕 O_1 轴转动。AB 杆上有一套筒 C，并与 CD 杆铰接，机构中的各杆件都在同一平面内，如题图 6－13 所示。求当 $\varphi=60°$时，CD 杆的速度和加速度。

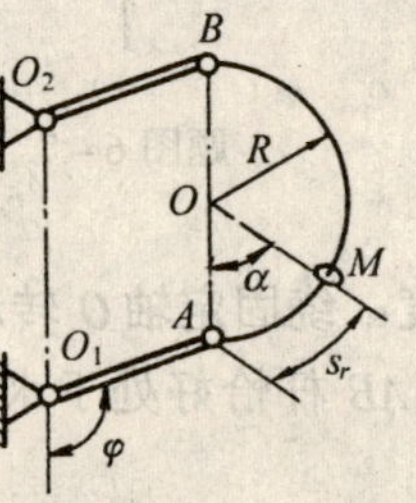

题图 6－12

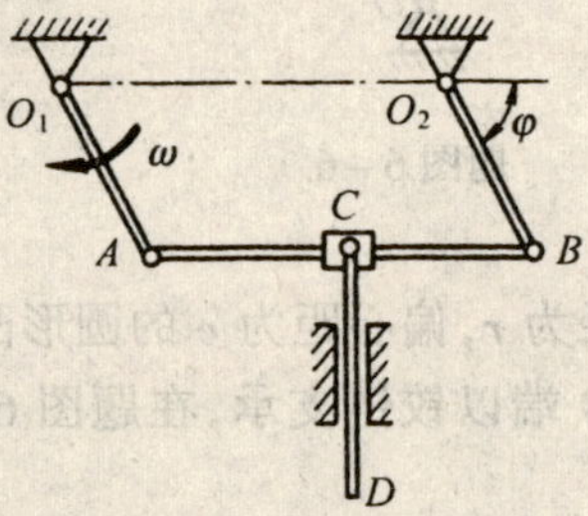

题图 6－13

6－16　题图 6－14 所示的曲柄滑道机构中，曲柄长 $OA=10$ cm，并以匀角速 $\omega=20$ rad/s 绕轴 O 转动，通过滑块 A 使杆 BCE（BC 水平，$BC\perp DE$）作往复运动。求当曲柄与水平线的交角分别为 $\varphi=0°$，$30°$，$90°$时杆 BCE 的速度和加速度。

6－17　题图 6－15 所示斜面 AB 与水平成 45°角，以 10 cm/s^2 的匀加速度沿轴 Ox 方向运动。物体 P 以匀相对加速度 $10\sqrt{2}$ cm/s^2 沿此斜面滑下；斜面与物体的初速度均为零，物体的最初位置是由坐标 $x=0$，$y=h$ 来决定。求物体绝对运动的轨迹、速度和加速度。

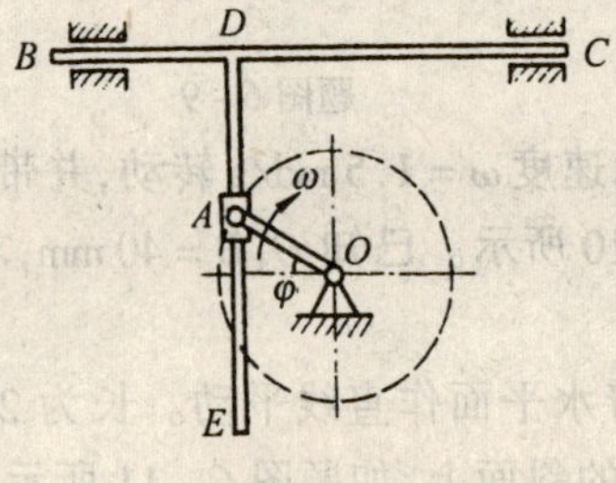

题图 6－14

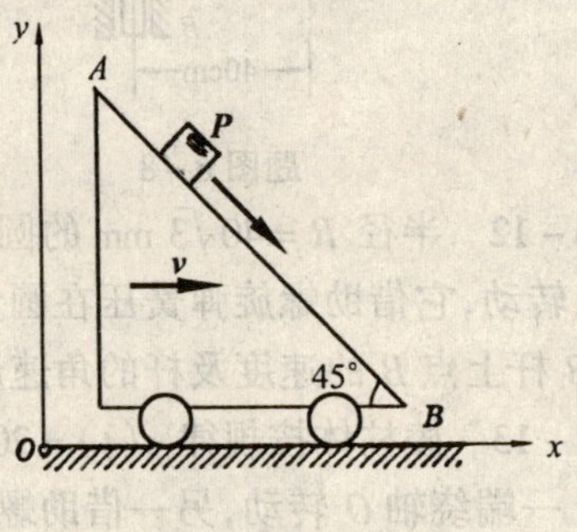

题图 6－15

6－18　设 $OA=O_1B=r$，斜面倾角为 θ_1，$O_2D=l$，点 D 可以在斜面上滑动，A，B 为铰链连接。题图 6－16 所示位置时 OA，O_1B 铅垂，AB，O_2D 为水平，已知此瞬时 OA 转动的角速度为 ω，角加速度为零，试求此时 O_2D 绕 O_2 转动的角速度和角加速度。

6－19　已知直角曲杆 OAB 的 OA 部分长为 r，以等角速度 ω 绕点 O 转动，小环 M 套在 AB 及固定水平直杆 OC 上。试求题图 6－17 所示位置 $\theta=60°$时，小环 M 的速度和加速度。

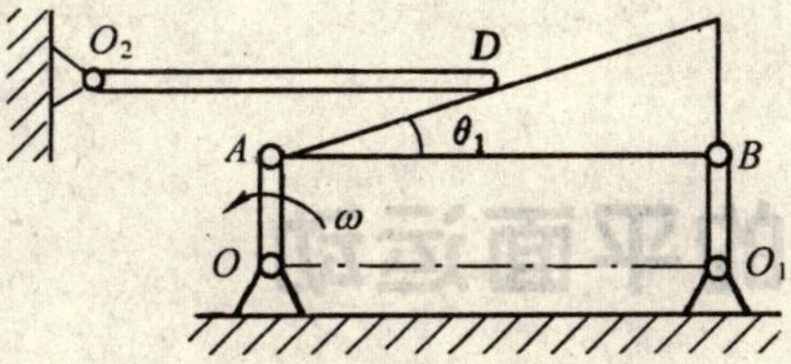

题图 6 – 16

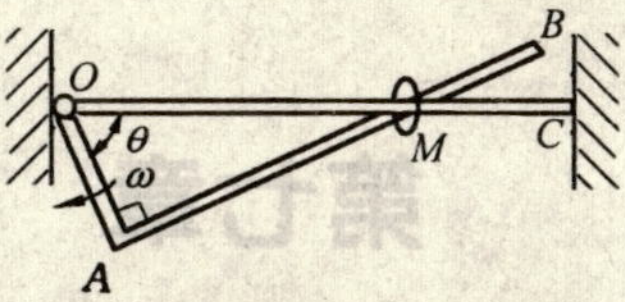

题图 6 – 17

第七章　刚体的平面运动

前面曾讨论了刚体的平动与定轴转动，这是最常见、最简单的刚体运动形式。在工程实践中还经常遇到刚体另一种较为复杂的运动形式——刚体的平面运动。本章运用合成运动的方法，分析计算刚体平面运动的速度和加速度问题。

§7－1　刚体平面运动的运动特征与运动分解

一、刚体平面运动的运动特征及其简化

刚体运动时，其上各点与某一固定平面距离始终保持不变，这种运动称为刚体的平面运动。例如，沿直线轨道滚动的车轮（见图7－1），曲柄连杆机构中的连杆（见图7－2）等，其运动都是刚体的平面运动。

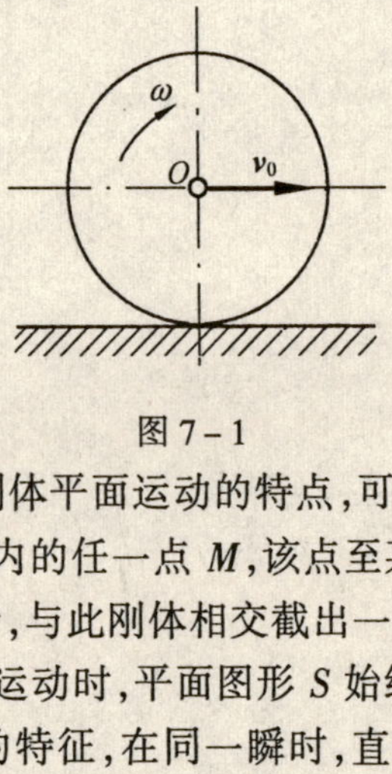

图7－1

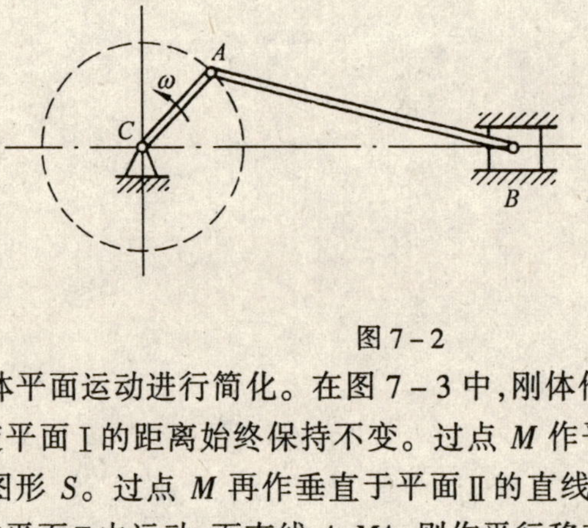

图7－2

根据刚体平面运动的特点，可以将刚体平面运动进行简化。在图7－3中，刚体作平面运动，取刚体内的任一点 M，该点至某一固定平面Ⅰ的距离始终保持不变。过点 M 作平面Ⅱ与平面Ⅰ平行，与此刚体相交截出一个平面图形 S。过点 M 再作垂直于平面Ⅱ的直线 A_1MA_2，那么，刚体运动时，平面图形 S 始终保持在平面Ⅱ内运动，而直线 A_1MA_2 则作平行移动。根据刚体平动的特征，在同一瞬时，直线 A_1MA_2 上的点具有相同的速度和加速度。因此，可用平面图形上点 M 来表示直线 A_1MA_2 上各点的运动。同理，可以用平面图形 S 的其它点的运动来表示刚体内对应点的运动。于是，刚体的平面运动，可以简化为平面图形 S 在其自身所在固定平面Ⅱ内的运动。因此，在研究平面运动刚体上各点的运动时，只需研究平面图形上各点的运动就可以了。

在图7－4中，设平面图形在定坐标系 Oxy 内运动。为了确定图形在任意瞬时的位置，只须确定图形内任一直线 AM 的位置即可。在运动中，直线段 AM 的位置可由点 A 的坐标 x_A，y_A（或矢径 r_A）和线段 AM 的方向角 φ 惟一地确定。这样，所选择的点 A 称为基点，φ 称为平面图形的角坐标。

当平面图形 S 运动时，基点 A 的坐标 x_A，y_A 和角坐标 φ 都是时间 t 的单值连续函数，即

$$\left.\begin{aligned} x_A &= f_1(t) \\ y_A &= f_2(t) \\ \varphi &= f_3(t) \end{aligned}\right\} \tag{7-1}$$

或

$$\left.\begin{aligned} \boldsymbol{r}_A &= \boldsymbol{r}_A(t) \\ \varphi &= \varphi(t) \end{aligned}\right\} \tag{7-1$'$}$$

这就是平面图形 S 的运动方程，称为平面运动刚体的运动方程。它描述了平面运动刚体的运动。

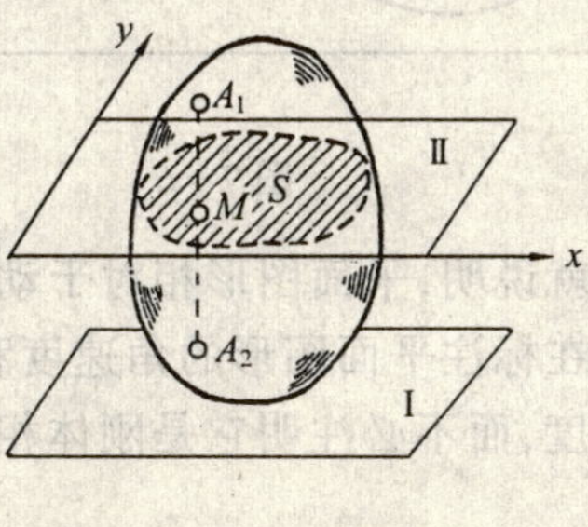

图 7-3

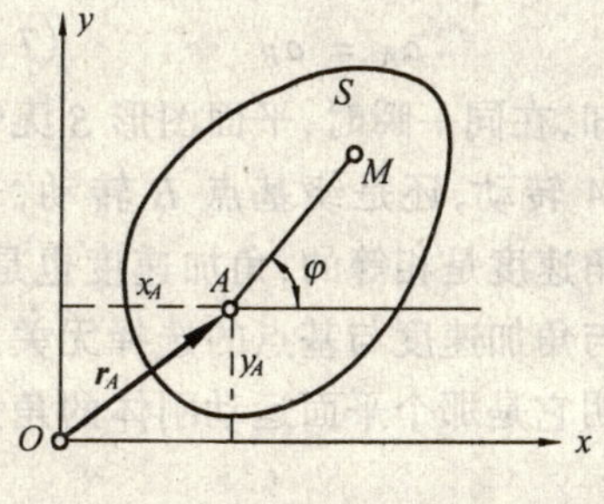

图 7-4

二、刚体平面运动的分解

如果在研究平面图形 S 的运动时，以任选的基点 A 为原点建立一动坐标系 $Ax'y'$，并使动坐标轴在图形的运动过程中始终与固定坐标系的坐标轴保持一个固定的交角或平行（图 7-5 中就是使两个坐标系的轴保持平行），并让动坐标系 $Ax'y'$ 成为随基点 A 平动的坐标系。于是我们即可仿照前一章用合成运动的方法来研究平面图形的运动：平面图形对定坐标系的运动为绝对运动；平面图形对动坐标系 $Ax'y'$ 的运动为相对运动，它是图形绕基点 A 的转动，其运动方程就是式(7-1)中的第三式；而动坐标系 $Ax'y'$ 对定坐标系 Oxy 的运动则是牵连运动，由于动坐标系的运动是平动，故可用基点 A 的运动来代替，代表牵连运动的运动方程就是式(7-1)′的第一式。平面图形在任一瞬时的运动，可以分解为随任选基点平动的牵连运动以及绕此基点转动的相对运动。

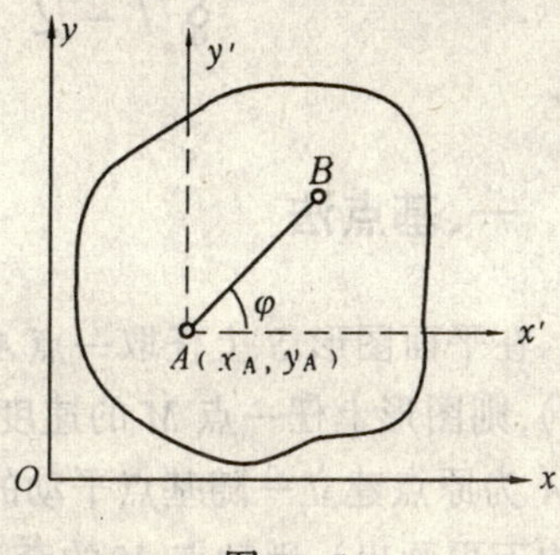

图 7-5

由于平面图形运动时，其上各点的运动一般是不相同的，而基点的选择又是任意的，因此，平面图形随基点的牵连运动，将随基点选取的不同而不同。

但是对于平面图形 S 相对于动坐标系转动的角速度是否与基点的选择有关，我们可以通过下面的证明来回答这个问题。

设平面图形 S 上的任一线段在 Δt 时间间隔内，由 AB 位置移到 $A'B'$ 位置，它们分别代表平面图形 S 在 t 和 $t+\Delta t$ 两个瞬时所处的位置，如图 7-6 所示。若选点 A 为基点，在 Δt 时间间隔内，线段 AB 随基点 A 平动到位置 $A'B''$，然后绕基点 A 转过角度 $\Delta\varphi_A$ 达到位置 $A'B'$；若选

点 B 为基点，则在 Δt 时间间隔内，线段 AB 随基点 B 平动到位置 $A''B'$，然后绕基点转过 $\Delta\varphi_B$ 也达到位置 $A'B'$。无论基点是点 A 还是点 B，图形 S 的牵连运动都是平动，因此，$A'B''/\!/AB$，$A''B'/\!/AB$，所以 $A'B''/\!/A''B'$，从而可得

$$\Delta\varphi_A = \Delta\varphi_B$$

且两者转向相同。当 $\Delta t\to 0$ 时，得

$$\lim_{\Delta t\to 0}\frac{\Delta\varphi_A}{\Delta t} = \lim_{\Delta t\to 0}\frac{\Delta\varphi_B}{\Delta t}$$

故得

$$\omega_A = \omega_B \qquad (7-2)$$

上式再对 t 求导，则得

$$\alpha_A = \alpha_B \qquad (7-3)$$

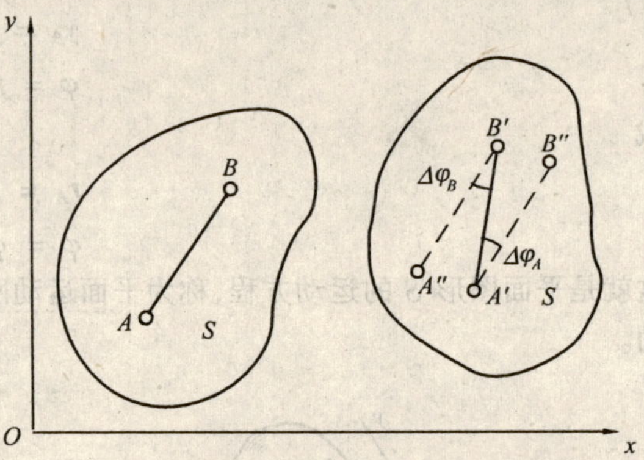

图 7-6

由此可知，在同一瞬时，平面图形 S 无论是绕基点 A 转动，还是绕基点 B 转动，平面图形的角速度是相等的，角加速度也是相等的。这就说明，平面图形相对于动坐标系转动的角速度与角加速度与基点的选择无关。因此，以后在标注平面图形的角速度和角加速度时，只需注明它是那个平面运动刚体的角速度、角加速度，而不必注明它是刚体相对于哪个基点而言的。

由以上分析，可以得出结论：刚体的平面运动可以分解为随基点的平动和绕基点的转动，其中平动的速度和加速度与基点的选择有关，而转动的角速度和角加速度与基点的选择无关。

尽管基点是可以任意选取的，但是在解决具体问题时，往往选取运动情况已知的点作为基点。

§7-2 平面图形上任一点的速度

一、基点法

在平面图形 S 上任取一点 A 为基点，设点 A 的速度 $\boldsymbol{v}_A$ 和图形的角速度 ω 均为已知（图 7-7），则图形上任一点 M 的速度 $\boldsymbol{v}_M$ 可用合成运动法中点的速度合成定理而求得。为此，以基点 A 为原点建立一随基点平动的动坐标系（在平面运动中，此平动坐标系总是这样选取，在图中均不再画出），则动点 M 的牵连速度 $\boldsymbol{v}_e$ 必等于基点 A 的速度 $\boldsymbol{v}_A$；而其相对速度 $\boldsymbol{v}_r$ 则等于图形绕基点 A 转动时点 M 的速度，其大小等于刚体转动角速度（即平面图形的角速度）ω 与点 A 到动点 M 的距离 AM 的乘积。在平面运动中，通常用 $\boldsymbol{v}_{MA}$ 表示点 M 相对点 A 的相对速度，即有

$$v_{MA} = AM\cdot\omega \qquad (7-4)$$

$\boldsymbol{v}_{MA}$ 的方向与 AM 连线垂直，指向由 ω 的转向确定（图 7-7）。至于点 M 的速度 $\boldsymbol{v}_M$，就是其绝对速度 $\boldsymbol{v}_a$。于是点的速度合成公式 $\boldsymbol{v}_a=\boldsymbol{v}_e+\boldsymbol{v}_r$ 在平面运动中可写成

$$\boldsymbol{v}_M = \boldsymbol{v}_A + \boldsymbol{v}_{MA} \qquad (7-5)$$

此式表明：平面图形内任一点的速度，等于基点的速度与该点随平面图形绕基点转动的速度

的矢量和。这种将点的合成运动中速度合成定理具体用于求平面图形上任一点速度的方法,称为速度合成法,亦称求速度的基点法。它反映了平面图形内任意两点之间速度关系,是求解平面图形中任一点速度的基本方法。

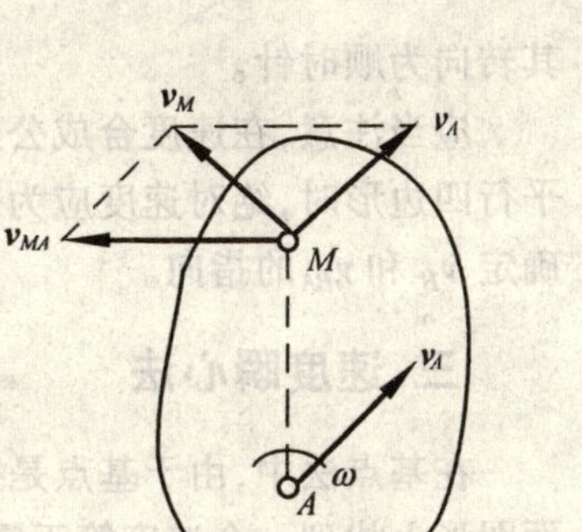

图 7-7

二、速度投影定理

若式(7-5)的两端分别向 A 和 M 两点的连线 AM 上投影,因 $\boldsymbol{v}_{MA}$ 总是与 AM 垂直,它在 AM 上的投影必为零(图 7-7),于是得

$$(\boldsymbol{v}_M)_{AM} = (\boldsymbol{v}_A)_{AM} \qquad (7-6)$$

这就是速度投影定理:平面图形上任意两点的速度,在此两点连线上的投影必定相等。

应用速度投影定理分析平面图形上点的速度的方法称为速度投影法。

速度投影定理虽然仅从平面图形的运动中导出,但它不仅适用于平面运动刚体,而且也适用于任何其他运动的刚体。因为定理所表明的物理意义是,刚体上任意两点间的距离在任何时刻都是不会改变的,这实质上是反映了刚体不可变形的性质。从应用的角度看,在平面图形上两点速度方向均已知,且其中一个点的速度大小也已知而需求另一点的速度大小时,用这一定理特别方便。但是,此定理也有局限性,它不包含平面图形的角速度 ω,即不能用式(7-6)直接求刚体转动的角速度 ω。

例 7-1 发动机的曲柄连杆机构如图 7-8 所示。曲柄 OA 长为 $r = 30$ cm,以等角速度 $\omega = 2$ rad/s 绕点 O 转动;连杆 AB 长为 $l = 40$ cm。试求当$\angle OAB = 90°$时,滑块 B 的速度及连杆 AB 的角速度。

解: 曲柄 OA 绕 O 轴转动,滑块 B 沿水平方向运动,连杆 AB 作平面运动,因此选 AB 杆为研究对象。由于连杆上点 A 速度已知,所以选点 A 为基点。这样,点 B 的运动,可以视为随基点 A 的平动与绕基点 A 的转动的合成运动。

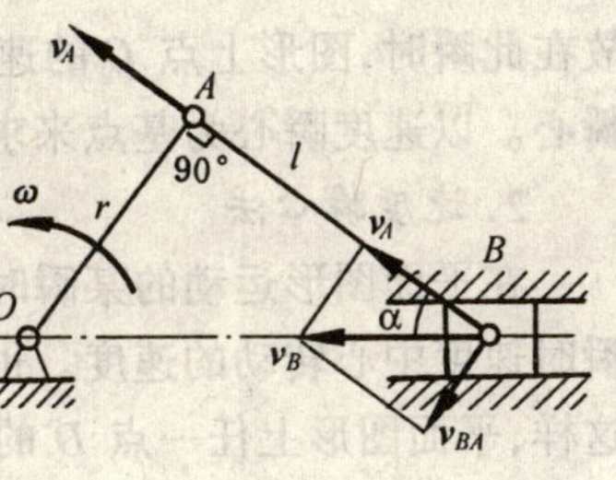

图 7-8

根据速度合成法可得

$$\boldsymbol{v}_B = \boldsymbol{v}_A + \boldsymbol{v}_{BA}$$

$\boldsymbol{v}_A$ 的大小为 $v_A = r\omega = 30 \times 2 = 60$ cm/s,方向垂直 OA。点 B 相对点 A 的转动速度 $\boldsymbol{v}_{BA}$ 垂直 AB,指向和大小未知。点 B 的绝对速度 $\boldsymbol{v}_B$ 沿水平方向。这样,即可作出相应的速度平行四边形,如图 7-8 所示。于是由几何关系得

$$v_B = \frac{v_A}{\cos\alpha} = 60 \times \frac{5}{4} = 75 \text{ cm/s}$$

其方向为水平向左。

$$v_{BA} = v_A \tan\alpha = 60 \times \frac{3}{4} = 45 \text{ cm/s}$$

方向如图 7-8 所示。求出 v_{BA} 以后,就可求出连杆 AB 的角速度为

$$\omega_{BA} = \frac{v_{BA}}{AB} = \frac{45}{40} = 1.13 \text{ rad/s}$$

其转向为顺时针。

应当注意，在速度合成公式中有六个要素，必须知道四个才能求出其余两个。在作速度平行四边形时，绝对速度应为对角线矢量。因已知 $\boldsymbol{v}_A$ 的指向，故作速度平行四边形后，即可确定 $\boldsymbol{v}_B$ 和 $\boldsymbol{v}_{BA}$ 的指向。

三、速度瞬心法

在基点法中，由于基点是任意选择的，于是提出这样一个问题：在每一瞬时，能不能在平面图形上找到一个速度等于零的点？如果能找到这样的点，并以此点为基点，那么，求平面图形上各点的速度就更简便了。

1. 瞬时速度中心

设图 7－9 所示的平面图形 S，在运动的某一瞬时，平面图形的角速度为 ω，若取图形上某一点 A（其速度为 $\boldsymbol{v}_A$）为基点，则图形上各点的速度均应满足式（7－5）。沿速度 $\boldsymbol{v}_A$ 的方向取半直线 AN，将此直线绕点 A 按 ω 的转向转过 90°到 AN' 的位置，在 AN' 上取长度 $AC = v_A/\omega$ 定出一点 C，则点 C 的速度在该瞬时就等于零。因为，若取点 A 为基点，则点 C 的速度为

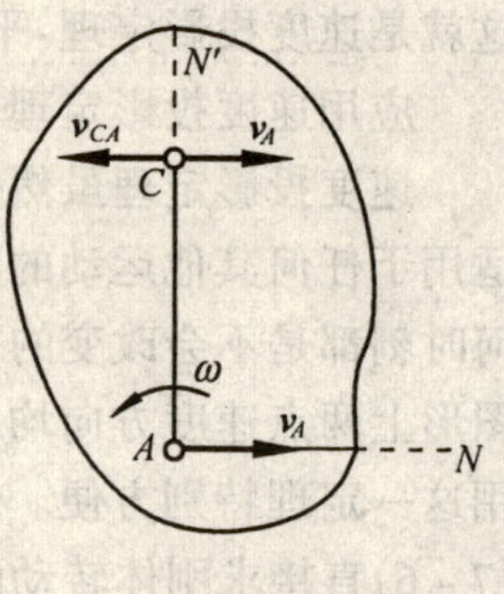

图 7－9

$$\boldsymbol{v}_C = \boldsymbol{v}_A + \boldsymbol{v}_{CA}$$

由于 $\boldsymbol{v}_{CA}$与 AC 垂直，从图 7－9 中可以看出，v_A 和 v_{CA} 在同一直线上而方向相反，故 $\boldsymbol{v}_C$ 的大小为

$$v_C = v_A - v_{CA} = v_A - AC \cdot \omega = v_A - \frac{v_A}{\omega} \cdot \omega = 0$$

故在此瞬时，图形上点 C 的速度为零，这样的点称为平面图形在此瞬时的瞬时速度中心，简称瞬心。以速度瞬心为基点来求图形上各点速度的方法称为速度瞬心法。

2. 速度瞬心法

在平面图形运动的某瞬时，以速度瞬心点 C 为基点，平面图形上各点的速度就等于相对瞬时速度中心转动的速度。也就是说，在此瞬时，平面图形的运动就简化成为绕瞬心的转动。这样，平面图形上任一点 D 的速度的大小与该点至瞬心的距离 CD 成正比，即

$$v_D = CD \cdot \omega$$

$\boldsymbol{v}_D$ 的方向垂直于连线 CD，指向与瞬时角速度 ω 的转向一致，如图 7－10(a)所示。

以上分析表明：刚体作平面运动时，用瞬心法确定平面图形在此瞬时的速度分布图，与刚体绕定轴转动时的情形相同，如图 7－10(b)所示。

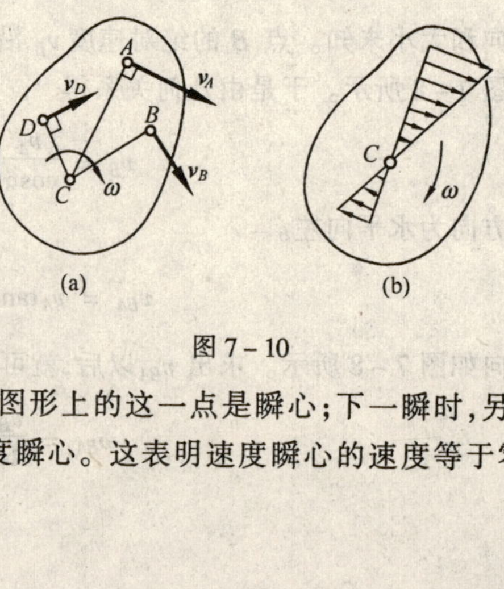

图 7－10

这里有三点需要说明：

(1)每瞬时平面图形上都存在着惟一的速度瞬心。当然，它可能位于平面图形之内，也可能位于图形的延伸部分。

(2)瞬心只是这一瞬时速度为零。此瞬时，平面图形上的这一点是瞬心；下一瞬时，另一点将是瞬心。即在不同的瞬时，图形具有不同的速度瞬心。这表明速度瞬心的速度等于零，

加速度并不等于零。平面图形绕瞬心的转动是瞬时转动。

(3)平面图形在其自身平面内的运动,也可看成是绕一系列的速度瞬心的转动。

3. *确定速度瞬心位置的方法*

应用速度瞬心法的关键是应先正确地确定瞬心的位置。下面介绍几种确定瞬心位置的方法。

(1)已知某瞬时平面图形的角速度 ω 和某点 A 的速度 $\boldsymbol{v}_A$,如图 7-11(a)所示。此时,如果过点 A 沿 $\boldsymbol{v}_A$ 方向作直线,将直线顺图形角速度 ω 的转向转过一直角,然后在半直线上取线段 $AC=\dfrac{v_A}{\omega}$,则点 C 就是瞬心。

(2)已知某瞬时平面图形上两点 A,B 的速度 $\boldsymbol{v}_A,\boldsymbol{v}_B$ 的方向,且 $\boldsymbol{v}_A$ 不平行于 $\boldsymbol{v}_B$,如图 7-11(b)所示。此时,过 A,B 两点分别作 $\boldsymbol{v}_A$ 与 $\boldsymbol{v}_B$ 的垂线,这两条垂直线的交点 C 即为瞬心。

(3) $\boldsymbol{v}_A /\!/ \boldsymbol{v}_B$,且 $AB \perp \boldsymbol{v}_A$,如图 7-11(c)、(d)所示,那么,按比例在图中标出 $\boldsymbol{v}_A,\boldsymbol{v}_B$ 的大小,用直线连接 $\boldsymbol{v}_A,\boldsymbol{v}_B$ 矢量的末端,此直线与 AB 线的交点 C 即为瞬心。当 $\boldsymbol{v}_A,\boldsymbol{v}_B$ 同向时,点 C 外分 AB 线段;$\boldsymbol{v}_A,\boldsymbol{v}_B$ 反向时,点 C 则内分 AB 线段。

(4)某瞬时,如果 $\boldsymbol{v}_A=\boldsymbol{v}_B$,如图 7-11(e)所示;或 $\boldsymbol{v}_A /\!/ \boldsymbol{v}_B$,但 AB 不垂直于 $\boldsymbol{v}_A,\boldsymbol{v}_B$,如图 7-11(f)示。在这两种情况下,瞬心在无穷远处。表明平面图形在此瞬时的角速度等于零。图形上各点的速度相等,这种情况称为瞬时平动。平面图形为瞬时平动时,此瞬时平面图形的角速度等于零,平面图形上各点的速度相等,但加速度并不相等。

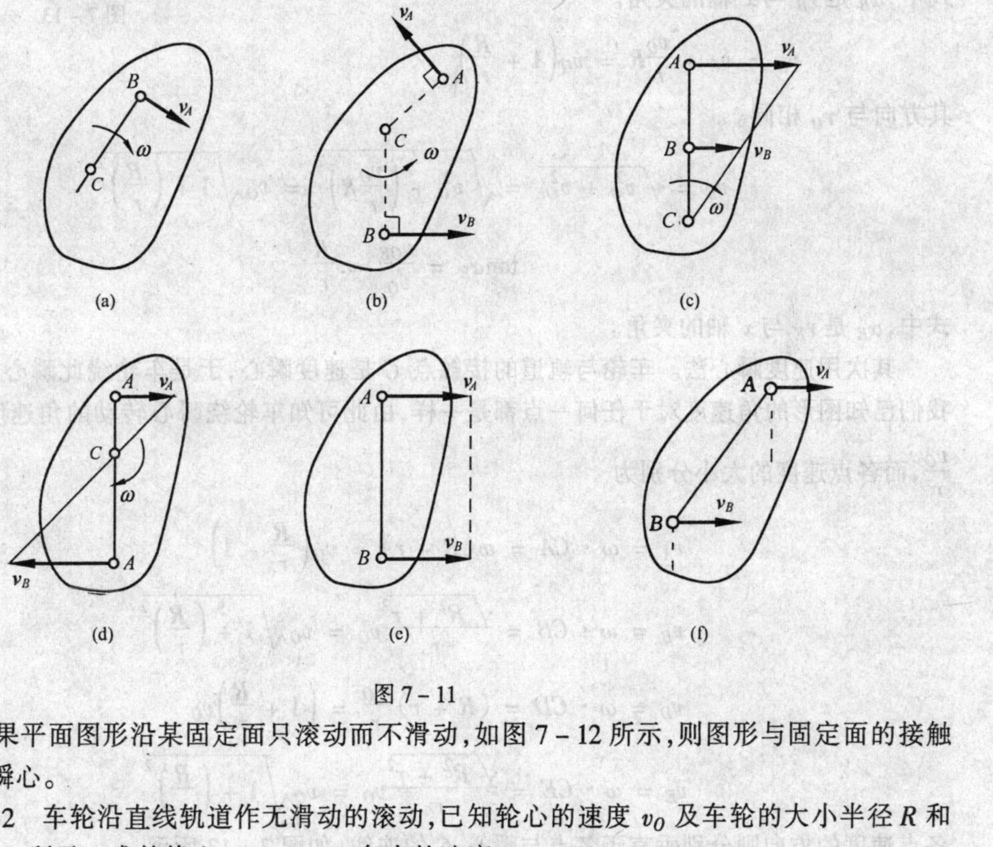

图 7-11

(5)如果平面图形沿某固定面只滚动而不滑动,如图 7-12 所示,则图形与固定面的接触点 C 就是瞬心。

例 7-2 车轮沿直线轨道作无滑动的滚动,已知轮心的速度 v_O 及车轮的大小半径 R 和 r,如图 7-13 所示。求轮缘上 A,B,D,E 各点的速度。

解： 先用速度合成法。因车轮作纯滚动，故知车轮转动的角速度为

$$\omega = \frac{v_O}{r}$$

为了计算方便，我们选取轮心 O 作为基点。已知基点的速度为 v_O 绕基点 O 转动的角速度为 $\omega = \frac{v_O}{r}$，根据速度合成法，可得各点的速度为

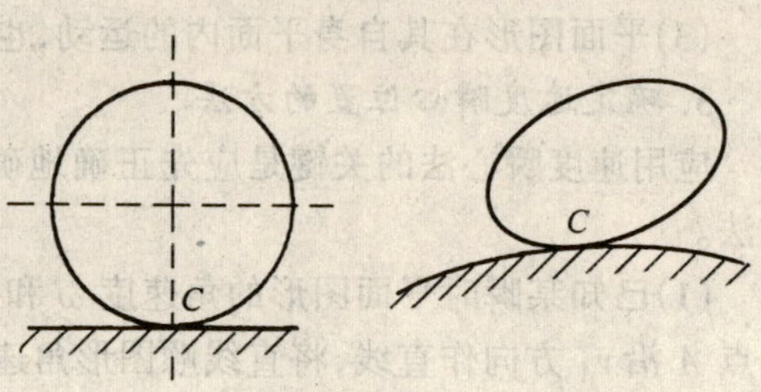

图 7－12

$$v_A = v_O - v_{OA} = v_O - \frac{v_O}{r}R = -v_O\left(\frac{R}{r} - 1\right)$$

其方向与 $\boldsymbol{v}_O$ 相反。

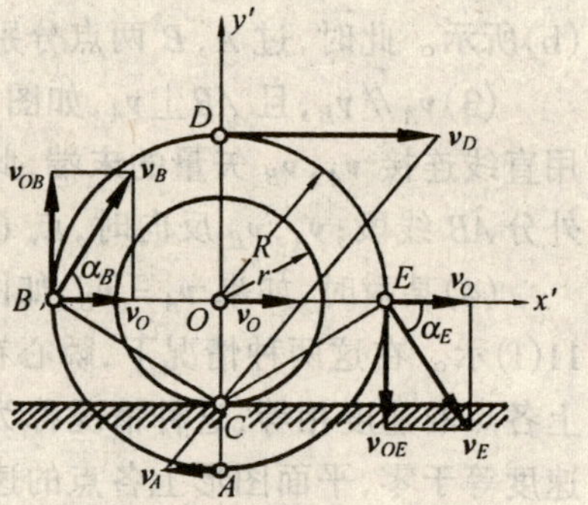

图 7－13

$$v_B = \sqrt{v_O^2 + v_{OB}^2} = \sqrt{v_O^2 + \left(\frac{v_O}{r}R\right)^2} = v_O\sqrt{1 + \left(\frac{R}{r}\right)^2}$$

$$\tan\alpha_B = \frac{v_{OB}}{v_O} = \frac{R}{r}$$

式中，α_B 是 $\boldsymbol{v}_B$ 与 x' 轴的夹角。

$$v_D = v_O + \frac{v_O}{r}R = v_O\left(1 + \frac{R}{r}\right)$$

其方向与 $\boldsymbol{v}_O$ 相同。

$$v_E = \sqrt{v_O^2 + v_{OE}^2} = \sqrt{v_O^2 + \left(\frac{v_O}{r}R\right)^2} = v_O\sqrt{1 + \left(\frac{R}{r}\right)^2}$$

$$\tan\alpha_E = \frac{v_{OE}}{v_O} = \frac{R}{r}$$

式中，α_E 是 $\boldsymbol{v}_E$ 与 x' 轴的夹角。

其次用速度瞬心法。车轮与轨道的接触点 C 是速度瞬心，于是车轮绕此瞬心 C 作转动，我们已知图形的角速度对于任何一点都是一样，由此可知车轮绕瞬心转动的角速度亦为 $\omega = \frac{v_O}{r}$，而各点速度的大小分别为

$$v_A = \omega \cdot CA = \omega(R - r) = v_O\left(\frac{R}{r} - 1\right)$$

$$v_B = \omega \cdot CB = \frac{\sqrt{R^2 + r^2}}{r}v_O = v_O\sqrt{1 + \left(\frac{R}{r}\right)^2}$$

$$v_D = \omega \cdot CD = (R + r)\frac{v_O}{r} = \left(1 + \frac{R}{r}\right)v_O$$

$$v_E = \omega \cdot CE = \frac{\sqrt{R^2 + r^2}}{r}v_O = v_O\sqrt{1 + \left(\frac{R}{r}\right)^2}$$

各点速度的方向则分别垂直于各点与瞬心 C 的连线，如图 7－13 所示。

由此可见，上述两种方法所得到的结果相同，但速度瞬心法比较简单清楚。

例 7-3 图 7-14 所示滚压机构的滚子沿水平面作无滑动的滚动。已知曲柄 OA 长 15 cm，绕 O 轴的转速 $n = 60$ r/min；滚子的半径 $R = 15$ cm。求当曲柄与水平面的夹角为 60°，且曲柄与连杆垂直时，滚子的角速度和滚子前进的速度。

解： 此机构由曲柄连杆和滚子组成。曲柄 OA 作定轴转动，连杆 AB 和滚子均作平面运动。

根据已知条件可求得曲柄与连杆的连接点 A 的速度 $\boldsymbol{v}_A$ 的大小和方向。欲求滚子前进的速度（即滚子与连杆的连接点的速度 $\boldsymbol{v}_B$），可通过分析连杆 AB 的运动来求得。由于 $\boldsymbol{v}_A$ 垂直于曲柄 OA，$\boldsymbol{v}_B$ 沿着水平线 OB，因此过 A，B 两点分别作 $\boldsymbol{v}_A$ 和 $\boldsymbol{v}_B$ 的垂线，此两垂线的交点 C_1 就是连杆 AB 在图示位置时的速度瞬心。由题设知，曲柄的角速度为

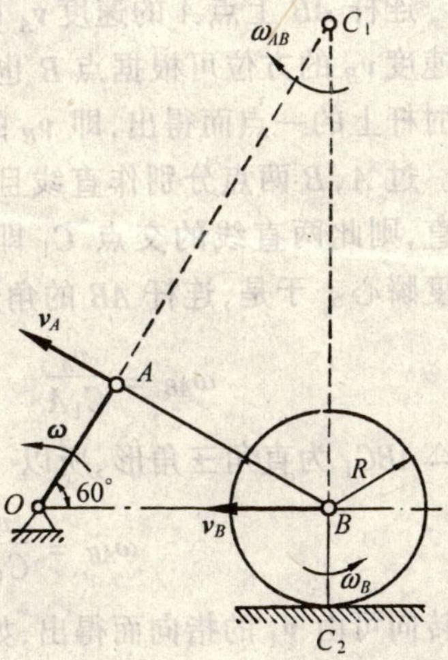

图 7-14

$$\omega = \frac{n\pi}{30} = \frac{60\pi}{30} = 2\pi \quad \text{rad/s}$$

而点 A 的速度

$$v_A = OA \cdot \omega = 15 \times 2\pi = 30\pi \quad \text{cm/s}$$

所以连杆 AB 的角速度 ω_{AB} 可由 $\boldsymbol{v}_A$ 求得，其转向如图 7-14所示，大小为

$$\omega_{AB} = \frac{v_A}{AC_1}$$

因此点 B 的速度

$$v_B = BC_1 \cdot \omega_{AB} = v_A \frac{BC_1}{AC_1} = 30\pi \times \frac{2}{\sqrt{3}} = 108.8 \text{ cm/s}$$

方向如图 7-18 所示。

由于滚子沿水平面作无滑动的滚动，所以滚子与水平面的接触点 C_2 就是滚子的速度瞬心。因此滚子的角速度 ω_B 为

$$\omega_B = \frac{v_B}{R} = \frac{108.8}{15} = 7.25 \text{ rad/s}$$

转向如图 7-18 所示。

例 7-4 图 7-15 所示曲柄肘杆式压床，已知曲柄 OA 的转速 $n = 400$ r/min，$OA = 15$ cm，$AB = 76$ cm，$CB = BD = 53$ cm。当曲柄 OA 与水平线成 30°角时，连杆 AB 处于水平位置；而肘杆 CB 与铅垂线也成 30°角。试求机构在图 7-15 所示位置时连杆 AB，CD 的角速度以及冲头 D 的速度。

解： 曲柄 OA 和肘杆 CB 均作定轴转动，连杆 AB 和 BD 作平面运动。从运动已知的曲柄 OA 开始，依次分析各相邻杆件连接点的运动，并分别找出连杆 AB 和 BD 的速度瞬心，即可求得各连杆的角速度及冲头 D 的速度。

由题意知，曲柄 OA 的角速度为

$$\omega = \frac{n\pi}{30} = \frac{400\pi}{30} = \frac{40\pi}{30} \quad \text{rad/s}$$

点 A 的速度大小为

$$v_A = OA \cdot \omega = 15 \times \frac{40\pi}{3} = 200\pi \quad \text{cm/s}$$

其方向如图 7－15 所示。

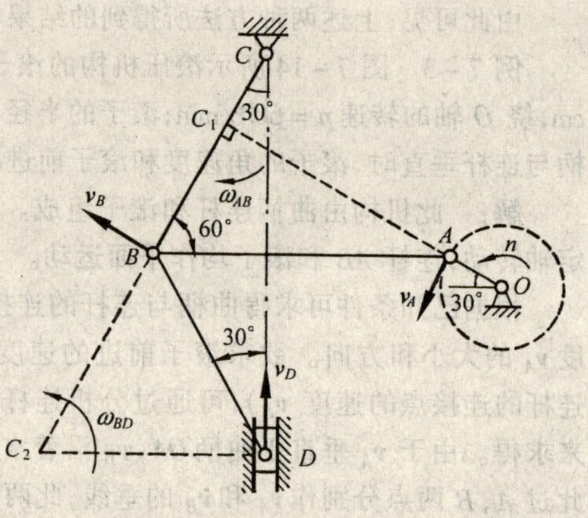

图 7－15

连杆 AB 上点 A 的速度 $\boldsymbol{v}_A$ 已经求得，点 B 的速度 $\boldsymbol{v}_B$ 的方位可根据点 B 也是作定轴转动的肘杆上的一点而得出，即 $\boldsymbol{v}_B$ 的方位与 CB 垂直。过 A，B 两点分别作直线且与该点的速度垂直，则此两直线的交点 C_1 即为连杆 AB 的速度瞬心。于是，连杆 AB 的角速度为

$$\omega_{AB} = \frac{v_A}{C_1A}$$

因△ABC_1 为直角三角形，所以

$$\omega_{AB} = \frac{v_A}{C_1A} = \frac{200\pi}{AB\sin 60^\circ} = \frac{400\pi}{76 \times \sqrt{3}} = 9.55 \text{ rad/s}$$

其转向可由 $\boldsymbol{v}_A$ 的指向而得出，如图 7－15 所示。

由此可得点 B 的速度的大小为

$$v_B = C_1B \cdot \omega_{AB} = AB\cos 60^\circ \times \frac{200\pi}{AB\sin 60^\circ} = \frac{200\pi}{\sqrt{3}} \text{ rad/s}$$

其方向如图 7－15 所示。

再考虑连杆 BD。连杆 BD 上点 B 的速度 v_B 已知，点 D 的速度 v_D 的方向位于滑槽的中心线，同理可找到连杆 BD 在图示位置的速度瞬心 C_2。因而连杆 BD 的角速度为

$$\omega_{BD} = \frac{v_B}{C_2B}$$

其转向为逆时针向。

由此便得点 D（冲头）速度的大小为

$$v_D = C_2D\omega_{BD} = \frac{C_2D}{C_2B}v_B$$

其指向为铅垂向上。

从图 7－15 所示的几何关系，不难看出△BC_2D 为等边三角形，所以 $C_2B = C_2D = BD$。于是可得连杆 BB 的角速度和冲头 D 的速度

$$\omega_{BD} = \frac{v_B}{C_2B} = \frac{v_B}{BD} = \frac{200\pi}{53 \times \sqrt{3}} = 6.84 \text{ rad/s}$$

$$v_D = \frac{C_2D}{C_2B}v_B = v_B\frac{v_B}{BD} = \frac{200\pi}{53 \times \sqrt{3}} = 363 \text{ rad/s}$$

§7－3 平面图形上任一点的加速度

如前所述，平面图形在任一瞬时的运动，可以分解为随任选基点的牵连平动和绕此基点

的相对转动。因此，与用基点法求速度相似，也可以应用加速度合成的方法求平面图形上任一点 M 的加速度。以平面图形上某点 A（其加速度为 $\boldsymbol{a}_A$）为基点，并设此瞬时平面图形的角速度和角加速度分别为 ω 和 α（图 7-16）。由于牵连运动是随基点 A 的平动，故由牵连运动为平动的加速度合成定理，可得

$$\boldsymbol{a}_a = \boldsymbol{a}_e + \boldsymbol{a}_r$$

在平面图形的运动中，$\boldsymbol{a}_a = \boldsymbol{a}_M$，$\boldsymbol{a}_e = \boldsymbol{a}_A$，$\boldsymbol{a}_r = \boldsymbol{a}_{MA}$，故得平面图形上任一点 M 的加速度

$$\boldsymbol{a}_M = \boldsymbol{a}_A + \boldsymbol{a}_{MA}$$

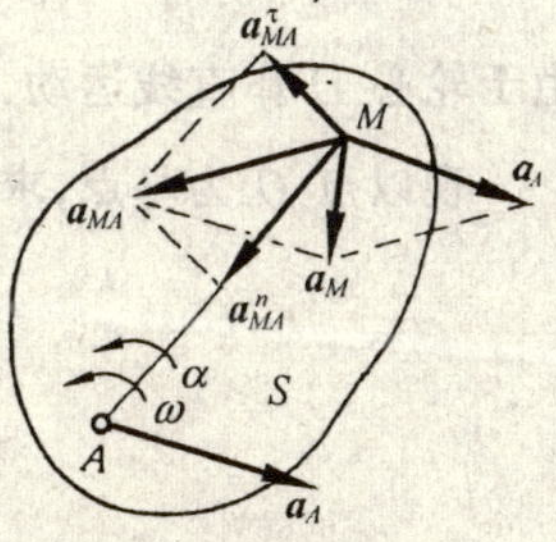

图 7-16

由于平面图形相对于基点的运动，总是绕基点的转动，故点 M 相对于基点的运动轨迹必为一圆弧，因而 $\boldsymbol{a}_{MA}$ 可分解为切向和法向两部分，则上式可写成

$$\boldsymbol{a}_M = \boldsymbol{a}_A + \boldsymbol{a}_{MA}^{\tau} + \boldsymbol{a}_{MA}^{n} \qquad (7-7)$$

上式表明：平面图形内任一点的加速度，等于基点的加速度与该点绕基点转动的切向加速度和法向加速度的矢量和。这就是分析平面图形内任一点加速度的基本方法，称为求平面图形内任一点加速度的基点法。

式(7-7)中，$\boldsymbol{a}_{MA}^{\tau}$ 为点 M 绕基点 A 转动的切向加速度，其大小为

$$a_{MA}^{\tau} = AM \cdot \alpha \qquad (7-8)$$

方位与直线 AM 垂直，指向顺着角加速度 α 转向的一方，$\boldsymbol{a}_{MA}^{n}$ 为点 M 绕基点 A 转动的法向加速度，其大小为

$$a_{MA}^{n} = AM \cdot \omega^2 \qquad (7-9)$$

方位沿着直线 AM，并总是指向基点 A。

例 7-5 半径为 r 的轮子沿直线轨道作无滑动的滚动，如图 7-17(a)所示。已知在某瞬时轮心 O 的速度为 $\boldsymbol{v}_O$，加速度为 $\boldsymbol{a}_O$，试求 A，B，C，D 各点的加速度。

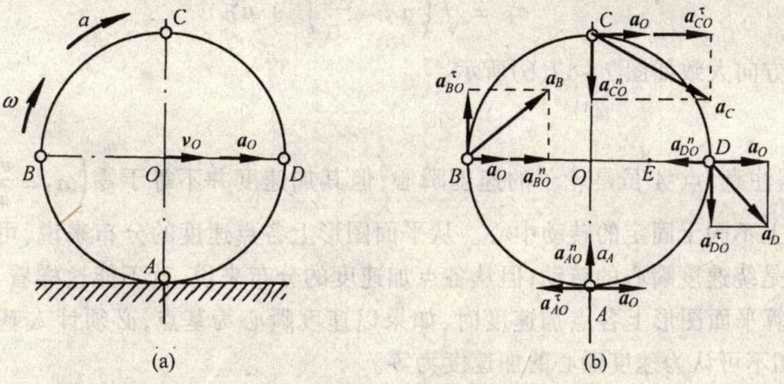

图 7-17

解： 轮子沿轨道作无滑动的滚动，故轮子与轨道的接触点 A 就是速度瞬心。轮子的角速度为

$$\omega = \frac{v_O}{r} \qquad (1)$$

这个关系式在任何瞬时都能成立，因此可以通过对时间求导来求轮子的角加速度

$$\frac{\mathrm{d}\omega}{\mathrm{d}t}=\frac{1}{r}\frac{\mathrm{d}v_O}{\mathrm{d}t}$$

即
$$\alpha=\frac{a_O}{r} \tag{2}$$

由于轮心 O 作直线运动,故有$\frac{\mathrm{d}v_O}{\mathrm{d}t}=a_O$。$\omega$ 和 α 的转向如图 7-17(a)所示。

现以点 O 为基点,求 A,B,C,D 各点的加速度。根据式(7-7),得

$$\left.\begin{aligned} \boldsymbol{a}_A &= \boldsymbol{a}_O+\boldsymbol{a}_{AO}^n+\boldsymbol{a}_{AO}^\tau \\ \boldsymbol{a}_B &= \boldsymbol{a}_O+\boldsymbol{a}_{BO}^n+\boldsymbol{a}_{BO}^\tau \\ \boldsymbol{a}_C &= \boldsymbol{a}_O+\boldsymbol{a}_{CO}^n+\boldsymbol{a}_{CO}^\tau \\ \boldsymbol{a}_D &= \boldsymbol{a}_O+\boldsymbol{a}_{DO}^n+\boldsymbol{a}_{DO}^\tau \end{aligned}\right\} \tag{3}$$

式中,基点的加速度 $\boldsymbol{a}_O$ 是已知的。绕基点转动的切向、法向加速度的大小为

$$\left.\begin{aligned} a_{AO}^\tau &= a_{BO}^\tau = a_{CO}^\tau = a_{DO}^\tau = r\alpha = a_O \\ a_{AO}^n &= a_{BO}^n = a_{CO}^n = a_{DO}^n = r\omega^2 = \frac{v_O^2}{r} \end{aligned}\right\} \tag{4}$$

它们的方向如图 7-17(b)所示。

将式(3)右边各已知分量合成,求得各点的加速度大小为

$$\left.\begin{aligned} a_A &= \frac{v_O^2}{r} \\ a_B &= \sqrt{\left(a_O+\frac{v_O^2}{r}\right)^2+a_O^2} \\ a_C &= \sqrt{(2a_O)^2+\left(\frac{v_O^2}{r}\right)^2} \\ a_B &= \sqrt{\left(a_O-\frac{v_O^2}{r}\right)^2+a_O^2} \end{aligned}\right\} \tag{5}$$

各点加速度方向大致如图 7-17(b)所示。

讨论:

(1)值得注意,点 A 虽是轮子的速度瞬心,但其加速度并不等于零$\left(a_A=\frac{v_O^2}{r}\right)$。这说明速度瞬心本质上不同于固定的转动中心。从平面图形上各点速度的分布来说,可以把图形的平面运动看成是绕速度瞬心的转动;但从各点加速度的分布来说,就不能这样看了。因此,在按式(7-7)计算平面图形上各点加速度时,如果以速度瞬心为基点,必须计入基点(速度瞬心)的加速度,切不可认为速度瞬心的加速度为零。

(2)在圆轮沿某一柱面滚动的这类问题中,轮上各点的运动轨迹都较为复杂(如本例中为不同形式的旋轮线),惟独轮心 O 的轨迹较为简单,它的加速度较易分析,所以在计算加速度时,优先选轮心为基点。

(3)半径 OD 的中点 E 的加速度 $\boldsymbol{a}_E$ 是否由$\overline{AE}\cdot\alpha$(方向垂直于 AE 顺着 α 转向)和$\overline{AE}\cdot\omega^2$(方向由 E 指向 A)这两项组成?为什么?应当如何计算?

例 7-6 如图 7-18 所示,曲柄长 $OA=r=20$ cm,绕 O 轴以等角速度 $\omega_0=10$ rad/s 转动。

曲柄带动连杆，使连杆端点的滑块沿铅垂方向运动。如连杆长 $l = 100$ cm，求当曲柄与连杆相互垂直并与水平线各成 $\alpha = 45°$，$\beta = 45°$时连杆的角速度、角加速度和滑块 B 的加速度。

解： 机构中的曲柄作定轴转动，滑块作直线运动，连杆 AB 作平面运动。故选连杆 AB 为研究对象。

过点 B 作滑道轴线方向的垂直线 BC（$BC \perp \boldsymbol{v}_B$）和 OA 线的延长线（$AC \perp \boldsymbol{v}_A$）相交于点 C，点 C 就是 AB 杆的速度瞬心。曲柄 OA 绕点 O 作定轴转动，所以点 A 的速度为

$$v_A = OA \cdot \omega_0 = 20 \times 10 = 200 \text{ cm/s}$$

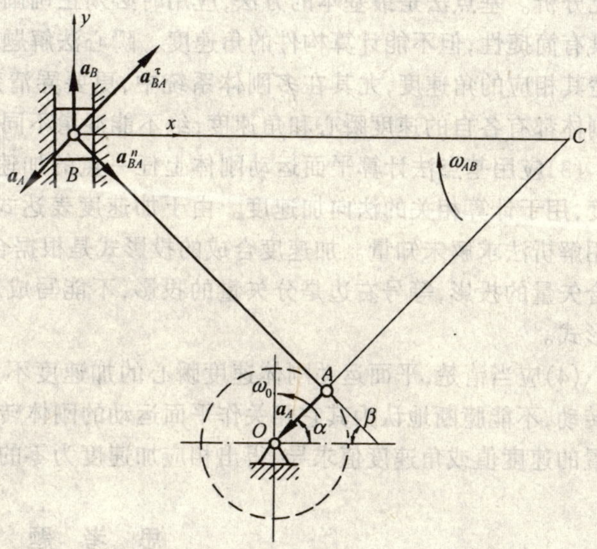

图 7-18

由几何关系可知，$AC = AB = 100$ cm，故 AB 杆的角速度为

$$\omega_{AB} = \frac{v_A}{AC} = \frac{200}{100} = 2 \text{ rad/s}$$

因为求得的 ω_{AB} 值是瞬时值，我们并不知道 ω_{AB} 随时间 t 的变化规律，因此不能由 ω_{AB} 对时间 t 求导数来求连杆的角加速度 α_{AB}。

点 A 的加速度已知，大小为 $a_A = r\omega^2$，方向沿 OA 指向点 O。以点 A 为基点，根据式(7-7)，得点 B 的加速度

$$\boldsymbol{a}_B = \boldsymbol{a}_A + \boldsymbol{a}_{BA}^{n} + \boldsymbol{a}_{BA}^{\tau} \tag{1}$$

如图 7-18 所示。其中 $\boldsymbol{a}_B$ 的大小未知，方向铅直，设其向上；$\boldsymbol{a}_{BA}^{n}$ 的大小为 $a_{BA}^{n} = l\omega_{AB}^2$，方向沿 BA，指向点 A；$\boldsymbol{a}_{BA}^{\tau}$ 的大小未知，可表示为 $a_{BA}^{\tau} = l\alpha_{AB}$，方向垂直于 BA，指向 α_{AB} 转向一致。因此，在式(1)中，只有 $\boldsymbol{a}_B$，$\boldsymbol{a}_{BA}^{\tau}$（或 α_{AB}）的大小两个未知量。

将式(1)向 x 轴投影，得

$$0 = -a_A\cos\theta + a_{BA}^{\tau}\cos\theta + a_{BA}^{n}\sin\theta$$

解得

$$\alpha_{AB} = \frac{r}{l^2}\omega_0^2(l - r) = 16 \text{ rad/s}$$

其为顺时针转向。再将式(1)向 AB 方向投影，得

所以

$$a_B = -\sqrt{2}\,\frac{r^2}{l}\omega^2 = -5.66 \text{ m/s}^2$$

负号说明图中假设方向与实际方向相反。

应用本章方法计算分析平面运动刚体的速度和加速度问题时，需要注意以下几个问题：

(1)所要研究的运动机构往往是由多个运动物体组成的运动系统，所以解题时，应先弄清楚每个物体的运动形式及题设的已知条件，然后按运动传递顺序，由已知运动的构件依次向待求运动的构件进行分析。特别应注意联接点或特殊点（纯滚动轮的速度瞬心、构件的形心）

的运动特征的分析。以便求得所需的未知量。

(2)对作平面运动的刚体进行速度分析时,可采用三种不同的方法,如何选用要根据具体情况分析。基点法是最基本的方法,应用时必须正确画出速度矢量的平行四边形。速度投影法具有简捷性,但不能计算构件的角速度。瞬心法解题时,必须正确指明速度瞬心,并应当弄清楚其相应的角速度,尤其在多刚体系统中,更要弄清楚非平动刚体的角速度。每个平面运动刚体都有各自的速度瞬心和角速度,绝不能混淆不同的构件的速度瞬心和角速度。

(3)应用基点法计算平面运动刚体上任一点的加速度时,往往要分析平面运动刚体的角速度,用于计算相关的法向加速度。由于加速度表达式中矢量的项数一般多于三项,因而多采用解析法求解未知量。加速度合成的投影式是根据合矢量投影定理得到的,它的等号左边是合矢量的投影,等号右边是分矢量的投影,不能写成所有加速度矢量的投影的代数和为零的形式。

(4)应当清楚,平面运动刚体速度瞬心的加速度不为零。若刚体系统中有某一刚体作匀速转动,不能臆断地认为其它相关作平面运动的刚体转动的角速度也为常值。更不能对特定位置的速度值或角速度值求导,得出相应加速度为零的结论。这样常常会得出错误的结果。

思 考 题

7-1 刚体的平面运动与刚体的平动其相似之处是刚体上各点的运动轨迹都在同一平面内,是吗?

7-2 求平面图形内任意点的速度有几种方法?每种方法在什么条件下使用方便?

7-3 用基点法求得的图形角速度与用速度瞬心法求得的图形角速度相同吗?

7-4 求图 7-19 中作平面运动刚体在图示位置时的瞬心位置。

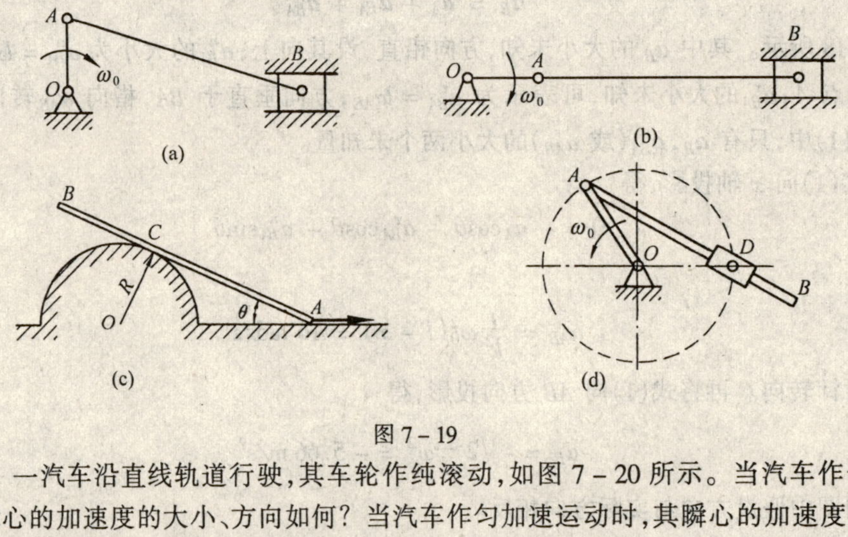

图 7-19

7-5 一汽车沿直线轨道行驶,其车轮作纯滚动,如图 7-20 所示。当汽车作匀速运动时,车轮瞬心的加速度的大小、方向如何?当汽车作匀加速运动时,其瞬心的加速度的大小和方向有无改变?

7-6 判断下列结论是否正确:

(1)运动的刚体内,有一平面始终与某一固定平面平行,则此刚体作平面运动;

(2)刚体作瞬时平动时,其上各点速度相同、加速度也相同;

(3)刚体作瞬时转动时,其瞬心的速度为零,而其加速度不为零;

(4)刚体运动时,其上任意两点的速度在该两点连线上的投影相等,而该两点的加速度在该两点连线上的投影不相等。

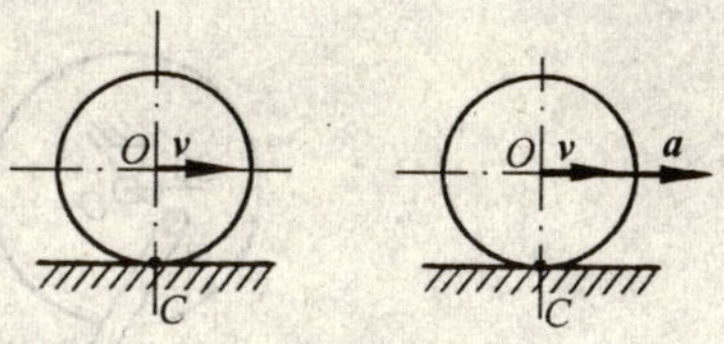

图 7-20

7-7 四连杆机构在图 7-21 所示瞬时,由于杆 O_1A 与 O_2B 平行且相等,连杆 AB 瞬时平动,所以 $\omega_2=\omega_1,\alpha_2=\alpha_1$,对吗?

7-8 四连杆机构在图 7-22 所示瞬时,曲柄 O_1B 绕 O_1 轴转动,因为杆 ABC 的 AB 部分与曲柄 O_1B 在同一直线上,那么,图中杆 ABO_1 上各点的速度分布情况对不对?

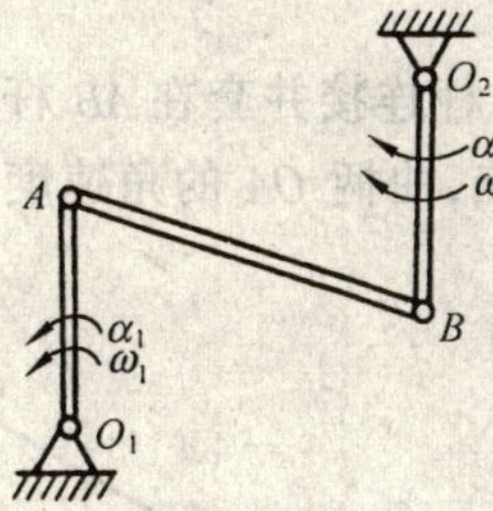

图 7-21

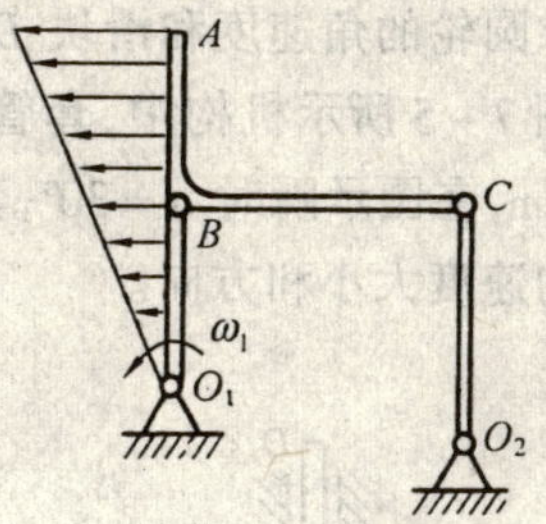

图 7-22

习　　题

7-1 椭圆规尺 AB 由曲柄 OC 带动,曲柄以匀角速度 $\omega=2$ rad/s 绕 O 轴转动,如题图 7-1 所示。已知 $OC=BC=AC=12$ cm;求当 $\varphi=45°$时点 A 与点 B 的速度。

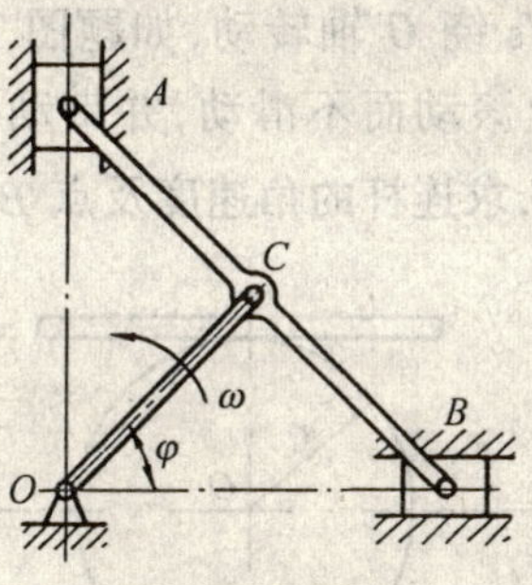

题图 7-1

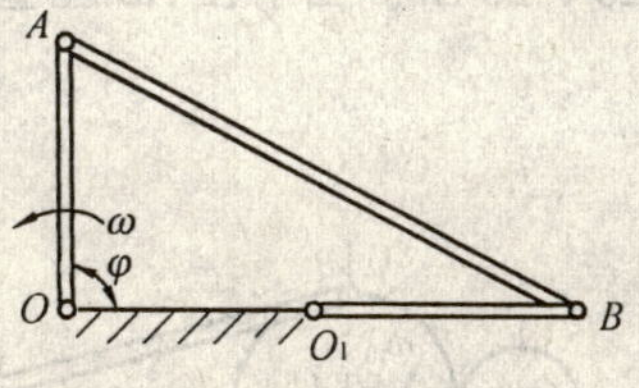

题图 7-2

7-2 题图 7-2 所示四连杆机构中,$OA=O_1B=\dfrac{1}{2}AB$,曲柄以角速度 $\omega=3$ rad/s 绕轴 O 转动。求在图示位置时杆 AB 和杆 O_1B 的角速度。

7-3 题图 7-3 所示一传动机构,当 OA 往复摇摆时可使圆轮绕 O_1 轴转动。设 $OA=15$ cm,$O_1B=10$ cm,在图示位置,$\omega=2$ rad/s,试求圆轮转动的角速度。

7-4 滑块 B,D 分别沿铅直和水平导槽滑动,并借 AB 杆和 AD 杆与圆轮中心点 A 铰接,设圆轮作无滑动的滚动。题图 7-4 所示瞬时滑块 B 速度 $v_B=0.5$ m/s,已知 $AB=0.5$ m,

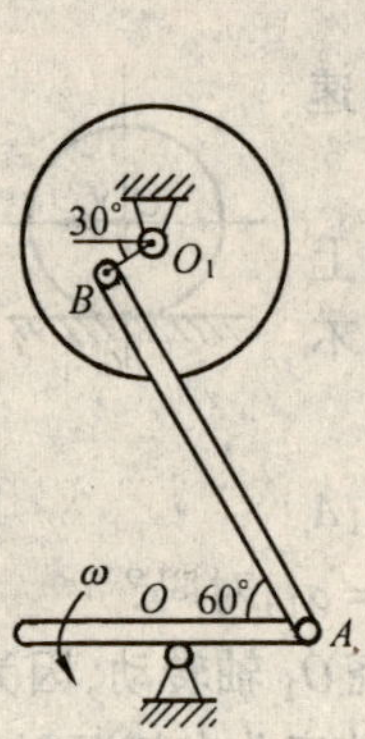

题图 7－3

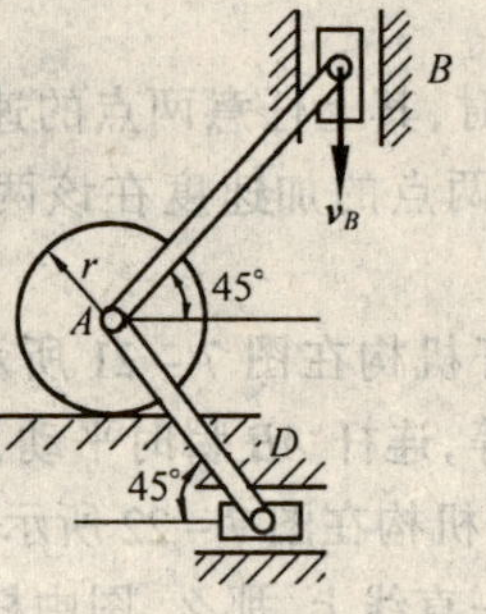

题图 7－4

$r=0.2$ m。试求圆轮的角速度和滑块 D 的速度。

7－5　题图 7－5 所示机构中，套管的铰链 C 和 CD 杆连接并套在 AB 杆上。已知 $OA=20$ cm，$AB=40$ cm，在图示瞬时 $\alpha=30°$，套管在 AB 的中点，曲柄 OA 的角速度 $\omega=4$ rad/s。求此瞬时 CD 杆的速度大小和方向。

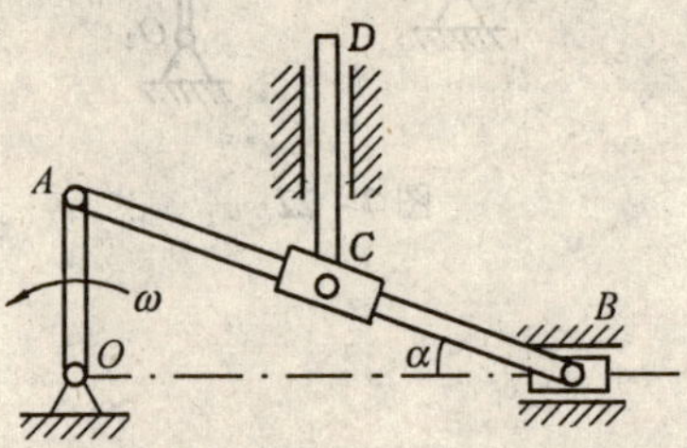

题图 7－5

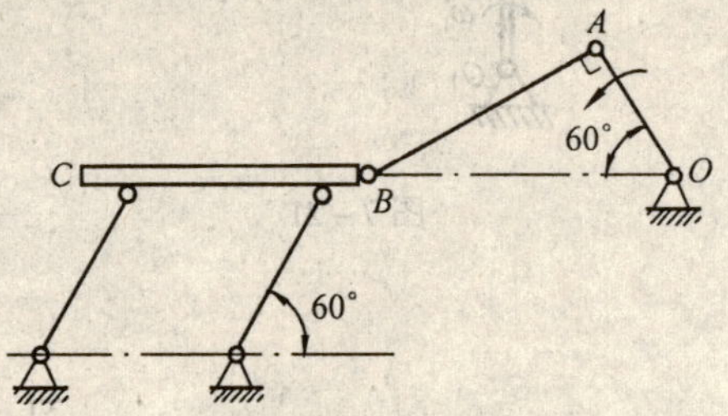

题图 7－6

7－6　振动筛的曲柄 $OA=30$ cm，转速 $n=40$ r/min，求题图 7－6 所示位置时（C,B,O 位于同一水平线上），筛子 BC 的速度。

7－7　曲柄 $OA=30$ cm，以角速度 $\omega_0=0.5$ rad/s 绕 O 轴转动，如题图 7－7 所示。半径 $R_2=20$ cm 的齿轮在半径 $R_1=10$ cm 的固定齿轮上滚动而不滑动，并带动与其连接的连杆 BC，$BC=20\sqrt{26}$ cm。当半径 AB 垂直于曲柄 OA 时，求连杆的角速度及点 B 与点 C 的速度。

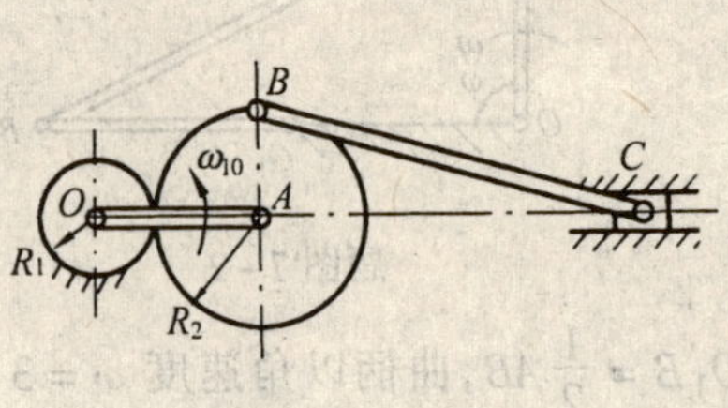

题图 7－7

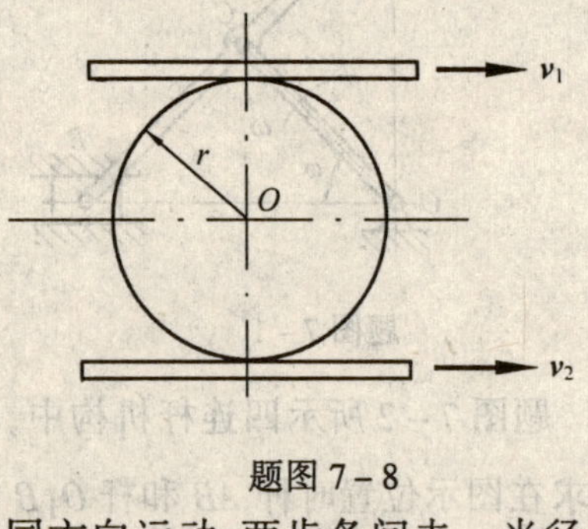

题图 7－8

7－8　两齿条分别以不相等的速度 v_1 和 v_2 作同方向运动，两齿条间夹一半径为 r 的齿轮，如题图 7－8 所示。求轮心 O 的速度。

7－9　题图 7－9 所示偏置曲柄连杆机构，曲柄以匀角速度 $\omega=1.5$ rad/s 绕 O 轴转动，如 $OA=40$ cm，$AB=200$ cm，$OC=20$ cm。求当曲柄在两水平和铅直位置时滑块 B 的速度。

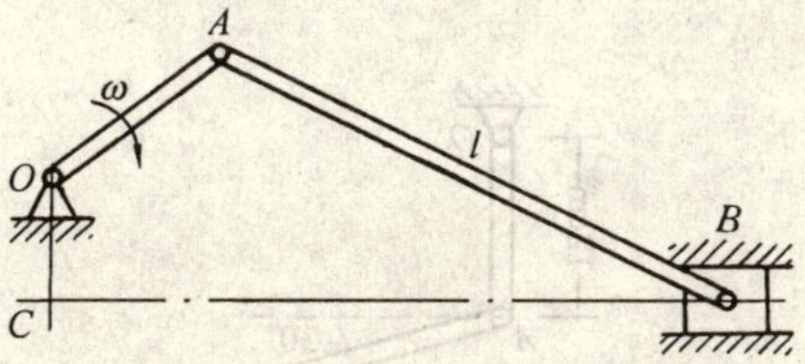

题图 7-9

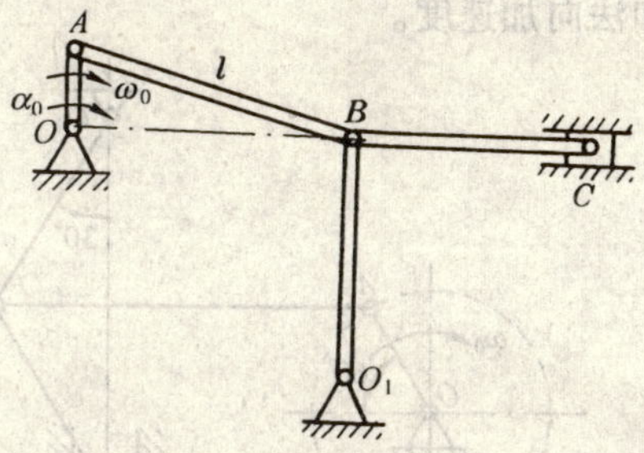

题图 7-10

7-10　求在如题图 7-10 所示的机构中，当曲柄 OA 与 O_1B 为铅垂时，点 B 与点 C 的速度与加速度。已知曲柄 OA 以等角加速度 $\alpha_0 = 5\ \text{rad/s}^2$ 转动，并在此瞬时其角速度为 $\omega_0 = 10\ \text{rad/s}$，$OA = r = 20\ \text{cm}$，$O_1B = 100\ \text{cm}$，$AB = l = 120\ \text{cm}$，$BC = 100\ \text{cm}$。

7-11　AB 杆的 A 端以匀速 $v_A = 10\ \text{m/s}$ 向左滑动，B 端铰接于轮缘，轮只滚不滑，如题图 7-11 所示。求 $\theta = 0°, 90°$ 时，圆轮的角速度及轮心的速度（图中 $R = 1\ \text{m}$，$AB = 4\ \text{m}$）。

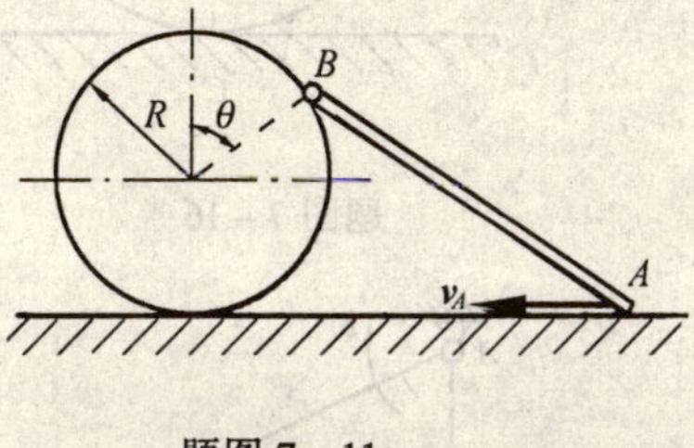

题图 7-11

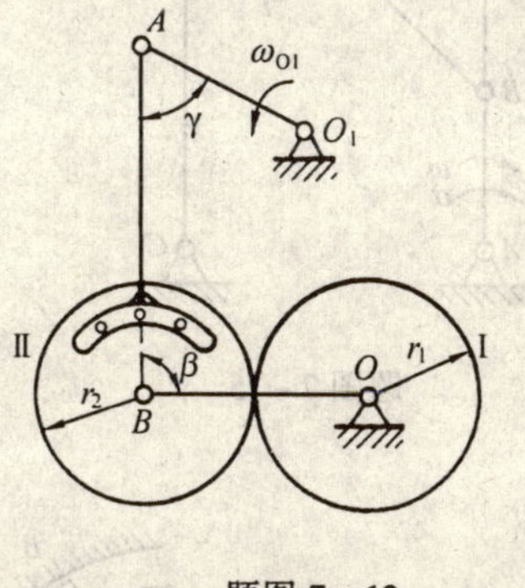

题图 7-12

7-12　在瓦特行星传动机构中，平衡杆 O_1A 绕 O_1 轴转动，并借连杆 AB 带动曲柄 OB；而曲柄 OB 活动地装置在 O 轴上，如题图 7-12 所示。在 O 轴上装有齿轮Ⅰ，齿轮Ⅱ与连杆 AB 固连于一体。已知：$r_1 = r_2 = 0.3\sqrt{3}\ \text{m}$，$O_1A = 0.75\ \text{m}$，$AB = 1.5\ \text{m}$；又平衡杆的角速度 $\omega_{O1} = 6\ \text{rad/s}$。求当 $\gamma = 60°$ 且 $\beta = 90°$ 时，曲柄 OB 和齿轮Ⅰ的角速度。

7-13　冲床的曲柄四连杆机构如题图 7-13 所示，当曲柄 OA 以等角速度 ω_0 绕 O 轴转动时，连杆 AB 使杆 BO_1 绕 O_1 轴摆动，又通过连杆 BC 带动滑块 C 上下运动。已知 $OA = r$，$AB = L$，$BO_1 = BC = l$，试求图示位置时滑块 C 的速度。

7-14　题图 7-14 所示机构中，$OA = 12\ \text{cm}$，$AB = 30\ \text{cm}$，AB 杆的 B 端以 $v_B = 2\ \text{m/s}$，$a_B = 1\ \text{m/s}^2$ 向左沿固定平面运动。求图示瞬时，AB 杆的角速度和角加速度。

7-15　题图 7-15 所示机构中，$AB = 20\ \text{cm}$，$CD = 60\ \text{cm}$，$AC = 40\ \text{cm}$，当 $AB /\!/ CD$ 时，AB 杆的角速度 $\omega = 6\ \text{rad/s}$，角加速度 $\alpha = 4\ \text{rad/s}^2$。求此瞬时点 E 的加速度。

7-16　液压机构的滚子沿水平面滚动而不滑动。已知曲柄 OA 长 $r = 10\ \text{cm}$，以匀转速 $n = 30\ \text{r/min}$ 转动。连杆 AB 长 $l = 17.3\ \text{cm}$，滚子半径 $R = 10\ \text{cm}$，求在题图 7-16 所示位置时滚子的角速度及角加速度。

7-17　曲柄连杆机构在题图 7-17 所示瞬时，曲柄 OA 的角速度和角加速度分别是 ω_0 和 α_0，$OA \perp AB$。圆弧形滑道的中心在 O_1。若 $OA = R$，$AB = 2\sqrt{3}R$，$O_1B = 2R$，求此时滑块的

切向和法向加速度。

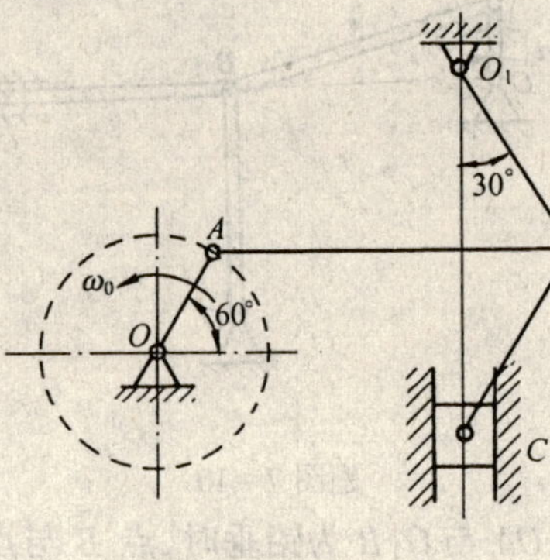

题图 7－13

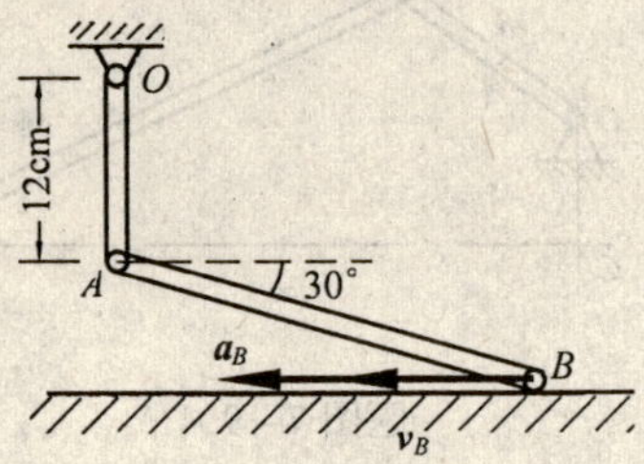

题图 7－14

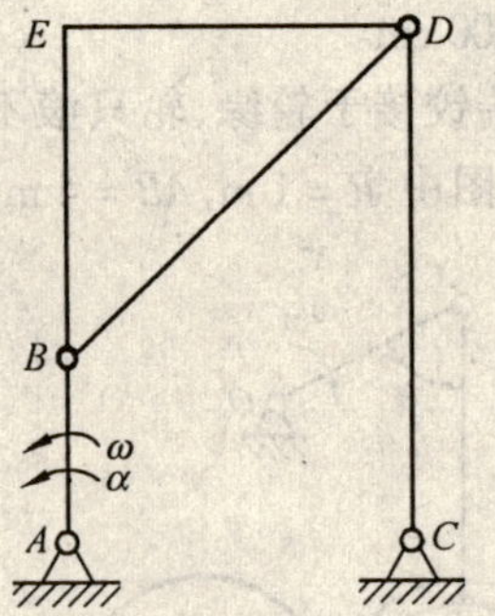

题图 7－15

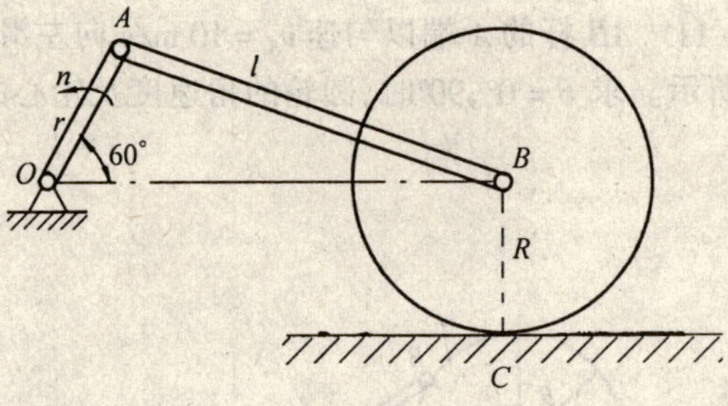

题图 7－16

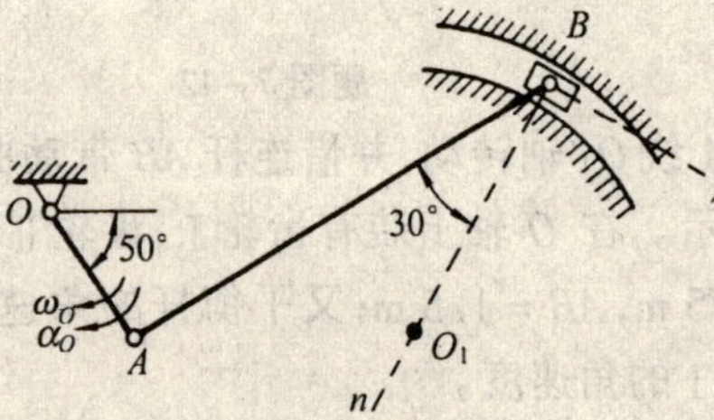

题图 7－17

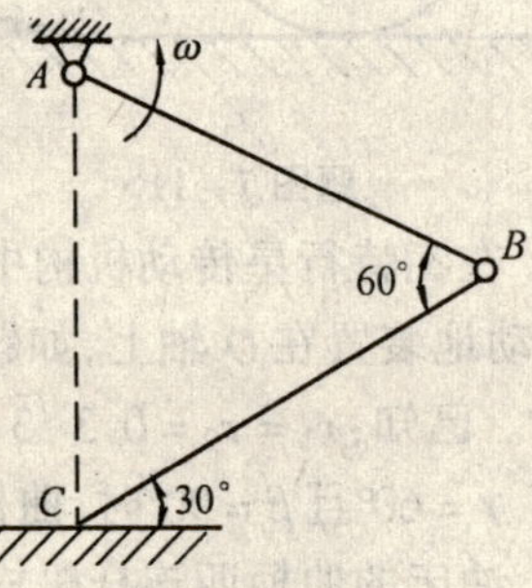

题图 7－18

7－18　AB 杆以匀角速度 $\omega = 3$ rad/s 绕水平轴 A 转动，从而带动 BC 杆的 C 端沿水平固定面滑动，如题图 7－18 所示。当 CA 正好处于铅垂位置时，求此时点 C 的加速度和 BC 杆的角加速度。设 AB 和 BC 的长度均为 1 m。

7－19　已知 AB 杆长 4 m，B 端沿水平面匀速向左运动，$v_B = 5$ m/s，A 端沿斜面运动。求题图 7－19 所示位置时 A 端的速度和加速度。

7－20　长为 0.2m 的曲柄 OA 以匀角速度 $\omega_0 = 2$ rad/s 转动，连杆 AB 长 $l = 0.4$ m，半径 $r = 0.1$ m 的圆盘绕轴 O_1 转动，在题图 7－20 所示位置时，求点 B 的速度和加速度。

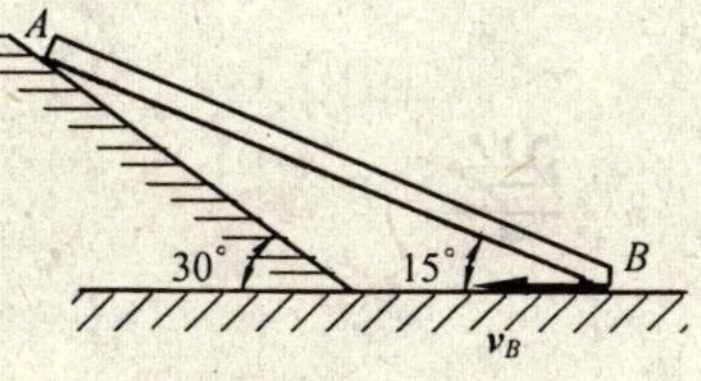

题图 7 - 19

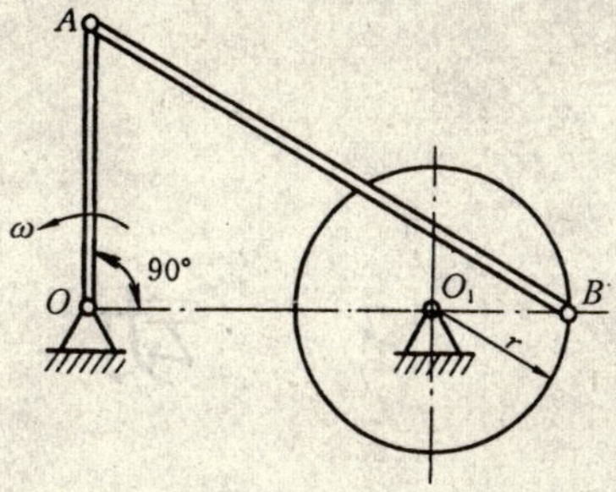

题图 7 - 20

动　力　学

导　　论

在静力学中,仅研究了作用于物体上的力系的简化与合成及平衡问题,没有涉及物体在非平衡力系作用下的运动变化。在运动学中,只研究了物体运动的几何性质,而没有涉及物体本身的质量和作用于物体上的力。动力学则对物体的机械运动进行全面的分析,研究物体运动与所受力之间的关系。与静力学和运动学相比,动力学研究的是机械运动更一般的规律。

动力学研究的力学模型是质点和质点系。质点是具有一定质量而大小和形状可以忽略不计的物体。当物体大小和形状对所研究的问题影响很小时,即可将物体抽象为质点。例如,研究地球绕太阳运行的轨道时,尽管地球直径很大,但其对研究轨迹问题没有多大影响,所以可以将地球视为一个具有很大质量的点。刚体平动时,因刚体内各点的运动情况完全相同,也可以不考虑这个刚体的形状和大小,将其抽象为一个质点研究。质点系是有限个或无限个有联系的质点的集合系统。质点系的含义十分广泛,它不仅包括刚体,也包括变形的固体和流体,可以是单个物体,也可以是多个物体的组合系统。刚体可以看成是各质点间距离保持不变的质点系,亦称不变的质点系。

工程实践中,存在着大量的动力学问题。特别是随着现代化工业和科学技术的迅速发展,对动力学提出了更加广泛而深入的课题。例如,高速转动机械的动力分析、高层结构和桥梁结构的风载与地震响应分析、火箭的发射与运行的控制、车辆运动的稳定性计算以及机器人的动态特性研究等,都需要应用动力学理论。

动力学是以牛顿定律为基础的,所以也称古典力学。科学技术的进一步发展表明,只有当研究宏观物体的运动而且它的速度远小于光速(3×10^5 km/s)时,古典力学才是适用的。若物体运动的速度接近光速,或者研究的是微观粒子的运动,古典力学就不适用了,而是其它力学所研究的问题。在工程实际问题,我们所遇到的机械运动一般都是宏观物体的运动,而且物体的运动速度远小于光速。应用古典力学能足够精确地描述物体运动的规律,因此,古典力学无论是在一般技术还是在新技术领域中,都占有很重要的地位。

第八章　质点运动微分方程

牛顿关于运动的三定律是动力学的基础。本章根据牛顿三定律导出质点动力学的基本方程，并介绍动力学的两类问题及其解法。

§8-1　动力学基本定律

牛顿关于运动的三定律，是牛顿在伽利略等人研究成果的基础上，根据大量的天文观察资料和实验结果总结而得出来的，也称为动力学的基本定律。

第一定律（惯性定律）

质点如不受力作用，则将保持其原来静止的或匀速直线运动的状态。

此定律指出：质点有保持其静止或匀速直线运动状态的属性，这种属性称为惯性；如果要改变物体原来的运动状态，必须有力的作用。即，力是改变物体运动状态的原因。

在生产和生活中，我们经常遇到物体惯性的表现。比如，汽车突然开动时，车中站着的人并不立即随车运动，暂时还要保持原来的静止状态，于是就有向后倾倒的趋势；当车突然刹车时，人也并不立即随车停止，暂时保持原来的运动状态，于是就有向前倾倒的趋势。

第二定律（力与加速度之间的关系的定律）

质点受力作用将产生加速度，其方向与力的方向相同，大小与力的大小成正比，与质点的质量成反比。即

$$m\boldsymbol{a} = \boldsymbol{F} \tag{8-1}$$

式中，$\boldsymbol{F}$ 表示作用在质点上所有力的合力，m 表示质点的质量，$\boldsymbol{a}$ 表示质点的加速度。它建立了力、加速度和质量三者之间的关系，是动力分析计算的依据。

由式(8-1)知，当力不变时，质量 m 越大，质点的加速度越小，质点的运动越不容易被改变。因此质量是物体惯性的度量。

在地球表面，任何物体都受到重力作用。在重力 $\boldsymbol{P}$ 作用下得到的加速度称为重力加速度，用 $\boldsymbol{g}$ 表示，其方向向下与重力的方向相同，由式(8-1)得

$$\boldsymbol{P} = m\boldsymbol{g} \quad 或 \quad m = \frac{P}{g} \tag{8-2}$$

按国际计量委员会规定的标准，重力加速度 g 的大小为 9.806 65 m/s^2，一般取 9.8 m/s^2。实际上不同地区，g 的数值是有微小差别的。

在国际单位制中，质量、长度和时间是基本单位，分别是千克(kg)、米(m)和秒(s)；力是导出单位，其为 $kg·m/s^2$，称为牛[顿](N)。质量为 1 kg 的质点，获得 1 m/s^2 的加速度时，作用于该质点的力为 1 N。其关系为

$$1\ \mathrm{N} = 1\ \mathrm{kg} \cdot 1\ \mathrm{m/s^2} = 1\ \mathrm{kg} \cdot \mathrm{m/s^2}$$

第三定律(作用与反作用定律)

两个物体之间的作用力与反作用力,总是大小相等、方向相反,并沿同一作用线分别作用在两个物体上。

第三定律在静力学中曾经作为公理提出来,它不仅适用于平衡的物体,而且也适用于任何运动的物体。它对研究质点系动力学问题具有重要意义。

必须指出,动力学基本定律并不是对任何参考系都能适用,它所适用的参考系称为惯性参考系。按照牛顿的论述,基本定律是相对于一个“绝对静止”的参考系而言的。绝对静止的物体在宇宙太空中是根本不存在的,因而,我们所选的参考系只能在一定的范围内近似地看成静止的。在一般工程问题中,把与地球固连的参考系、或相对于地球作匀速直线运动的参考系,作为惯性参考系已足够精确。

§8-2 质点的运动微分方程

设质点 M 的质量为 m,它受到 n 个力 $\boldsymbol{F}_1, \boldsymbol{F}_2, \cdots\cdots, \boldsymbol{F}_n$ 作用,其合力 $\boldsymbol{F} = \sum \boldsymbol{F}_i$,如图 8-1 所示。由式(8-1)得

$$m\boldsymbol{a} = \boldsymbol{F} = \sum \boldsymbol{F}_i$$

或

$$m\frac{\mathrm{d}^2\boldsymbol{r}}{\mathrm{d}t^2} = \sum \boldsymbol{F}_i \tag{8-3}$$

这就是矢量形式的质点运动微分方程。

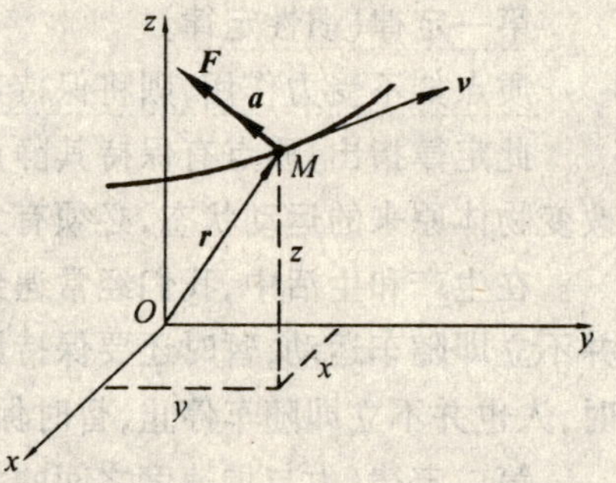

图 8-1

将式(8-3)投影到直角坐标系的各轴上,则得直角坐标形式的质点运动微分方程

$$m\frac{\mathrm{d}^2 x}{\mathrm{d}t^2} = \sum X_i, m\frac{\mathrm{d}^2 y}{\mathrm{d}t^2} = \sum Y_i, m\frac{\mathrm{d}^2 z}{\mathrm{d}t^2} = \sum Z_i \tag{8-4}$$

当已知质点的运动轨迹时,可用弧坐标法将式(8-3)在自然轴系上投影,则得自然坐标形式的质点运动微分方程

$$m\frac{\mathrm{d}v}{\mathrm{d}t} = \sum F_{\tau i}, \quad m\frac{v^2}{\rho} = \sum F_{ni}, \quad 0 = \sum F_{bi} \tag{8-5}$$

应用质点运动微分方程,可以求解质点动力学两类基本问题:

(1)已知质点的运动,求作用力,这类问题称为质点动力学第一类问题;

(2)已知作用力,求解质点的运动,这类问题称为质点动力学第二类问题。此外,也还有一些问题,既要求质点的运动,又要求某些未知力,这类问题称为综合性问题。

各类问题的解题步骤一般为:①选定研究对象。②取该研究对象在运动过程中的某一任意位置进行受力分析,并作出相应的受力图。③若属于第一类问题,应通过运动分析得出质点的加速度,按式(8-4)或(8-5)写出适当的运动微分方程并求解;倘若是第二类问题,则可根据受力图直接建立适当的运动微分方程,并由运动的初始条件(即初位置和初速度),通过对微分方程进行积分而求得其运动。对于综合性问题,也可由受力图直接建立所需的方程,求其运动和未知力。

例 8-1 曲柄连杆机构如图 8-2 所示，曲柄 OA 以匀角速度 ω 绕轴 O 转动，滑块沿轴 x 线作往复直线运动，r 和 l 分别为曲柄 OA 和连杆 AB 的长度，当 $\lambda = r/l$ 比较小时，以 O 为坐标原点，滑块 B 的运动方程可近似写为

$$x = l\left(1 - \frac{\lambda^2}{4}\right) + r\left(\cos\omega t + \frac{\lambda}{4}\cos 2\omega t\right)$$

如滑块的质量为 m，忽略摩擦及连杆 AB 的质量，试求当 $\varphi = \omega t = 0$ 和 $\frac{\pi}{2}$ 时，连杆 AB 所受的力。

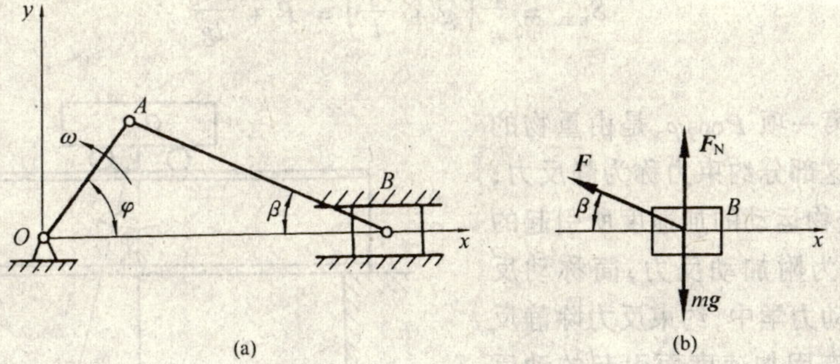

图 8-2

解： 取滑块为研究对象，其作平动，可视为质点。作用于滑块上的力有连杆(二力杆)的拉力 $\boldsymbol{F}$、滑块重力 $m\boldsymbol{g}$ 和滑道反力 $\boldsymbol{F}_N$，如图 8-2(b)所示。

由题设的运动方程，得

$$a_x = \frac{d^2x}{dt^2} = -r\omega^2(\cos\omega t + \lambda\cos 2\omega t) \tag{1}$$

根据质点运动微分方程，可得

$$ma_x = -F\cos\beta \tag{2}$$

当 $\omega t = 0$ 时，$a_x = -r\omega^2(1+\lambda)$，且 $\beta = 0$，所以得

$$F = mr\omega^2(1+\lambda)$$

此时，AB 杆受拉力。

当 $\omega t = \frac{\pi}{2}$ 时，$a_x = r\omega^2\lambda$，而 $\cos\beta = \sqrt{l^2 - r^2}/l$，则得

$$mr\omega^2\lambda = -F\sqrt{l^2 - r^2}/l$$

即

$$F = -mr^2\omega^2/\sqrt{l^2 - r^2}$$

式中，负号说明 AB 杆作用于滑块的力 $\boldsymbol{F}$ 与图 8-2(b)中所示的方向相反，此时，AB 杆受压力。由以上分析可知，本题是属于第一类基本问题。

例 8-2 如图 8-3 所示，桥式起重机，其上小车吊一重物，重量为 P，沿横梁向右作匀速运动(主桥不动)，速度为 v_0。由于突然急刹车，重物因惯性绕悬挂点 O 向前摆动。设绳长为 l，试求钢绳的最大拉力。

解： 以重物为研究对象，作用于其上的力有重力 $\boldsymbol{P}$ 和钢绳拉力 $\boldsymbol{S}$。

突然刹车瞬时，小车不动，但重物由于惯性，将绕点 O 向右摆动，即重物在以 O 为圆心、以 l 为半径的一段圆弧上运动。

由于运动轨迹已知，应用式(8-5)，得法线方向的投影方程

$$\frac{P}{g}\frac{v^2}{l}=S-P\cos\varphi \tag{1}$$

所以

$$S=\frac{P}{g}\left(g\cos\varphi+\frac{v^2}{l}\right)=P\cos\varphi+\frac{Pv^2}{lg} \tag{2}$$

刹车后，随着摆角 φ 的增大，重物的速度逐渐变小。因此，由上式知，$\varphi=0$ 时，即刚开始刹车的瞬时，钢丝绳的拉力最大。这时重物的速度为 v_0，故钢丝绳的最大拉力为

$$S_{\max}=\frac{P}{g}\left(g+\frac{v_0^2}{l}\right)=P+\frac{Pv_0^2}{lg} \tag{3}$$

讨论：

式(2)中第一项 $P\cos\varphi$，是由重物的重力所引起，这部分约束力称为静反力；第二顶是由重物运动的加速度所引起的约束反力，称为附加动反力，简称动反力。因而，在动力学中，约束反力除静反力外，往往还有因加速度而引起的动反力部分，这是动力学中的约束反力的显著特点。刹车前，小车作匀速平动。重物处于平衡状态。故 $S=P$。若取 $P=10$ kN，$v_0=5$ m/s，$l=5$ m，则由式(3)得

$$S_{\max}=P+\frac{Pv_0^2}{lg}=10+\frac{10\times5^2}{5\times9.8}=15.1\ \text{kN}。$$

这时钢丝绳中最大拉力是静载时拉力的1.51倍。因此，为了避免刹车时钢丝绳受的拉力过大，一般在操作规程中都规定吊车行走速度不能太大；此外，在不影响吊装工作安全的条件下，钢丝绳应尽量长一些，以减少动反力。

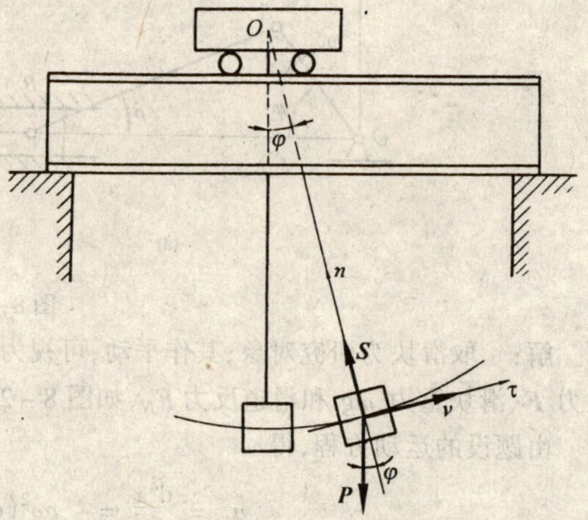

图 8-3

例 8-3　提升机的速度图如图 8-4(a)所示，提升机共重 P；求在 t_1，t_2 和 t_3 三段时间内悬挂提升机的钢丝绳的拉力 $\boldsymbol{T}$。

解： 将提升机视为质点，选坐标轴，考虑任意瞬时作用于其上的力有重力 $\boldsymbol{P}$ 和绳的拉力 $\boldsymbol{T}$，如图 8-4(b)所示。列出运动微分方程

$$\frac{P}{g}a_x=T-P$$

得

$$T=P\left(1+\frac{a_x}{g}\right)$$

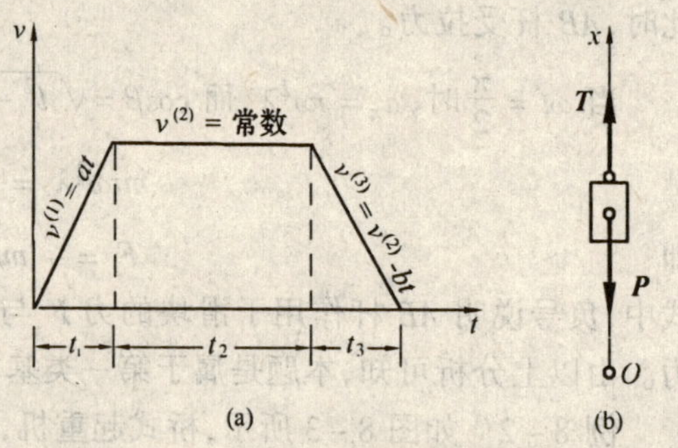

图 8-4

提升机的加速度可由速度图分段求出：

第一阶段　$v^{(1)}=at$，则加速度

$$a_x^{(1)}=\frac{\mathrm{d}v^{(1)}}{\mathrm{d}t}=a$$

由此求出

$$T^{(1)} = P(1 + \frac{a}{g})$$

第二阶段　$v^{(2)}$ = 常数，则 $a_x^{(2)} = 0$，因此

$$T^{(2)} = P$$

第三阶段　$v^{(3)} = v^{(2)} - bt$，则 $a_x^{(3)} = -b$，因此

$$T^{(3)} = P(1 - \frac{b}{g})$$

可见在一般情况下，钢丝绳拉力由两部分组成，一部分是提升机总重引起的静拉力，另一部分是由于加速度而引起的附加动拉力。系数$\left(1+\frac{a}{g}\right)$称为动荷系数，以 K_d 表示，即

$$K_d = 1 + \frac{a}{g}$$

它表示物体加速度运动时动拉力与静拉力之比值。如果加速度越大，则动荷系数及动拉力也就越大，设计和使用提升机时应考虑动荷影响。

例 8-4　一质点（如飞船等）以初速度 v_0 从地球表面上沿铅垂方向抛出，求质点在地球引力作用下的运动速度。不计空气阻力。

解：　取质点 M 为研究对象，它受地球引力 $\boldsymbol{F}$ 的作用（不计空气阻力）。根据万有引力定律，得

$$F = f\frac{mM_O}{x^2}$$

式中，m 为质点的质量，M_O 为地球的质量，x 为质点到地心的距离，f 为万有引力常数。本例中力是位置的函数。

质点沿铅垂方向运动。选地球中心 O 为坐标原点，坐标轴 x 铅垂向上（图 8-5）。应用质点运动微分方程，得

$$m\frac{d^2x}{dt^2} = -F = -\frac{mM_O}{x^2}f \qquad (1)$$

当质点位于地面时，地球引力的大小等于质点的重力，即 $x = R$ 时，$F = mg$。故有

$$mg = f\frac{mM_O}{R^2}$$

即

$$f = \frac{R^2g}{M_O}$$

代入式(1)，并整理得

$$\frac{d^2x}{dt^2} = -\frac{gR^2}{x^2} \qquad (2)$$

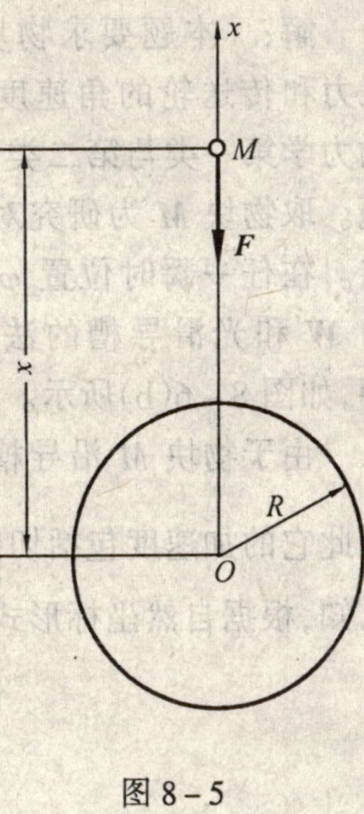

图 8-5

现将$\frac{d^2x}{dt^2}$作以下的变换

$$\frac{d^2x}{dt^2} = \frac{dv}{dt} = \frac{dv}{dx}\frac{dx}{dt} = v\frac{dv}{dx}$$

代入式(2)，得

$$v\mathrm{d}v = -\frac{gR^2}{x^2}\mathrm{d}x \tag{3}$$

两边积分(初始条件为 $t=0, x=R, v=v_0$)

$$\int_{v_0}^{v} v\mathrm{d}v = \int_{R}^{x} -\frac{gR^2}{x^2}\mathrm{d}x$$

积分得

$$\frac{1}{2}v^2 - \frac{1}{2}{v_0}^2 = gR^2\left(\frac{1}{x} - \frac{1}{R}\right)$$

由此得到质点在任一位置时之速度

$$v = \sqrt{(v_0^2 - 2gR) + \frac{2gR^2}{x}} \tag{4}$$

讨论:

由式(4)可见,质点速度将随 x 的增加而递减。如果 $v_0^2 < 2gR$,则在某一位置 x 时,速度将减少为零,此后质点将往回落下。如果 $v_0^2 > 2gR$,则不论 x 为多大,甚至当 x 为无限大时,速度 v 都不会减小为零。因此欲使物体向上抛射而一去不复返时,必须具有之最小初速度为

$$v_0 = \sqrt{2gR}$$

如取 $g = 9.8\ \mathrm{m/s^2}$, $R = 6\ 370\ \mathrm{km}$ 代入,则

$$v_0 = 11.2\ \mathrm{km/s}$$

这就是质点(或宇宙飞船等)脱离地球引力范围所需的最小初速度,称它为第二宇宙速度。现代的火箭技术已实现了这一速度。

例 8-5 一物块自点 A 静止释放,沿半径为 R 的圆弧形光滑导槽滑下,落到传送带 B 上,如图 8-6(a)所示。求导槽对物块的法向反力。如果物块落到传送带上不发生任何滑动,试确定半径为 r 的传送轮的角速度。

解: 本题要求物块所受的法向反力和传送轮的角速度 ω,因此属于动力学第一类与第二类问题的综合问题。取物块 M 为研究对象,可视作质点。在任一瞬时位置 φ 时,物块受重力 $\boldsymbol{W}$ 和光滑导槽的法向反力 $\boldsymbol{F}_\mathrm{N}$ 作用,如图 8-6(b)所示。

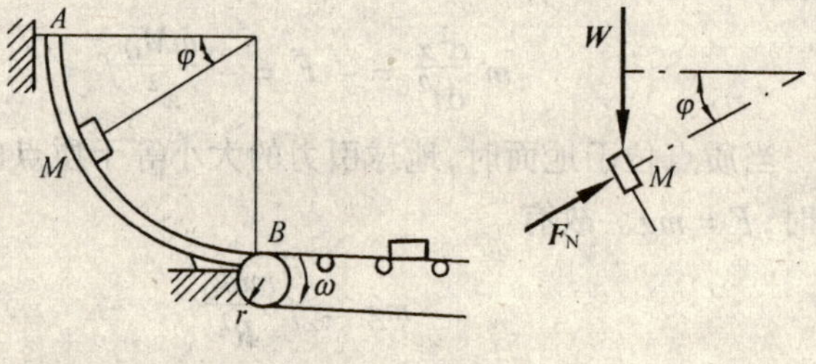

图 8-6

由于物块 M 沿导槽作圆弧运动,因此它的加速度包括切向加速度 $\boldsymbol{a}_\tau$ 和法和加速度 $\boldsymbol{a}_n$,且 $a_\tau = \frac{\mathrm{d}v}{\mathrm{d}t}$, $a_n = \frac{v^2}{R}$。质点的运动轨迹已知,根据自然坐标形式的质点运动微分方程式(8-5),得

$$m\frac{\mathrm{d}v}{\mathrm{d}t} = W\cos\varphi \tag{1}$$

$$m\frac{v^2}{R} = F_\mathrm{N} - W\sin\varphi \tag{2}$$

对式(1)作变量代换,可得

$$\frac{dv}{dt}=\frac{dv}{d\varphi}\frac{d\varphi}{dt}=\frac{dv}{d\varphi}\frac{ds}{dt}\frac{1}{R}=\frac{v}{R}\frac{dv}{d\varphi}$$

将上式代入式(1),得

$$v\mathrm{d}v = gR\cos\varphi\mathrm{d}\varphi$$

进行积分,得

$$v^2 = 2gR\sin\varphi + C$$

由题意知运动的初始条件:$t=0$ 时,$\varphi=0,v=0$,代入上式得 $C=0$,所以

$$v^2 = 2gR\sin\varphi \tag{3}$$

将式(3)代入式(2),得

$$F_N = 2mg\sin\varphi + W\sin\varphi = 3W\sin\varphi$$

这就是导槽给物块作用的法向反力。

当 $\varphi=\frac{\pi}{2}$时,由式(3)得

$$v = \sqrt{2gR}$$

若物块落到传送带上不发生滑动,必须

$$v = r\omega$$

因此,传送轮的角速度为

$$\omega = \frac{v}{r} = \frac{\sqrt{2gR}}{r}$$

本题是自动化传送带设计经常涉及的问题,其运动传递协调与诸多因素有关,设计时应全面分析。

例 8-6 卷扬机的钢丝绳绕过固定滑轮后悬吊着质量 m 为 15×10^3 kg 的重物,匀速下降,速度 $v_0=20$ m/min,如图 8-7(a)所示。由于滑轮发生故障,钢丝绳上端突然被卡住。这时,由于钢丝绳具有弹性,重物将发生上下振动。设钢丝绳悬垂段的刚度系数 $k=5.78$ MN/m,试求由于重物的振动所引起的钢丝绳的最大拉力。

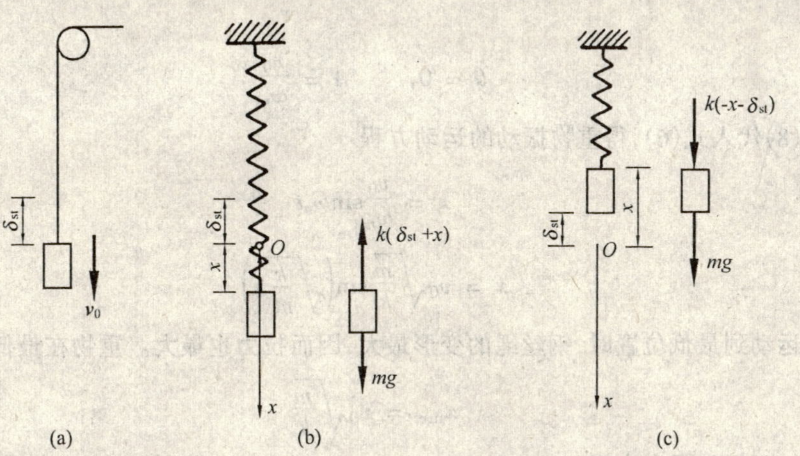

图 8-7

解: 将钢丝绳简化为无质量弹簧,如图 8-7(b)所示。弹簧作用于物体的力 $\boldsymbol{F}$ 与弹簧的变形 δ 成正比,$F=k\delta$,比例系数 k 就是弹簧有单位变形时作用于物体的力,称为弹簧刚度

系数。弹簧刚度系数的单位为牛[顿]/米(符号为 N/m)。本题中 $k = 5.78 \times 10^6$ N/m。

在钢丝绳上端卡住的瞬时,重物开始振动,取此瞬时为 $t = 0$。由题意可知,在瞬时 $t = 0$,重物正处于平衡状态,弹簧已有静变形 $\delta_{st} = mg/k$。现取此一位置为坐标原点 O,坐标轴 Ox 铅直向下。于是初始条件为

$$\text{当 } t = 0 \text{ 时,} \quad \left.\begin{aligned} x_0 &= 0 \\ v_0 &= 20\ \text{m/min} = \frac{1}{3}\ \text{m/s} \end{aligned}\right\} \tag{1}$$

在任意瞬时 t,重物偏离平衡位置的距离为 x,它所受到的力有重力 mg 以及弹簧的拉力 $k(\delta_{st} + x)$。列出重物运动的微分方程

$$m\frac{\mathrm{d}^2 x}{\mathrm{d}t^2} = mg - k(\delta_{st} + x) = -kx \tag{2}$$

即

$$\frac{\mathrm{d}^2 x}{\mathrm{d}t^2} + \frac{k}{m}x = 0 \tag{3}$$

设

$$\omega_n^2 = \frac{k}{m} \tag{4}$$

故可将式(3)化成标准形式

$$\frac{\mathrm{d}^2 x}{\mathrm{d}t^2} + \omega_n^2 x = 0 \tag{5}$$

这是一个二阶的常系数线性齐次微分方程。根据常微分方程的理论,可得其通解

$$x = A\sin(\omega_n t + \theta) \tag{6}$$

式中 A, θ 是两个积分常数,由初始条件确定。为此,将上式对时间求导,得到

$$v = \frac{\mathrm{d}x}{\mathrm{d}t} = \omega_n A\cos(\omega_n t + \theta) \tag{7}$$

将初始条件式(1)代入以上两式,得

$$0 = A\sin\theta, \qquad v_0 = \omega_n A\cos\theta \tag{8}$$

所以可解

$$\theta = 0, \qquad A = \frac{v_0}{\omega_n} \tag{9}$$

将式(8)代入式(6),得重物振动的运动方程

$$x = \frac{v_0}{\omega_n}\sin\omega_n t$$

即

$$x = v_0\sqrt{\frac{m}{k}}\sin\left(\sqrt{\frac{k}{m}}\,t\right) \tag{10}$$

重物运动到最低位置时,钢丝绳的变形最大,因而拉力也最大。重物在最低位置时

$$x_{max} = v_0\sqrt{\frac{m}{k}}$$

这时钢丝绳的最大变形

$$\delta_{max} = \delta_{st} + x_{max} = \frac{mg}{k} + v_0\sqrt{\frac{m}{k}}$$

所以最大拉力为

$$F_{max} = k\delta_{max} = mg + v_0\sqrt{mk} \tag{11}$$

将已知数值：$m = 15\times10^3$ kg, $k = 5.78\times10^6$ N/m, $v_0 = \dfrac{1}{3}$ m/s, $g = 9.8067$ m/s^2，代入式(11)，可得到

$$F_{max} = (147.10 + 98.150)\times10^3\ \text{N} \approx 245.3\ \text{kN}$$

讨论：

(1) 由式(2)知道，质量-弹簧系统中重物所受的合力总是指向平衡位置 O，具有迫使重物返回平衡位置的趋势，称为恢复力。物体只在恢复力作用下进行的振动，称为自由振动。

由式(6)可知，质量-弹簧系统的自由振动为简谐运动。A 称为振幅，θ 称为振动的初位相。式(9)说明自由振动的振幅和初位相取决于初始条件。

简谐振动为周期运动，它的周期为

$$T = \frac{2\pi}{\omega_n} = 2\pi\sqrt{\frac{m}{k}} \tag{12}$$

周期的倒数 f 为频率，它表示单位时间内振动的次数，

$$f = \frac{1}{T} = \frac{\omega_n}{2\pi} = \frac{1}{2\pi}\sqrt{\frac{k}{m}} \tag{13}$$

频率的单位在国际单位制中为赫[兹](符号为 Hz)，其单位表示为 1/s。ω_n 称为圆频率，它的单位为 rad/s。由(12)、(13)两式可见，自由振动的周期(或频率)完全取决于质量-弹簧系统本身的参数(质量 m 和弹簧系数 k)，而与初始条件无关。这是自由振动的重要特性。

(2) 由式(11)可知，钢丝绳拉力可以分成静拉力 mg 和附加动拉力 $v_0\sqrt{mk}$ 两部分。后者由于重物的冲击(速度突减)而引起，数值相当大，与$\sqrt{k}$成正比。可见，对于承受冲击载荷的零件，以刚度较小为有利。

(3) 钢丝绳只能承受拉力，即钢丝绳拉力 $F\geqslant0$。当重物振动最高位置时，钢丝绳的变形最小，则有

$$\delta_{min} = \frac{mg}{k} - v_0\sqrt{\frac{m}{k}}$$

这时，拉力为

$$F_{min} = k\delta_{min} = mg - v_0\sqrt{mk} = 48.96\ \text{kN} > 0$$

可见钢丝绳不会松驰，重物能维持简谐振动。

(4) 一般宜在坐标为正的位置建立质点运动的微分方程(如本题的处理方法)较为直观和方便，不易出错。如果在 $x<0$ 的一般位置进行分析，见图 8-7(c)所示，应注意此时 x 为负值，$F = k(|x| - \delta_{st}) = k(-x-\delta_{st})$。故 $m\dfrac{d^2x}{dt^2} = mg + F = mg + k(-x-\delta_{st}) = -kx$，与式(2)相同。

如果将微分方程误写成 $m\dfrac{d^2x}{dt^2} = kx$，则方程的解为 $x = C_1e^{\sqrt{\frac{k}{m}}t} + C_2e^{-\sqrt{\frac{k}{m}}t}$(其中 C_1, C_2 为由初始条件确定的积分常数)，根本不是振动问题了。

例 8-7 图 8-8 表示物体颗粒在阻尼介质中自由降落的情况。设物体颗粒所受到的介质阻力 $R = cA\rho v^2$，其中 c 为阻力系数，ρ 是介质密度，A 是物体垂直于速度方向的最大截面

积，v 是物体降落的速度。

解： 取物体颗粒为研究对象，可视作质点。它受重力 $\boldsymbol{P}$ 和介质阻力 $\boldsymbol{R}$ 作用，如图 8－8 所示。本题力是速度的函数。

物体颗粒在介质中沿直线轨迹运动。选点 O 为坐标原点，坐标轴 x 沿铅垂线向下。应用式(8－4)得

$$m\frac{\mathrm{d}^2 x}{\mathrm{d}t^2}=P-cA\rho v^2 \qquad (1)$$

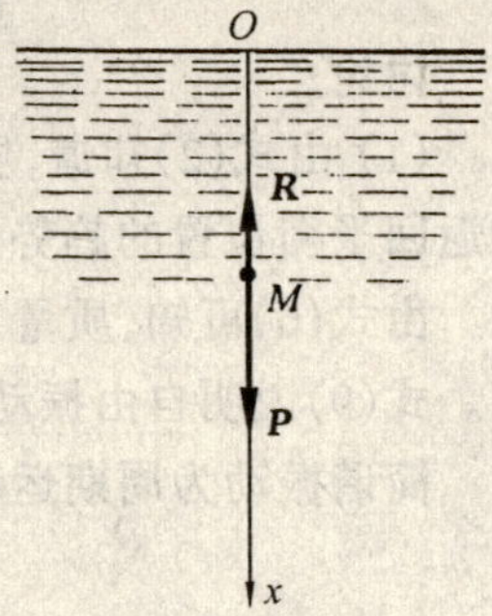

图 8－8

上式表明，在运动开始不久的一段时间内，由于速度 v 较小，则阻力 $R=cA\rho v^2$ 也较小，故 $P-cA\rho v^2>0$，因此物体颗粒加速降落。但由于物体颗粒速度逐渐增加，阻力 $\boldsymbol{R}$ 按速度平方迅速增大，于是重力 $\boldsymbol{P}$ 与阻力 $\boldsymbol{R}$ 的合力所引起的加速度逐渐减小。当速度达到某一数值时，加速度为零，这时的速度叫做极限速度，以 $v_{极限}$ 表示。这时式(1)为

$$0=P-cA\rho v_{极限}^2$$

故

$$v_{极限}=\sqrt{\frac{P}{cA\rho}}$$

物体颗粒达到极限速度后，将匀速下降。由于阻力随着物体颗粒的大小、形状不同而不同，因此极限速度与物体颗粒的重量、体积和形状有关，故可利用液体分离大小不同的混合物。这在选矿工业的生产过程中、污水治理及沉渣池设计实践中是经常应用的，其它问题中也可遇到，如伞兵在空气中的降落等。

思 考 题

8－1 质点的运动方向是否一定与质点所受合力的方向相同？某瞬时，质点的速度大，是否说明该瞬时质点所受的作用力也一定大？

8－2 若不计空气阻力，自由下落的物体与向下扔(即给以向下的初速)的物体，哪一个加速度较大？

8－3 如图 8－9 所示，绳拉力 $F=2$ kN，物重 $P_2=1$ kN，$P_1=2$ kN。若滑轮质量不计，问在图中(a)、(b)两种情况下，重物Ⅱ的加速度是否相同？两根绳中的张力是否相同？

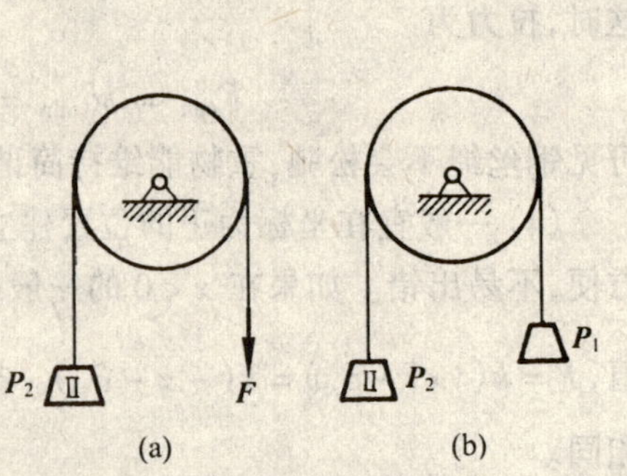

图 8－9

8－4 质量为 m 的质点，受一已知力 $\boldsymbol{F}$ 作用，是否可以求出质点的运动方程？

8－5 已知月球表面重力加速度值约为地球表面的重力加速度的 1/6。试问，体重 600 N 的人在月球上体重将为多少？他在月球上的质量又为多少？

8－6 质点做曲线运动时，是否不受任何力的作用？

习　题

8－1　列车(不含机车)质量为 2×10^5kg,由静止状态开始,以等加速度沿水平轨道行驶,经过 60 s 后达到 54 km/h 的速度。设车轮与钢轨之间的摩擦因数为 0.005,求机车给列车所施加的拉力。

8－2　题图 8－1 所示,小车以匀加速度 a 沿倾斜角 θ 的斜面向上运动,在小车的平顶上放一质量为 m 的物体 A,随车一起运动,为使物体不从车上脱落,试问物体与车之间摩擦因数最小应为何值?

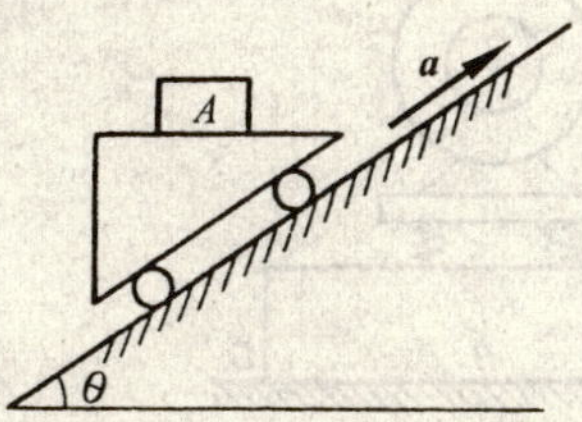

题图 8－1

题图 8－2

8－3　如题图 8－2 所示,汽车以匀速 $v=18$km/h 行驶。试求汽车在下述三种位置时对路面的压力:(1) 水平路面;(2) 凸起路面的最高处;(3) 凹下路面的最低处。设汽车的重量为 8kN,凸起和凹下路面的曲率半径均为 20m。

8－4　为了使列车对铁轨的压力垂直于路基,在铁道弯曲部分,外轨要比内轨稍为提高,如题图 8－3 所示。试就以下的数据求外轨高于内轨的高度 h。轨道的曲率半径为 $\rho=300$ m,列车的速度为 $v=12$ m/s,内、外轨道间的距离为 $b=1.6$ m。

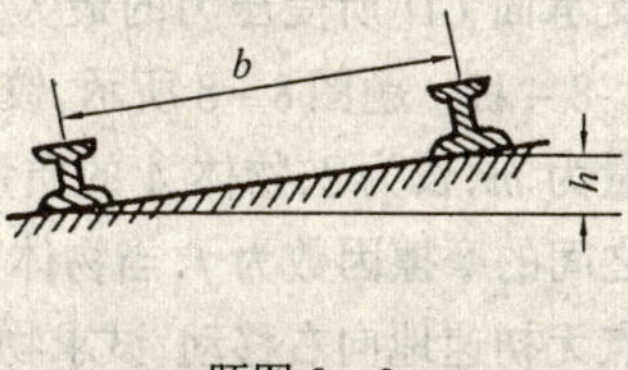

题图 8－3

8－5　一物体质量为 10 kg,在变力 $F=98(1-t)$ N 的作用下运动(t 以 s 计)。设物体的初速度为 $v_0=20$ cm/s,且力的方向与速度的方向相同。问经过多少秒后物体停止?停止前走了多少路程?

8－6　小环从固定的光滑半圆柱顶端 A 无初速地下滑,如题图 8－4 所示。求小环脱离半圆柱时的位置角 φ。

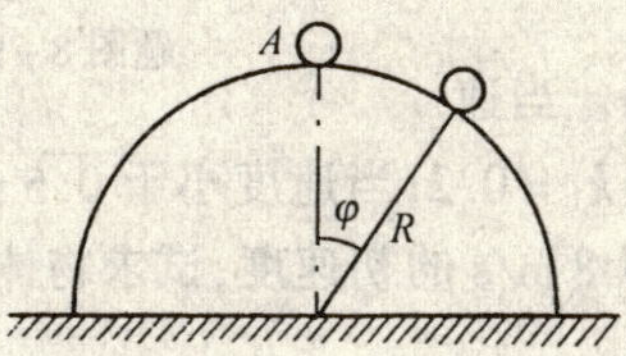

题图 8－4

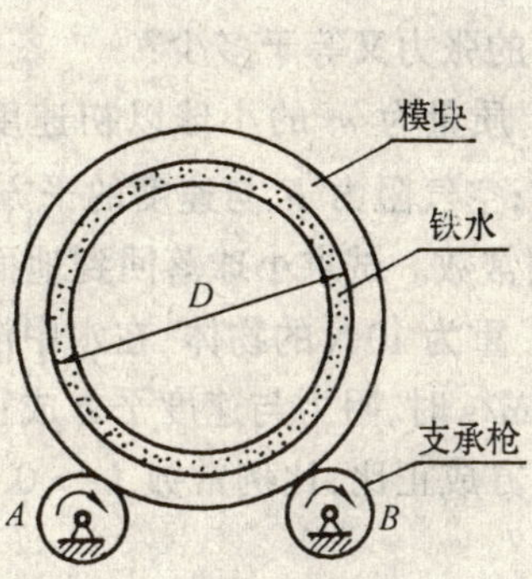

题图 8－5

8－7　在题图 8－5 所示离心浇注装置中,电动机带动支承轮 A,B 作同向转动,管模放在两轮上靠摩擦传动而旋转。铁水浇入后，将均匀地紧贴管模的内壁而自动成型，从而可得到质量密实的管形铸件。如已知管模内径 $D=400$ mm，试求管模的最低转速 n。

8-8　题图 8-6 所示质量为 m 的球 M，由两根各长 l 的杆所支持，此机构以不变的角速度 ω 绕铅直轴 AB 转动。如 $AB=2a$，两杆的各端均为铰接，且杆重忽略不计，求杆的内力。

8-9　跳伞员在打开降落伞时的速度为 v_0，作用于降落伞上的空气阻力与速度的一次方成正比。试用极限速度和时间表示跳伞员的铅直降落速度。

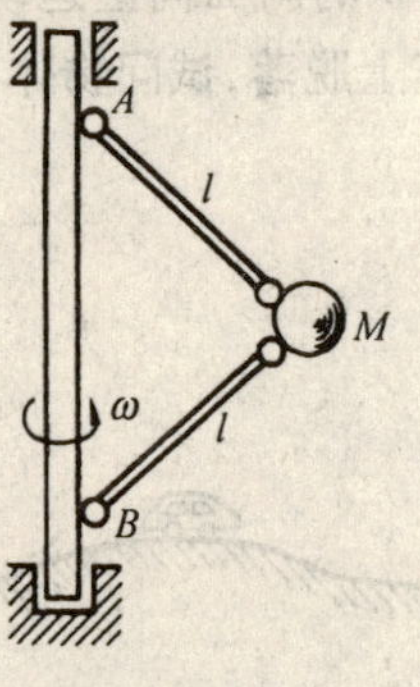

题图 8-6

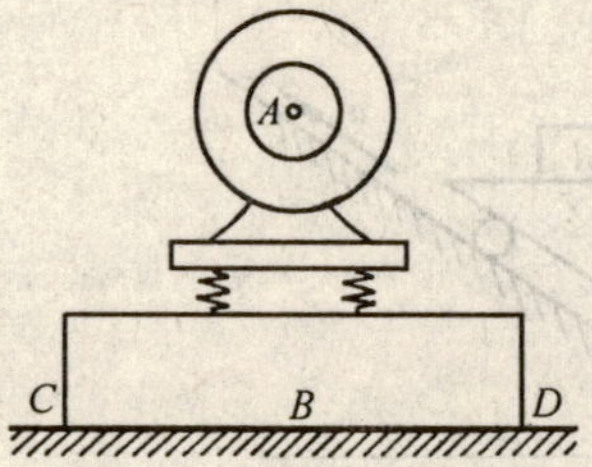

题图 8-7

8-10　题图 8-7 所示电机 A 重 0.6 kN，通过联结弹簧放在重 5 kN 的基础上。电机沿铅垂线按规律 $y=B\cos\frac{2\pi}{T}t$ 作简谐运动。式中振幅 $B=0.1$ cm，周期 $T=0.1$ s，弹簧的重量不计。求支承面 CD 所受压力的最大值和最小值。

8-11　题图 8-8 所示，铰接于点 O 的均质杆 OB，其质量为 m，长为 l，物体 A 的质量也为 m，物体 A 与杆和地面之间的摩擦因数为 f，当物体在常力 F 的拉动下从杆的中点无初速地向右移动，试求物体 A 离开时的速度。

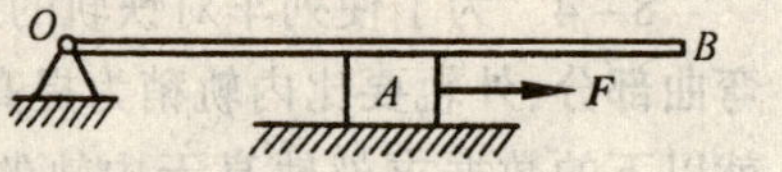

题图 8-8

8-12　潜水器的质量为 m，受到重力与浮力的向下合力 $\boldsymbol{F}$ 而下沉。设水的阻力 $\boldsymbol{F}_1$ 与速度的一次方成正比，$F_1=kAv$，式中 A 为潜水器下沉投影面积；v 为下沉的瞬时速度；k 为比例常数。若 $t=0$ 时，$v_0=0$，试求潜水器下沉速度和距离随时间变化的规律。

8-13　题图 8-9 所示，用两绳悬挂的质量 m 处于静止。试问：(1)两绳中的张力各等于多少？(2)若将绳 A 剪断，则绳 B 在该瞬时的张力又等于多少？

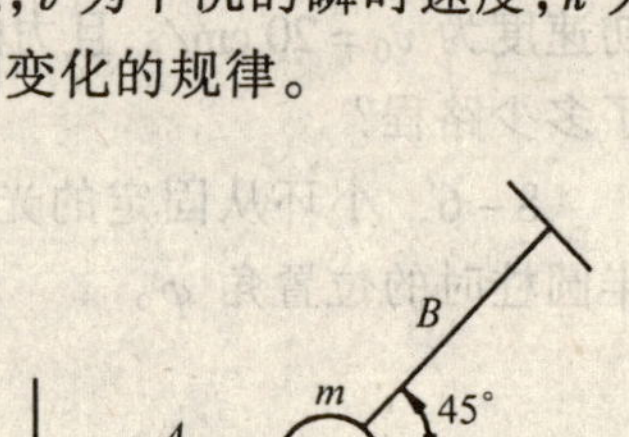

题图 8-9

8-14　质量为 m 的小球以初速度 $\boldsymbol{v}_0$ 从地面铅直上抛。设重力不变；空气阻力 $\boldsymbol{F}$ 与速度的平方成正比，$F=kmv^2$，其中 k 为比例常数。试求小球落回到地面时的速度 $\boldsymbol{v}_1$。

8-15　重为 10 N 的物体，在水中沿水平直线运动。当速度大于 0.5 m/s 时，阻力与速度平方成正比，比例常数 $k_1=0.2$；当速度小于 0.5 m/s 时，阻力与速度一次方成正比，比例常数 $k_2=0.1$。今给物体以 8 m/s 的初速度，试求物体停止前走过了多少路程？

8-16　一质点沿轴 x 运动，作用在其上的力仅为一阻力，该阻力与速度三次方成正比。若初速度为 v_0，而在瞬时 τ 时速度为$\frac{v_0}{2}$。问在瞬时 5τ，该质点的速度等于多少？

第九章　刚体绕定轴转动的微分方程

刚体有两种基本运动形式:平动和定轴转动。刚体平动时,由于刚体上所有质点都作相同的运动,因而,在分析刚体平动动力学问题时,可以把刚体视为一个质点,这样就可以应用质点的运动微分方程来求解。本章研究刚体另一种基本运动形式——定轴转动的动力学问题。

§9-1　刚体绕定轴转动的微分方程

设一刚体在主动力 $\boldsymbol{F}_1,\boldsymbol{F}_2,\cdots,\boldsymbol{F}_n$ 和轴承约束反力 $\boldsymbol{F}_{N1}$ 及 $\boldsymbol{F}_{N2}$ 作用下绕固定轴 z 转动,其角速度为 ω、角加速度为 α,如图 9-1 所示。取刚体上任一质点 M_i 来研究,设此质点的质量为 m_i,其到转轴的距离为 r_i。为了研究方便将作用于该质点上的力分为两类:一类是刚体内其它质点对质点 M_i 的作用的力,称为内力,其合力为 $\boldsymbol{F}_i^{(i)}$;另一类是刚体以外的其它物体对质点 M_i 作用的力,称为外力,其合力为 $\boldsymbol{F}_i^{(e)}$。由于该质点绕固定轴 z 作圆周运动,根据自然坐标形式的质点运动微分方程式(8-5),得

$$m_i a_i^\tau = m_i r_i \alpha = F_{i\tau}^{(i)} + F_{i\tau}^{(e)}$$

$$m_i a_i^n = m_i r_i \omega^2 = F_{in}^{(i)} + F_{in}^{(e)}$$

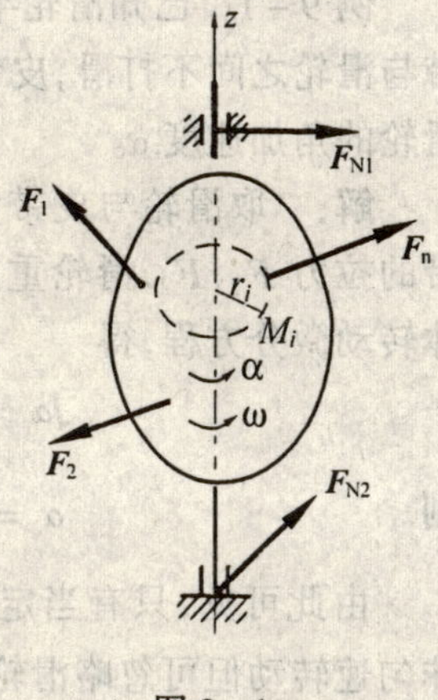

图 9-1

由于这里我们只研究力对刚体作用的转动问题,而法向分力对转轴之矩为零,所以上述第二式与我们研究的问题无关,故只需要对切向投影式进行分析。对上述的第一式两端同乘以 r_i,得

$$m_i r_i^2 \alpha = r_i F_{i\tau}^{(i)} + r_i F_{i\tau}^{(e)} = M_z(\boldsymbol{F}_i^{(i)}) + M_z(\boldsymbol{F}_i^{(e)})$$

对于整个刚体,针对每个质点可以写出上述方程,然后求和,得

$$\sum m_i r_i^2 \alpha = \sum M_z(\boldsymbol{F}_i^{(i)}) + \sum M_z(\boldsymbol{F}_i^{(e)})$$

由于刚体的内力总是大小相等、方向相反地成对出现,所以

$$\sum M_z(\boldsymbol{F}_i^{(i)}) = 0$$

于是得刚体上作用的主动力 $\boldsymbol{F}_1,\boldsymbol{F}_2,\cdots,\boldsymbol{F}_n$ 和轴承约束反力 $\boldsymbol{F}_{N1},\boldsymbol{F}_{N2}$,都是作用在定轴转动刚体上的外力。轴承约束反力 $\boldsymbol{F}_{N1},\boldsymbol{F}_{N2}$ 对于轴 z 的力矩等于零,若不计轴承摩擦,因而外力对于轴 z 的力矩,就是主动力对于轴 z 的力矩,即

$$\sum M_z(\boldsymbol{F}_i^{(e)}) = \sum M_z(\boldsymbol{F}_i)$$

$$(\sum m_i r_i^2)\alpha = \sum M_z(\boldsymbol{F}_i)$$

式中，$\sum m_i r_i^2$ 是表示转动刚体上各质点的质量相对于转轴的分布情况的物理量，称为转动惯量，用 J_z 表示，即 $J_z=\sum m_i r_i^2$。故上式可写为

$$J_z\alpha = \sum M_z(\boldsymbol{F}_i) \tag{9-1,a}$$

亦可写成

$$J_z\frac{d^2\varphi}{dt^2} = \sum M_z(\boldsymbol{F}_i^{(e)}) \tag{9-1,b}$$

或

$$J_z\frac{d\omega}{dt} = \sum M_z(\boldsymbol{F}_i) \tag{9-1,c}$$

以上各式均称为刚体绕定轴的转动微分方程。它表明：刚体对定轴的转动惯量与其角加速度的乘积，等于作用刚体上的主动力（外力）对该轴之矩的代数和。

由式(9-1)可以看出：

(1)将外力分为主动力和约束反力，由于约束反力往往是未知的轴承反力，且其对转轴之矩常为零，所以作用于刚体的主动力对转轴的矩使刚体的转动状态发生变化。一般用刚体绕定轴转动的微分方程求解刚体的转动规律（转动方程、角速度、角加速度等）和外力中的主动力及力偶。轴承处的约束反力则在此处尚不能求得，它将在下章中解决。

(2)在一定的时间间隔内，当作用于刚体上的外力对转轴的矩相同时，刚体的转动惯量越大，转动角加速度越小；转动惯量越小，转动角加速度越大。这就是说，刚体转动惯量的大小表现了刚体转动状态改变的难易程度。因此说，转动惯量是刚体转动时惯性的度量。

(3)刚体定轴转动的微分方程与质点作直线运动的微分方程完全相似，因此，求解问题的的方法与步骤也是相似的。

例 9-1 已知滑轮半径为 R，对 O 轴的转动惯量为 J，带动滑轮的皮带拉力为 F_1 和 F_2，皮带与滑轮之间不打滑，皮带轮质量不计，如图 9-2 所示。求滑轮的角加速度 α。

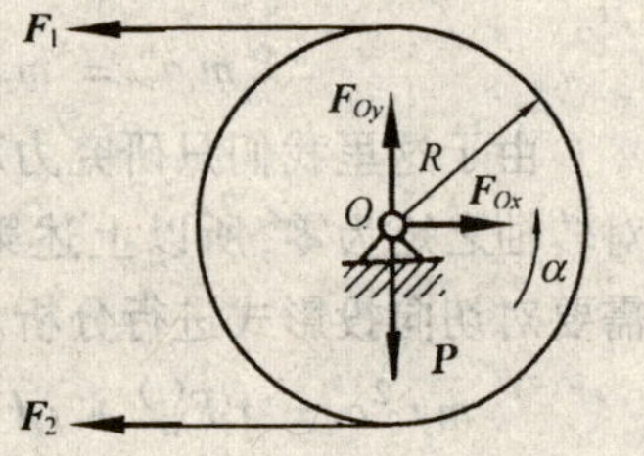

图 9-2

解： 取滑轮与皮带为研究对象，作用于其上的力有皮带的拉力 $\boldsymbol{F}_1,\boldsymbol{F}_2$，滑轮重力 $\boldsymbol{P}$ 及 O 轴约束力 $\boldsymbol{F}_{Ox},\boldsymbol{F}_{Oy}$，由刚体转动微分方程，得

$$J\alpha = R(F_1-F_2)$$

则

$$\alpha = \frac{(F_1-F_2)R}{J}$$

由此可见，只有当定滑轮为匀速转动（包括静止）；或虽非匀速转动但可忽略滑轮的转动惯量或质量时，跨过定滑轮的皮带拉力才是相等的。

例 9-2 闸轮重为 P，半径为 r，以角速度 ω_0 绕水平转轴 O 转动，如图 9-3(a)所示。制动后，闸轮经过时间 T 后停止转动。设闸块作用于闸轮的正压力 $\boldsymbol{F}_N$ 为一常力。若闸轮对 O 轴的转动惯量为 J。闸块与闸轮之间的动滑动摩擦因数为 f，轴承中的摩擦忽略不计。试求正压力 $\boldsymbol{F}_N$ 的大小。

解： 取闸轮为研究对象，其上作用的外力有重力 $\boldsymbol{P}$、正压力 $\boldsymbol{F}_N$、动摩擦力 $\boldsymbol{F}$，轴承反力 $\boldsymbol{F}_{Ox},\boldsymbol{F}_{Oy}$，如图 9-3(b)所示。其中只有 $\boldsymbol{F}$ 对 O 轴有矩。

闸轮作定轴转动，设制动过程中的任一瞬时，闸轮的角速度为 ω，角加速度为 α，其转向如图 9-3(b)所示。

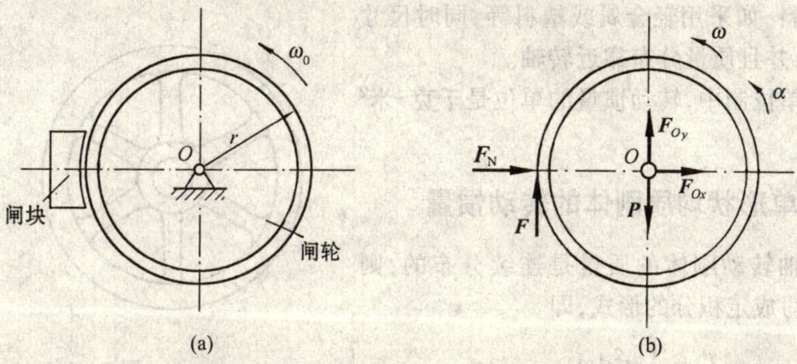

图 9-3

根据刚体绕定轴转动的微分方程，得

$$J_O\alpha = -Fr \tag{1}$$

又

$$F = fF_N$$

故

$$J_O\frac{d\omega}{dt} = -rfF_N \tag{2}$$

由题意知，当 $t=0$ 时，$\omega=\omega_0$；$t=T$ 时，$\omega=0$。对式(2)求积分，得

$$J_O\int_{\omega_0}^{0}d\omega = -\int_0^T rfF_N\,dt$$

$$-J_O\omega_0 = -rfF_NT$$

由此可得

$$F_N = \frac{J_O\omega_0}{rfT}$$

通过以上例题分析，可见应用刚体定轴转动微分方程的基本解题步骤如下：

(1)根据题意选取定轴转动刚体为研究对象。

(2)分析刚体的运动及作用在其上的力。

(3)建立刚体定轴转动微分方程并求解未知量。

§9-2 转动惯量

刚体绕定轴的转动惯量等于刚体内各质点的质量与质点到转轴的垂直距离平方的乘积的总和，即

$$J_z = \sum_{i=1}^{n} m_ir_i^2 \tag{9-2}$$

由上式可知，转动惯量是一个恒正的标量，它的大小与刚体的质量大小有关，而且与轴的位置、质量分布情况有关。在不增加质量的情况下，质量分布离轴愈远，其转动惯量就愈大，反之则愈小。在工程上，根据不同的要求，需要控制转动惯量的大小。例如，为了使机器运转稳定，常在主轴上安装一个飞轮，并使飞轮大部分质量分布在轮缘上，如图 9-4 所示。这样的飞轮转动惯量大，机器受冲击时，角加速度很小，可以保持比较稳定的运动状态。反之，在一些仪表中，希望指针的反应较灵敏，因此就应该减少它的转动惯量。这时，就要求选择比重

小一些的材料，如采用轻金属或塑料等，同时尺寸也要小一些，并且质量分布靠近转轴。

在国际单位制中，转动惯量的单位是千克·米^2（$kg \cdot m^2$）。

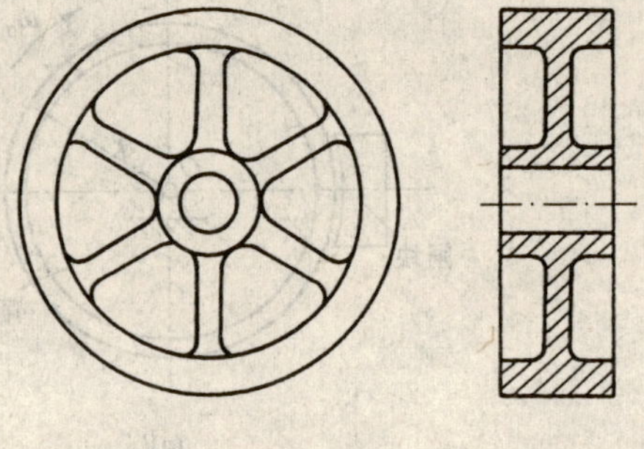

图 9-4

一、简单形状均质刚体的转动惯量

如果定轴转动刚体的质量是连续分布的，则式(9-2)可写成定积分的形式，即

$$J_z = \int_M r^2 dm$$

式中，M 表示刚体的总质量，r 表示质量为 dm 的单元体到转轴的距离。

1. 均质细直杆

求杆长为 l，总质量为 M，如图 9-5 所示，则单位长度的质量 $\gamma = M/l$，取杆一微元段 dx，其质量 $dm = \gamma dx = \frac{Mdx}{l}$，此杆对于轴 z 的转动惯量为

$$J_z = \int_0^l x^2 dm = \int_0^l \frac{Mx^2 dx}{l} = \frac{1}{3}Ml^2 \qquad (9-3)$$

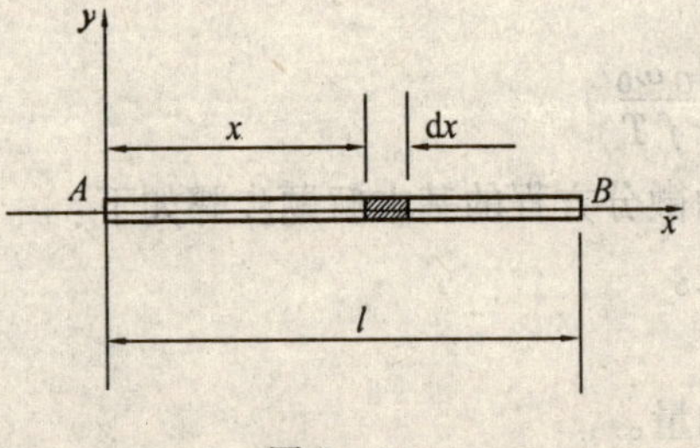

图 9-5

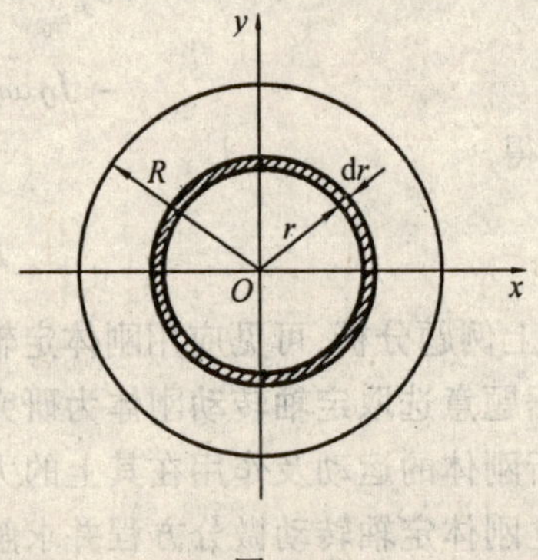

图 9-6

2. 均质圆板

设均质圆板，半径为 R，总质量为 M，如图 9-6 所示。则圆板单位面积质量为 $\gamma = \frac{M}{\pi R^2}$。将圆板划分为很多同心的细圆环，其半径为 r，宽为 dr，则圆板对于垂直于板面过圆板中心的 O 轴的转动惯量为

$$J_z = \int_0^R r^2 \times 2\pi r \gamma dr = \int_0^R \frac{2Mr^3}{R^2} dr = \frac{1}{2}MR^2 \qquad (9-4)$$

二、惯性半径(回转半径)

工程中为了表达和运算上的方便，常引用惯性半径这一概念。设想把刚体的全部质量 M，集中于一点，并使此质点对转轴的转动惯量等于该刚体对同一轴的转动惯量，此点到转动轴的距离，称做刚体对该轴的惯性半径，用 ρ_z 表示，即

$$J_z = \sum m_i r_i^2 = M\rho_z^2 \tag{9-5}$$

亦有

$$\rho_z = \sqrt{\frac{J_z}{M}} \tag{9-6}$$

由上式知,若已知刚体的质量和它对某轴的惯性半径,则应用式(9-5)可求得刚体对该轴的转动惯量;反之,若已知刚体质量和它对某轴的转动惯量,也可应用式(9-6)求得刚体对该轴的惯性半径。但应当注意惯性半径是研究转动惯量时引出的概念,不要与物体的质心到轴的距离相混淆。

表 9-1 给出一些常用的简单形状匀质刚体的转动惯量及惯性半径的计算公式。另外一些形状已标准化的刚体的转动惯量和惯性半径可在机械工程手册中查阅。这就给工程技术人员的计算应用带来很大的方便。

三、平行移轴定理

工程中,有些刚体的转轴并不通过刚体的质心,如偏心凸轮的旋转。然而工程手册中一般只给出刚体通过其质心 C 的轴的转动惯量,要计算刚体平行于过质心轴的转动惯量,就需要用平行移轴定理来求解。

设刚体的总质量为 M,轴 z 通过质心 C,轴 z' 与轴 z 平行且两轴间距离等于 d,如图 9-7 所示,则

$$J_{z'} = J_z + Md^2 \tag{9-7}$$

这就是平行移轴定理。它表明:刚体对任意轴的转动惯量,等于刚体对此轴平行的质心轴的转动惯量,加上刚体质量与此两平行轴间的距离的平方之积。由该定理可知,在一组平行轴中,刚体对于通过其质心轴的转动惯量为最小。

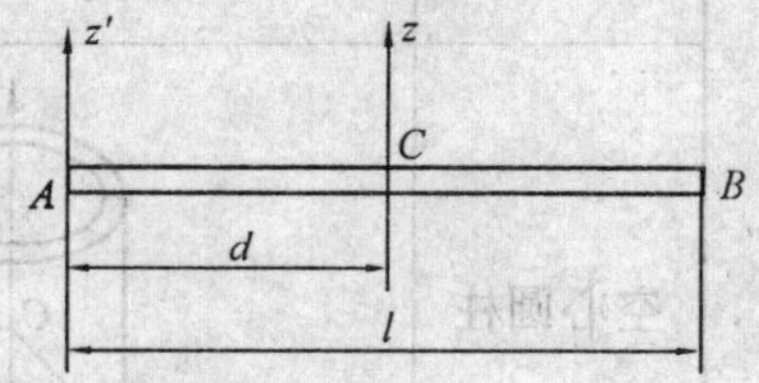

图 9-7

例如,均质细直杆质量为 M,长为 l 如图 9-7 所示,$d = l/2$,由式(9-3)知,该杆对通过杆端点 O 且与杆垂直的轴 z 的转动惯量为

$$J_{z'} = \frac{1}{3}Ml^2$$

应用平行移轴定理,均质细直杆对于通过质心 C 且与轴 z' 平行的轴 z 转动惯量为

$$J_z = J_{z'} - M \times \left(\frac{l}{2}\right)^2 = \frac{Ml^2}{12}$$

这与表 9-1 中所给出的结果完全一致。

应当注意,式(9-7)中的轴 z 必须是通过质心 C 的轴。对不过质心任意的两个轴,转动惯量之间不存在式(9-7)的关系。

式(9-7)应用数学中所讲的坐标移轴公式很容易证明。读者可自行证明。

对于简单形体构成的组合体的转动惯量的计算,可先分别计算每一部分的转动惯量,然后进行相加计算即可。

表 9-1 常见简单形状刚体的转动惯量和惯性半径

刚体形状	简　图	转动惯量 J_z	回转半径 ρ_Z
细直杆	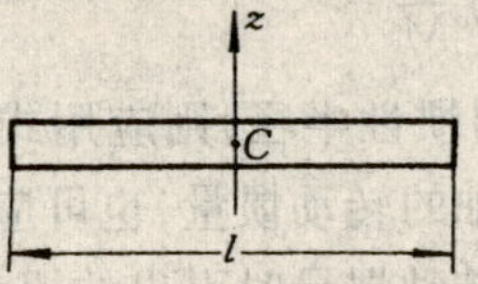	$\frac{1}{12}Ml^2$	$\frac{1}{\sqrt{12}}=0.289l$
细圆环	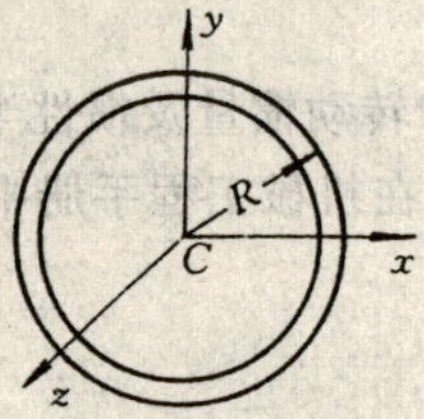	MR^2	R
薄圆盘	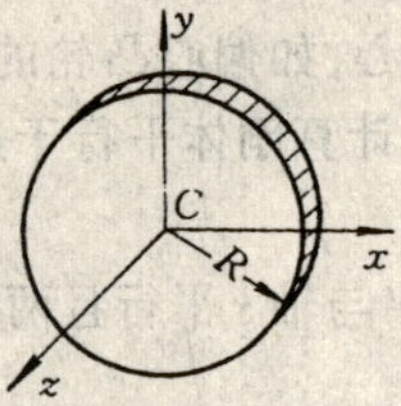	$\frac{1}{2}MR^2$	$\frac{R}{\sqrt{2}}=0.707R$
空心圆柱	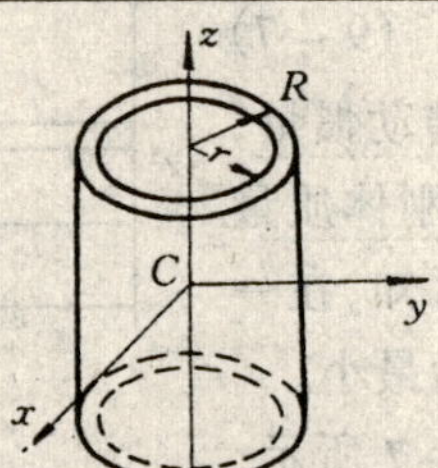	$\frac{1}{2}M(R^2+r^2)$	$\sqrt{\frac{R^2+r^2}{2}}=$ $0.707R\sqrt{R^2+r^2}$
实心球	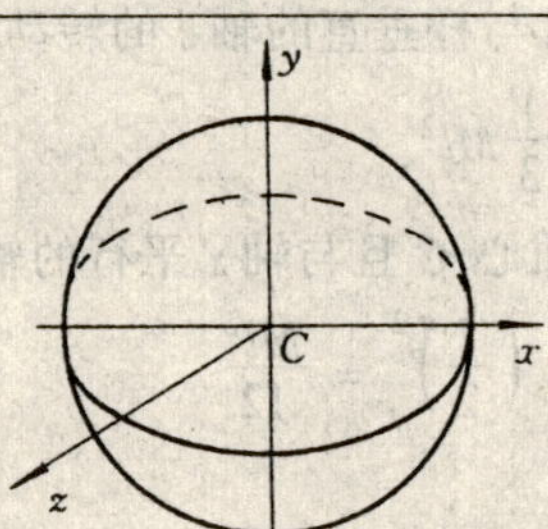	$\frac{2}{5}MR^2$	$0.632R$
矩形块	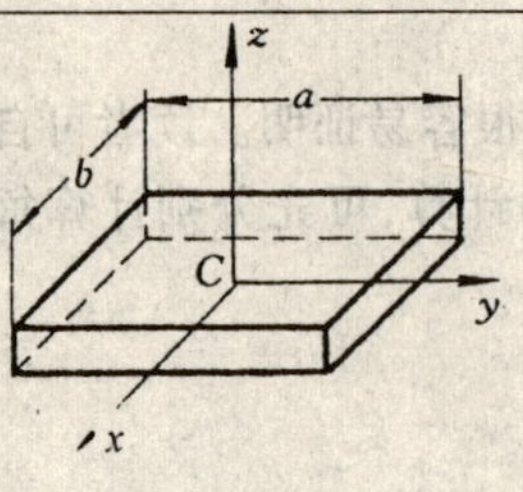	$\frac{1}{12}M(a^2+b^2)$	$0.289\sqrt{a^2+b^2}$

例 9-3 冲击摆可近似看成由均质杆 OA 和均质圆盘 B 组成的刚体，如图 9-8 所示。已知杆的质量为 m_1，杆长为 l；圆盘的质量为 m_2，半径为 r。试求摆对通过杆端 O 并与盘面垂直的轴 z 的转动惯量 J_z。

解： 冲击摆对轴 z 的转动惯量 J_z，等于杆对轴 z 的转动惯量 J_{1z} 和圆盘对轴 z 的转动惯量 J_{2z} 的和。

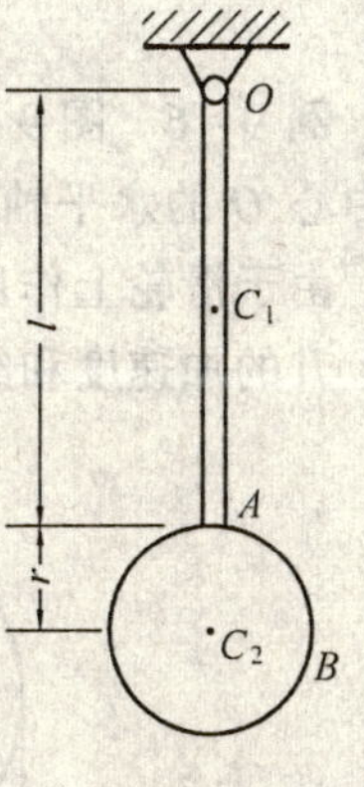

图 9-8

由式(9-3)，得

$$J_{1z} = \frac{1}{3}m_1 l^2$$

由式(9-4)和(9-7)，得

$$J_{z2} = \frac{1}{2}m_2 r^2 + m_2(l+r)^2 = \frac{1}{2}m_2(3r^2 + 4rl + 2l^2)$$

故

$$J_z = J_{1z} + J_{2z} = \frac{1}{3}m_1 l^2 + \frac{1}{2}m_2(3r^2 + 4rl + 2l^2)$$

例 9-4 均质等厚零件，单位面积的质量为 γ，大圆半径为 R，挖去的小圆半径为 r，两圆心的距离为 a，如图 9-9 所示。试求零件对通过点 O 并垂直于零件平面的轴的转动惯量。

解： 零件对通过点 O 的转动惯量 J_O，等于未挖去小圆时的大圆部分对通过点 O 轴的转动惯量 $J_{O大}$ 减去小圆部分对过点 O 轴的转动惯量 $J_{O小}$。

由式(9-4)得

$$J_{O大} = \frac{1}{2}\pi R^2 \gamma R^2 = \frac{\pi\gamma}{2}R^4$$

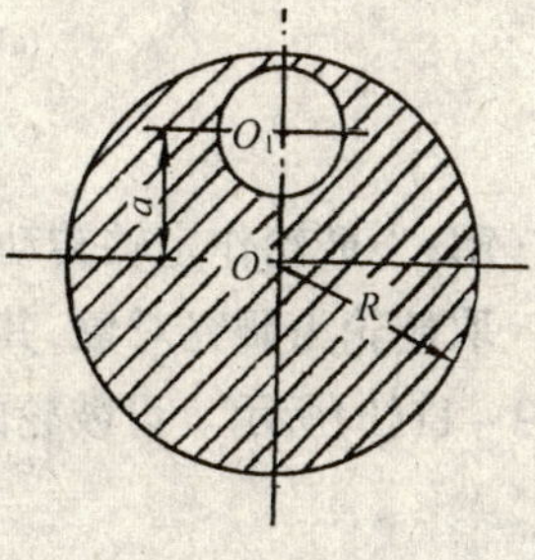

图 9-9

由式(9-4)和(9-7)，得

$$J_{O小} = J_{O1} + \pi r^2 \gamma a^2 = \frac{1}{2}\pi r^2 \gamma r^2 + \pi r^2 \gamma a^2 = \frac{1}{2}\pi r^2 \gamma (r^2 + 2a^2)$$

故

$$J_O = J_{O大} - J_{O小} = \frac{\pi\gamma}{2}[R^4 - r^2(r^2 + 2a^2)]$$

例 9-5 一重为 Q、半径为 R 的均质偏心轮，受主动力偶 M 作用在水平面内绕其铅垂轴 O 转动，质心为 C，偏心矩 $OC = e$，如图 9-10 所示，求其角加速度。

解： 取偏心轮为研究对象，其受力偶 M，轴承约束反力 $\boldsymbol{F}_{Ox}$，$\boldsymbol{F}_{Oy}$ 和重力(垂直于纸面未示出)等力作用，只有 M 对铅垂轴 O 产生矩。设偏心轮绕轴 O 转动的角加速度为 α，由刚体转动的微分方程式(9-1)得

$$J_O \alpha = M$$

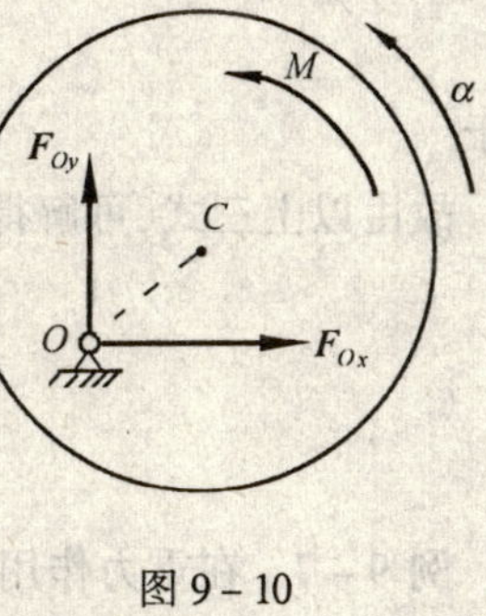

图 9-10

由平行移轴定理式(9-7)，得

$$J_O = \frac{1}{2}mR^2 + me^2 = \frac{Q}{2g}(R^2 + 2e^2)$$

由以上两式可得偏心轮绕垂轴 O 转动的角加速度

$$\alpha = \frac{2Mg}{Q(R^2 + 2e^2)}$$

例 9-6 图 9-11(a)所示为一卷扬机的运动简图,其鼓轮重量为 P,半径为 r,绕经过鼓轮中心 O 的水平轴转动,并可视为均质圆盘。鼓轮上绕一绳子,绳的一端挂一重量为 Q 的重物。由于滑轮上作用一转矩 M,使得重物上升。设绳的重量及轮轴处的摩擦都不计,试求重物上升的加速度和绳子的张力。

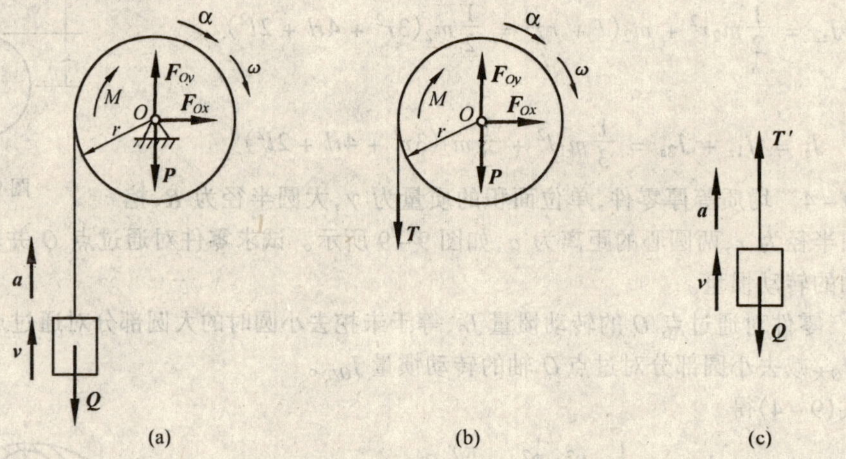

图 9-11

解: 鼓轮作定轴转动,重物作直线平动。将两者拆开来分析。

取鼓轮为研究对象,其受转矩 M、绳拉力 $\boldsymbol{T}$、鼓轮重力 $\boldsymbol{P}$ 及轴承反力 $\boldsymbol{F}_{Ox}$、$\boldsymbol{F}_{Oy}$ 的作用,如图 9-11(b)所示。设鼓轮的角加速度为 α,根据定轴转动的微分方程,可得

$$J_O\alpha = M - Tr$$

即
$$\frac{1}{2}\frac{P}{g}r^2\alpha = M - Tr \tag{1}$$

再取重物为研究对象,其受绳的拉力 $\boldsymbol{T}'$ 和重物的重力 $\boldsymbol{Q}$ 的作用。设其加速度为 a,如图 9-11(c)所示。由质点运动微分方程,得

$$\frac{Q}{g}a = T' - Q \tag{2}$$

由于
$$T = T', \qquad a = r\alpha \tag{3}$$

故由以上三式,可解得重物上升的加速度和绳子的张力

$$a = \frac{2(M - Qr)}{(P + 2Q)r}g$$

$$T = T' = Q + \frac{Q}{g}a = \frac{Q(2M + Pr)}{(P + 2Q)r}$$

例 9-7 在重力作用下能绕固定轴摆动的物体称为复摆或物理摆,如图 9-12(a)所示。复摆的质心不在悬挂轴上。设摆的质量为 m,质心为 C,物体对通过质心并平行于悬挂轴的

回转半径为 ρ_C，d 为质心到悬挂轴的距离。试求复摆作小摆动时的周期。

解： 取转角 φ 为坐标来描述复摆的运动，并规定以逆时针转向为正。则 $\frac{d\varphi}{dt}$ 以及 $\frac{d^2\varphi}{dt^2}$ 的正方向应为 φ 的增加方向，它们都是逆时针转向为正。这样，根据刚体定轴转动微分方程，其等号两边应保持符号一致，力矩的正方向便随 $\frac{d^2\varphi}{dt^2}$ 而确定为以逆时针转向为正，故重量 mg 产生的力矩为负。

由式(9-1,a)得，复摆的运动微分方程

$$m(\rho_C^2 + d^2)\frac{d^2\varphi}{dt^2} = -mgd\sin\varphi$$

$$\frac{d^2\varphi}{dt^2} + \frac{gd}{\rho_C^2 + d^2}\sin\varphi = 0 \tag{1}$$

当摆角 φ 很小时，有 $\sin\varphi \approx \varphi$，运动微分方程为

$$\frac{d^2\varphi}{dt^2} + \frac{gd}{\rho_C^2 + d^2}\varphi = 0 \tag{2}$$

因此复摆作小摆动时的周期为

$$T = 2\pi\sqrt{\frac{\rho_C^2 + d^2}{gd}} \tag{3}$$

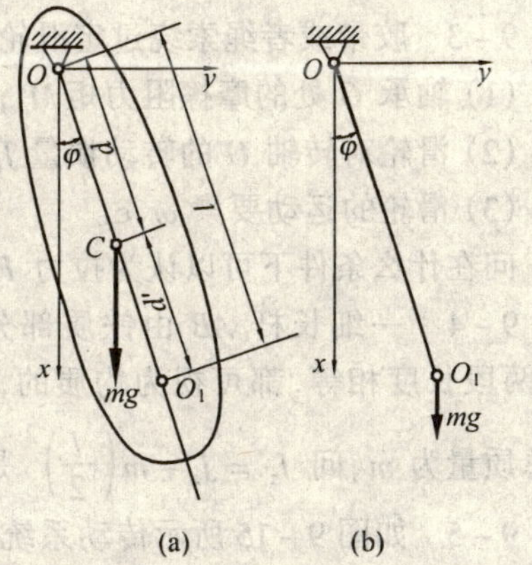

图 9-12

讨论：

(1) 利用复摆小摆动周期，可以测量一些物体对某轴的转动惯量

当物体悬挂在某轴上，并测量出摆的周期后，可按下式计算物体对于通过质心 C 的水平轴的转动惯量

$$J_C = m\rho_C^2 = mgd\left(\frac{T^2}{4\pi^2} - \frac{d}{g}\right) \tag{4}$$

这样，利用转动惯量平行移轴定理，即可求出该物体对于过任一点的水平轴的转动惯量。

(2) 复摆的简化摆长（或称等价摆长）与摆动中心

由式(2)和(3)可以看出，复摆与单摆的运动微分方程类似，运动规律也类似，故可以找到与复摆的摆动完全一样的等价单摆，如图 9-12(b)所示。

质量为 m，长度为 l 的单摆的小摆动周期为

$$T = \sqrt{\frac{l}{g}}$$

将此式与式(3)相比较可见，若取长度 $l = \frac{\rho_C^2 + d^2}{d}$ 作为单摆摆长，则单摆与复摆的运动规律类似，这一摆长称为复摆的简化摆长，或等价摆长，如图 9-12(b)所示。

若在复摆上连接悬挂点 O 与重心 C 作直线，并在点 C 一侧取点 O_1，使 $OO_1 = l = \frac{\rho_C^2 + d^2}{d} = \frac{\rho_C^2}{d} + d = d + d'$，点 O_1 称为摆动中心。

若将复摆悬挂点 O_1，则因简化摆长不变，所以摆动周期的表达式仍为式(3)。由此可见，悬挂中心与摆动中心具有互换性。

思 考 题

9-1 在质量相同的条件下，为了增大物体的转动惯量，可以采取哪些办法？

9-2 两个质量和半径都一样的胶带轮，绕轮心轴转动，根据质量的分布情况，一个可看作圆环，另一个可看作圆盘。若对它们施加同样大的力矩，经过相同时间后，哪个转动得快些？

9-3 胶带或者绳索绕过定滑轮 O（图 9-13），考虑下列因素：

(1) 轴承 O 处的摩擦阻力矩 M'；

(2) 滑轮对转轴 O 的转动惯量 J_0；

(3) 滑轮的运动要素 ω, ε。

问在什么条件下可以认为拉力 F_1 与 F_2 之值相等？

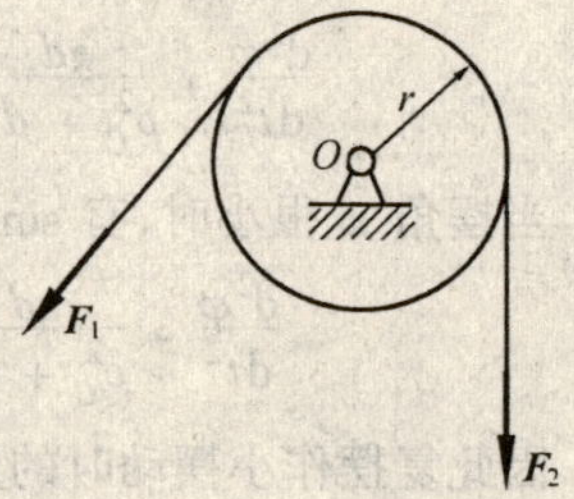

图 9-13

9-4 一细长杆 AB 由铁质部分 AC 和木质部分 CB 组成，两段长度相等，都可视为均质的，如图 9-14 所示。设杆的总质量为 m，问 $J_{z'} = J_z + m\left(\frac{l}{2}\right)^2$ 是否成立？

9-5 如图 9-15 所示传动系统中 J_1, J_2 为轮Ⅰ、轮Ⅱ的转动惯量，轮Ⅰ的角加速度按下式计算对吗？

$$\alpha_1 = \frac{M_1}{J_1 + J_2}$$

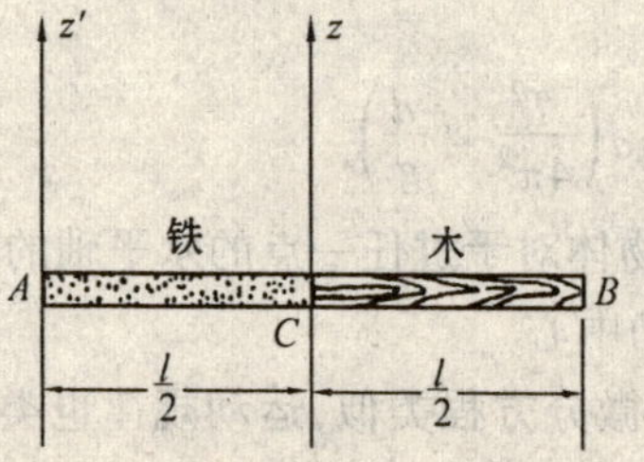

图 9-14

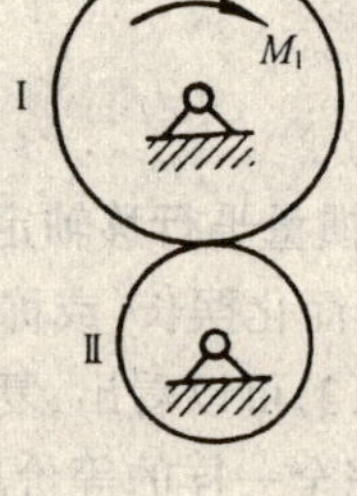

图 9-15

9-6 试求证：刚体的回转半径大于质心到转动轴的垂直距离。

习 题

9-1 计算题图 9-1 所示情况下物体对转轴 O 的转动惯量：

(1) 均质圆盘半径 r；

(2) 均质杆长 l；

(3) 均质偏心圆盘半径为 r、偏心距为 e。

重量均为 P

9-2 题图 9-2 所示连杆的质量为 m，质心在点 C。若 $AC = a, BC = b$，连杆对 B 轴的转动惯量为 J_B。求连杆对 A 轴的转动惯量。

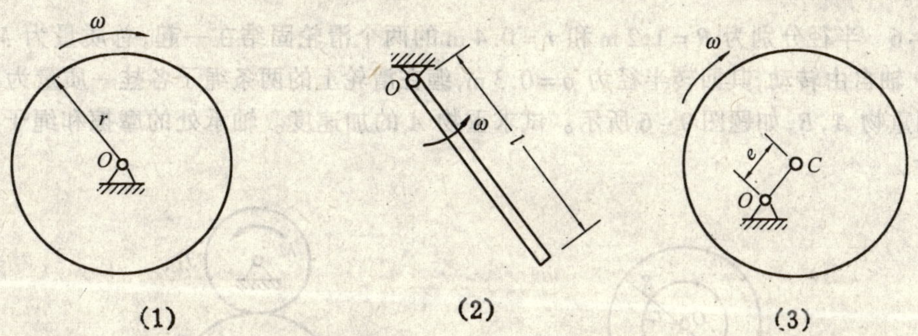

题图 9－1

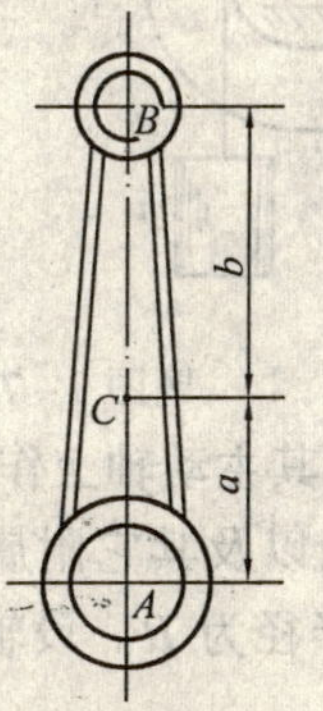

题图 9－2

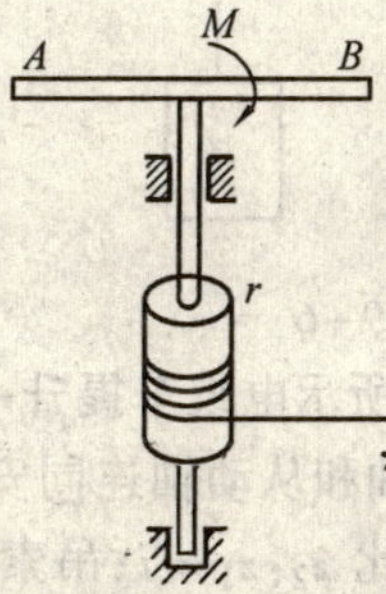

图图 9－3

9－3　在绞杆 AB 上作用一不变的力矩 M，使半径为 r 的绞盘转动，如题图 9－3 所示。如绞盘对其转轴的转动惯量为 J。重物 C 质量为 m，它对水平面的滑动摩擦因数为 f。求重物 C 的加速度。

9－4　题图 9－4 所示两带轮的半径各为 R_1 和 R_2，重量各为 P_1 和 P_2，如在轮 O_1 上作用一转矩 M，在轮 O_2 上作用一阻力矩 M'；带轮视为均质圆盘，胶带的质量和轴承摩擦略去不计，求轮 O_1 的角加速度。

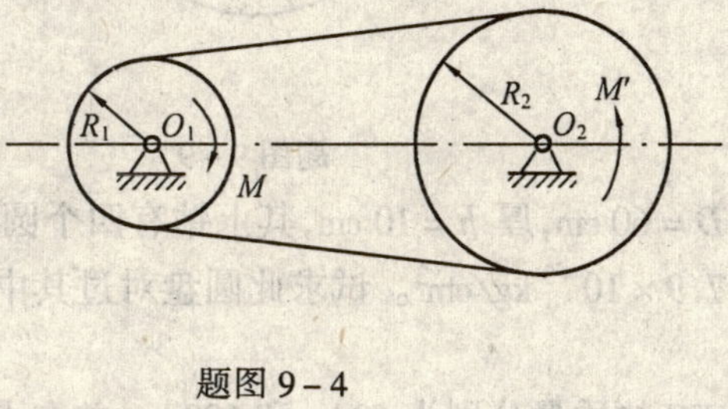

题图 9－4

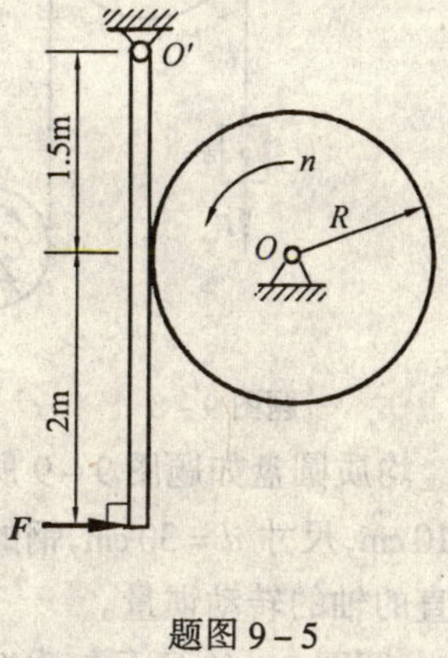

题图 9－5

9－5　质量为 100 kg、半径为 1 m 的均质圆轮，以转速 $n = 120$ r/min 绕 O 轴转动，如题图 9－5所示。设有一常力 F 作用于闸杆，轮经 10 s 后停止转动。已知摩擦因数 $f = 0.1$，求力 F

的大小。

9-6　半径分别为 $R=1.2\text{ m}$ 和 $r=0.4\text{ m}$ 的两个滑轮固结在一起，总质量为 $M=90\text{ kg}$，可绕 O 轴自由转动，其回转半径为 $\rho=0.3\text{ m}$，缠在滑轮上的两条绳子各挂一质量为 $m=20\text{ kg}$ 的相同重物 A，B，如题图 9-6 所示。试求重物 A 的加速度。轴承处的摩擦和绳子质量均略去不计。

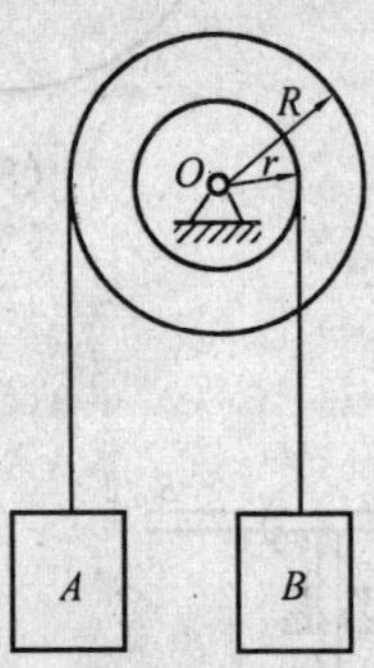

题图 9-6

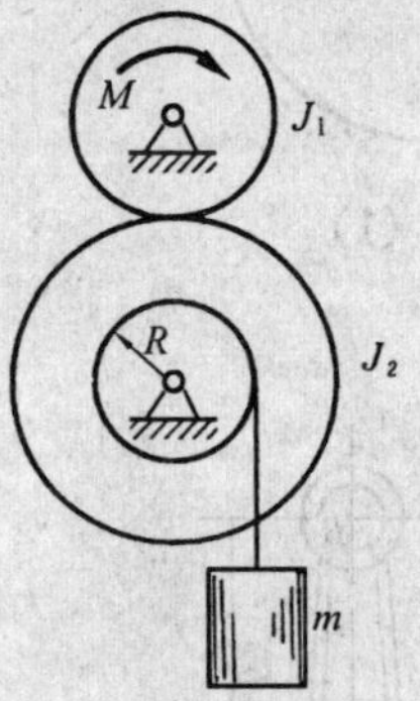

题图 9-7

9-7　题图 9-7 所示电绞车提升一质量为 m 的物体，在其主动轴上作用有一矩为 M 的主动力偶。已知主动轴和从动轴连同安装在这两轴上的齿轮以及其它附属零件的转动惯量分别为 J_1 和 J_2；传动比 $z_2:z_1=i$；吊索缠绕在鼓轮上，此轮半径为 R。设轴承的摩擦和吊索的质量均略去不计，求重物的加速度。

9-8　如题图 9-8 所示的卷扬机，轮 B，C 的半径分别为 R，r，对通过点 O_1，O_2 的水平轴的转动惯量分别为 J_1，J_2，物体 A 重 P，在轮 C 上作用一常转矩 M。试求物体 A 上升的加速度。

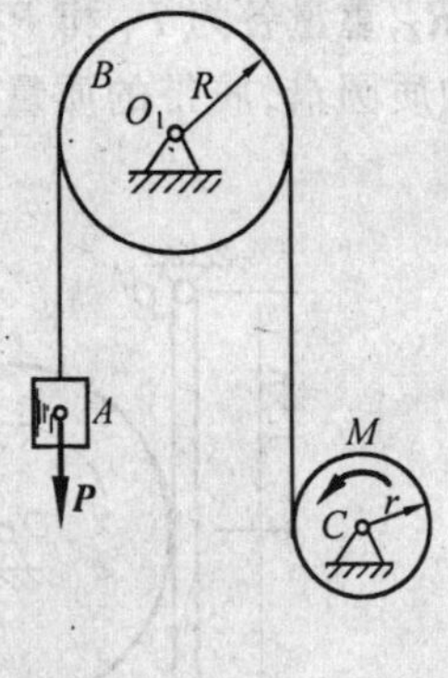

题图 9-8

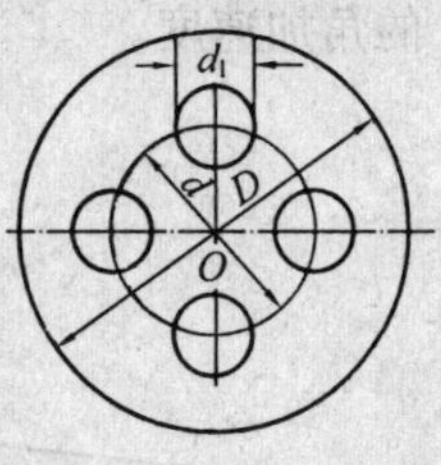

题图 9-9

9-9　均质圆盘如题图 9-9 所示，外径 $D=60\text{ cm}$，厚 $h=10\text{ cm}$，其上钻有四个圆孔，直径均为 $d_1=10\text{ cm}$，尺寸 $d=30\text{ cm}$，钢的密度 $\rho=7.9\times10^{-3}\text{ kg/cm}^3$。试求此圆盘对过其中心 O 并与盘面垂直的轴的转动惯量。

9-10　题图 9-10 所示匀质细杆 OA 和 EC 的质量分别为 50 kg 和 100 kg，并在点 A 焊成一体。若此结构在图示位置由静止状态自由释放，不计铰链处摩擦。试计算此结构刚释放瞬时，铰链 O 处的约束反力。

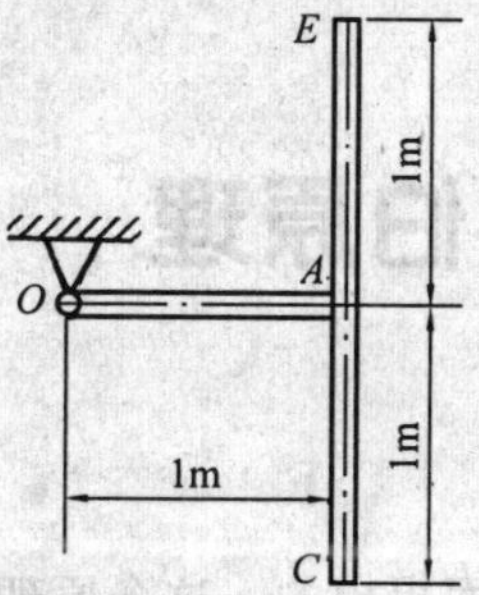

题图 9-10

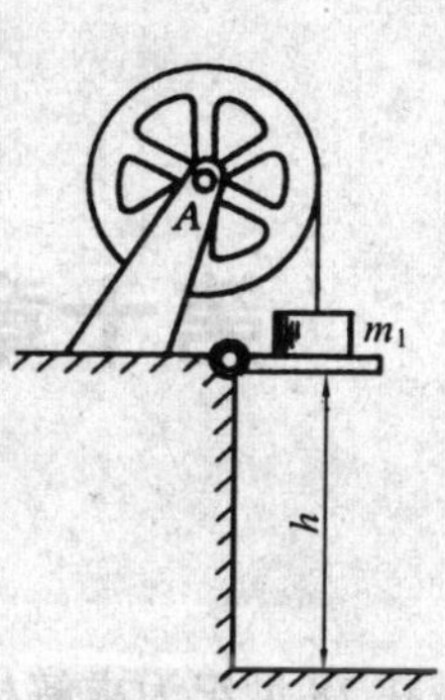

题图 9-11

9-11　如题图 9-11 所示，为求半径 $R=0.5\text{ m}$ 的飞轮 A 对于通过其重心轴的转动惯量，在飞轮上绕以细绳，绳的末端系一质量为 $m_1=8\text{ kg}$ 的重锤，重锤自高度 $h=2\text{ m}$ 处落下，测得落下时间 $t_1=16\text{ s}$。为消去轴承摩擦的影响，再用质量为 $m_2=4\text{ kg}$ 的重锤作第二次试验，此重锤自同一高度落下的时间为 25 s。假定摩擦力矩为一常数，且与重锤的重量无关，求飞轮的转动惯量和轴承的摩擦力矩。

第十章　达朗伯原理

达朗伯原理是在18世纪为求解机器动力学问题而提出的。这个原理提供了研究动力学问题的一个新的普遍的方法,即用静力学中研究平衡问题的方法来研究动力学问题。它在工程技术领域有着广泛的应用。

本章重点介绍刚体惯性力系的简化和应用动静法求解动力学问题的方法。

§10-1　惯性力和质点的达朗伯原理

设一非自由质点的质量为 m,加速度为 $\boldsymbol{a}$,作用在这个质点上的主动力为 $\boldsymbol{F}$、约束反力为 $\boldsymbol{F}_{\mathrm{N}}$,如图10-1所示。由质点动力学基本方程得

$$\boldsymbol{F} + \boldsymbol{F}_{\mathrm{N}} = m\boldsymbol{a}$$

上式移项后,得

$$\boldsymbol{F} + \boldsymbol{F}_{\mathrm{N}} - m\boldsymbol{a} = 0$$

令

$$\boldsymbol{F}_g = -m\boldsymbol{a} \tag{10-1}$$

则得

$$\boldsymbol{F} + \boldsymbol{F}_n + \boldsymbol{F}_g = 0 \tag{10-2}$$

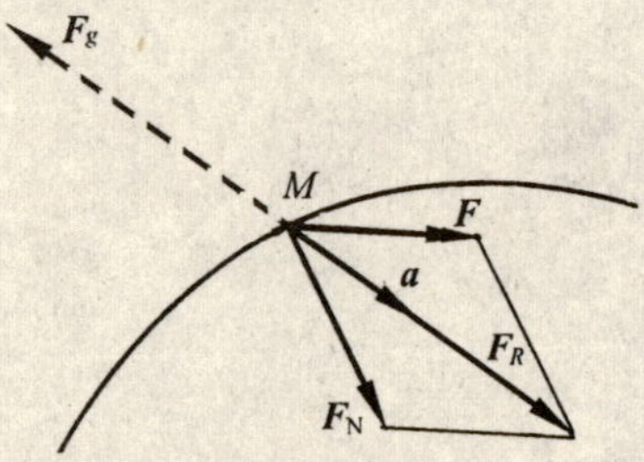

图10-1

此处 $\boldsymbol{F}_g$ 可假想看作是一个力,它的大小等于质点的质量与加速度的乘积,它的方向与质点加速度的方向相反。因为这个力与质点的质量有关,所以称为质点的惯性力。

式(10-2)表明:质点在运动的每一瞬时,作用于质点上的主动力、约束反力与假想地加在质点上的惯性力,在形式上的构成一平衡力系。此即质点的达朗伯原理。

式(10-2)虽然与质点动力学基本方程似乎只有形式上的差别,但它却引出了一个新的方法,即用静力学的方法来研究动力学问题,故又称为动静法。必须注意,惯性力并不作用在质点上,质点并非处于平衡状态,所以动静法所谓的“平衡”并无实际的物理意义,实质上还是动力学问题。在质点上假想地加上惯性力,只是借用熟知的静力学方法求解动力学问题而已,它在分析工程动力学问题,尤其是在求解动反力和动应力问题时,显得特别地方便。

质点的动静法在应用时常采用投影形式。将式(10-2)投影到直角坐标轴上,得

$$\left.\begin{aligned} F_x + F_{\mathrm{N}x} + F_{gx} &= 0 \\ F_y + F_{\mathrm{N}y} + F_{gy} &= 0 \\ F_z + F_{\mathrm{N}z} + F_{gz} &= 0 \end{aligned}\right\} \tag{10-3}$$

若质点沿已知平面曲线运动,则可将式(10-2)投影到自然轴上,得

$$\left.\begin{aligned} \boldsymbol{F}_\tau + \boldsymbol{F}_{N\tau} + \boldsymbol{F}_{g\tau} = 0 \\ \boldsymbol{F}_n + \boldsymbol{F}_{Nn} + \boldsymbol{F}_{gn} = 0 \end{aligned}\right\} \qquad (10-4)$$

式中，$\boldsymbol{F}_{g\tau} = -m\boldsymbol{a}_\tau$，称为切向惯性力；$\boldsymbol{F}_{gn} = -m\boldsymbol{a}_n$，称为法向惯性力(也称离心惯性力)。负号表示它们分别与切向加速度和法向加速度的方向相反。

应用动静法解题，画受力图时，除分析质点所受的主动力和约束力外，还要分析质点的运动，确定惯性力，并假想地加在质点上，此后便可用静力学的平衡方程求解问题。

例 10-1　测定列车的加速度，采用一种称为加速度测定摆的装置。这种装置就是在车厢顶上用绳悬挂一重球 M，如图 10-2 所示。当车厢作匀加速直线运动时，摆将偏向一方，与铅垂线成不变的角 θ，求车厢的加速度 a 与 θ 的关系。

解：

(1)选取研究对象，画受力图。以摆球 M 为研究对象，并视为质点。它受有重力 $\boldsymbol{P}$ 和绳的拉力 $\boldsymbol{T}$ 的作用。

(2)分析运动，加惯性力。以地面为参考系，当车厢以匀加速度 $\boldsymbol{a}$ 向前运动时，偏角 θ 不变，重球与车厢保持相对静止，摆球 M 与车厢具有相同的加速度。根据达朗伯原理，在摆球上加惯性力 $\boldsymbol{F}_g$，其大小为 $F_g = ma$，方向与加速度 $\boldsymbol{a}$ 的方向相反，m 为摆球的质量。于是作用在摆球 M 上的主动力 $\boldsymbol{P}$、约束力 $\boldsymbol{T}$ 和惯性力 $\boldsymbol{F}_g$ 在形式上组成一平衡力系。

(3)列平衡方程，求未知量。由汇交力系的平衡方程得

$$\sum X_i = 0, \qquad T\sin\theta - ma = 0$$

$$\sum Y_i = 0, \qquad T\cos\theta - mg = 0$$

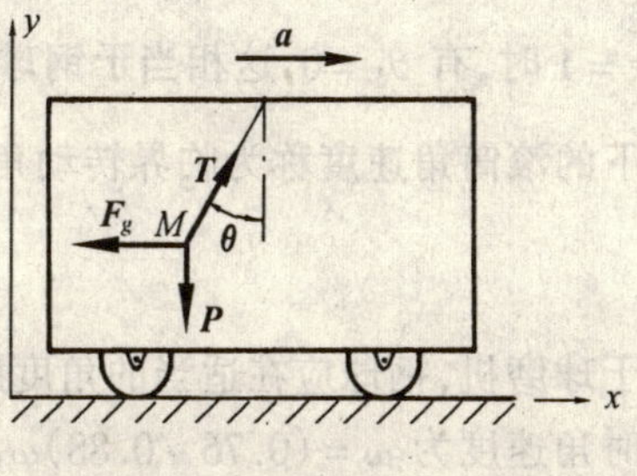

图 10-2

消去未知力 T 后，得

$$\tan\theta = \frac{a}{g}$$

所以

$$a = g\tan\theta$$

由上式根据摆球偏离铅垂线的角度 θ，就可以算出车厢的加速度。

例 10-2　球磨机的滚筒以匀角速度 ω 绕水平轴 O 转动，内装钢球和需要粉碎的物料。钢球被筒壁带到一定高度的 A 处脱离筒壁，然后沿抛物线轨迹自由落下，从而击碎物料，如图 10-3(a)所示。设滚筒内壁半径为 r，试求刚体脱离球磨机圆筒时半径 OA 与铅直线的夹角 θ_1(脱离角)。

解：　先研究随着筒壁一起转、尚未脱离筒壁的某个钢球的运动，然后考察它脱离筒壁的条件。钢球未脱离筒壁时受到的力有重力 $\boldsymbol{P}$、筒壁的法向反力 $\boldsymbol{F}_N$ 和切向摩擦力 $\boldsymbol{F}$，不考虑其它钢球对它的作用力，如图 10-3(b)所示。此外，再虚加钢球的惯性力 $\boldsymbol{F}_g$。因为钢球随着筒壁作匀速圆周运动，它的切向加速度为零，法向加速度 $a_n = r\omega^2$，故只有法向惯性力，其大小为 $F_g = m r \omega^2$，方向背离中心 O。根据动静法，这四个力构成假想的平衡力系。

列出沿法线方向的方程

$$\sum F_{ni} = 0, \qquad F_N + P\cos\alpha - F_g = 0$$

解得

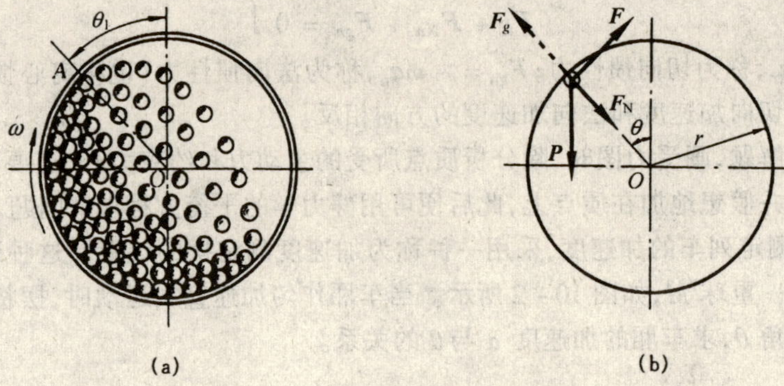

图 10-3

$$F_N = P\left(\frac{r\omega^2}{g} - \cos\alpha\right)$$

从上式可见，随着钢球的上升(即随着 θ 角的减小)，反力 F_N 的值将逐渐减小。在钢球即将脱离筒壁的瞬时，有条件 $F_N = 0$。代入上式后，得到脱离角

$$\theta_1 = \arccos\left(\frac{r\omega^2}{g}\right)$$

顺便指出，脱离角 θ 与滚筒的角速度(转速)和滚筒半径有关，而与钢球质量无关。当 $\frac{r\omega^2}{g} = 1$ 时，有 $\theta_1 = 0$，这相当于钢球始终不脱离筒壁，使钢球达不到击碎物料的目的。这种情况下的滚筒角速度称为临界转动角速度，记为 ω_1，则

$$\omega_1 = \sqrt{\frac{g}{r}}$$

对于球磨机，钢球应在适当的角度脱离筒壁，故要求 $\omega < \omega_1$，在设计计算中，一般取球磨机工作时角速度为 $\omega = (0.76 \sim 0.88)\omega_1$。而对于离心浇铸机，为了使金属熔液在旋转着的铸型内能紧贴内壁而成型，则要求 $\omega > \omega_1$。

§10-2 质点系的达朗伯原理

设有由 n 个质点组成的质点系，其中第 i 个质点的质量为 m_i，作用在第 i 个质点上的主动力的合力为 $\boldsymbol{F}_i$，约束反力的合力为 $\boldsymbol{F}_{Ni}$，若加速度为 $\boldsymbol{a}_i$，则其惯性力为 $\boldsymbol{F}_{gi} = -m_i\boldsymbol{a}_i$。由质点的达朗伯原理，得

$$\boldsymbol{F}_i + \boldsymbol{F}_{Ni} + \boldsymbol{F}_{gi} = 0 \qquad (i = 1,2,\cdots\cdots,n) \tag{10-5}$$

这意味着对于质点系每个质点都假想地加上它的惯性力，则在任一瞬时，作用于各质点的主动力、约束反力和惯性力分别在形式上组成平衡的汇交力系。将各个质点的平衡汇交力系视为一个系统乃是一个平衡的任意力系，这就表明：在质点系运动的任一瞬时，作用于质点系上的所有主动力、约束反力与假想地加在各质点上的惯性力，在形式上组成平衡力系。这就是质点系达朗伯原理。

由静力学理论知，任意力系平衡的条件是力系的主矢和主矩分别于零，即

$$\left.\begin{aligned}\sum \boldsymbol{F}_i + \sum \boldsymbol{F}_{\mathrm{N}i} + \sum \boldsymbol{F}_{gi}) = 0 \\ \sum \boldsymbol{M}_O(\boldsymbol{F}_i) + \sum \boldsymbol{M}_O(\boldsymbol{F}_{\mathrm{N}i}) + \sum \boldsymbol{M}_O(\boldsymbol{F}_{gi}) = 0\end{aligned}\right\} \quad (10-6)$$

对于质点系而言，一般习惯上将真实力按外力和内力来分，这样式(10－6)可改写为

$$\left.\begin{aligned}\sum \boldsymbol{F}_i^{(e)} + \sum \boldsymbol{F}_i^{(i)} + \sum \boldsymbol{F}_{gi} = 0 \\ \sum \boldsymbol{M}_O(\boldsymbol{F}_i^{(e)}) + \sum \boldsymbol{M}_O(\boldsymbol{F}_i^{(i)}) + \sum \boldsymbol{M}_O(\boldsymbol{F}_{gi}) = 0\end{aligned}\right\} \quad (10-7)$$

上式中，$\sum \boldsymbol{F}_i^{(e)}$、$\sum \boldsymbol{F}_i^{(i)}$分别表示作用于质点系的外力和内力的矢量和；$\sum \boldsymbol{M}_O(\boldsymbol{F}_i^{(e)})$，$\sum \boldsymbol{M}_O(\boldsymbol{F}_i^{(i)})$分别表示作用于质点系的外力和内力对任意点 O 之矩的矢量和。由于质点系的内力是成对地出现，而且等值、反向、共线，所以$\sum \boldsymbol{F}_i^{(i)} = 0$，$\sum \boldsymbol{M}_0(\boldsymbol{F}_i^{(i)}) = 0$。于是得

$$\left.\begin{aligned}\sum \boldsymbol{F}_i^{(e)} + \sum \boldsymbol{F}_{gi} = 0 \\ \sum \boldsymbol{M}_O(\boldsymbol{F}_i^{(e)}) + \sum \boldsymbol{M}_O(\boldsymbol{F}_i^{(i)}) = 0\end{aligned}\right\} \quad (10-8)$$

上式表明：质点系在运动的任一瞬时，作用于质点系上所有外力与假想地加在各质点上的惯性力，在形式上组成一平衡力系。在应用式(10－8)求解动力问题时，需将其投影到直角坐标轴上，若是空间任意力系，则得 6 个平衡方程，可求解 6 个未知量；若是平面任意力系，则得到 3 个平衡方程，可求解 3 个未知量。

例 10－3 钢丝绳跨过半径为 $r = 10$ cm 的滑轮如图 10－4(a)所示，钢丝绳两端分别悬挂物块 A 和 B。设物块 A 重 $P_1 = 4$ kN，物块 B 重 $P_2 = 1$ kN，滑轮上作用一力偶，其矩为 $M = 0.4$ kN，设绳不可伸长，并略去绳和滑轮的质量及轴承摩擦，求物块 A 的加速度和轴承 O 的约束反力。

解： 取滑轮及物块 A 和 B 为研究对象，作用于质点系的外力有：物块 A 的重力 $\boldsymbol{P}_1$ 和物块 B 的重力 $\boldsymbol{P}_2$，力偶矩为 M 的力偶以及轴承 O 的约束反力 $\boldsymbol{F}_{Ox}$ 和 $\boldsymbol{F}_{Oy}$。如图 10－4(b)所示。

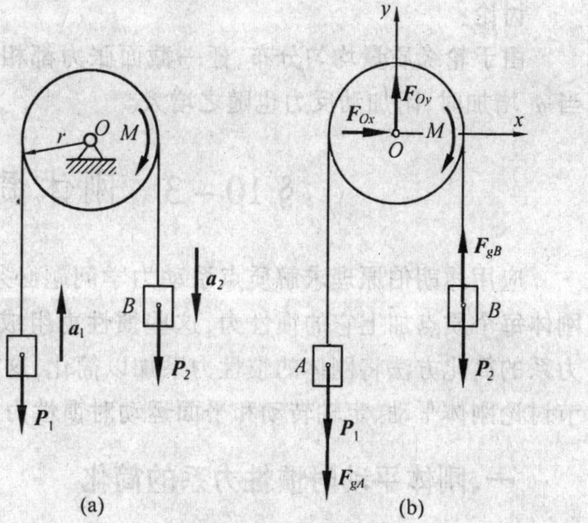

图 10－4

设物块 A 的加速度为 $\boldsymbol{a}_1$，方向向上，物块 B 的加速度为 $\boldsymbol{a}_2$，方向向下，因绳子不可伸长，故 $a_1 = a_2 = a$。于是，可知物块 A 的惯性力的大小为 $F_{gA} = \frac{P_1}{g}a_1 = \frac{P_1}{g}a$，方向向下；物块 B 的惯性力 $F_{gB} = \frac{P_2}{g}a_2 = \frac{P_2}{g}a$，方向向上。

应用动静法，列平衡方程

$$\sum M_O(\boldsymbol{F}_i) = 0, \qquad -M + \left(P_1 + \frac{P_1}{g}a\right)r + \left(\frac{P_2}{g}a - P_2\right)r = 0$$

将已知各值代入，解之得　$a = 1.96\ \mathrm{m/s^2}$。

$$\sum X_i = 0, \qquad F_{Ox} = 0$$

$$\sum Y_i = 0, \qquad F_{Oy} - P_1 - \frac{P_1}{g}a - \boldsymbol{P}_2 + \frac{\boldsymbol{P}_2}{g}a = 0$$

则得

$$F_{Oy} = 5.60\ \text{kN}$$

例 10-4 飞轮质量为 m，半径为 R，以匀角速度 ω 转动。设轮缘较薄，质量均匀分布，轮辐质量不计。若不考虑重力的影响，求轮缘横截面上的张力。

解： 取四分之一轮缘为研究对象，如图 10-5 所示，在轮缘上取一微弧段(阴影部分)，则微弧段的惯性力大小为

$$\mathrm{d}F_{gi} = \frac{m}{2\pi R}R\omega^2 \times R\mathrm{d}\theta = \frac{m\omega^2 R}{2\pi}\mathrm{d}\theta$$

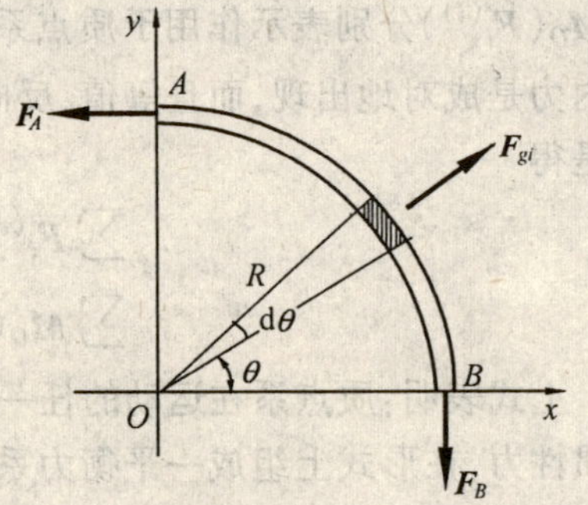

图 10-5

列平衡方程

$$\sum X_i = 0, \qquad \int_0^{\frac{\pi}{2}}\cos\theta\mathrm{d}F_{gi} - F_A = 0$$

所以

$$F_A = \int_0^{\frac{\pi}{2}}\cos\theta\mathrm{d}F_{gi} = \int_0^{\frac{\pi}{2}}\frac{m\omega^2 R}{2\pi}\cos\theta\mathrm{d}\theta = \frac{m\omega^2 R}{2\pi}$$

$$\sum Y_i = 0, \qquad \int_0^{\frac{\pi}{2}}\sin\theta\mathrm{d}F_{gi} - F_B = 0$$

解得

$$F_B = \frac{m\omega^2 R}{2\pi}$$

讨论：

由于轮缘质量均匀分布，任一截面张力都相同，它们是由运动引起的，故为附加动反力。当 ω 增加时，附加动反力也随之增大。

§10-3 刚体惯性力系的简化

应用达朗伯原理求解质点系动力学问题必须给各质点虚加上它的惯性力。对于运动的刚体每个质点加上它的惯性力，这些惯性力组成一惯性力系。为了应用方便，按照静力学中力系的简化方法将刚体的惯性力系加以简化，这样在解题时就可以直接利用其简化结果。本节讨论刚体平动、定轴转动和平面运动时惯性力系的简化结果。

一、刚体平动时惯性力系的简化

刚体平动时，其上各点加速度在同一瞬时是相同的，均等于质心加速度 $\boldsymbol{a}_C$，即 $\boldsymbol{a}_i = \boldsymbol{a}_C$。所以刚体内质量为 m_i 的任一质点 M_i 的惯性为 $\boldsymbol{F}_{gi} = -m_i\boldsymbol{a}_i = -m_i\boldsymbol{a}_C$。由于各质点惯性力的方向相同，所以组成一个同向平行力系，如图 10-6(a)所示。将此惯性力系向质心简化，可得惯性力系的主矢

$$\boldsymbol{F}'_{gR} = \sum \boldsymbol{F}_{gi} = \sum(-m_i\boldsymbol{a}_i) = \sum(-m_i\boldsymbol{a}_C) = -\boldsymbol{a}_C\sum m_i$$

设刚体的质量为 $M = \sum m_i$，则

$$F'_{gR} = -Ma_C$$

惯性力系的主矩

$$M_{gC} = \sum m_C(F_{gi}) = \sum r_i \times F_{gi} =$$

$$\sum r_i \times (m_i a_C) = -(\sum m_i r_i) \times a_C \qquad (1)$$

由于质心坐标公式得

$$Mr_C = \sum m_i r_i \qquad (2)$$

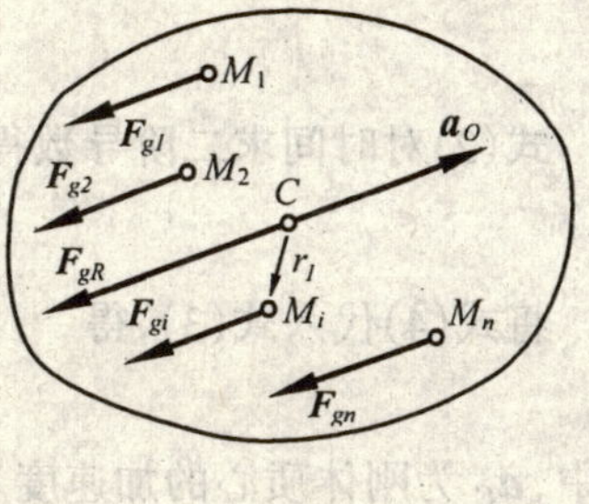

图 10-6

故由式(1)和(2)得

$$M_{gC} = -Mr_C \times a_C$$

式中，r_C 是质心 C 对简化中心的矢径，现因简化中心与质心重合，故 $r_C = 0$，于是

$$M_{gC} = 0$$

由以上分析可得，刚体平行移动时，其惯性力简化结果为一通过质心的合力，其大小等于刚体的质量与质心加速度的乘积，方向与质心加速度的方向相反，如图 10-6(b)所示。即

$$F_{gR} = -Ma_C \qquad (10-9)$$

二、刚体绕定轴转动时惯性力系的简化

这里只讨论刚体具有垂直于转轴的质量对称平面的特殊情况。工程中常见的胶带轮、齿轮、砂轮以及冲压机上的飞轮等，都属于这种情形。

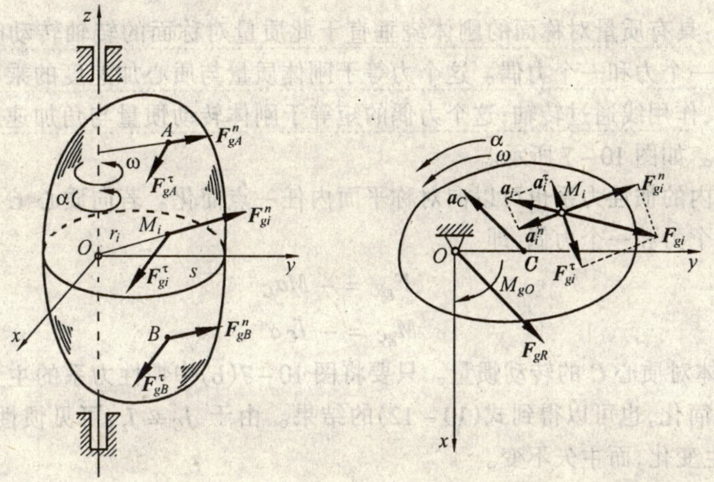

(a) (b)

图 10-7

设刚体绕固定轴 z 转动，具有质量对称平面 s，s 与转轴 z 垂直并相交于点 O，刚体的质量为 M，某瞬间刚体绕轴 z 转动的角速度为 ω，角加速度为 α，如图 10-7(a)所示。由于转轴 z 垂直于对称平面，故在此平面的两侧每两个对称质点 A 和 B 的惯性力的合力都作用在此平面内，这样，刚体的空间惯性力系就可以简化为在对称平面内的平面力系，平面内点 M_i 的惯性力为 $F_{gi} = -m_i a_i$，a_i 为该点加速度，m_i 可视为 M_i 处垂直于 s 面的柱状元素的质量。然后再将此平面力系向转轴与对称平面的交点 O 简化，即可得到刚体定轴转动时惯性力系简化的结果。

惯性力系的主矢

$$F_{gR} = \sum F_{gi} = -\sum m_i a_i \tag{3}$$

式(2)对时间求二阶导数得

$$Ma_C = \sum m_i a_i \tag{4}$$

将式(4)代入式(3),得

$$F_{gR} = -Ma_C \tag{10-10}$$

式中,a_C 为刚体质心的加速度。

惯性力主矩

$$M_{gO} = \sum M_O(F_{gi}) = \sum M_O(F_{gi}^{\tau}) + \sum M_O(F_{gi}^{n}) \tag{5}$$

式中,F_{gi}^{τ}和F_{gi}^{n}分别为F_{gi}沿切向和法向的惯性力分量,亦称切向惯性力和法向惯性力,其大小为 $F_{gi}^{\tau} = m_i a_i^{\tau} = m_i r_i \alpha$,$F_{gi}^{n} = m_i a_i^{n} = m_i r_i \omega^2$。由于法向惯性力 F_{gi}^{n}都通过点 O,所以

$$\sum M_O(F_{gi}^{n}) = 0$$

$$\sum M_O(F_{gi}^{\tau}) = -\sum m_i r_i \alpha \times r_i = -\alpha \sum m_i r_i^2$$

故得

$$M_{gO} = -J_z \alpha \tag{10-11}$$

式中,J_z 为刚体对转轴 z 的转动惯量,负号表示惯性力偶 M_{gO}的转向与角加速度 α 的转向相反。

由此表明:具有质量对称面的刚体绕垂直于此质量对称面的转轴转动时,惯性力系简化为对称面内的一个力和一个力偶。这个力等于刚体质量与质心加速度的乘积,方向与质心加速度方向相反,作用线通过转轴;这个力偶的矩等于刚体转动惯量与角加速度的乘积,方向与角加速度相反。如图 10-7 所示。

对称平面内的惯性力系也可以向对称平面内任一点简化。若向质心 C 简化,就可以得到通过质心的一个力和一个力偶,即

$$\begin{aligned} F_{gR} &= -Ma_C \\ M_{gC} &= -J_C \alpha \end{aligned} \tag{10-12}$$

式中,J_C 是刚体对质心 C 的转动惯量。只要将图 10-7(b)中惯性力系的主矢 F_{gR}和主矩 M_{gO}再向质心 C 点简化,也可以得到式(10-12)的结果。由于 $J_C \neq J_z$,可见惯性力系向不同点简化,主矩将发生变化,而主矢不变。

具体简化时,会出现三种特殊情况:

(1)转轴通过刚体的质心,且角加速度 α 不等于零。这时 $a_C = 0$,故惯性力系主矢 $F_{gR} = 0$,惯性力系简化为一个惯性力偶,其力偶矩 M_{gC}的大小为 $J_C\alpha$,转向与角加速度 α 相反。如图 10-8(a)所示。

(2)刚体作匀速转动且转轴不通过质心 C,如图 10-8(b)所示。由于 $\alpha = 0$,故 $M_{gO} = 0$。质心加速度只有法向分量 $a_C^n = OC \cdot \omega^2$。惯性力系简化为一个作用线通过点 O 的力 $F_{gR} = -Ma_C^n$,其大小等于 $M\omega^2 \cdot OC$,方向由点 O 指向点 C。因之常称为离心惯性力。

(3)刚体绕通过质心的轴作匀速转动,即 $\alpha = 0$,$a_C = 0$,则 $F_{gR} = 0$,$M_{gO} = 0$。这说明刚体的惯性力系自身相互平衡。这种现象称为动平衡。

图 10-8

三、刚体作平面运动时其惯性力系的简化

仅讨论刚体具有质量对称的平面，且刚体作平行于此平面的平面运动。这种刚体运动时的惯性力系同具有垂直于质量对称面的转轴的刚体定轴转动问题相类似，也可简化为此对称平面内的平面任意力系。

由运动学可知，若取质心 C 为基点，则刚体的平面运动可分解为随质心 C 的平动和绕质心的转动。设质心的加速度为 $\boldsymbol{a}_C$，刚体的角加速度为 α，如图 10-9 所示。由平动刚体和定轴转动刚体惯性力系的简化结果知：随质心平动部分的惯性力系可简化为通过质心 C 的力 $\boldsymbol{F}_{gR} = -M\boldsymbol{a}_C$；绕质心 C 转动部分的惯性力系可简化为一力偶。$M_{gC} = -J_C\alpha$。因此，平面运动刚体惯性力系向质心简化后，其结果为在对称平面内的一个力和一个力偶。即

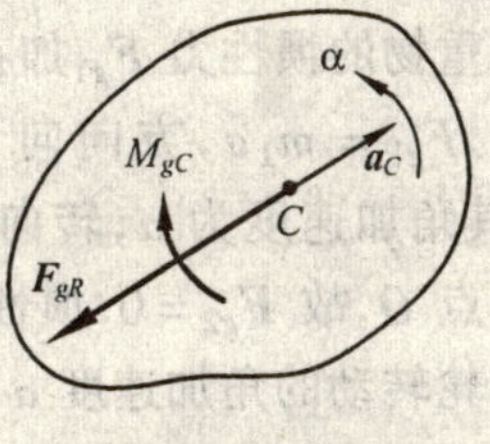

图 10-9

$$\boldsymbol{F}_{gR} = -M\boldsymbol{a}_C$$

$$M_{gC} = -J_C\alpha$$

式中，J_C 为刚体对垂直对称面且过质心点 C 之轴的转动惯量，负号表示力偶矩的转向与角加速度转向相反。

例 10-5 水平均质杆 AB，质量 $m = 12\,\text{kg}$。长 $l = 1\,\text{m}$，A 端用铰链连结，B 端用铅直绳吊住，如图 10-10 所示。现将绳子突然割断，求此时杆的角加速度和铰链 A 处的约束反力。

解： 取杆 AB 为研究对象，作用于杆 AB 上的力有重力 $\boldsymbol{P}$、点 A 的约束力 $\boldsymbol{F}_{Ax}$ 和 $\boldsymbol{F}_{Ay}$。当绳子突然割断的瞬时，杆 AB 的角速度 $\omega = 0$，$\alpha \neq 0$，故其质心的法向加速度 $a_C^n = lw^2/2 = 0$，而切向加速度 $a_C^\tau = l\alpha/2$，将杆 AB 的惯性力系向点 A 简化，其方向如图 10-10所示，大小为

$$F_{gR} = \frac{ml\alpha}{2}, \qquad M_{gA} = J_A\alpha = \frac{1}{3}ml^2\alpha$$

这样，作用于杆 AB 上的力 $\boldsymbol{P}$，$\boldsymbol{F}_{Ax}$，$\boldsymbol{F}_{Ay}$，$\boldsymbol{F}_{gR}$ 和 M_{gA} 在形式上组成一平衡力系。

应用动静法，列方程

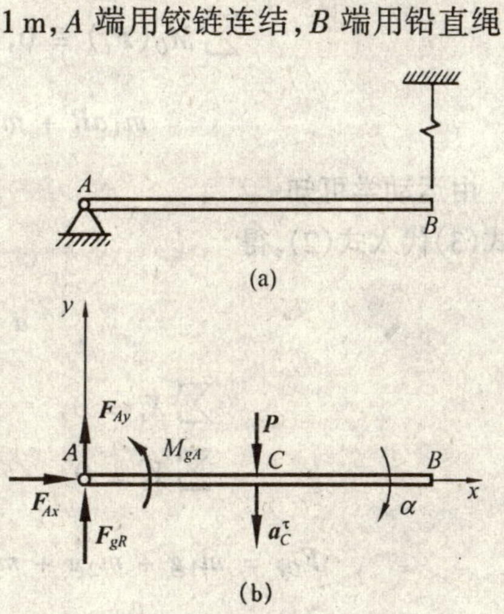

图 10-10

$$\sum M_A(\boldsymbol{F}_i) = 0, \qquad M_{gA} - P\frac{l}{2} = 0 \tag{1}$$

$$\sum X_i = 0, \qquad F_{Ax} = 0 \tag{2}$$

$$\sum Y_i = 0, \qquad F_{Ay} + F_{gR} - P = 0 \tag{3}$$

由式(1),得

$$\frac{1}{3}m^2\alpha = mg \times \frac{l}{2}$$

故

$$\alpha = \frac{3g}{2l}$$

由式(3),得

$$F_{Ay} = P - F_{gR} = P - m\frac{l}{2}\alpha = \frac{1}{4}mg = 29.4\text{N}$$

例 10-6 有一提升机,如图 10-11 所示。已知被提升重物的重量为 m_1,鼓轮的半径为 R、质量为 m_2。起动时,电动机给鼓轮的驱动力矩为 M。鼓轮视为均质园柱求起动时重物上升的加速度、钢丝的拉力。

解: 取鼓轮和重物为研究对象。其上作用有重力 $\boldsymbol{P}_1,\boldsymbol{P}_2$,驱动力矩 M 和轴承反力 $\boldsymbol{F}_{Ox},\boldsymbol{F}_{Oy}$,如图 10-11(a)所示。

重物作直线平动,其加速为 a,方向向上,所以重物的惯性力 $\boldsymbol{F}_{g1}$加在重物质心上,其大小为 $F_{g1} = m_1a$,方向向下。鼓轮作定轴转动,其角加速度为 α,转向为顺钟向。因质心通过点 O,故 $\boldsymbol{F}_{g2} = 0$,惯性力矩 $M_{g2} = J_O\alpha$,转向与轮转动的角加速度 α 转向相反。

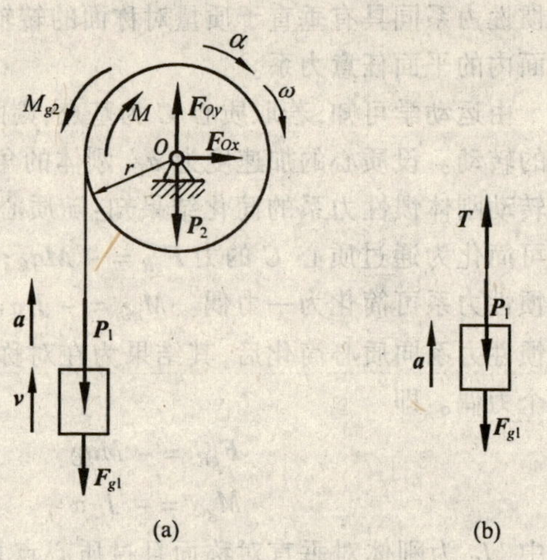

图 10-11

于是,作用在鼓轮和重物的力 $\boldsymbol{F}_{g1},\boldsymbol{P}_1,\boldsymbol{P}_2,M,M_{g2},\boldsymbol{F}_{Ox}$和 $\boldsymbol{F}_{Oy}$组成一平衡力系。

由平面任意力系平衡方程,得

$$\sum M_O(\boldsymbol{F}_i) = 0, \qquad F_{g1R} + P_1R + M_{g2} - M = 0 \tag{1}$$

$$m_1aR + m_1gR + \frac{1}{2}m_2R^2\alpha - M = 0 \tag{2}$$

由运动学可知

$$a = R\alpha \tag{3}$$

将式(3)代入式(2),得

$$a = \frac{2(M - m_1gR)}{(2m_1 + m_2)R} \tag{4}$$

又

$$\sum X_i = 0, \qquad F_{Ox} = 0$$

$$\sum Y_i = 0, \qquad F_{Oy} - m_1g - m_2g - m_1a = 0$$

故

$$F_{Oy} = m_1g + m_2g + m_1a = m_1g + m_2g + \frac{2m_1(M - m_1gR)}{(2m_1 + m_2)R} \tag{5}$$

为了求得钢丝绳拉力 $\boldsymbol{T}$,再取重物为研究对象。这样 $\boldsymbol{P}_1,\boldsymbol{T},\boldsymbol{F}_{g1}$组成一平衡力系,如图 10-11(b)所示。由平衡方程得

$$\sum Y_i = 0, \qquad T - F_{g1} - P_1 = 0$$

即

$$T = m_1 g + F_{g1} = m_1 g + m_1 a = = m_1 g + \frac{2m_1(M - m_1 gR)}{(2m_1 + m_2)R} \tag{6}$$

从上述结果可以看到,当 $M > m_1 gR$ 时,a 为正(向上),即重物加速上升,这是启动过程;当 $M = m_1 gR$ 时,$a = 0$,即重物等速运动,这是正常运行过程;当 $M < m_1 gR$ 时,a 为负(向下),即重物减速上升,这是制动过程。轴承约束力和钢丝绳拉力都是由两部分组成:第一部分是由重力引起的,即静反力;第二部分是由物体的变速运动引起的,即附加动反力。在正常运行时,只有静反力。在启动和制动过程中,才会出现附加反力。附加动反力是我们选择轴承、钢丝绳等必须考虑的问题。

例 10-7 如图 10-12 所示钢梁(可视为均质杆)重 $W = 1.8$ kN,在 A, B 处分别用钢丝绳吊住,从高空呈水平状态匀速下降。当接近地面时,分别制动 A, B 处的钢丝绳,并使它们分别获得减加速度 $a_A = 7\ \text{m/s}^2$ 和 $a_B = 3\ \text{m/s}^2$。钢梁总长 $l = 6$ m。试求钢丝绳在此瞬时的拉力。

解: 以钢梁为研究对象。作用于梁上的力有重力 W、钢丝绳的拉力 $\boldsymbol{T}_A$ 和 $\boldsymbol{T}_B$。

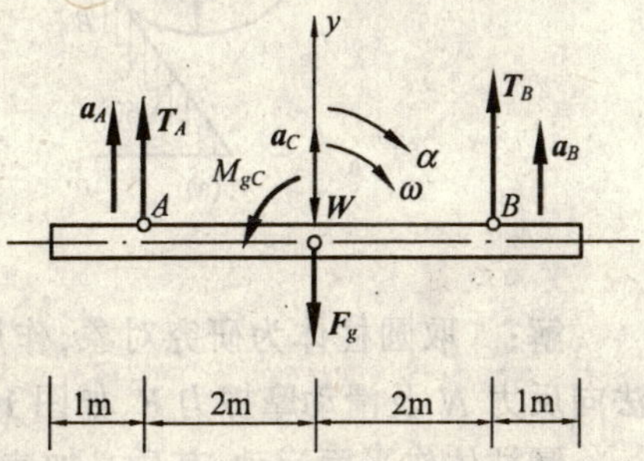

图 10-12

当梁接近地面时,由于 A, B 处的制动加速度不等,所以钢梁作平面运动,在此瞬时,设钢梁质心 C 的加速度为 $\boldsymbol{a}_C$,梁的角速度和角加速度分别为 ω 和 α,其指向或转向如图 10-12 所示。将钢梁的惯性力系向质心 C 简化,则得惯性力系的主矢和主矩,其大小为

$$F_g = \frac{W}{g}a_C, \qquad M_{gC} = J_C\alpha = \frac{l^2\alpha W}{12g}$$

其指向或转向见图 10-12 所示。

应用动静法,列方程

$$\sum m_C(\boldsymbol{F}_i) = 0, \qquad -T_A \times 2 + 2T_B + \frac{l^2\alpha W}{12g} = 0 \tag{1}$$

$$\sum Y_i = 0, \qquad T_A - T_B - W - \frac{W}{g}a_C = 0 \tag{2}$$

由式(1)和(2),可得

$$T_B = \frac{1}{2}W + \left(\frac{W}{2g}a_C - \frac{\alpha l^2 W}{48g}\right) \tag{3}$$

$$T_A = \frac{1}{2}W + \left(\frac{W}{2g}a_C + \frac{\alpha W l^2}{48g}\right) \tag{4}$$

式中,α 和 a_C 可根据平面运动两点间的加速度关系求出。在 A, B 两点加速度关系式

$$\boldsymbol{a}_A = \boldsymbol{a}_B + \boldsymbol{a}_{AB}^{\tau} + \boldsymbol{a}_{AB}^{n} \tag{5}$$

式中 $\boldsymbol{a}_A, \boldsymbol{a}_B, \boldsymbol{a}_{AB}^{\tau}$ 都沿 y 方向。因此 $\boldsymbol{a}_{AB}^{n} = 0$,所以 $\omega = 0$,则 $a_A = a_B + 4\alpha$,从而可得

$$\alpha = \frac{a_A - a_B}{4} = 1\text{rad/s}^2 \tag{5}$$

又因 $\boldsymbol{a}_C = \boldsymbol{a}_B + \boldsymbol{a}_{CB}^{\tau} + \boldsymbol{a}_{CB}^{n}$,而 $a_{CB}^{n} = 2\omega^2 = 0$,故得

$$a_C = a_B = 2\alpha = 5\text{m/s}^2 \tag{6}$$

由式(3)、(4)、(5)、(6)可得

$$T_B = 1.22\ \text{kN}, \qquad T_A = 1.5\ \text{kN} \tag{7}$$

当钢梁水平匀速下降时，钢梁作平动，加速度为零。A，B 处钢丝绳的拉力等 $0.5W = 0.9\text{kN}$，而制动时分别增至 1.5 kN 和 1 22 kN，所以，制动时易导钢丝绳被拉断。

例 10-8 图 10－13(a) 为一均质圆柱体，其质量为 m，半径为 r，放在倾角为 60° 的斜面上。一细绳绕在圆柱体上，其一端固定于点 A，绳的引出部分与斜面平行。如圆柱体与斜面间的动摩擦因数为 $f = 1/3$，求圆柱体的质心 C 沿斜面落下的加速度及绳的拉力。

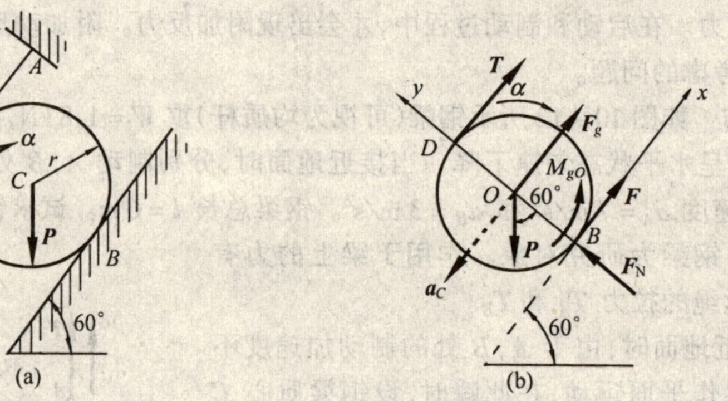

图 10-13

解: 取圆柱体为研究对象，作用于其上的外力有圆柱体的重力 $\boldsymbol{P}$、绳的拉力 $\boldsymbol{T}$，斜面的法向反力 $\boldsymbol{N}$ 及滑动摩擦力 $\boldsymbol{F}$，如图 10-13(b)所示。

圆柱体作平面运动，其质心加速度 a_C 沿斜面向下；角加速度为 α，顺时针转向。其惯性力系向质心 C 简化的主矢和主矩的大小

$$F_g = ma_C, \qquad M_{gC} = J_C\alpha = mr^2\alpha/2$$

其指向或转向如图 10-13(b)所示。

应用动静法，取坐标轴如图 10-13(b)所示，列平衡方程

$$\sum Y_i = 0, \qquad F_N - P\cos 60° = 0$$

所以

$$F_N = \frac{P}{2} = \frac{mg}{2} \tag{1}$$

$$\sum M_D(\boldsymbol{F}_i) = 0, \qquad rF_g + 2rF + M_{gC} - rP\sin 60° = 0 \tag{2}$$

由运动学可知 $$a_C = r\alpha \tag{3}$$

由摩擦定律可知 $$F = fF_N \tag{4}$$

将式(1)，(3)和(4)代入式(2)中，得

$$ma_C = 2fF_N + \frac{1}{2}ma_C - mg\sin 60° = 0$$

故

$$a_C = 0.356g$$

又

$$\sum X_i = 0, \qquad T + ma_C + fF_N - mg\sin 60° = 0$$

即

$$T = mg\sin 60° - ma_C - fF_N = 0.344mg$$

例 10-9 已知转子的偏心距 $e = 0.1$ mm，质量为 $m = 20$ kg，转轴垂直于转子的对称面，如图 10-14 所示。若转子的载速 $n = 12\,000$ r/min，求质心 C 在最低位置时轴承的附加动

反力。

解： 取转子及轴 A 为研究对象，其上作用有重力 $\boldsymbol{P}$、约束反力 $\boldsymbol{F}_{NA}$和$\boldsymbol{F}_{NB}$。转子作匀速转动即 $\alpha=0$，且转轴不通过质心，因而其惯性力系简化为通过质心并与转轴相交的一个离心惯性力 $\boldsymbol{F}_g$，其大小

$$F_g = me\omega^2$$

方向如图所示。这样转子的重力 $\boldsymbol{P}$、约束力 $\boldsymbol{F}_{NA}$、$\boldsymbol{F}_{NB}$和惯性力$\boldsymbol{F}_g$ 在形式上组成一平衡力系。

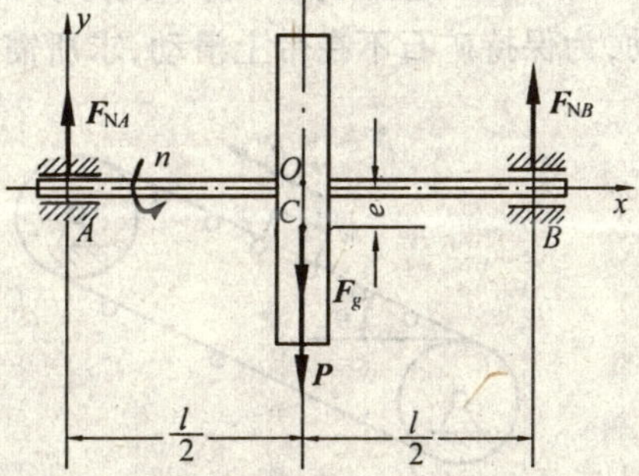

图 10－14

由平衡方程，得

$$\sum Y_i = 0, \qquad F_{NA} + F_{NB} - P - F_g = 0 \quad (1)$$

$$\sum m_A(\boldsymbol{F}_i) = 0, \qquad F_{NB}l - P \times \frac{l}{2} - F_g \times \frac{l}{2} = 0 \quad (2)$$

由以上各式可得

$$F_{NA} = F_{NB} = \frac{1}{2}mg + \frac{1}{2}me\omega^2 \quad (3)$$

式中，第一项$\frac{1}{2}mg$ 是由转子的重量引起的静反力，第二项$\frac{1}{2}me\omega^2$ 是由转子的惯性力引起的附加动反力。故附加动反力

$$F'_{NA} = F'_{NB} = \frac{1}{2}me\omega^2 = \frac{1}{2}me\left(\frac{n\pi}{30}\right)^2 = 1.579 \text{ kN}$$

如果只考虑重力作用，那么轴承 A，B 处的静反力

$$F''_{NA} = F''_{NB} = \frac{1}{2}mg = 98 \text{ N}$$

由此可知，附加动反力是静反力的 16 倍。附加动反力将使轴承加速磨损发热，激起机器和基础的振动。对于高速、精密的回转机械，消除轴承的动反力是一个相当重要的问题，将在机械原理等课程中讨论。

思　考　题

10－1　质量为 m 的质点，在空中作抛物线落体运动时，其惯性力的大小和方向如何？

10－2　作匀速平动的刚体与作匀速转动的刚体有无惯性力？

10－3　一列火车在启动过程中，哪一节车厢的挂钩受力最大，为什么？

10－4　如图 10－15 所示质量和半径完全相同的两个鼓轮，一个绳端施加一力 $\boldsymbol{P}$，另一个鼓轮绳端挂一重量为 P 的物体，两轮初速为零。问两轮在任一瞬时的角加速度是否相同？

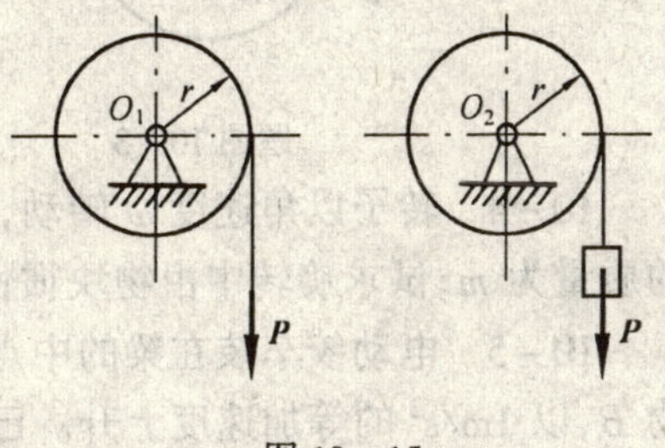

图 10－15

10－5　应用牛顿第二定律或动静法求解质点动力学问题时，概念上有何不同？所得结果是否相同？

10－6　均质杆绕其端点在平面内转动，将杆的惯性力系向此端点简化，或向杆中心简化，其结果有什么

不同？两者间又有什么联系？此惯性力系能否简化为一合力？

习　题

10-1　题图 10-1 所示提升矿石的传送带与水平成倾角 θ。设传送带以匀加速度 a 运动，为保持矿石不在带上滑动，求所需的摩擦因数。

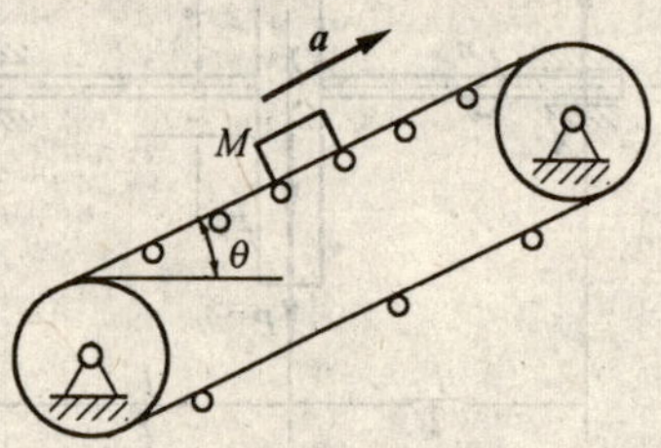

题图 10-1

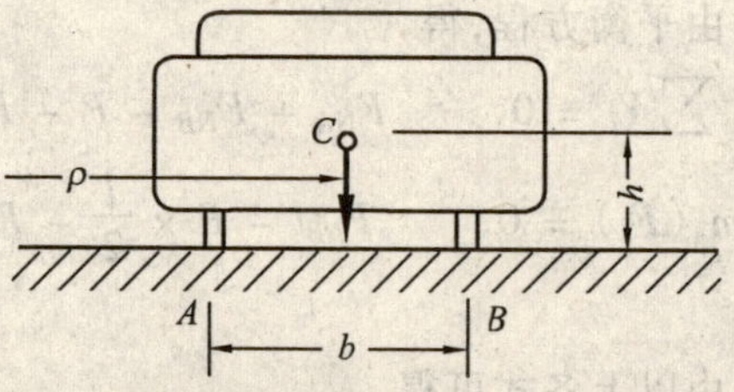

题图 10-2

10-2　露天装载机转弯时，弯道半径为 ρ，装载机重 P，重心高出水平地面 h，内外轮间的距离为 b，如题图 10-2 所示。设轮与地面的摩擦因数为 f_s，求：(1)转弯时的极限速度，即不致于打滑和倾倒的最大速度；(2)若要求当转弯速度较大时，先打滑后倾倒，则应有什么条件？(3)如装载机的最小转弯半径(自后轮外侧算起)为 570 cm，轮距为 225 cm，摩擦因数取 0.5，则极限速度为多少？

10-3　凸轮导板机构，偏心轮圆心为 A，半径为 r，偏心距 OA 为 e，偏心轮绕 O 轴以匀角速 ω 转动，如题图 10-3 所示。当导板 CD 在最低位置时，弹簧的压缩为 b，导板质量为 m；求弹簧的弹簧常量 c 为多大时，方使导板在运动过程中始终不离开偏心轮？

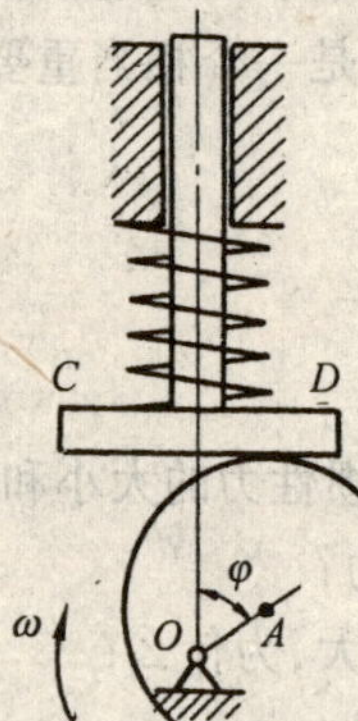

题图 10-3

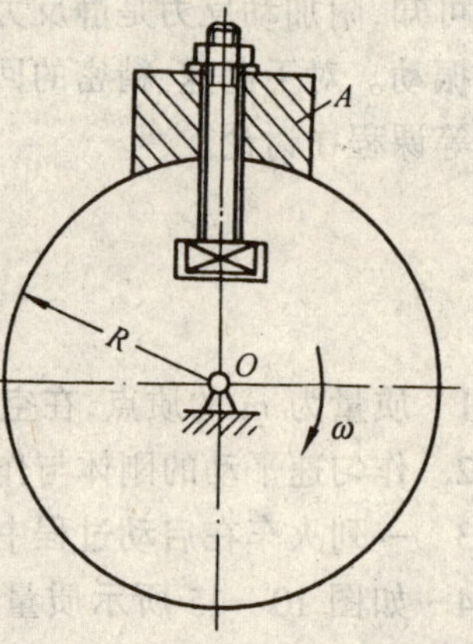

题图 10-4

10-4　转子以角速度 ω 转动，圆周上用螺钉固定一小物块 A，如题图 10-4 所示，物块 A 的质量为 m；试求旋转中由物块惯性力引起的螺钉拉力。

10-5　电动绞车装在梁的中点，梁的两端放置在支座上。该车提起质量为 2 000kg 的重物 B，以 1m/s^2 的等加速度上升。已知绞车和梁的质量共为 800kg，其它尺寸如题图 10-5 所示。试求支座 C 与 D 的约束力。

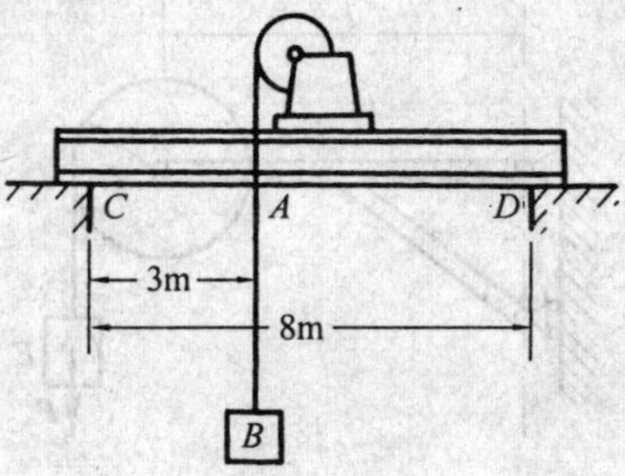

题图 10－5

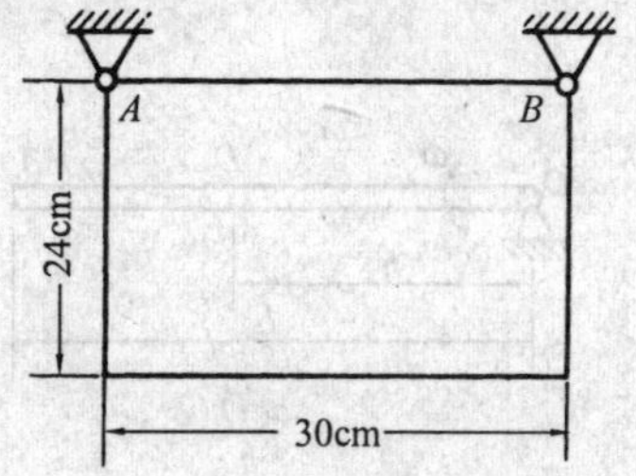

题图 10－6

10－6　题图 10－6 所示长方形的炉门挡板长 30cm，宽 24cm，质量为 50kg，由两个销钉 A 和 B 支承。如果销 B 突然被撤掉，求撤掉的销钉 B 瞬时挡板的角加速度及销钉 A 的约束力。

10－7　题图 10－7 所示打桩机支架质量 $m_1 = 2\,000$ kg，质心在点 C，已知 $a = 4$ m，$b = 1$ m，$h = 10$ m，锤质量 $m_2 = 700$ kg，绞车鼓轮质量 $m_3 = 500$ kg，半径 $r = 0.28$ m，回转半径 $\rho = 0.2$ m。钢绳与水平面夹角 $\theta = 60°$，鼓轮上作用着转矩 $M = 1\,960$ N·m。不计滑轮的大小和质量，求支座 A 和 B 的约束力。

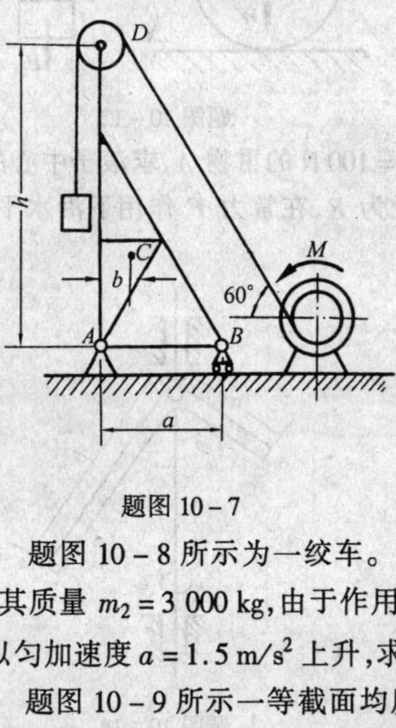

题图 10－7

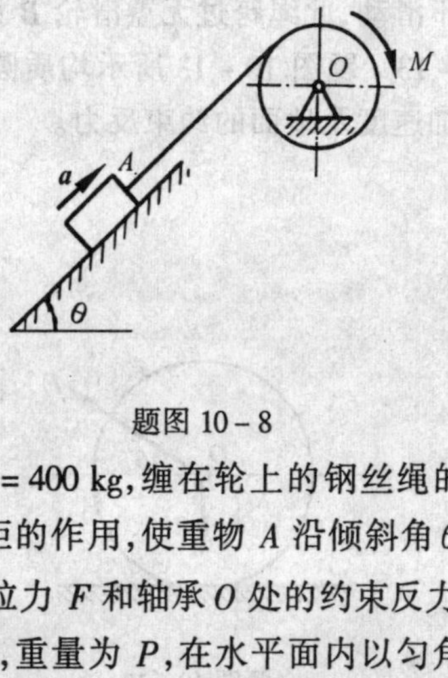

题图 10－8

10－8　题图 10－8 所示为一绞车。鼓轮质量 $m_1 = 400$ kg，缠在轮上的钢丝绳的末端 A 系一重物，其质量 $m_2 = 3\,000$ kg，由于作用在轮上的转矩的作用，使重物 A 沿倾斜角 $\theta = 45°$ 的光滑斜面以匀加速度 $a = 1.5$ m/s^2 上升，求钢丝绳内的拉力 F 和轴承 O 处的约束反力。

10－9　题图 10－9 所示一等截面均质杆 OA，长 l，重量为 P，在水平面内以匀角速度 ω 绕铅直轴转动。试求在距转动轴为 h 处的 D 截面上的轴向力，并分析在哪个截面上的轴向力最大？

10－10　有一刚架 ABC，B 端用轴承连接一重量为 Q 的均质圆盘，半径为 r，圆盘上用绳缠挂一重为 $P = 4$ kN 的重物 E，重物 E 向下加速运动，如题图 10－10 所示。求这时 A，C 处的支座反力。绳重及轴承的摩擦不计，且设：$Q = 2P$，$l = 3r$，$AC = 2r$。

10－11　两重物 A 和 B 各重为 $P = 20$kN 和 $W = 8$kN，连接如题图 10－11 所示，并由电动机 E 拖动。如连接电机转子绳的张力为 3kN，不计滑轮的重量，求重物 A 的加速度和绳 DF 的张力。

10－12　题图 10－12 所示圆柱形滚子重 $W = 200$ N，由其上缠绕的绳子被拉住沿水平面

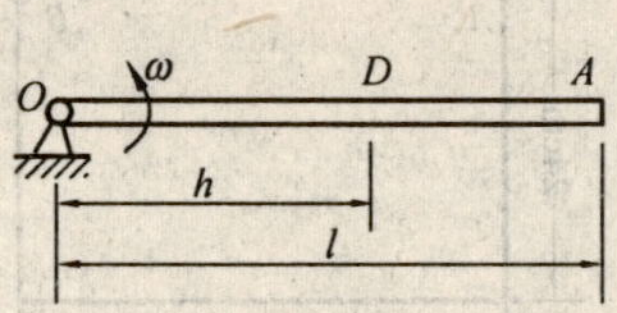

题图 10-9

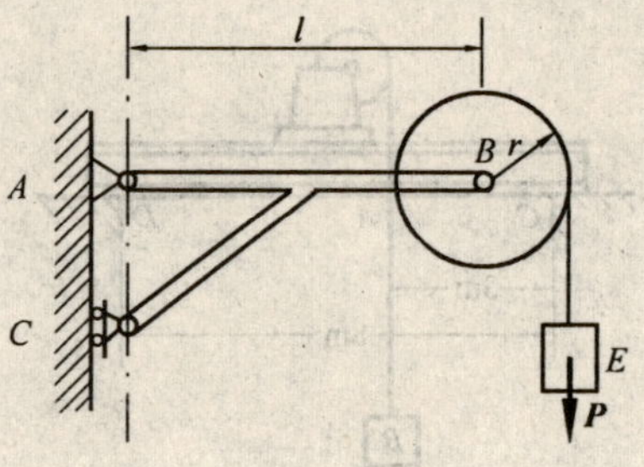

题图 10-10

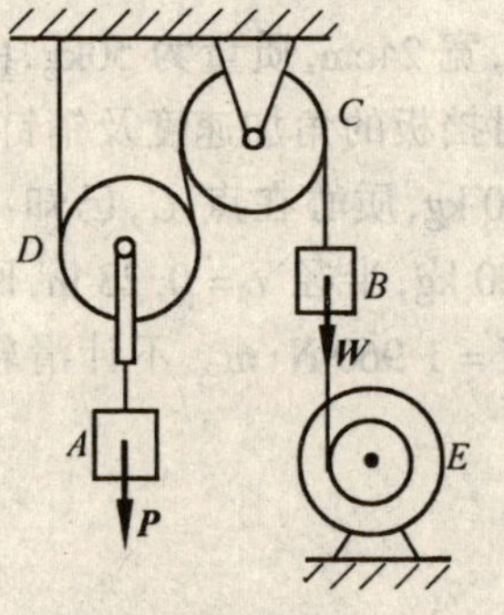

题图 10-11

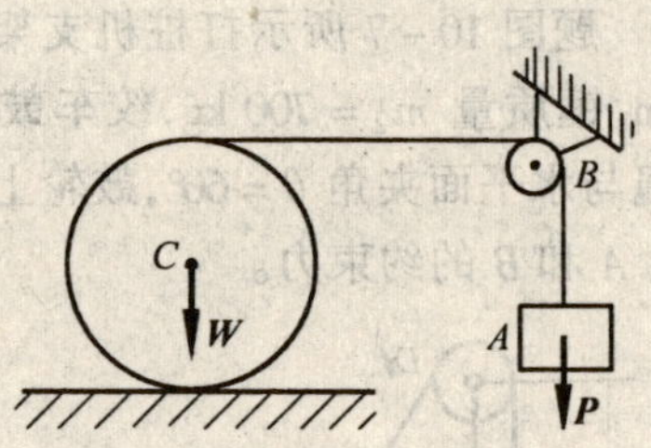

题图 10-12

滚动而不滑动，此绳跨过无重滑轮 B 系一重量为 $P = 100$ N 的重物 A，求滚子中心的加速度。

10-13　题图 10-13 所示均质圆柱重 P、半径为 R，在常力 $\boldsymbol{F}$ 作用下沿水平面纯滚，求轮心的加速度及地面的约束反力。

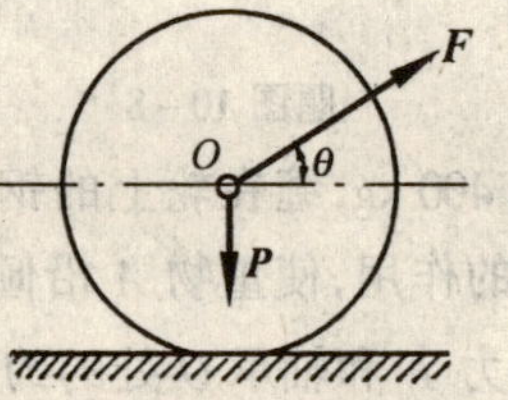

题图 10-13

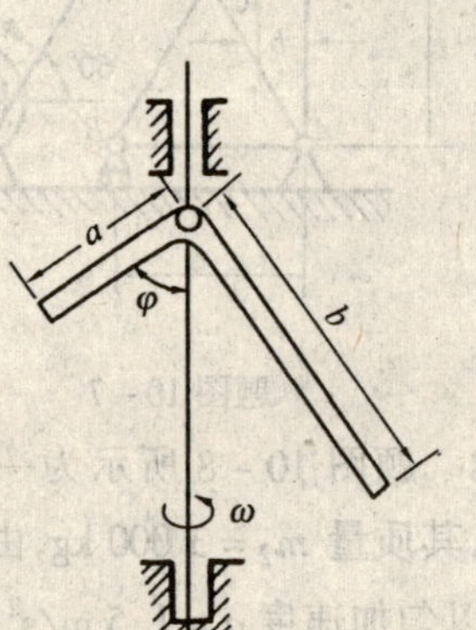

题图 10-14

10-14　题图 10-14 所示两细长的均质直杆互成直角地固结在一起，其顶点 O 与铅直轴以铰链相连，此轴以等角速度 ω 转动，求长为 a 的杆离铅直线的偏角 φ 与 ω 间的关系。

10-15　题图 10-15 所示轮轴对轴 O 的转动惯量为 J。在轮轴上系有两个物体，质量各为 m_1 和 m_2。若此轮轴依顺时针转向转动，试求轮轴的角加速度 α，并求轴承 O 的附加动反力。

10-16　题图 10-16 所示曲柄 OA 质量为 m_1，长为 r，以等角速度 ω 绕水平的轴 O 逆时针方向转动。曲柄的 A 端推动水平板 B，使质量为 m_2 的滑杆 C 沿铅直方向运动。忽略摩擦，求当曲柄与水平方向夹角为 30°时的力偶矩 M 及轴承 O 的反力。

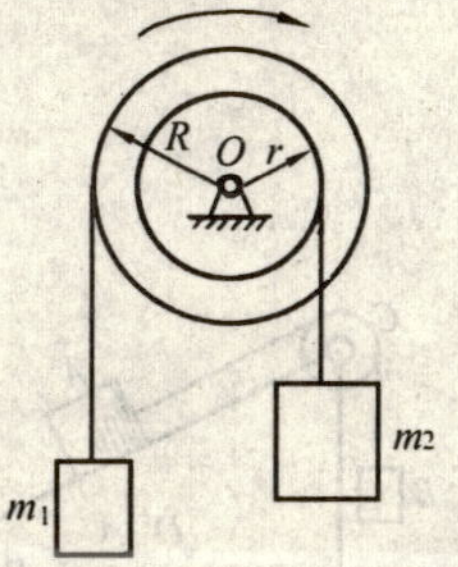

题图 10－15

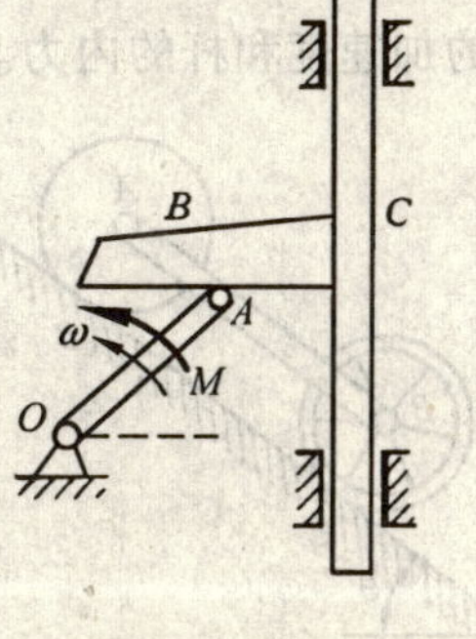

题图 10－16

10－17　题图 10－17 所示均质板质量为 m，放在两个均质圆柱滚子上，滚子质量皆为 m_1，其半径均为 r。如在板上作用一水平力 F，并设各接触处无滑动，求板的加速度。

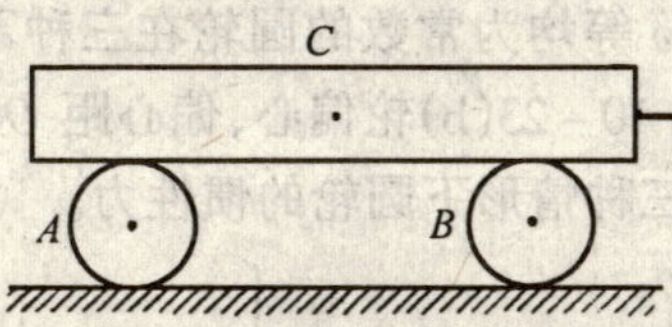

题图 10－17

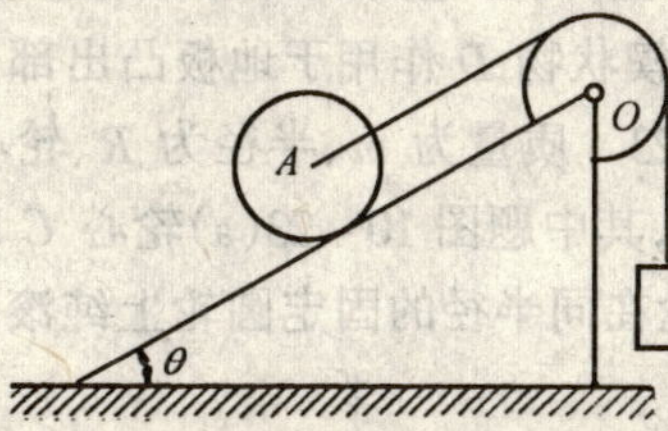

题图 10－18

10－18　题图 10－18 所示滚子 A 质量为 m，沿倾角为 θ 的斜面向下滚动而不滑动，滚子借一跨过滑轮 B 的绳提升质量为 m_2 的物体 C，同时滑轮 B 绕轴 O 转动。滚子 A 与滑轮 B 的质量相等，半径相同，且都可视为均质圆盘，求滚子重心的加速度和系在滚子上绳的张力。

10－19　在题图 10－19 所示机构中，沿斜面纯滚动的圆柱体 O' 和鼓轮 O 为均质物体，质量均为 m，半径均为 R。绳子不能伸缩，其质量略去不计。粗糙斜面的倾角为 θ，不计滚动摩擦。如在鼓轮上作用一常力偶 M。求：(1)鼓轮的角加速度；(2)轴承 O 的水平反力。

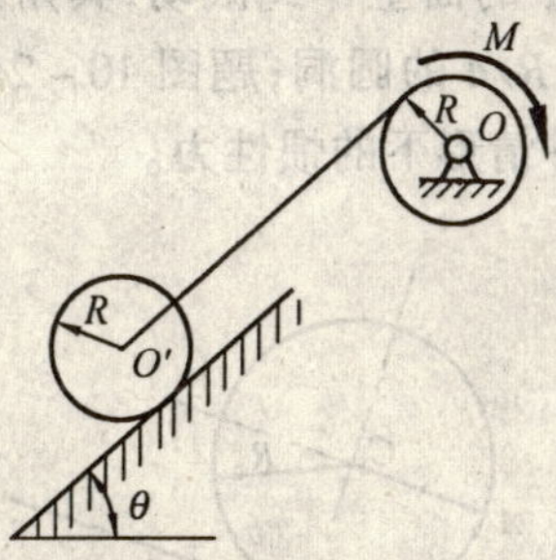

题图 10－19

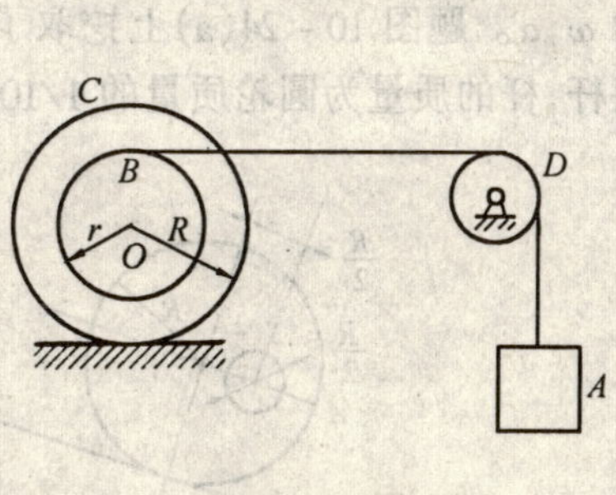

题图 10－20

10－20　重物 A 质量为 m_1，系在绳子上，绳子跨过不计质量的固定滑轮 D，并绕在鼓轮 B 上，如题图 10－20 所示。由于重物下降，带动了轮 C，使它沿水平轨道滚动而不滑动。设鼓轮半径为 r，轮 C 的半径为 R，两者固连在一起，总质量为 m_2，对于其水平轴 O 的回转半径为 ρ。求重物 A 的加速度。

10－21　均质实心圆柱体 A 和薄铁环 B 的质量均为 m，半径都等于 r，两者用杆 AB 铰接，无滑动地沿斜面滚下，斜面与水平面的夹角为 θ，如题图 10－21 所示。如杆的质量忽略不计，求杆 AB 的加速度和杆的内力。

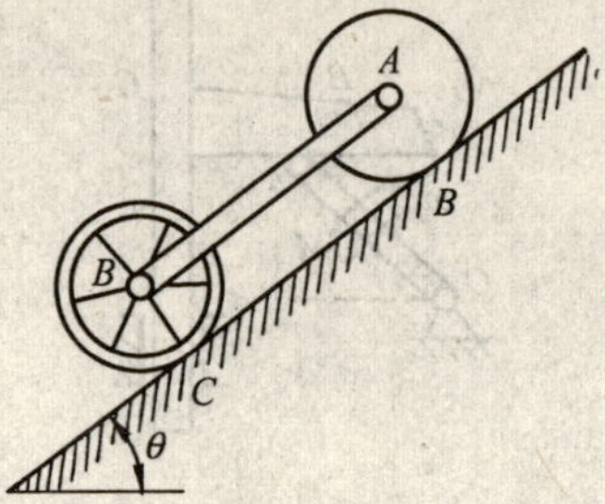

题图 10－21

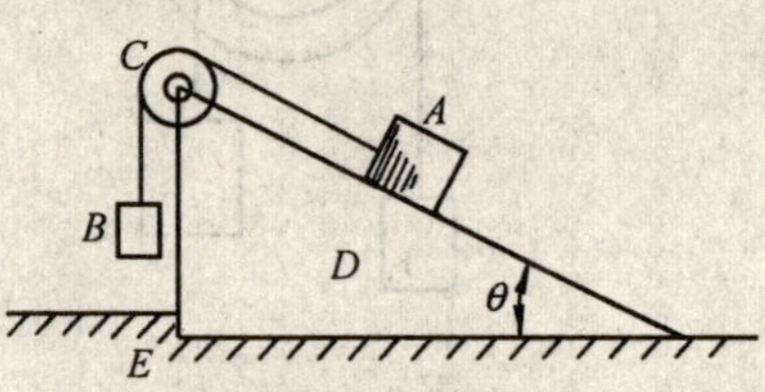

题图 10－22

10－22　A 物体质量为 m_1，沿楔状物 D 的斜面下降，同时借绕过滑车 C 的绳使质量为 m_2 的物体 B 上升，如题图 10－22 所示。斜面与水平成 θ 角，滑轮和绳的质量及一切摩擦均略去不计。求楔状物 D 作用于地板凸出部分 E 的水平压力。

10－23　质量为 m、半径为 R、轮心速度大小 v 等均为常数的圆轮在三种不同情形下都作纯滚动，其中题图 10－23(a)轮心 C 即圆心；题图 10－23(b)轮偏心，偏心距 $OC=e$；题图 10－23(c)轮在同半径的固定圆轮上纯滚动。试简化三种情形下圆轮的惯性力。

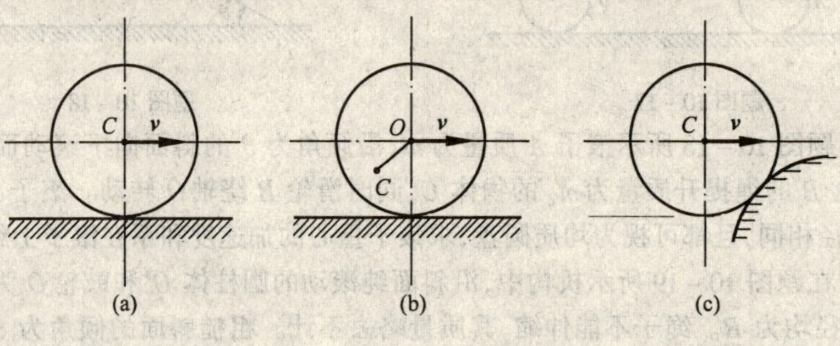

题图 10－23

10－24　面密度为 ρ_A、半径为 R 的圆轮在倾角为 α 的面上作纯滚动，其角速度与角加速度分别为 ω,α。题图 10－24(a)上挖取了一个半径为 $R/4$ 的圆洞；题图 10－24(b)上沿半径焊了一根杆，杆的质量为圆轮质量的 1/100，试简化两种情形下的惯性力。

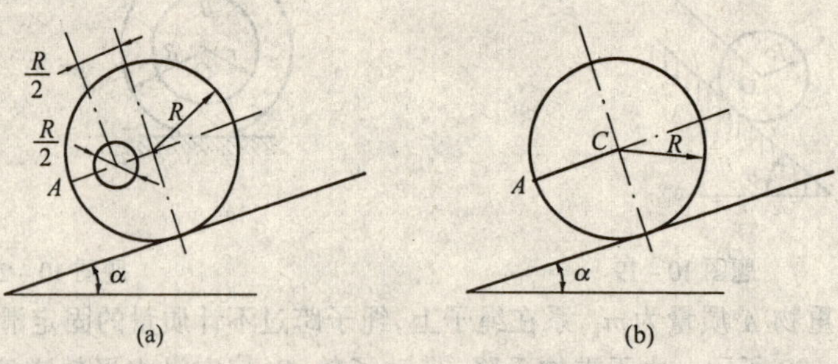

题图 10－24

10－25　匀质长方体浪木重量为 W，悬挂在等长的软绳上，浪木尺寸如题图 10－25 所示，长度单位为 m。设浪木从图示绳子与铅直线成角 $\varphi=30°$ 的位置无初速地开始摆下，求在下面两个瞬时浪木的加速度和绳子的拉力：

(1) 开始运动的初瞬时；

(2) 浪木通过最低位置的瞬时。

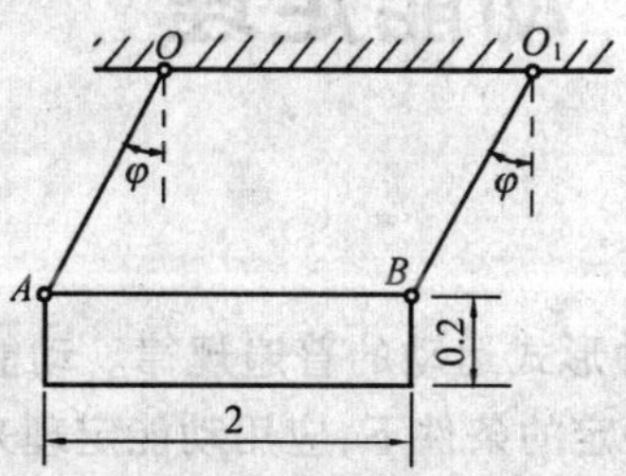

题图 10－25

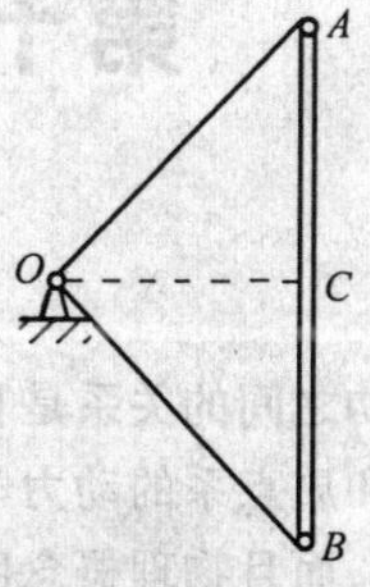

题图 10－26

10－26　质量为 m，长度为 $2l$ 的匀质细杆 AB 与另两根等长的无重刚杆 OA，OB 相互铰接成一个等腰直角三角形 OAB，如题图 10－26 所示。此三角形可在铅直平面内绕着水平的固定轴 O 转动。在图示位置，杆 AB 正成铅直，而其质心 C 与轴心 O 的连线恰好水平。在此位置无初速地释放，系统开始绕 O 轴转下。求在开始的瞬时杆 OA 和 OB 的反力。

10－27　题图 10－27 所示磨刀砂轮Ⅰ质量 $m_1 = 1$ kg，其偏心距 $e_1 = 0.5$ mm，小砂轮Ⅱ质量 $m_2 = 0.5$ kg，偏心距 $e_2 = 1$ mm，电机转子Ⅲ质量 $m_3 = 8$ kg，无偏心，带动砂轮旋转，转速 $n = 3\,000$ r/min。求转动时轴承 A，B 的附加动反力。

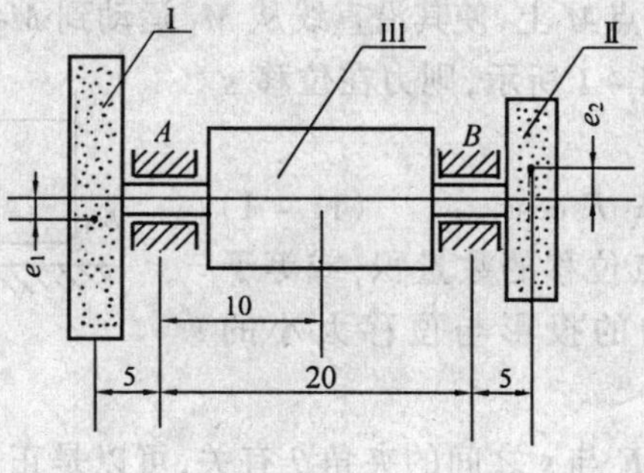

题图 10－27

第十一章　动能定理

能量转换与功之间的关系是自然界中各种形式运动的普遍规律。动能定理是从能量的角度来分析质点和质点系的动力学问题。在一定的条件下，应用动能定理来解决工程实际问题，不仅计算简便，而且物理概念明确，便于深入了解机械运动的性质。

§11－1　力的功

物体受力的作用而引起运动形态的变化，不仅取决于力的大小和方向，而且与物体在力作用下经过的路程有关。为此，引入力的功的概念，以表征力在一段路程上对物体作用的累积效应。

一、常力的功

设有一常力 $\boldsymbol{F}$ 作用于质点 M 上，使其沿直线从 M_1 运动到 M_2，其位移 $\boldsymbol{s}=\overrightarrow{M_1M_2}$，力 $\boldsymbol{F}$ 与位移方向的夹角为 θ，如图 11－1 所示，则力在位移 $\boldsymbol{s}$ 上所做的功为

$$W=\boldsymbol{F}\cdot\boldsymbol{s}=Fs\cos\theta \qquad (11-1)$$

即力的功等于力 $\boldsymbol{F}$ 与作用点位移的数量积，或等于力 $\boldsymbol{F}$ 在其作用点位移方向的投影与位移大小的乘积。

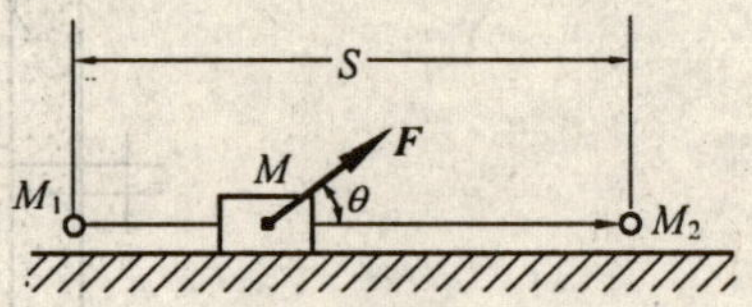

图 11－1

由式(11－1)知，功和力 $\boldsymbol{F}$ 与 $\boldsymbol{s}$ 之间的夹角 θ 有关，可以是正值，也可以是负值。功没有方向的意义，只有大小和正负之分，所以，功是代数量。

在国际单位制中，功的单位是牛[顿]·米(N·m)，也称为焦[尔](J)，即 1 J＝1 N·m。

二、变力的功

设质点 M 在变力 $\boldsymbol{F}$ 作用下沿曲线运动，如图 11－2 所示。在曲线上取一微小弧段 $\mathrm{d}s$，对应的位移为 $\mathrm{d}\boldsymbol{r}$，在微小的弧段上力 $\boldsymbol{F}$ 可近似看做常力。力 $\boldsymbol{F}$ 在 $\mathrm{d}\boldsymbol{r}$ 上所做的功称为元功，即

$$\mathrm{d}W=\boldsymbol{F}\cdot\mathrm{d}\boldsymbol{r}=F\cos\theta\mathrm{d}s=F_\tau\mathrm{d}s \qquad (11-2)$$

式中，θ 是力 $\boldsymbol{F}$ 与轨迹切线的方向的夹角，F_τ 是 $\boldsymbol{F}$ 在切线方向的投影。这样，当质点 M 从位置 M_1 运动到 M_2 时，力 $\boldsymbol{F}$ 所做的总功

$$W=\int_s\boldsymbol{F}\cdot d\boldsymbol{r}=\int_s F\cos\theta\mathrm{d}s=\int_s F_\tau\mathrm{d}s \qquad (11-3)$$

即变力在某一曲线路程上做的功，等于这个力的切向分量沿这段曲线路程的积分。当力始终

与质点位移垂直时,该力不做功。

式(11－3)可用直角坐标系的解析式来表示,即

$$\boldsymbol{F} = X\boldsymbol{i} + Y\boldsymbol{j} + Z\boldsymbol{k}$$

$$\mathrm{d}\boldsymbol{r} = \mathrm{d}x\boldsymbol{i} + \mathrm{d}y\boldsymbol{j} + \mathrm{d}z\boldsymbol{k}$$

将上两式代入式(11－3),得功计算的解析式

$$W = \int_{M_1}^{M_2}(X\mathrm{d}x + Y\mathrm{d}y + Z\mathrm{d}z) \qquad (11-4)$$

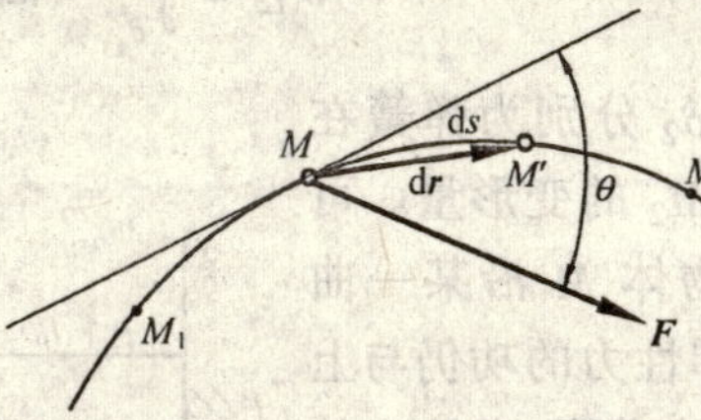

图 11－2

三、几种常见力的功

1. 重力的功

设有一重量为 P 的质点沿轨道由位置 M_1 运动到 M_2,取直角坐标系如图 11－3 所示,则重力 $\boldsymbol{P}$ 在各坐标轴上的投影为

$$X = 0, \quad Y = 0, \quad Z = -P$$

由式(11－4),得重力的功

$$W_{12} = \int_{Z_1}^{Z_2} -P\mathrm{d}z = -P(z_2 - z_1) = P(z_1 - z_2) \qquad (11-5)$$

上式表明:重力所做的功等于质点的重量与始末位置的高度差$(z_1 - z_2)$的乘积,而与质点的运动路径无关。

对于质点系,设第 i 个质点的重量为 P_i,运动始末的位置高度差为$(z_{i1} - z_{i2})$,故质点系全部重力做功之和为

$$\sum W_{12} = \sum P_i(z_{i1} - z_{i2})$$

由重心坐标公式,知

$$Pz_C = \sum P_i z_i$$

因而可得

$$\sum W_{12} = P(z_{C1} - z_{C2}) \qquad (11-6)$$

式中,P 为质点系的总重量,$(z_{C1} - z_{C2})$为运动始末位置时其质心的高度差。

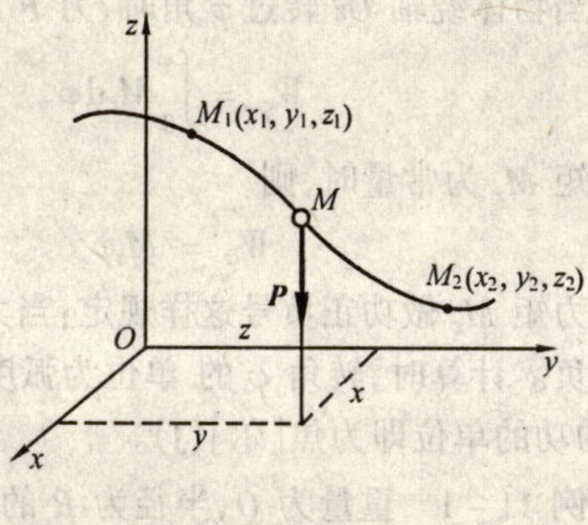

图 11－3

2. 弹性力的功

设弹簧一端固定,另一端与物体 M 相联结,弹簧原长为 l_0,如图 11－4 所示。取弹簧原长位置 O 为坐标原点,轴 x 与物体运动轨迹相重合。弹簧刚度系数为 k,则弹性力在 x 轴上的投影

$$F_x = -kx$$

式中,负号表示 F_x 与坐标轴的正向相反。

弹性力在微小位移 $\mathrm{d}x$ 上做的元功

$$\mathrm{d}W = -kx\mathrm{d}x$$

因此,物体由位置 M_1 运动到 M_2 的过程中,弹性力所做的功

$$W_{12} = \int_{\delta_1}^{\delta_2} -kx\mathrm{d}x = \frac{1}{2}k(\delta_1{}^2 - \delta_2{}^2) \qquad (11-7)$$

式中，δ_1 和 δ_2 分别为弹簧在位置 M_1 和 M_2 的变形量。可以证明，当物体 M 沿某一曲线运动时，弹性力的功仍与上式相同。这就表明：弹性力的功只与质点始末位置处弹簧变形有关，而弹性力的作用点所经过的路径无关。

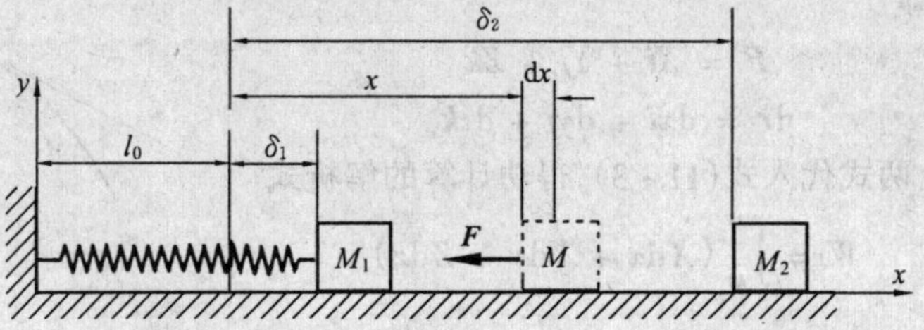

图 11－4

三、作用于定轴转动刚体上力的功

设有一力 $\boldsymbol{F}$ 作用于绕轴 Oz 转动的刚体的点 M 上，如图 11－5 所示。当刚体转过一微小转角 $\mathrm{d}\varphi$ 时，力 $\boldsymbol{F}$ 的作用点 M 走过微小弧长 $\mathrm{d}s = r\mathrm{d}\varphi$，力 $\boldsymbol{F}$ 的元功

$$\mathrm{d}W = F_\tau r\mathrm{d}\varphi$$

式中，F_τ 是力 $\boldsymbol{F}$ 在作用点圆周轨迹切线上的投影，r 为点 M 到转轴的垂直距离。由力对轴之矩的定义知道，$F_\tau r$ 为力 $\boldsymbol{F}$ 对转轴 Oz 的力矩 $M_z = F_\tau r$，所以

$$\mathrm{d}W = M_z\mathrm{d}\varphi$$

由此可见，在研究物体绕定轴转动的力做的功时，可用力对轴之矩的功来分析，其形式比较简单。

当物体绕轴 Oz 转过 φ 角时，力 $\boldsymbol{F}$ 做的总功

$$W_\varphi = \int_0^\varphi M_z\mathrm{d}\varphi \qquad (11-8)$$

若力矩 M_z 为常量时，则

$$W_\varphi = M_z\varphi \qquad (11-9)$$

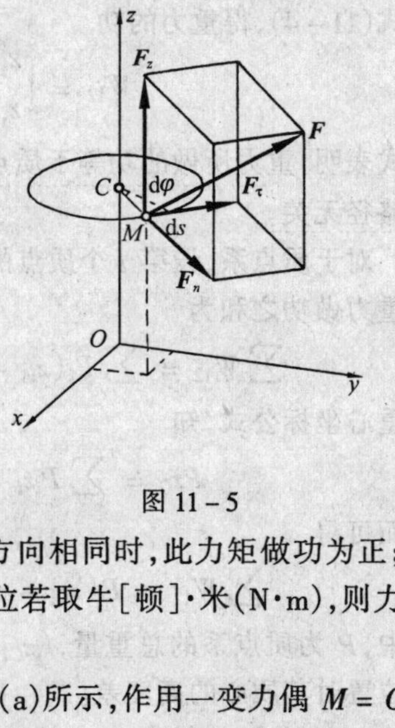

图 11－5

力矩 M_z 做功正负号这样规定：当力矩转向与物体转动方向相同时，此力矩做功为正；反之为负。计算时，转角 φ 的 单位为弧度(rad)，力矩 M_z 的单位若取牛[顿]·米(N·m)，则力矩 M_z 的功的单位即为焦[尔](J)。

例 11－1 重量为 Q，半径为 R 的卷筒 B 上，如图 11－6(a)所示，作用一变力偶 $M = C\varphi$，其中 C 为常数，φ 为卷筒的转角。缠绕在卷筒上绳索的引出部分与斜面平行，并与重量为 P 的物块 A 相连，斜面为光滑面，它的倾角为 θ，其上放一刚度为 k 的弹簧，弹簧的下端固定，上端与物块 A 相连。若卷筒的转角 $\varphi = 0$ 时，绳索对物块的拉力为零，物块处于静平衡状态，则当卷筒转过任意角度 φ 时，作用于系统上所有力的功为多少？

解： 取物块 A 为研究对象，当 $\varphi = 0$ 时，物块 A 处于静平衡状态，受力如图 11－6(b)所示，由静平衡条件得

$$\sum X = 0, \qquad F - P\sin\theta = 0$$

将 $k\delta_1 = F$ 代入上式，得弹簧变形

$$\delta_1 = \frac{P}{k}\sin\theta$$

再取整个系统为研究对象。当卷筒转过任意角 φ 时，物块 A 沿斜面由静平衡位置向上滑移的距离为 $R\varphi$，此时弹簧的变形 δ_2 和物块 A 上升的高度 h 分别为

$$\delta_2 = R\varphi - \delta_1 = R\varphi - \frac{P}{k}\sin\theta$$

$$h = R\varphi\sin\theta$$

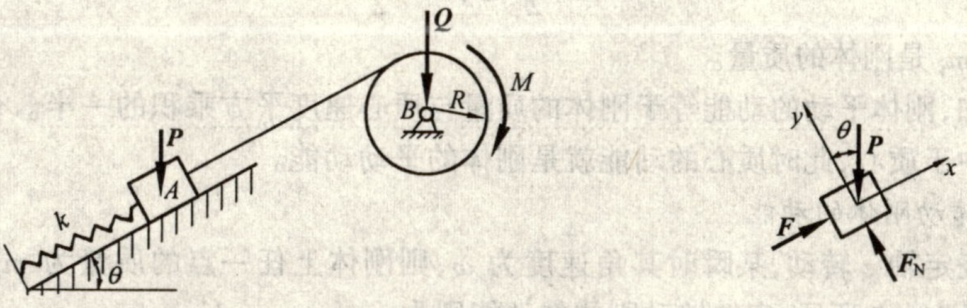

(a)　　　　　　　　　　　　　　　　(b)

图 11－6

作用于系统上的力 $\boldsymbol{P}$，弹性力 $\boldsymbol{F}$ 和力偶矩 M 的功分别为

$$W_P = -Ph = -PR\varphi\sin\theta$$

$$W_F = \frac{k}{2}({\delta_1}^2 - {\delta_2}^2) = PR\varphi\sin\theta - \frac{1}{2}kR^2\varphi^2$$

$$W_M = \int_0^{\varphi} M\mathrm{d}\varphi = \int_0^{\varphi} C\varphi\mathrm{d}\varphi = \frac{1}{2}C\varphi^2$$

系统运动过程中，全部约束反力及卷筒重力 $\boldsymbol{Q}$ 都不做功，故作用于系统上的所有力的总功为

$$W_{\varphi} = W_P + W_F + W_M = \frac{1}{2}(C - kR^2)\varphi^2$$

§11－2　动　　能

动能是度量物体机械运动的一个物理量，它描述物体运动时所具有的做功的能力。

一、质点和质点系的动能

设某质点的质量为 m，某瞬时其速度为 $\boldsymbol{v}$，则此瞬时该质点的动能定义为

$$T = \frac{1}{2}mv^2 \qquad (11-10)$$

任一瞬时质点的动能是恒正的标量。其单位与功的单位是一致的，在国际单位制中为焦[尔](J)，亦即千克·米^2/秒^2($\mathrm{kg \cdot m^2/s^2}$)或牛[顿]·米(N·m)。

质点系的动能等于质点系内各质点动能的算术和，即

$$T = \sum \frac{1}{2}m_i{v_i}^2 \qquad (11-11)$$

式中，m_i，v_i 分别是质点系中任一质点的质量和速度。

二、刚体运动时的动能

刚体作不同运动时，其动能的计算式也不相同。

1. 平动刚体的动能

根据刚体平动时的特点：其上各点的速度均相同，所以，同一瞬时其上各点都等于刚体质心的速度 v_C，从而得刚体平动时的动能

$$T = \sum \frac{1}{2} m_i v_i^2 = \frac{1}{2} M v_C^2 \tag{11-12}$$

式中，$M = \sum m_i$ 是刚体的质量。

由此可知，刚体平动的动能等于刚体的质量与质心速度平方乘积的一半。也可把整个刚体的质量集中于质心，此时质心的动能就是刚体的平动动能。

2. 定轴转动刚体的动能

设刚体绕定轴 z 转动，某瞬时其角速度为 ω，则刚体上任一点的质量为 m_i，相应的速度 $v_i = r_i \omega$，如图 11-7 所示，定轴转动刚体的动能则为

$$T = \sum \frac{1}{2} m_i v_i^2 = \frac{1}{2} (\sum m_i r_i^2) \omega^2 = \frac{1}{2} J_z \omega^2 \tag{11-13}$$

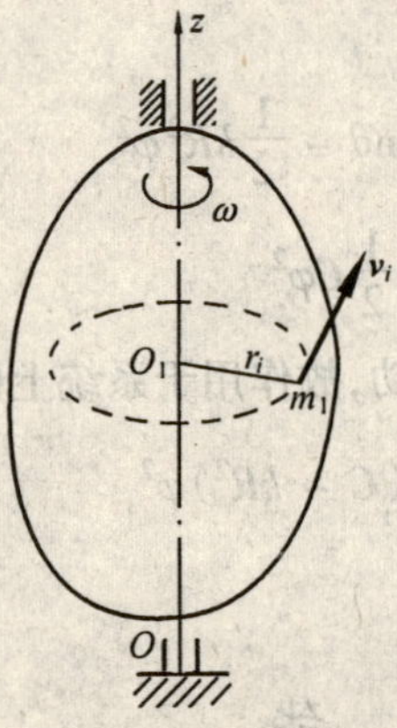

图 11-7

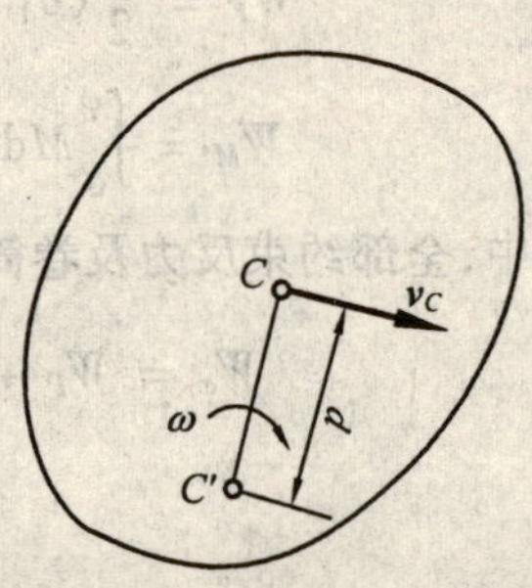

图 11-8

式中，$J_z = \sum m_i r_i^2$ 是刚体对转轴 z 的转动惯量，即绕定轴转动的刚体的动能等于刚体对转轴的转动惯量与其角速度平方乘积的一半。

3. 平面运动刚体的动能

刚体作平面运动时，可视为绕速度瞬心 C' 的转动，如图 11-8 所示，故

$$T = \frac{1}{2} J_{C'} \omega^2$$

式中，$J_{C'}$ 是刚体对于瞬时轴的转动惯量，ω 是刚体的角速度。

由于速度瞬心的位置不断变化，所以 $J_{C'}$ 也在不断变化。为了便于计算，可将上式写成另一种形式。取通过刚体的质心 C 并与瞬心轴平行的转轴，刚体对此轴的转动惯量为 J_C 则由转动惯量的平行轴定理，得

$$J_{C'} = J_C + Md^2$$

代入上式，得

$$T = \frac{1}{2}J_{C'}\omega^2 = \frac{1}{2}(J_C + Md^2)\omega^2 = \frac{1}{2}J_C\omega^2 + \frac{1}{2}Md^2\omega^2$$

由运动学知，$v_C = \omega d$，上式可改写为

$$T = \frac{1}{2}M{v_C}^2 + \frac{1}{2}J_C\omega^2 \tag{11-14}$$

因此，平面运动刚体的动能等于随质心平动的动能与绕质心转动的动能之和。

例 11-2 滚子 A 的质量为 m_1，沿倾角为 θ 的斜面作纯滚动，滚子借绳子跨过滑轮 B 连接质量为 m 的物体 D，如图 11-9 所示。滑轮与滚子质量相等，半径相同，皆为均质圆盘，此瞬时物体 D 的速度为 $\boldsymbol{v}$，绳子不可伸长且质量不计，求系统的动能。

解： 该系统中，物体 D 作平动，滑轮 B 作定轴转动，滚子 A 作平面运动。

物体 D 作平动，由式(11-12)得其动能

$$T_D = \frac{1}{2}mv^2$$

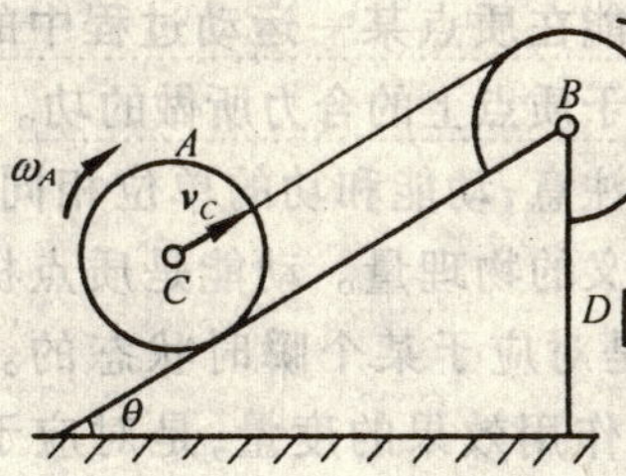

图 11-9

滑轮 B 作定轴转动，由式(11-13)得其动能

$$T_B = \frac{1}{2}J_B{\omega_B}^2 = \frac{1}{4}m_1R^2{\omega_B}^2$$

滚子 A 作平面运动，由式(11-14)得其动能

$$T_A = \frac{1}{2}m_1{v_C}^2 + \frac{1}{2}J_C{\omega_C}^2 = \frac{1}{2}m_1{v_C}^2 + \frac{1}{4}m_1R^2{\omega_C}^2$$

由运动学得

$$v = v_C, \qquad \omega_B = \frac{v}{R}, \qquad \omega_C = \frac{v_C}{R} = \frac{v}{R}$$

所求瞬时系统的总能

$$T = T_D + T_B + T_A = \frac{1}{2}mv^2 + \frac{1}{4}m_1R^2\left(\frac{v}{R}\right)^2 + \frac{1}{2}m_1{v_C}^2 + \frac{1}{4}m_1R^2\left(\frac{v}{R}\right)^2 = \left(\frac{1}{2}m + m_1\right)v^2$$

§11-3 动能定理

动能定理研究作用于物体上的力所做的功和物体运动状态的变化之间的关系。

一、质点的动能定理

设质量为 m 的质点 M 在合力 $\boldsymbol{F}$ 作用下沿曲线运动，如图 11-10 所示。由质点运动微分方程，得

$$m\frac{\mathrm{d}\boldsymbol{v}}{\mathrm{d}t} = \boldsymbol{F}$$

两端点乘 $\mathrm{d}\boldsymbol{r}$，得

$$\boldsymbol{F}\cdot \mathrm{d}\boldsymbol{r}=m\frac{\mathrm{d}\boldsymbol{v}}{\mathrm{d}t}\cdot \mathrm{d}\boldsymbol{r}=m\boldsymbol{v}\cdot \mathrm{d}\boldsymbol{v}$$

即
$$\mathrm{d}\left(\frac{1}{2}mv^2\right)=\mathrm{d}W \tag{11-15}$$

这就是质点动能定理的微分形式。它表明:质点动能的微分等于作用在质点上的力的元功。

将式(11-15)沿路经$\overset{\frown}{M_1M_2}$积分,得

$$\frac{1}{2}mv_2{}^2-\frac{1}{2}mv_1{}^2=W_{12} \tag{11-16}$$

这就是质点动能定理的积分形式。它表明:质点的动能在质点某一运动过程中的改变量等于作用于质点上的合力所做的功。

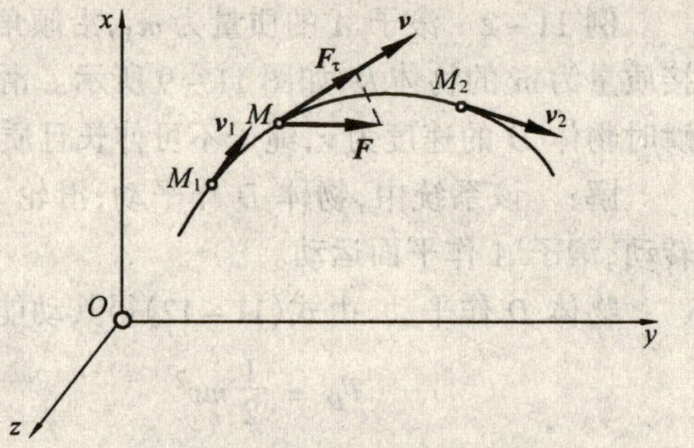

图 11-10

需要注意,动能和功的单位相同,但两者是不同意义的物理量。动能是质点机械运动的度量,是对应于某个瞬时状态的。功则是力对质点作用效果的度量,是对应于某一过程的。

二、质点系的动能定理

设有由 n 个质点组成的质点系,其中任一质点的质量为 m_i,速度为 $\boldsymbol{v}_i$,根据质点动能定理的微分形式(11-15),得

$$\mathrm{d}\left(\frac{1}{2}m_iv_i{}^2\right)=\mathrm{d}W_i$$

式中,$\mathrm{d}W_i$ 表示作用于这个质点上的力所做的功。

对于质点系内每一个质点都可以写出这样一个方程,将其相加后,得

$$\sum \mathrm{d}\left(\frac{m_iv_i{}^2}{2}\right)=\sum \mathrm{d}W_i$$

或
$$\mathrm{d}\left(\sum\frac{1}{2}m_iv_i{}^2\right)=\sum \mathrm{d}W_i$$

即
$$\mathrm{d}T=\sum \mathrm{d}W_i \tag{11-17}$$

这就是质点系动能定理的微分形式。它表明:质点系动能的增量等于作用于质点上全部力所作的元功之和。

若对式(11-17)积分,并用 T_1 和 T_2 分别表示质点系在某一运动过程起始位置和终了位置的动能,$\sum W_{12}$表示作用于质点系上所有的力在该过程中所做的功的总和,则得

$$T_2-T_1=\sum W_{12} \tag{11-18}$$

这就是质点系动能定理的积分形式。它表明:质点系在任一运动过程中,起始位置和终了位置的动能的改变量,等于作用于质点系上的全部力在该过程中所做的功。

应当指出,对于质点系来说,作用于各质点上的力若分为内力和外力,则式(11-18)中$\sum W_{12}$应是内力和外力做功的总和。

必须注意,在一般情况下,质点系内力做功的总和不一定等于零。例如,两相互吸引的质点 M_1 和 M_2 组成的质点系,如图 11-11 所示,当它们彼此接近时,它们相互作用的内力 $\boldsymbol{F}_1$ 和 $\boldsymbol{F}_2$ 所做的功之和不等零而且大于零。又如,汽车发动机汽缸内的燃气压力对汽车来说是内力,其所做的功是正功。机器中轴与轴承之间的相互作用的摩擦力也是内力,但其所做的功为负功。然而对于刚体而言,由于任意两质点间的距离保持不变,所以刚体内力的功之和恒为零。故质点系动能定理应用于刚体或内力的功之和为零的质点系时,只需计算外力的功。

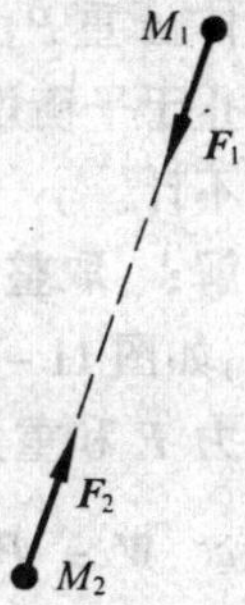

图 11-11

若将作用于质点系的力分为主动力和约束力,则在许多情况下,约束力的功之和等于零,例如,光滑接触面、光滑圆柱铰链、链杆和不可伸长的绳索等约束,它们的约束反力的功之和分别等于零,这种约束被称为理想约束。在这种情况下,应用动能定理时只需计算所有作用于质点系上的主动力的功。如果在质点系中还存在做功不等于零的约束反力,例如摩擦力,则把其可视作主动力求其功即可。

例 11-3 如 11-12 所示,鼓轮向下运送重 $P_1 = 400$ N 的重物,重物下降的初速度 $v_0 = 0.8$ m/s,为了使重物停止,用摩擦制动,设加在鼓轮上的正压力 $F_N = 2\,000$ N,制动块与鼓轮间摩擦因数 $f = 0.4$,已知鼓轮重 $P_2 = 600$ N,其半径 $R = 0.15$ m,可视为均质圆柱体,求制动过程中重物下降的距离 s。

解: 取重物及鼓轮组成的系统为研究对象。设重物下降距离 s 时,鼓轮所转过的角度为 φ。系统受 $\boldsymbol{F}_N, \boldsymbol{F}, \boldsymbol{P}_1, \boldsymbol{P}_2$ 及 $\boldsymbol{F}_{Ox}, \boldsymbol{F}_{Oy}$ 力作用如图 11-12 所示。仅重力 $\boldsymbol{P}_1$ 和摩擦力 $\boldsymbol{F}$ 做功,所以其功

$$\sum W_{12} = P_1 s - FR\varphi = (P_1 - F_N f)s$$

系统在制动开始位置时,重物的速度为 v_0,鼓轮的角度速度 $\omega = v_0/R$,故其系统动能

$$T_1 = \frac{1}{2}\frac{P_1}{g}{v_O}^2 + \frac{1}{2}J_O{\omega_O}^2$$

式中,J_O 为鼓轮对中心轴 O 的转动惯量,即

$$J_O = \frac{1}{2}\frac{P_2}{g}R^2$$

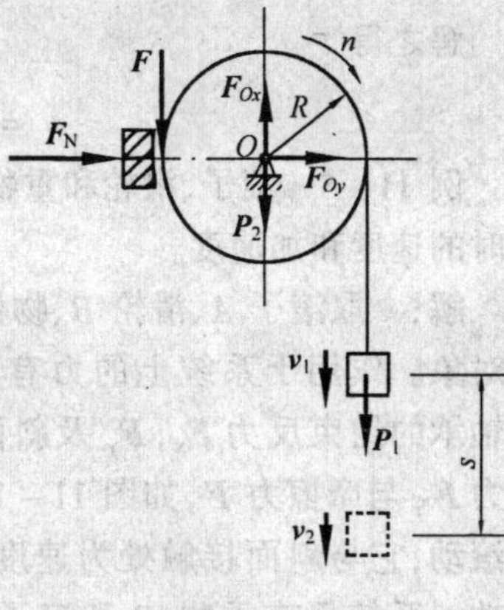

图 11-12

所以

$$T_1 = \frac{1}{2}\frac{P_1}{g}{v_O}^2 + \frac{1}{4}\frac{P_2}{g}R^2{\omega_O}^2 = \frac{2P_1 + P_2}{4g}{v_O}^2$$

重物下降 s 时,系统静止,故系统功能

$$T_2 = 0$$

根据动能定理积分形式(11-18),得

$$0 - \frac{2P_1 + P_2}{4g}v_O^2 = (P_1 - F_N f)s$$

解之得

$$s = \frac{v_O^2(2P_1 + P_2)}{4g(F_N f - P_1)} = 0.057 \text{ m}$$

例 11-4 不可伸长的绳子,绕过半径为 r 的均质滑轮 B,一端悬挂物体 A,另一端连接于

放在光滑水平面上的物块 C，物块 C 又与一端固定于墙壁的弹簧相连，如图 11－13 所示。已知物体 A 重 P，滑轮 B 重 Q，物块 C 重 W，弹簧常数为 k，绳子与滑轮之间无滑动。设系统原来静止于平衡位置，现给 A 以向下的速度 v_{AO}，求 A 下降一段距离 h 时的速度。滑轮转轴处的摩擦不计。

解： 取整个系统为研究对象。系统受重力 $\boldsymbol{P}, \boldsymbol{W}, \boldsymbol{Q}$ 及约束力 $\boldsymbol{F}_{Ox}, \boldsymbol{F}_{Oy}, \boldsymbol{F}_{\mathrm{N}}$ 和弹性力 $\boldsymbol{F}$ 作用，如图 11－13 所示。系统在运动过程中只有弹性力 $\boldsymbol{F}$ 和重力 $\boldsymbol{P}$ 做功，其功之和为

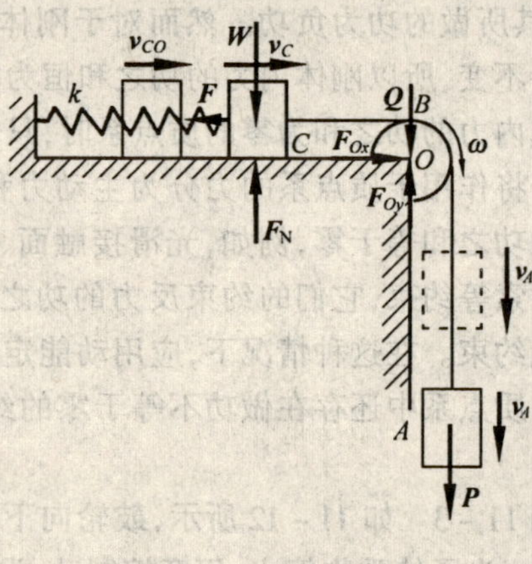

图 11－13

$$W = Ph + \frac{k}{2}[\delta_O{}^2 - (\delta_O + h)^2]$$

式中，δ_O 为弹簧的静伸长，且

$$k\delta_O = P$$

因而

$$W = Ph - \frac{k}{2}(2\delta_O h + h^2) = -\frac{k}{2}h^2$$

因为绳子不可伸长，开始时，物块 C 的速度 $v_{CO} = v_{AO}$，滑轮 B 的角速度 $\omega_O = v_{AO}/r$。又设物块 A 下降 h 时的速度为 $\boldsymbol{v}_A$，这时物块 C 的速度为 $\boldsymbol{v}_C$，滑轮角速度为 ω，则 $v_C = v_A, \omega = v_A/r$。则系统在两位置的动能分别是

$$T_1 = \frac{P}{2g}v_{AO}^2 + \frac{1}{2}\frac{Qr^2}{2g}\left(\frac{v_{AO}}{r}\right)^2 + \frac{W}{2g}v_{AO}^2 = \frac{v_{AO}^2}{4g}(2P + Q + 2W)$$

$$T_2 = \frac{P}{2g}v_A^2 + \frac{1}{2}\frac{Qr^2}{2g}\left(\frac{v_A}{r}\right)^2 + \frac{W}{2g}v_A^2 = \frac{v_A^2}{4g}(2P + Q + 2W)$$

根据动能定理积分形式的表达式(11－18)，可得

$$\frac{2P + Q + 2W}{4g}(v_A^2 - v_{AO}^2) = -\frac{k}{2}h^2$$

解之得

$$v = \sqrt{v_{AO}^2 - 2kgh^2/(2P + Q + 2W)}$$

例 11－5 滚子、滑轮和重物组成的系统见例 11－2，求系统由静止开始到重物下降 h 高度时的速度和加速度。

解： 取滚子 A、滑轮 B、物体 D 及绳子为研究对象。作用于系统上的力有重力 $\boldsymbol{P}_A, \boldsymbol{P}_B, \boldsymbol{P}_D$ 和轴承的约束反力 $\boldsymbol{F}_x, \boldsymbol{F}_y$ 及斜面对滚子的法向反力 $\boldsymbol{F}_{\mathrm{N}}$ 与摩擦力 $\boldsymbol{F}$，如图 11－14 所示。滚子作纯滚动，它与斜面接触处为速度瞬心，摩擦力不做功。系统只有重物 D 和滚子 A 的重力 $\boldsymbol{P}_A$ 和 $\boldsymbol{P}_D$ 做功，其总功为

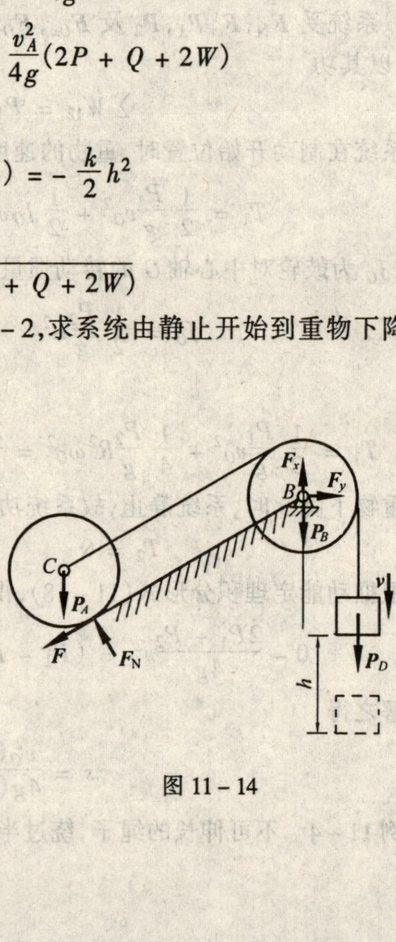

图 11－14

$$\sum W_{12} = P_D h - P_A h\sin\theta = mgh - m_1 gh\sin g\theta$$

系统的动能在例 11－2 中已求得，而起始时刻系统静止，所以其动能为零，故由动能定理即

式(11-18)得

$$\left(\frac{m}{2}+m_1\right)v^2 = mgh - m_1 gh\sin\theta \tag{2}$$

解之得

$$v=\sqrt{\frac{2gh(m-m_1\sin\theta)}{m+2m_1}} \tag{3}$$

为了求加速度,对式(2)两端对时间 t 求导(此时将 h 视变量,是时间的函数),得

$$\left(\frac{m}{2}+m_1\right)2v\frac{\mathrm{d}v}{\mathrm{d}t}=(mg-m_1 g\sin\theta)\frac{\mathrm{d}h}{\mathrm{d}t}=$$

$$(m-m_1\sin\theta)gv$$

故

$$a=\frac{\mathrm{d}v}{\mathrm{d}t}=\frac{m-m_1\sin\theta}{m+2m_1}g$$

综上所述可知:

(1)由于动能定理建立了作用力的功和动能变化之间的关系,所以适合求解如下问题:已知作用力和系统的位置变化,求速度;或已知路程、速度的变化,求做功的主动力;也可以求加速度。

(2)由于理想约束力不做功,所以它就不包含在动能定理的方程中,因此,在理想约束反力多的系统中应用动能定理较为方便。

§11-4 功率和功率方程

一、功率

在工程中不仅要计算力的功,而且要知道在一定时间内相应力所做功的多少。力在单位时间内做的功称为功率。它是衡量机器做功能力的一个重要指标。

如在 $\mathrm{d}t$ 时间内某力的元功为 $\mathrm{d}W$,则此力的功率是

$$P=\frac{\mathrm{d}W}{\mathrm{d}t}$$

由于力的元功

$$\mathrm{d}W=\boldsymbol{F}\cdot\mathrm{d}\boldsymbol{r}=F_\tau\mathrm{d}s$$

因此

$$P=\frac{\mathrm{d}W}{\mathrm{d}t}=\frac{F_\tau\mathrm{d}s}{\mathrm{d}t}=F_\tau v \tag{11-19}$$

式中,v 是力 $\boldsymbol{F}$ 作用点的速度。由此可见,力的功率等于力在作用点的轨迹的切线方向上的投影与作用点速度的乘积。

如果功是用力矩或力偶矩计算,由力矩元功表达式 $\mathrm{d}W=M_z\mathrm{d}\varphi$,得

$$P=\frac{\mathrm{d}W}{\mathrm{d}t}=M_z\mathrm{d}\varphi\frac{M_z\mathrm{d}\varphi}{\mathrm{d}t}=M_z\omega \tag{11-20}$$

即力矩的功率等于力矩与物体转动角速度的乘积。

在国际单位制中，功的单位是焦[尔](J)，功率的单位是焦[尔]/秒(J/s)。每秒钟力做的功等于1焦[尔]时，其功率定义为1瓦[特](W)，即

$$1\ \mathrm{J/s} = 1\ \mathrm{W}$$

由式(11－19)和(11－20)可知：在功率一定的条件下，若需要大的力和力矩，则需要降低速度或转速。例如，汽车上坡时，由于需要较大的牵引力，这时驾驶员一般选用低速档。又如每台机床能够输出的最大功率是一定的，因此加工零件时，如果切削力较大，应选用低转速，使两者的乘积不超过机床能够输出的最大功率。

二、功率方程

取质点动能定理的微分形式、两端除以 dt，得

$$\frac{\mathrm{d}T}{\mathrm{d}t} = \sum \frac{\mathrm{d}W_i}{\mathrm{d}t} = \sum P_i \tag{11－21}$$

这就是功率方程。它表明：质点系动能对时间的一阶导数等于作用于质点系的所有力的功率的代数和。

功率方程常用来研究机器工作时能量的变化和转化问题。机器工作时，必须输入一定的功率，该功率称为输入功率(P_{λ})；机器对外输出的功率，如机床加工零件必须付出的功率，称为有用功率或输出功率($P_{有}$)；机器自身运行所消耗功率，如摩擦力消耗的功率、机器传动部件碰撞所损失的功率，称为无用功率或损耗功率($P_{无}$)。因此，常将式(11－21)改写为

$$\frac{\mathrm{d}T}{\mathrm{d}t} = P_{\lambda} - P_{有} - P_{无} \tag{11－22}$$

或

$$P_{\lambda} = P_{有} + P_{无} + \frac{\mathrm{d}T}{\mathrm{d}t}$$

上式常被称为机器的功率方程。它表明：系统的输入功率等于有用功率、无用功率与系统动能的变化率的和。

一般来说，机器的运转都有三个阶段：启动阶段、正常稳定运行阶段和制动阶段。启动时，速度逐渐增加，即$\frac{\mathrm{d}T}{\mathrm{d}t}>0$，这时必须 $P_{\lambda} > P_{有} + P_{无}$；正常稳定运行时，一般是匀速的，即$\frac{\mathrm{d}T}{\mathrm{d}t}=0$，此时 $P_{\lambda} = P_{有} + P_{无}$；刹车制动时，机器作减速运动，即$\frac{\mathrm{d}T}{\mathrm{d}t}<0$，这时 $P_{\lambda} < P_{有} + P_{无}$；停车时，$P_{\lambda}=0$，若机器停止对外工作，$P_{有}=0$，$\frac{\mathrm{d}T}{\mathrm{d}t}<0$，机器受到无用阻力的作用而逐渐停止运转。

三、机械效率

在工程实际中，把机器的有用功率 $P_{有}$ 与输入功率 P_{λ} 的比值称为机器的机械效率，用 η 表示，即

$$\eta = \frac{P_{有}}{P_{\lambda}} \tag{11－23}$$

由于摩擦不可避免，故机械效率 η 值总是小于1。机械效率越接近于1，机器的损耗的功率也越小。因此，机械效率表明机器对输入功率的有效利用程度，它是评定机器质量好坏的指标之一。

例 11-6　一起重机，其最大起重量 $P_1 = 180$ kN，悬挂部分重量 $P_2 = 4$ kN，提升速度为 20 cm/s，起重机采用一般圆柱齿轮传动，机械效率 $\eta = 92\%$，试确定电机的功率。

解： 由式(11-19)知，起重机的有用功率

$$P_{有} = (P_1 + P_2)v = 184 \times 0.2 = 36.8 \text{ kW}$$

由式(11-23)得电动机的输入功率应为

$$P_{入} = \frac{P_{有}}{\eta} = \frac{36.8}{0.92} = 40 \text{ kW}$$

故，起重机应选用功率至少为 40kW 的电动机。

思　考　题

11-1　在弹性范围内，把弹簧的伸长量加倍，拉力所做的功也加倍吗？

11-2　比较质点的动能与刚体绕定轴转动的动能的计算式，指出它们相似的地方。

11-3　汽车的速度由 0 增至 4 m/s，再由 4 m/s 增至 8 m/s，这两种情况下汽车发动机所做的功是否相等？

11-4　在运动学中讲过，刚体作平面运动时，可任选一个基点 A，平面运动可以看成是随点 A 的平动和绕点 A 的转动。但是平面运动刚体的动能是否为

$$T = \frac{1}{2}Mv_A^2 + \frac{1}{2}J_A\omega^2$$

11-5　设水的阻力与轮船的速度成正比，当船速加倍时，发动机功率是不是原来的4倍？

11-6　在铅垂平面上的粗糙圆槽内，有一质点 M 与弹簧相连，如图 11-15 所示。如果该质点获得一初速 v_0，恰好使它在圆槽内滑动 1 周，则作用在质点 M 上的弹性力、重力、法向约束力及摩擦力所做的功是否均等于零。

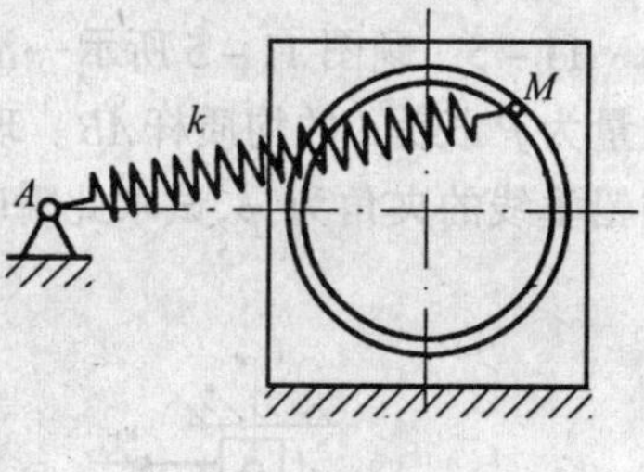

图 11-15

11-7　“质量大的物体一定比质量小的物体动能大”，“速度大的物体一定比速度小的物体动能大”，这两种说法对吗？

11-8　功和功率有什么区别？为什么快速提升物体时感觉较累？

习　　题

11-1　弹簧 AD 的一端固定于点 A，另一端 D 沿半圆轨道滑动，如题图 11-1 所示。半圆的半径为 1 m，弹簧原长 1 m，刚性系数为 50 N/m。求当点 D 自 B 运动至 C 时，弹性力所做的功。

11-2　题图 11-2 所示重量为 Q、半径为 r 的卷筒上，作用一力偶矩 $M = a\varphi + b\varphi^2$，其中 φ 为转角，a 和 b 为常数。卷筒上的绳索拉动水平面上的重物 B。设重物 B 的重量为 P，它与水平面之间的滑动摩擦因数为 f。绳索质量不计。当卷筒转过两圈时，试求作用于系统上所有力做的功。

11-3　题图 11-3 所示重为 P，半径为 r 的齿轮Ⅱ与半径为 $R = 3r$ 的固定内齿轮Ⅰ相啮

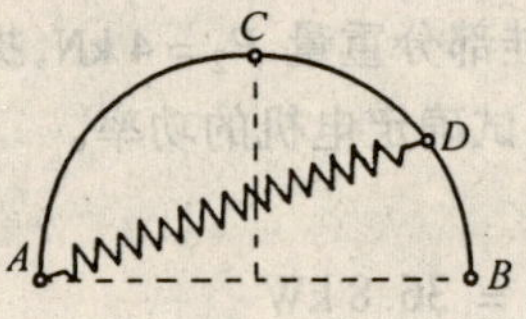

题图 11－1

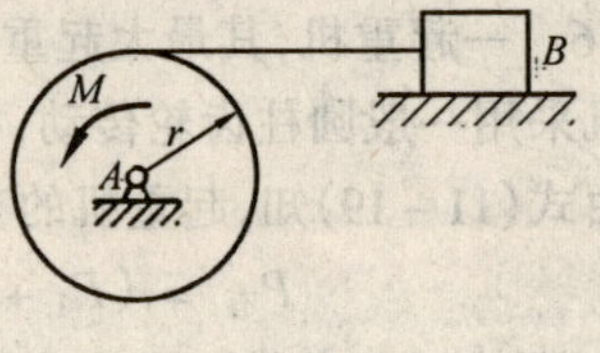

题图 11－2

合。齿轮Ⅱ通过均质的曲柄 OC 带动而转动。曲柄的重量为 Q，角速度 ω。试计算行星齿轮机构的动能。齿轮可视均质圆盘。

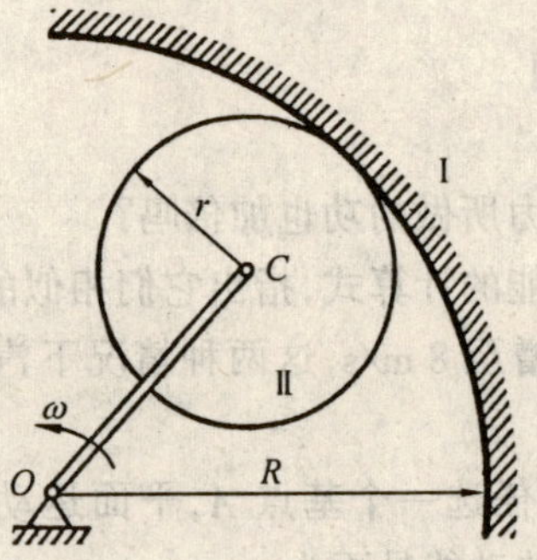

题图 11－3

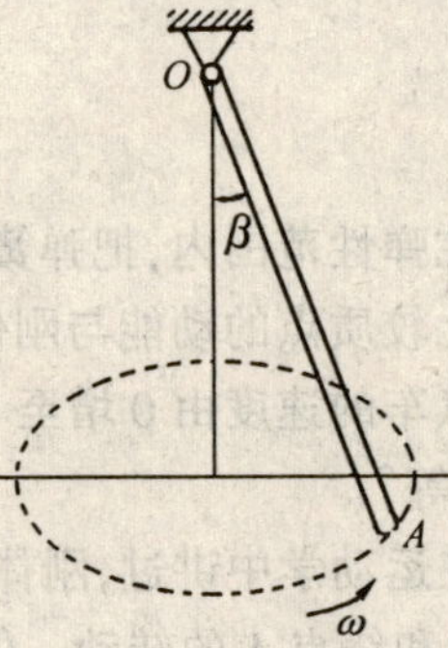

题图 11－4

11－4　长 l、重为 P 的均质杆 OA 绕球形铰链 O 以匀角速度 ω 转动，如题图 11－4 所示。如杆与铅垂线的夹角为 β，求杆的动能。

11－5　题图 11－5 所示一滑块 A 重量为 W 可在滑道内滑动，与滑块 A 用铰链连接的是重量为 P 长为 l 的均质杆 AB。现已知滑块沿滑道的速度为 v_1，杆 AB 的角速度为 ω_1，此时杆与铅垂线的夹角为 φ，试求此瞬时系统的动能。

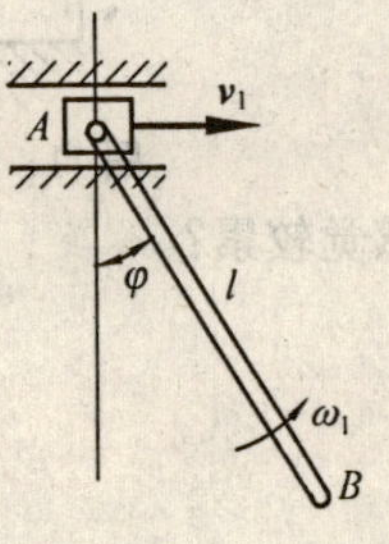

题图 11－5

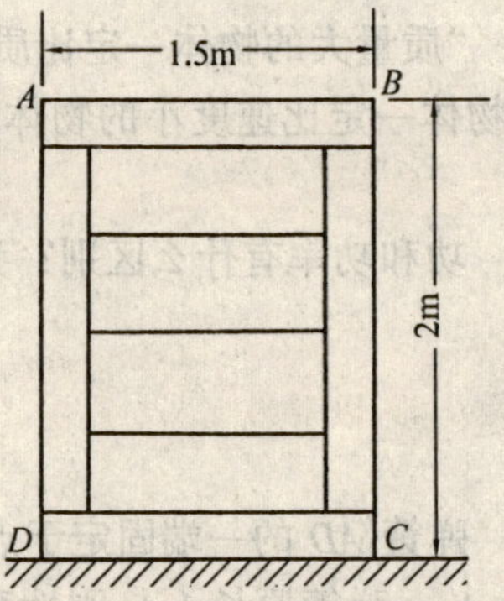

题图 11－6

11－6　题图 11－6 所示一对称的矩形木箱，质量为 2000 kg，宽 1.5 m，高 2 m，如要使它绕棱边 C（转轴垂直于图面）翻倒，人最少要对它做多少功？

11－7　汽车质量 1.5×10^3 kg，通过 A 至 B 为 900 m 的路程，运行阻力为 280 N，其方向与速度方向相反，如题图 11－7 所示。点 B 比点 A 高 20 m。求汽车克服重力和阻力所做的功是多少？

11－8　冲击实验机的主要部分是一固定在杆上的钢锤 M，此杆可绕 O 轴转动。略去杆的质量，并将钢锤视为质点，已知距离 $OM=1\ \text{m}$，如题图 11－8 所示。求 M 由最高位置 A 无初速地落至最低位置 B 时的速度。略去轴承摩擦。

11－9　自动弹射器如题图 11－9 所示，弹簧在未受力时的长度为 200 mm，恰好等于筒长。欲使弹簧改变 10 mm，需力 2 N。如弹簧被压缩到 100 mm，然后让质量为 30 g 的小球自弹射器中射出。求小球离开弹射器筒口时的速度。

题图 11－7

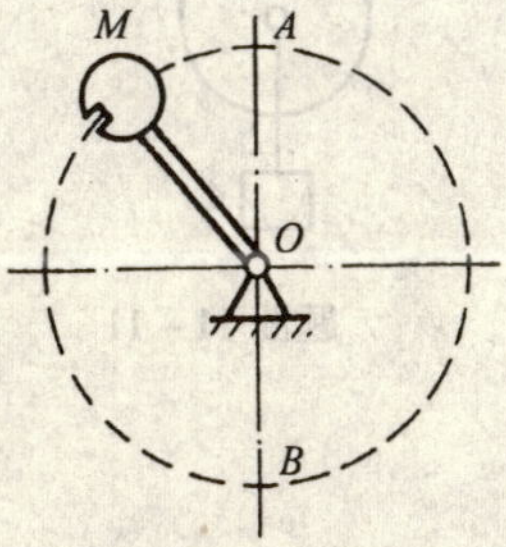

题图 11－8

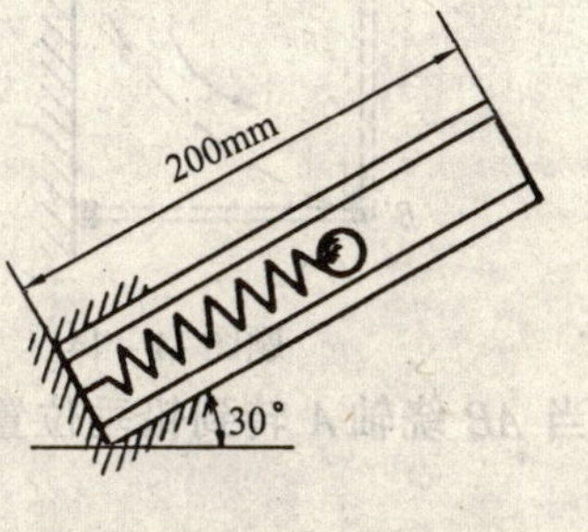

题图 11－9

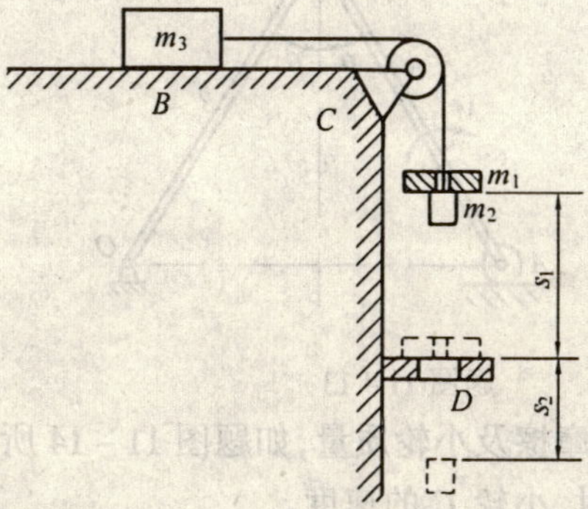

题图 11－10

11－10　一质量为 m_1 的圆环，放在质量为 m_2 的物体上，该物体由一绳跨过滑轮系在另一质量为 m_3 的物体上，而使 m_3 物体沿不光滑的水平面 BC 由静止开始运动，如题图 11－10 所示。m_1 物体下降一段距离 s_1 通过孔 D 后，将圆环 m_1 卸去，此后，m_2 物体又下降一段距离 s_2 而停下来。现已知 $m_1=m_2=0.1\ \text{kg}$，$m_3=0.8\ \text{kg}$，$s_1=0.5\ \text{m}$，$s_2=0.3\ \text{m}$。略去绳与滑轮的质量及滑轮的摩擦。试求物体 m_3 与平面 BC 间的动滑动摩擦因数 f 值。

11－11　如题图 11－11 所示重物 A 和 B 通过滑轮 D 和定滑轮 C 而运动。如果重物 A 开始时向下的速度为 v_0。试问重物 A 下落多大距离，其速度将增加 1 倍。设 A 和 B 的重量均为 P，滑轮 D 和 C 的重量均为 Q，且均为均质圆盘。重物 B 与水平面间的动摩擦因数为 f，绳索不能伸长，其质量忽略不计。

11－12　AB，BC，CD，DA 四杆各重 W、长 l，用光滑铰链连接。开始时点 C 与点 A 重合，系统静止，此后点 C 下落，求点 C 到达题图 11－12 所示位置时的速度。

11－13　质量各为 m 的两根细杆在点 B 铰接，可在铅垂平面内运动。杆 AB 上作用一大小不变的力偶矩 M，由题图 11－13 所示位置无初速地释放。求当点 A 触及点 O 时，点 A 速度等于多少？

11－14　长度为 l 的均质细杆 AB 及 BC 用铰链 B 连接，C 端有一小轮，小轮沿铅直墙壁

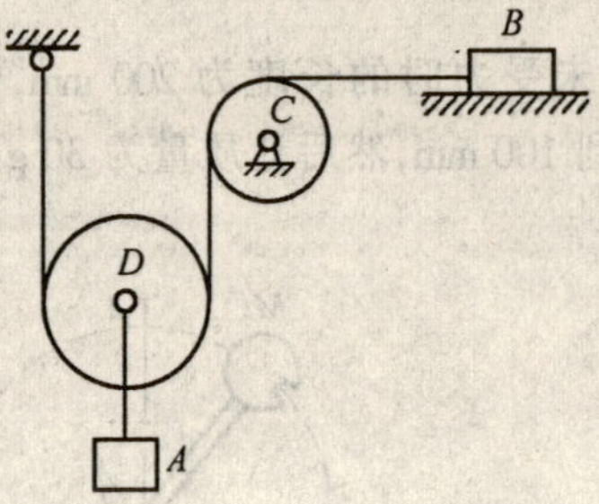

题图 11－11

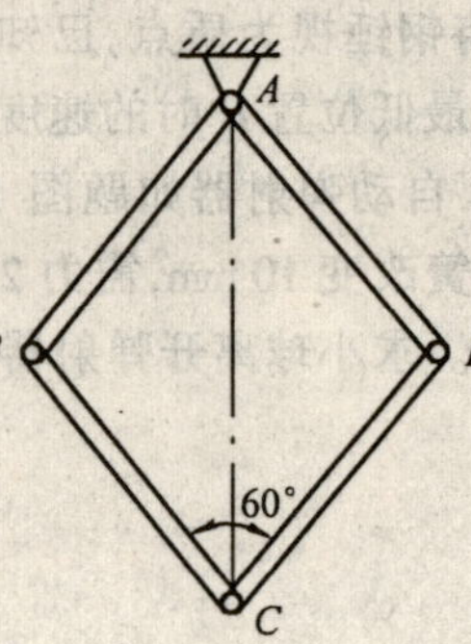

题图 11－12

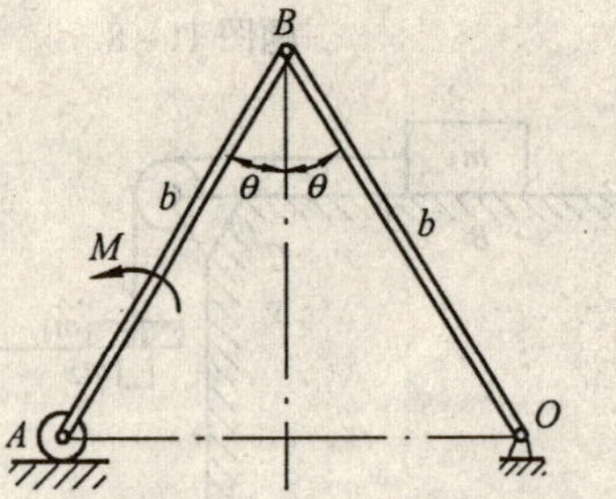

题图 11－13

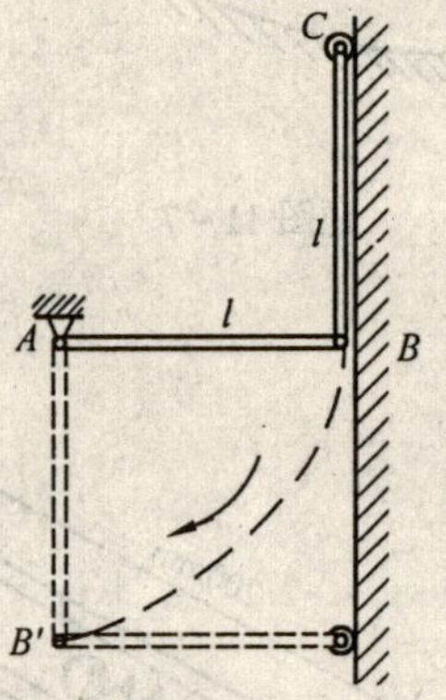

题图 11－14

下滑，不计摩擦及小轮质量，如题图 11－14 所示。求当 AB 绕轴 A 转到铅垂位置，BC 正好在水平位置时，小轮 C 的速度。

11－15　如题图 11－15 所示均质圆盘的重量 P 为 160 N，半径 R 为 45 cm，连接在均质杆 AB 上，杆长 $l=AB=60$ cm，杆重 $W=120$ N。开始时，AB 杆水平，系统静止。设(1) 圆盘焊接到杆上；(2) 圆盘与杆铰接。不计摩擦。求 AB 杆顺时针转到铅直位置时的角速度。

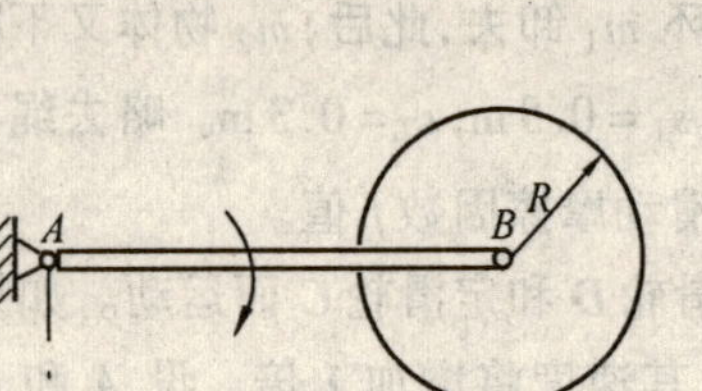

题图 11－15

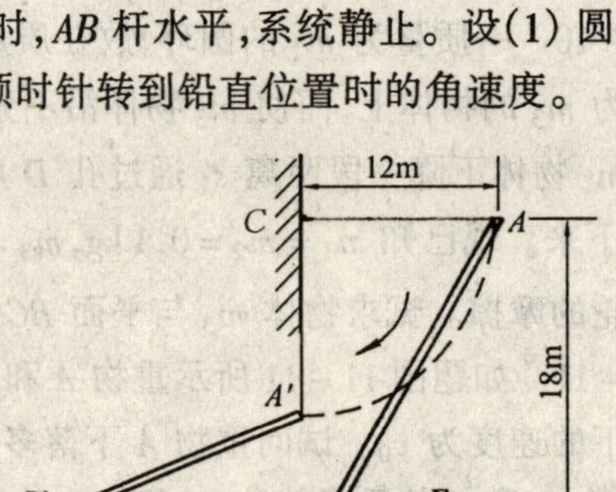

题图 11－16

11－16　均质杆 AB 用水平绳索连于定点 C，B 端作用有水平拉力 F，在题图 11－16 所示位置(AC 水平)，突然去掉力 F，求 A 端到达 A' 时的速度。不计摩擦。

11－17　周转齿轮传动机构放在水平面内，如题图 11－17 所示。已知动齿轮半径为 r，质量为 m_1，可看成为均质圆盘；曲柄 OA，质量为 m_2，可看成为均质杆；定齿轮半径为 R。在曲柄上作用一不变的力偶，其矩为 M，使此机构由静止开始运动。求曲柄转过 φ 角后的角速度和角加速度。

11－18　题图 11－18 所示机构中，直杆 AB 质量为 m，楔块 C 质量为 m_c，倾角为 θ。当 AB 杆铅垂下降时，推动楔块水平运动，不计各处摩擦，求楔块 C 与 AB 杆的加速度。

11－19　题图 11－19 所示质量为 m、半径为 r 的均质圆柱，开始时其质心位于与 OB 同一高度的点 C。设圆柱由静止开始沿斜面滚动而不滑动，当它滚到半径为 R 的圆弧 AB 上时，求在任意位置上对圆弧的正压力和摩擦力。

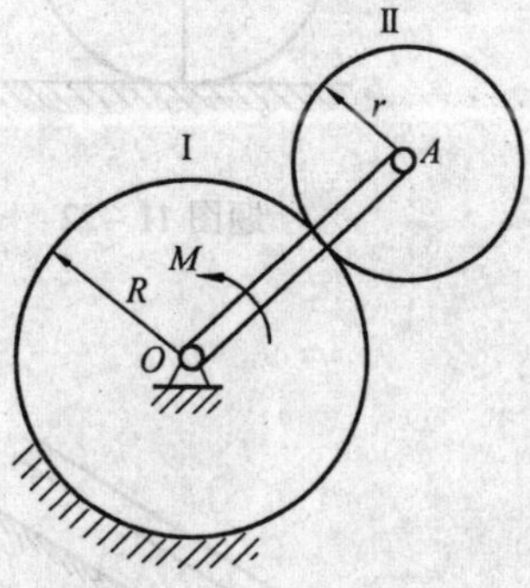

题图 11－17

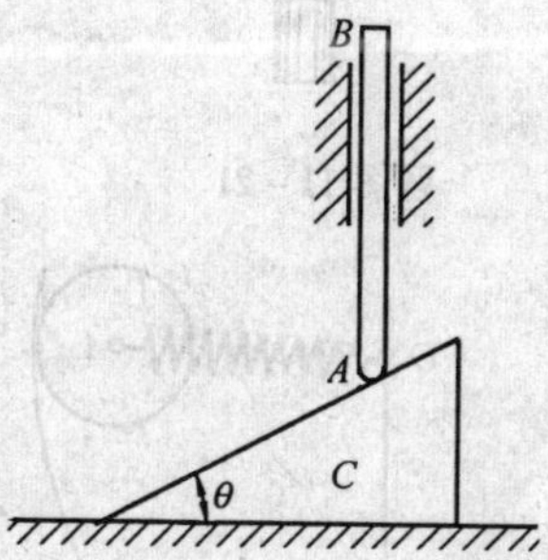

题图 11－18

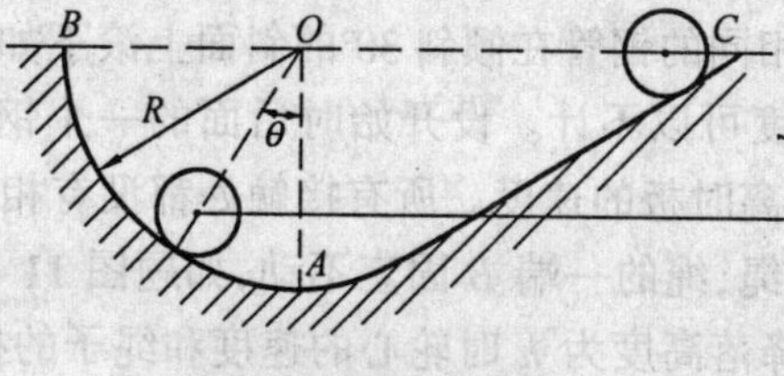

题图 11－19

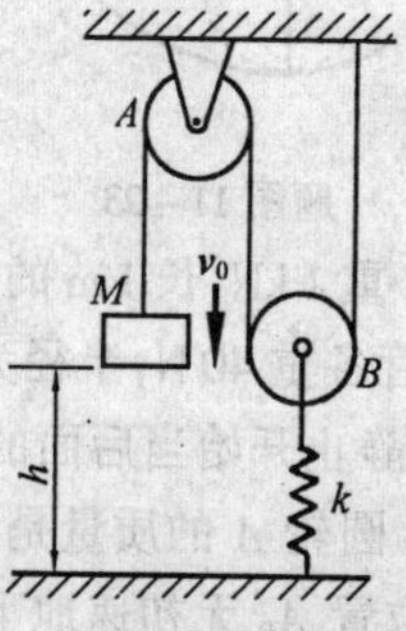

题图 11－20

11－20　有一系统，如题图 11－20 所示。当 M 离地面 h 时，系统处于平衡。现在给 M 以向下的初速度 v_0，使其恰能到达地面处，问 v_0 应为若干？已知物体 M 和滑轮 A，B 的重量均为 P，且滑轮可看成均质圆盘。弹簧的弹簧常数为 k，绳重不计，绳与轮之间无滑动。

11－21　在绞车的主动轴上作用一不变的力偶矩 M，以提升一重 P 的物体。已知主动轴及从动轴连同安装在两轴上的齿轮和其它附属零件的转动惯量分别为 J_1 及 J_2；传速比 $\omega_1:\omega_2=K$；吊索绕在半径为 R 的鼓轮上，如题图 11－21 所示。设轴承的摩擦以及吊索的质量均略去不计，求重物的加速度。

11－22　均质圆轮的质量为 m_1，半径为 r；一质量为 m_2 的小铁块固结在离圆心 e 的 A 处。若 A 稍稍偏离最高位置，使圆轮由静止开始滚动，如题图 11－22 所示。求当 A 运动至最低位置时圆轮滚动的角速度。设圆轮只滚动不滑动。

11－23　原长为 40 cm，弹簧常数为 20 N/cm 的弹簧的一端固定，另一端与一重 100 N，半径为 10 cm 的匀质圆盘的中心 A 相联结。圆盘在铅垂平面内沿一弧形轨道作纯滚动如题图 11－23 所示。开始时 OA 在水平位置，$OA=30$ cm，速度为零，求弹簧运动到铅垂位置时轮心的速度，此时 O 与轮心的距离为 35 cm，弹簧的质量可以不计。

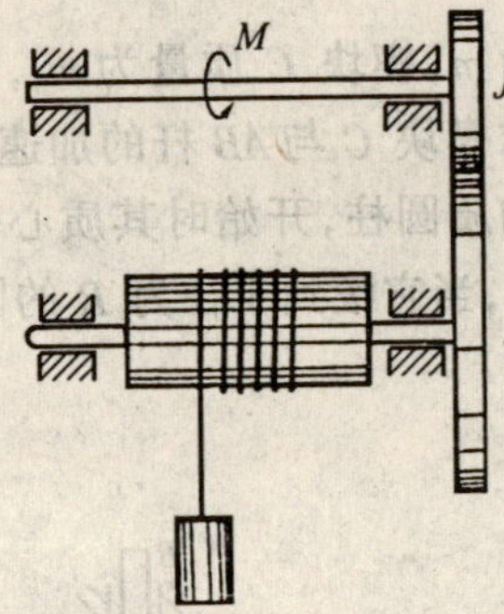

题图 11－21

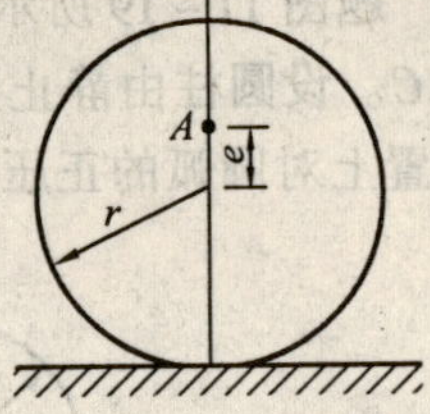

题图 11－22

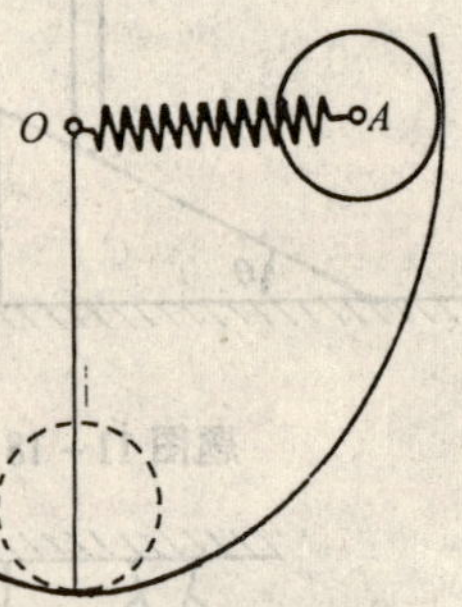

题图 11－23

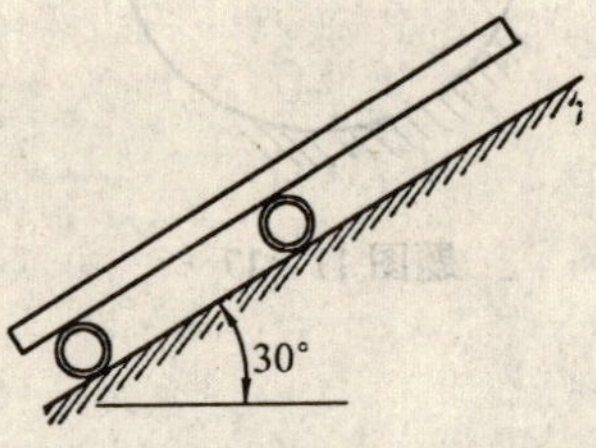

题图 11－24

11－24　重 1 kN，长 1 m 的钢板垫以两个相同的钢管在倾斜 30°的斜面上滚下如题图 11－24 所示。钢管各重 40 N，半径为 5 cm，管壁厚度可以不计。设开始时后面的一个钢管位于板的中点，求从静止开始当后面的钢管将与板脱离时板的速度。所有接触处都没有相对滑动。

11－25　圆轮 A 的质量是 m，轮上绕以细绳，绳的一端 B 固定不动，如题图 11－25 所示。圆轮从初始位置 A_0 无初速地下降，求当轮心降落高度为 h 时轮心的速度和绳子的拉力。

11－26　题图 11－26 所示商场用的自动电梯每小时输送 9 000 人，速度 v 为 0.5 m/s，每人平均体重 600 N，求：(1) 所需电动机平均功率；(2) 若电梯效率为 0.75，允许超载 250%，求电机功率。

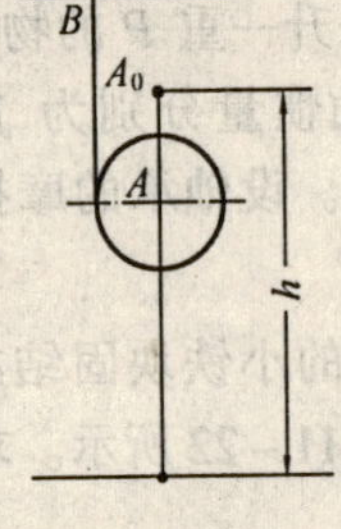

题图 11－25

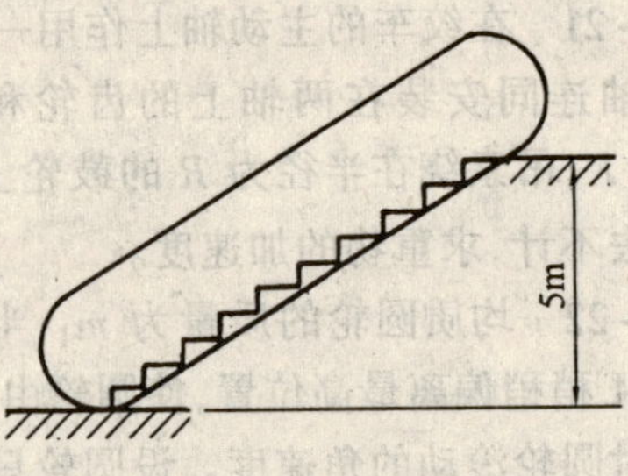

题图 11－26

第十二章　动量定理和动量矩定理

动能定理是从能量的角度分析质点系的动力学问题，建立了系统动能的变化与作用于系统上力的功之间的关系。本章介绍动量定理和动量矩定理，与动能定理不同，它们是从动量的观点出发分别建立质点或质点系的动量、动量矩与力的作用量——冲量和力矩的关系。

§12-1　动量定理

一、动量和冲量

1. 动量

质点的质量 m 与其在瞬时 t 的速度 $\boldsymbol{v}$ 的乘积，称为该质点在瞬时 t 的动量。用 $\boldsymbol{p}$ 表示质点的动量，则

$$\boldsymbol{p} = m\boldsymbol{v} \tag{12-1}$$

动量是矢量，其方向与速度方向相同。它是表征机械运动的一个物理量。大家熟知，枪弹质量虽小，但速度大，因而动量很大，可以击穿钢板；轮船靠岸时，速度虽小，但质量大，因而，轮船的动量很大，如果操作不当，就会有撞坏码头或船体的危险。

在国际单位制中，动量的单位是千克·米/秒(kg·m/s)，即牛[顿]秒(N·s)

质点系内各质点动量的矢量和称为质点系的动量。即

$$\boldsymbol{p} = \sum m_i\boldsymbol{v}_i \tag{12-2}$$

2. 冲量

物体在力作用下产生的运动变化，不仅与力的大小和方向有关，还与力作用时间的长短有关。为此，引入力的冲量的概念，以表征力在一段时间内对物体的累积效应。

若常力 $\boldsymbol{F}$ 作用的时间为 t，则该常力的冲量为

$$\boldsymbol{I} = \boldsymbol{F}t \tag{12-3}$$

冲量是矢量，它与力 $\boldsymbol{F}$ 的方向一致。

若力 $\boldsymbol{F}$ 是变化的，应将力的作用时间分成无数微小时间间隔，在每一微小时间间隔内将力可视为常力，这样便得到力 $\boldsymbol{F}$ 在时间 $\mathrm{d}t$ 内的冲量，称为元冲量，即

$$\mathrm{d}\boldsymbol{I} = \boldsymbol{F}\mathrm{d}t$$

在 t_1 到 t_2 时间间隔内，变力 $\boldsymbol{F}$ 的冲量则为

$$\boldsymbol{I} = \int_{t_1}^{t_2}\boldsymbol{F}\mathrm{d}t \tag{12-4}$$

在国际单位制中，冲量的单位是牛[顿]·秒(N·s)。它与动量的单位相同。

二、动量定理

1. 质点的动量定理

设质点的质量为 m，速度为 $\boldsymbol{v}$，所受作用力的合力为 $\boldsymbol{F}$，如图 12-1 所示。由质点运动微分方程

$$m\frac{\mathrm{d}\boldsymbol{v}}{\mathrm{d}t} = \sum \boldsymbol{F}_i = \boldsymbol{F}$$

可得

$$\mathrm{d}(m\boldsymbol{v}) = \sum \boldsymbol{F}_i\mathrm{d}t = \boldsymbol{F}\mathrm{d}t \tag{12-5}$$

这就是质点动量定理的微分形式。它表明：质点动量的微分等于作用于该质点上的各力元冲量的矢量和。

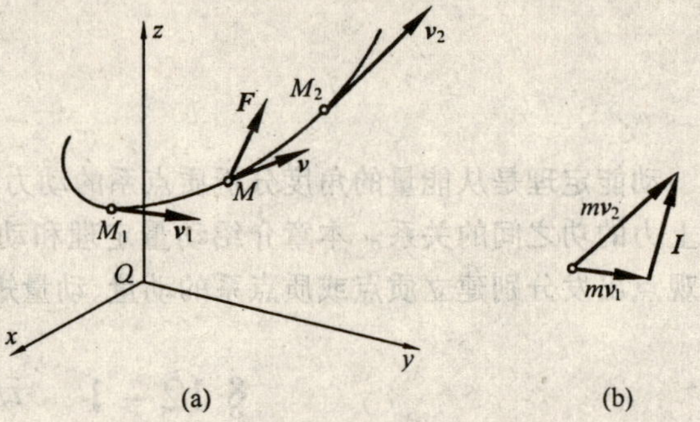

图 12-1

设从瞬时 t_1 到 t_2，质点对应的速度由 $\boldsymbol{v}_1$ 变到 $\boldsymbol{v}_2$，对式(12-5)积分，得

$$m\boldsymbol{v}_2 - m\boldsymbol{v}_1 = \sum\int_{t_1}^{t_2}\boldsymbol{F}_i\mathrm{d}t = \sum \boldsymbol{I}_i = \boldsymbol{I} \tag{12-6}$$

这就是质点动量定理的积分形式，又称质点的冲量定理。它表明：质点动量在任一时间间隔内的变化，等于作用于该质点上各力在同一时间间隔内的冲量的矢量和。

2. 质点系的动量定理

设质点系由 n 个质点组成，其中第 i 个质点的质量为 m_i，速度为 $\boldsymbol{v}_i$，其所受的外力之和为 $\boldsymbol{F}_i^{(e)}$，所受的内力之和为 $\boldsymbol{F}_i^{(i)}$，根据质点动量定理，得

$$\mathrm{d}(m_i\boldsymbol{v}_i) = \boldsymbol{F}_i^{(e)} + \boldsymbol{F}_i^{(i)}$$

对于质点系内每个质点都可以写出这样一个方程，将这样的 n 个方程相加，得

$$\sum\mathrm{d}(m_i\boldsymbol{v}_i) = \sum\boldsymbol{F}_i^{(e)}\mathrm{d}t + \sum\boldsymbol{F}_i^{(i)}\mathrm{d}t$$

由于质点系的内力是成对出现的，所以质点系内力的矢量和等于零，即 $\sum\boldsymbol{F}_i^{(i)}\mathrm{d}t = 0$，又因为 $\sum\mathrm{d}(m_i\boldsymbol{v}_i) = \mathrm{d}(\sum m_i\boldsymbol{v}_i) = \mathrm{d}\boldsymbol{p}$，于是得

$$\mathrm{d}\boldsymbol{p} = \sum\boldsymbol{F}_i^{(e)}\mathrm{d}t \tag{12-7}$$

这就是质点系动量定理的微分形式。它表明：质点系动量的微分等于作用于质点系的所有外力的元冲量的矢量和。

式(12-7)还可以写成

$$\frac{\mathrm{d}\boldsymbol{p}}{\mathrm{d}t} = \sum\boldsymbol{F}_i^{(e)} \tag{12-8}$$

这就是质点系动量定理的另一种微分形式。它表明：质点系的动量对时间的导数等于作用于质点系上的所有外力的矢量和。

对式(12-7)进行积分，从瞬时 t_1 到瞬时 t_2，质点系相应的动量由 $\boldsymbol{p}_1$ 变到 $\boldsymbol{p}_2$，故得

$$\boldsymbol{p}_2 - \boldsymbol{p}_1 = \sum\int_{t_1}^{t_2}\boldsymbol{F}_i^{(e)}\mathrm{d}t = \sum\boldsymbol{I}_i^{(e)} \tag{12-9}$$

这就是动量定理的积分形式，也称质点系的冲量定理。它表明：质点系的动量在任一时间间

隔内的变化，等于在同一时间内作用于该质点系所有外力冲量的矢量和。

由质点系的动量定理可知，内力不能改变质点系的动量，只有外力才能改变质点系的动量，所以，应用质点系的动量定理求解动力学问题时，不需要分析内力。

动量定理是矢量表达式，在具体应用计算时常取投影形式。将式(12-8)和(12-9)在直角坐标轴上投影，得

$$\left.\begin{aligned}\frac{dp_x}{dt} &= \sum X_i^{(e)}\\ \frac{dp_y}{dt} &= \sum Y_i^{(e)}\\ \frac{dp_z}{dt} &= \sum Z_i^{(e)}\end{aligned}\right\}\qquad(12-10)$$

与

$$\left.\begin{aligned}p_{2x}-p_{1x} &= \sum I_{ix}^{(e)}\\ p_{2y}-p_{1y} &= \sum I_{iy}^{(e)}\\ p_{2z}-p_{1z} &= \sum I_{iz}^{(e)}\end{aligned}\right\}\qquad(12-11)$$

若作用于质点系的外力的矢量和恒等于零，即$\sum \boldsymbol{F}_i^{(e)}=0$，由式(12-8)或(12-9)可得

$$\boldsymbol{p}_2-\boldsymbol{p}_1=\text{常矢量}$$

这就是质点系的动量守恒定律。它表明：若作用于质点系的外力的矢量和恒等于零，则该质点系的动量保持不变。

若作用于质点系的外力在轴 x 上投影的代数和等于零，即$\sum X_i^{(e)}=0$，由式(12-10)或(12-11)可得

$$p_{2x}-p_{1x}=\text{常量}$$

这是质点系的动量在该轴上投影守恒的情形。它表明：若作用于质点系的外力在某轴上的投影代数和恒等于零，则该质点系的动量在该轴上的投影保持不变。

例 12-1 船上吊杆从船舱中吊货，货物是钢锭，质量 $m=3\,000$ kg，如图 12-2 所示。在卸货过程中，钢锭吊起距甲板高度 $H=1.5$ m 时，由于滑轮卡住，吊货索突然断裂，钢锭落在甲板上，碰撞时间 $\tau=0.01$ s。试求作用在甲板上的平均碰撞力。

解： 取钢锭为研究对象。钢锭从高度 H 处自由下落过程中只受重力作用，设它与甲板刚要接触时所具有的速度为 v，由动能定理得

$$\frac{1}{2}mv^2-0=mgH$$

所以

$$v=\sqrt{2gH}=\sqrt{2\times9.8\times1.5}=5.42\text{ m/s}$$

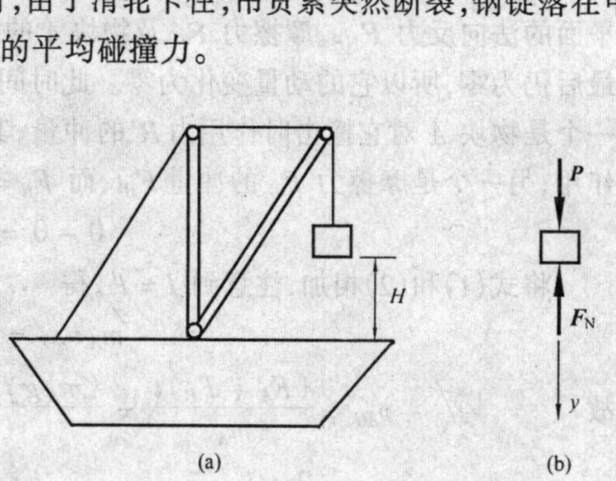

图 12-2

钢锭接触甲板后到停止的过程中，除受钢锭的重力 $\boldsymbol{P}$ 作用外，还受甲板作用于钢锭上的反力 $\boldsymbol{F}_N$。这个反力是变力，在极短的碰撞

时间间隔 τ 内迅速变化，我们用平均碰撞反力来代替，如图 12－2(b)所示。

取铅垂轴 y 向下为正，根据质点动量定理，得

$$mv_{2y} - mv_{1y} = (P - F_N)\tau$$

这时，$v_{2y} = 0$，$v_{1y} = 5.42\ \text{m/s}$，$P = mg$，代入上式，得

$$F_N = P + \frac{mv}{\tau} = 3\,000 \times 9.8 + \frac{3\,000 \times 5.42}{0.01} = 1\,655.4\ \text{kN}$$

钢锭的重量 $P = mg = 29.4\ \text{kN}$，撞击时作用在甲板上的平均力是钢锭重量的56.3倍，可见甲板受的冲击力相当大，因此，在船上装卸货物时，必须注意操作安全。

例 12－2　在水平面上有物块 A 与 B，$m_A = 2\ \text{kg}$，$m_B = 1\ \text{kg}$。物块 A 以某一速度运动而撞击原来静止的物块 B，如图 12－3(a)所示。撞击后，物块 A 与 B 一起向前运动，历时 2 s 而停止。设物块 A，B 与水平面的摩擦因数为 $f = 0.25$，求撞击前物块 A 的速度以及撞击时物块 A 与 B 相互作用的冲量。

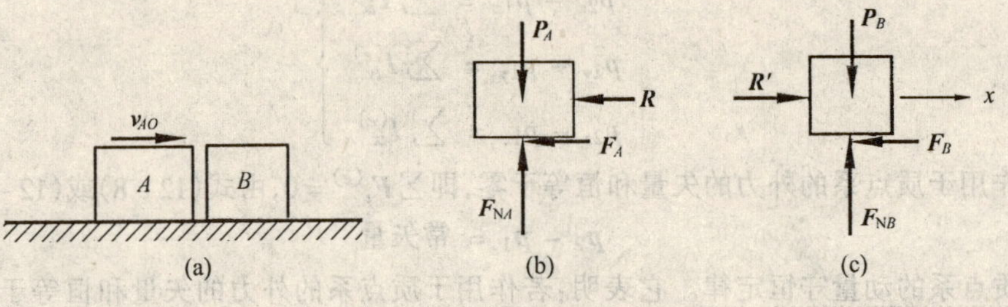

图 12－3

解： 先取物块 A 为研究对象。在物块 A 和 B 撞击运动过程中，作用于物块 A 的力有：物块 A 的重力 $\boldsymbol{P}_A$、水平面的法向反力 $\boldsymbol{F}_{NA}$、摩擦力 $\boldsymbol{F}_A$ 及物块B 的作用力$\boldsymbol{R}$。设撞击前物块 A 的速度为 v_{AO}，从撞击开始到停止运动的 2 s 内，物块 A 的速度由 v_{AO}变化到零。此段时间内，在水平方向，物块 A 上有两个冲量作用：一个是物块 B 对它的作用力$\boldsymbol{R}$ 冲量，设其大小为 I；另一个是水平面对它作用的摩擦力 $\boldsymbol{F}_A$ 的冲量 F_At。取轴 x 水平向右，由动量定理投影式，得

$$0 - m_Av_{AO} = -I - F_At \tag{1}$$

再取物块 B 为研究对象。在撞击运动过程中，作用于物块 B 的力有：物块的重力 $\boldsymbol{P}_B$、水平面的法向反力 $\boldsymbol{F}_{NB}$、摩擦力 $\boldsymbol{F}_B$ 及物块A 的作用力$\boldsymbol{R}'$。物块 B，在撞击开始时的速度为零，最后仍为零，所以它的动量变化为零。此时间间隔内，作用于物块 B 的水平方向冲量有两个：一个是物块 A 对它撞击时作用力$\boldsymbol{R}'$的冲量，其与作用在物块 A 上的撞击冲量互为作用与反作用；另一个是摩擦力 $\boldsymbol{F}_B$ 的冲量F_Bt，而 $F_B = F_Nf = m_Bgf$。由动量定理投影式得

$$0 - 0 = I' - F_B t \tag{2}$$

将式(1)和(2)相加，注意到 $I = I'$，得

$$-m_A v_{AO} = -(F_A + F_B)t$$

故

$$v_{AO} = \frac{(F_A + F_B)t}{m_A} = \frac{(m_A gf + m_B gf)\,t}{m_A} = \frac{m_A + m_B}{m_A} gft =$$

$$\frac{2+1}{2} \times 9.8 \times 0.25 \times 2 = 7.35\ \text{m/s}$$

由式(2)得物块 A 和 B 相互作用的冲量

$$I = I' = F_B t = m_B gft = 1 \times 9.8 \times 0.25 \times 2 = 4.9\ \text{N·s}$$

例 12-3 图 12-4 所示为流体流经变截面弯管的示意图。设流体是不可压缩的，在弯管内作定常流动(即管内各处的流速不随时间而变化的流动)，流体的密度为 ρ，流量为 Q(单位时间内流经管道某截面流体的体积以 m^3/s 计)，流体在 AB，CD 截面处的流速分别为 $\boldsymbol{v}_1$ 和 $\boldsymbol{v}_2$，两截面受到的压力分别是 $\boldsymbol{P}_1$ 和 $\boldsymbol{P}_2$。求管壁所受到的压力。

解： 取 $ABCD$ 部分流体为研究对象，作用于其上的外力有：流体的重力 $\boldsymbol{W}$，AB，CD 两截面处的压力 $\boldsymbol{P}_1$ 和 $\boldsymbol{P}_2$ 以及管壁反力 $\boldsymbol{F}_N$，这些力都是分布力(体积力或面积力)的合力，如图 12-4(a)所示。ABCD 部分流体经过 Δt 时间间隔后，流到 abcd 位置，则其动量的变化

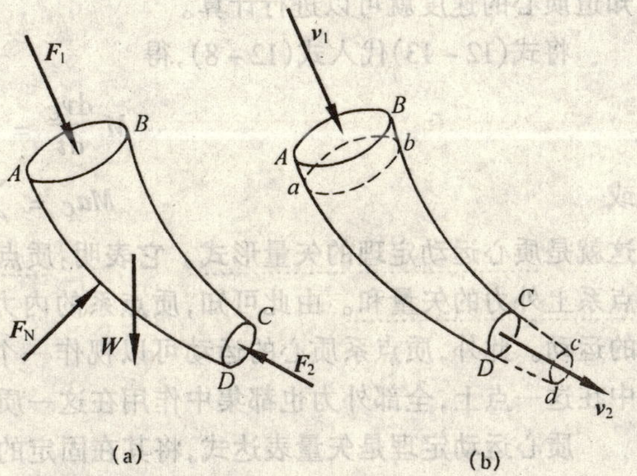

图 12-4

$$\Delta \boldsymbol{p} = (\boldsymbol{p}_{abcd})_{t+\Delta t} - (\boldsymbol{p}_{ABCD})_t = (\boldsymbol{p}_{abCD})_{t+\Delta t} + (\boldsymbol{p}_{CDdc})_{t+\Delta t} - (\boldsymbol{p}_{ABba})_t + (\boldsymbol{p}_{abCD})_t$$

由于流体是定常流动，abCD 这部分中流速分布不随时间变化，所以该部分流体在 Δt 时间间隔前后的动量保持不变，即$(abCD)_{t+\Delta t} = (abCD)_t$，又因为流动是不可压缩的定常流动，所以 ABba 部分和 DCcd 部分的体积流量相等，即两者质量相等，且为 $dm = \rho Q \Delta t$，于是上式可写成

$$\Delta \boldsymbol{p} = (\boldsymbol{p}_{CDdc})_{t+\Delta t} - (\boldsymbol{p}_{ABba})_t = \rho Q \Delta t \boldsymbol{v}_2 - \rho Q \Delta t \boldsymbol{v}_1 = \rho Q(\boldsymbol{v}_2 - \boldsymbol{v}_1)\Delta t$$

根据质点系动量定理，得

$$\rho Q(\boldsymbol{v}_2 - \boldsymbol{v}_1)\Delta t = (\boldsymbol{W} + \boldsymbol{P}_1 + \boldsymbol{P}_2 + \boldsymbol{F}_N)\Delta t$$

消去 Δt，得管壁对流体作用的反力

$$\boldsymbol{F}_N = \rho Q(\boldsymbol{v}_2 - \boldsymbol{v}_1) - (\boldsymbol{W} + \boldsymbol{P}_1 + \boldsymbol{P}_2)$$

通常将管壁对流体的反力分解为两部分，$\boldsymbol{F}_N = \boldsymbol{F}'_N + \boldsymbol{F}''_N$，$\boldsymbol{F}'_N$ 为与外力 $\boldsymbol{W}$，$\boldsymbol{P}_1$ 和 $\boldsymbol{P}_2$ 相平衡的管壁静反力，$\boldsymbol{F}''_N$ 为由于流体动量发生变化引起的附加动反力。所以 $\boldsymbol{F}_N'$ 由下式计算

$$\boldsymbol{W} + \boldsymbol{P}_1 + \boldsymbol{P}_2 + \boldsymbol{F}'_N = 0$$

而附加动反力可用下式确定

$$\boldsymbol{F}''_N = \rho Q(\boldsymbol{v}_2 - \boldsymbol{v}_1) \tag{12-12}$$

在应用上式时常应用其投影式计算。

§12-2 质心运动定理

对质心坐标公式 $M\boldsymbol{r}_C = \sum m_i \boldsymbol{r}_i$ 求导，得

$$M\boldsymbol{v}_C = \sum m_i \boldsymbol{v}_i$$

将上式代入式(12-2)，得

$$\boldsymbol{p} = \sum m_i \boldsymbol{v}_i = M\boldsymbol{v}_C \tag{12-13}$$

这就是应用质心速度计算质点系动量的表达式。它表明:质点系的动量也等于质点系总质量 M 与其质心速度 $\boldsymbol{v}_C$ 乘积。

质心是表征质点系质量分布情况的一个几何点,质点系运动,质心也随之运动。由式(12-13)可以看出,若把质点系的质量都集中于质心做为一个质点看待,那么此质点的动量就等于质点系的动量。因此,计算质点系动量时,并不需要分析质点系每一质点的速度,只要知道质心的速度就可以进行计算。

将式(12-13)代入式(12-8),得

$$M\frac{\mathrm{d}\boldsymbol{v}_C}{\mathrm{d}t} = \sum \boldsymbol{F}_i^{(e)} \tag{12-14,a}$$

或

$$M\boldsymbol{a}_C = \sum \boldsymbol{F}_i^{(e)} \tag{12-14,b}$$

这就是质心运动定理的矢量形式。它表明:质点系的质量与质心加速度的乘积等于作用于质点系上外力的矢量和。由此可知,质点系的内力不影响质心的运动,只有外力才能改变质心的运动。此外,质点系质心的运动可以视作一个质点的运动,假想把整个质点系的质量都集中在这一点上,全部外力也都集中作用在这一质点上。

质心运动定理是矢量表达式,将其在固定的直角坐标轴上投影,得

$$\left.\begin{aligned} M\frac{\mathrm{d}^2 x_C}{\mathrm{d}t^2} &= \sum X_i^{(e)} \\ M\frac{\mathrm{d}^2 y_C}{\mathrm{d}t^2} &= \sum Y_i^{(e)} \\ M\frac{\mathrm{d}^2 z_C}{\mathrm{d}t^2} &= \sum Z_i^{(e)} \end{aligned}\right\} \tag{12-15}$$

这就是质心运动定理的直角坐标表达形式。

由质心运动定理可以得出下列两个推论;

(1)当 $\sum \boldsymbol{F}_i^{(e)} = 0$ 时,由式(12-14)得

$$\boldsymbol{v}_C = 常矢量$$

这表明:若作用于质点系上的外力的矢量和恒等于零,则质心作匀速直线运动;如果开始时质心是静止的,则质心位置始终保持不变。

(2)当 $\sum X_i^{(e)} = 0$ 时,由式(12-15)得

$$v_{Cx} = 常量$$

这表明:若作用于质点系的所有外力在某轴上投影的代数和恒等于零,则质心的速度在该轴上的的投影保持不变;如果开始时质心的速度在该轴上的投影等于零,则质心沿该轴的坐标保持不变。

上述结论,称为质心运动守恒定理。

质心运动定理,在质点系动力学中,有很重要的意义。在很多实际问题中会经常遇到。比如,汽车发动机汽缸内燃气的压力是内力,仅靠它不能使汽车的质心运动。但是发动机开动后,经过一套机构促使主动轮转动,使路面对车轮作用向前的摩擦力,这个外力使汽车的质心向前运动。下雪天汽车开动时打滑现象,正是由于摩擦力很小的缘故。同样道理,人们在光滑的路面上只靠自已筋肉的力是不能行走的。此外,在许多实际问题中,质心的运动往往是问题的主要方面。例如,发射后的炮弹,由于自身的旋转,其运动很复杂,但是若能知道它

的质心运动规律，对射击来说就够了。道路修筑中的定向爆破，爆破后土石的运动很复杂，但就它们的整体来说，如不计空气阻力，就只受重力作用，则质心的运动就像一个质点在重力作用下作抛射运动一样，只要控制好质心的初速度，就可使爆破后大部分的土石抛掷到指定的地方。

例 12－4 压实土壤用的振动器由两个相同的偏心锤及机架组成，如图 12－5 所示。已知底座的质量为 m_1，每个偏心锤的质量为 m，偏心距为 e，两偏心锤以相同的匀角速度 ω 朝相反的方向转动，转动时两偏心锤始终保持对称。求振动器对土壤的压力。

解： 将机架和两个偏心锤视为一质点系。作用于此质点系上的外力有两个偏心锤的重力 $\boldsymbol{P}$，机架的重力 $\boldsymbol{Q}$，土壤的约束反力 $\boldsymbol{F}_N$。取坐标轴如图 12－5 所示。

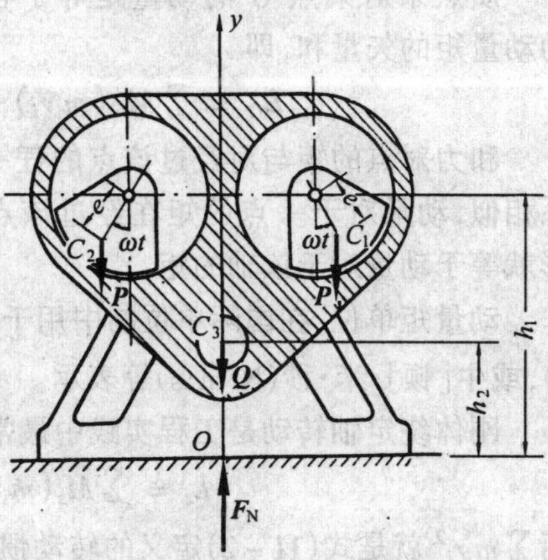

图 12－5

由质心运动微分方程式，得

$$F_N - 2P - Q = M\frac{d^2 y_C}{dt^2} = \sum m_i \frac{d^2 y_i}{dt^2} \quad (1)$$

设偏心锤的轴离地面的高度为 h_1，机架重心离地面高度为 h_2，则按质心坐标公式有

$$(2m + m_1)y_C = 2m(h_1 - e\cos\omega t) + m_1 h_2 \quad (2)$$

将式(2)代入式(1)后，得

$$F_N - 2P - Q = 2m\frac{d^2}{dt^2}(h_1 - e\cos\omega t) + m_1\frac{d^2 h_2}{dt^2} = 2me\omega^2\cos\omega t$$

故

$$F_N = 2P + Q + 2me\omega^2\cos\omega t = 2mg + m_1 g + 2me\omega^2\cos\omega t = (2m + m_1)g + 2me\omega^2\cos\omega t$$

式中 $(2m + m_1)g = F'_N$ 为静反力。而 $2me\omega^2\cos\omega t = F''_N$ 为附加动反力。

当 $\omega t = 0$ 时，全反力 $\boldsymbol{F}_N$ 最大，其值为

$$F_{N\max} = (2m + m_1)g + 2me\omega^2$$

当 $\omega t = \pi$ 时，全反力 $\boldsymbol{F}_N$ 最小，其值为

$$F_{N\min} = (2m + m_1)g - 2me\omega^2$$

振动器对土壤的压力与 $\boldsymbol{F}_N$ 等值、反向。

§12－3 动量矩定理

一、动量矩

动量矩是度量质点或质点系对某点或某轴运动强度的一个物理量。其定义和计算与力矩定义和计算完全一致。只要在原来力矩的定义及有关力矩的各种计算公式中，将力 $\boldsymbol{F}$ 换成的量 $m\boldsymbol{v}$，即可完全适用于动量矩的计算。如质点的质量为 m、速度为 $\boldsymbol{v}$ 则其对点 O 的动量矩为

$$M_O(m\boldsymbol{v}) = \boldsymbol{r} \times m\boldsymbol{v} \tag{12-16}$$

式中,$\boldsymbol{r}$ 是质点到点 O 的矢径,如图 12-6 所示。此表达式与静力学中力 $\boldsymbol{F}$ 对点 O 的矩 $\boldsymbol{M}_O(\boldsymbol{F}) = \boldsymbol{r} \times \boldsymbol{F}$ 完全相似。

质点对于点 O 的动量矩是矢量,画在矩心上,它垂直于矢径 $\boldsymbol{r}$ 与 $m\boldsymbol{v}$ 所组成的平面,矢量的指向按照右手法则确定。

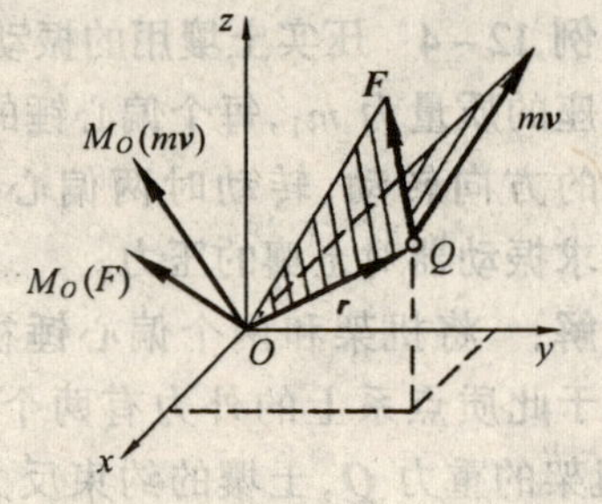

图 12-6

质点系对某点 O 的动量矩等于各质点对同一点 O 的动量矩的矢量和,即

$$\boldsymbol{L}_O = \sum \boldsymbol{M}_O(m_i\boldsymbol{v}_i) \tag{12-17}$$

和力对点的矩与对经过该点的任一轴的矩之间的关系相似,动量对于一点的矩在经过该点的任一轴上的投影就等于动量对于该轴的矩。

动量矩单位,在国际单位制中用千克·米²/秒(kg·m²/s),或牛[顿]·米·秒(N·m·s)等表示。

刚体绕定轴转动是工程实践中最常见的一种运动形式(见图 9-1),它对转轴的动量矩为

$$L_z = \sum M_z(m_i\boldsymbol{v}_i) = \sum m_i\omega \boldsymbol{r}_i \cdot \boldsymbol{r}_i = \omega \sum m_i r_i^2$$

而 $\sum m_i r_i^2$ 就是式(11-2)定义的转动惯量。故转动刚体对转轴 z 的动量矩为

$$L_z = J_z\omega \tag{12-18}$$

这就是刚体绕定轴转动时动量矩的计算公式。它表明:绕定轴转动刚体对其转轴的动量矩等于刚体对转轴的转动惯量与转动角速度的乘积。

二、动量矩定理

式(12-16)对时间 t 求导,得

$$\frac{\mathrm{d}}{\mathrm{d}t}\boldsymbol{M}_O(m\boldsymbol{v}) = \frac{\mathrm{d}}{\mathrm{d}t}(\boldsymbol{r} \times m\boldsymbol{v}) = \frac{\mathrm{d}\boldsymbol{r}}{\mathrm{d}t} \times m\boldsymbol{v} + \boldsymbol{r} \times \frac{\mathrm{d}}{\mathrm{d}t}(m\boldsymbol{v})$$

由于

$$\frac{\mathrm{d}\boldsymbol{r}}{\mathrm{d}t} = \boldsymbol{v}, \quad \frac{\mathrm{d}}{\mathrm{d}t}(m\boldsymbol{v}) = \boldsymbol{F}$$

故

$$\frac{\mathrm{d}}{\mathrm{d}t}\boldsymbol{M}_O(m\boldsymbol{v}) = \boldsymbol{v} \times m\boldsymbol{v} + \boldsymbol{r} \times \boldsymbol{F}$$

又因为 $\boldsymbol{v}$ 与 $m\boldsymbol{v}$ 同方向,所以 $\boldsymbol{v} \times m\boldsymbol{v} = 0$,因而上式成为

$$\frac{\mathrm{d}}{\mathrm{d}t}\boldsymbol{M}_O(m\boldsymbol{v}) = \boldsymbol{M}_O(\boldsymbol{F}) \tag{12-19}$$

这就是质点的动量矩定理。它表明:质点对任一固定点的动量矩对时间的一阶导数等于作用于质点上的力对同一点的矩。

对于质点系,其中任一质点的质量为 m_i,速度为 $\boldsymbol{v}_i$,其上作用力分为内力 $\boldsymbol{F}_i^{(i)}$ 和外力 $\boldsymbol{F}_i^{(e)}$,则对该质点应用质点动量矩定理,得

$$\frac{\mathrm{d}}{\mathrm{d}t}\boldsymbol{M}_O(m_i\boldsymbol{v}_i) = \boldsymbol{M}_O(\boldsymbol{F}_i^{(i)}) + \boldsymbol{M}_O(\boldsymbol{F}_i^{(e)})$$

针对质点系内每个质点都可以写出上述形式的方程,将它们相加,得

$$\sum \frac{\mathrm{d}}{\mathrm{d}t}\boldsymbol{M}_O(m_i\boldsymbol{v}_i) = \sum \boldsymbol{M}_O(\boldsymbol{F}_i^{(i)}) + \sum \boldsymbol{M}_O(\boldsymbol{F}_i^{(e)})$$

将求和与求导顺序交换，又因为内力都是大小相等、方向相反地成对出现，即$\sum \boldsymbol{M}_O(\boldsymbol{F}_i^{(i)}) = 0$，所以上式成为

$$\frac{\mathrm{d}\boldsymbol{L}_O}{\mathrm{d}t} = \sum \boldsymbol{M}_O(\boldsymbol{F}_i^{(e)}) \tag{12-20}$$

这就是质点系的动量矩定理。它表明：质点系对于任一固定点的动量矩对时间的一阶导数，等于作用于质点系的所有外力对于同一点的矩的矢量和。

将式(12-20)投影到直角坐标轴上，得

$$\left.\begin{aligned}\frac{\mathrm{d}L_x}{\mathrm{d}t} &= \sum M_x(\boldsymbol{F}_i^{(e)})\\ \frac{\mathrm{d}L_y}{\mathrm{d}t} &= \sum M_y(\boldsymbol{F}_i^{(e)})\\ \frac{\mathrm{d}L_z}{\mathrm{d}t} &= \sum M_z(\boldsymbol{F}_i^{(e)})\end{aligned}\right\} \tag{12-21}$$

这就是质点系动量矩定理的投影形式。它表明：质点系对于某定轴的动量矩对时间的导数，等于作用于质点系的外力对同一轴的矩的代数和。

由式(12-20)及(12-21)可知，若$\sum \boldsymbol{M}_O(\boldsymbol{F}_i^{(e)}) = 0$（或$\sum M_x(\boldsymbol{F}_i^{(e)}) = 0$），则 $\boldsymbol{L}_O$ = 常量（或L_x = 常量）。就是说，如果质点系所受的外力对某一固定点（或固定轴）的矩始终等于零，则质点系对该点（或轴）的动量矩保持为常量。此结论称为质点系动量矩守恒定理。

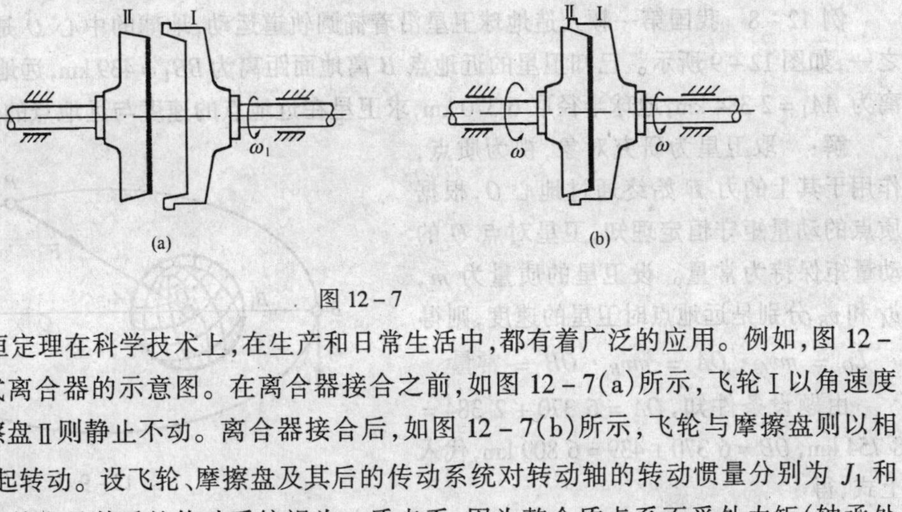

图 12-7

动量矩守恒定理在科学技术上，在生产和日常生活中，都有着广泛的应用。例如，图 12-7 所示为摩擦式离合器的示意图。在离合器接合之前，如图 12-7(a)所示，飞轮Ⅰ以角速度 ω_1 转动，而摩擦盘Ⅱ则静止不动。离合器接合后，如图 12-7(b)所示，飞轮与摩擦盘则以相同角速度 ω 一起转动。设飞轮、摩擦盘及其后的传动系统对转动轴的转动惯量分别为 J_1 和 J_2。将飞轮和摩擦盘及其后的传动系统视为一质点系，因为整个质点系不受外力矩（轴承处摩擦不计）作用，所以对转动轴的动量矩守恒。故有

$$J_1\omega_1 = (J_1 + J_2)\omega$$

即

$$\omega = \frac{J_1\omega_1}{J_1 + J_2}$$

又如，舞蹈演员绕着通过脚尖的铅直轴旋转时，可借着伸张和收缩两臂来调整旋转的速度。

例 12-7 图 12-8 所示，滑轮的重量为 P。半径为 r，可视为匀质圆盘绕轴 O 转动，其

上绕一绳子，绳子的一端挂一重量为 Q 的重物。滑轮上作用一转矩 M，使得重物上升。设绳的重量及轴承处的摩擦不计，试求重物上升的加速度。

解： 取滑轮、绳及重物组成的质点系为研究对象。作用于其上的外力有滑轮重力 $\boldsymbol{P}$、重物重力 $\boldsymbol{Q}$、转矩 M、轴承反力 $\boldsymbol{F}_{Ox}$、$\boldsymbol{F}_{Oy}$，如图 12－8 所示。

滑轮作定轴转动，重物作直线平动。设任一瞬时，重物上升的速度为 $\boldsymbol{v}$，加速度为 $\boldsymbol{a}$，而滑轮的角速度为 ω，角加速度为 α，如图 12－8 所示。

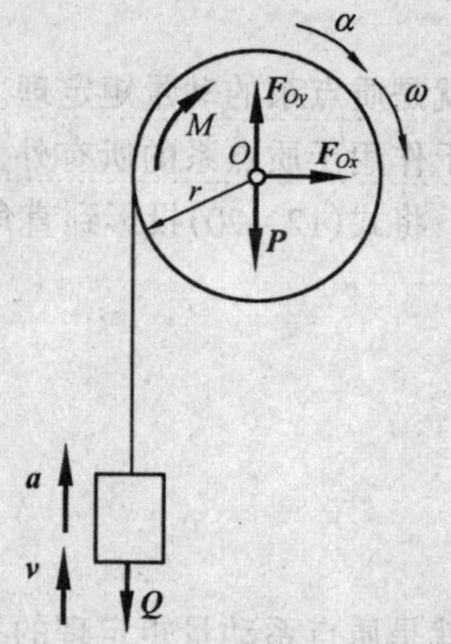

图 12－8

应用质点系对转动轴 O 的动量矩定理

$$\frac{\mathrm{d}L_O}{\mathrm{d}t} = \sum M_O(\boldsymbol{F}_i^{(e)}) \tag{1}$$

质点系对轴 O 的动量矩

$$L_O = \frac{1}{2}\frac{P}{g}r^2\omega + \frac{Q}{g}vr \tag{2}$$

所有外力对轴 O 的力矩之和

$$\sum_{i=1}^{n} M_O(\boldsymbol{F}_i^{(e)}) = M - Qr \tag{3}$$

将式(2)和(3)代入式(1)，可解得

$$a = \frac{2(M - Qr)g}{(P + 2Q)r}$$

此结果与例 9－6 所得结果是一致的。若求绳的张力可取重物为研究对象，其计算与例 9－6中求绳子张力的方法步骤完全一样。

例 12－8　我国第一颗人造地球卫星沿着椭圆轨道运动，地球的中心 O 是这椭圆的焦点之一，如图 12－9 所示。已知卫星的近地点 B 离地面距离为 $BB_1 = 439$ km，远地点 A 离地面距离为 $AA_1 = 2\ 384$ km，地球半径取 6 370 km，求卫星在近地点的速度与远地点的速度之比。

解： 取卫星为研究对象，视为质点，作用于其上的力 $\boldsymbol{F}$ 始终通过地心 O，根据质点的动量矩守恒定理知，卫星对点 O 的动量矩保持为常量。设卫星的质量为 m，v_A 和 v_B 分别是远地点时卫星的速度，则得

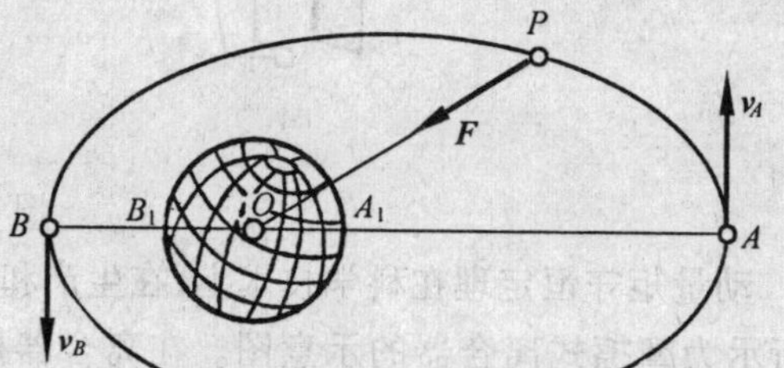

图 12－9

$$L_O = mv_A \cdot OA = mv_B \cdot OB = \text{常量}$$

由题设条件知，$OA = 6\ 370 + 2\ 384 = 8\ 754$ km，$OB = 6\ 370 + 439 = 6\ 809$ km，代入上式，得

$$\frac{v_B}{v_A} = \frac{OA}{OB} = \frac{8\ 754}{6\ 809} = 1.28$$

思　考　题

12－1　质点作匀速直线运动和匀速圆周运动时，其动量有无变化？为什么？

12－2　如果给某一运动的质点系施加一力偶，那么该质点系的动量是否会发生改变？

12-3　二物块 A 和 B，质量分别为 m_A 和 m_B，初始静止。如 A 沿斜面下滑的相对速度为 v_r，如图 12-10 所示。设 B 向左的速度为 v，根据动量守恒定律，有

$$m_A v_r \cos\theta = m_B v$$

对吗？

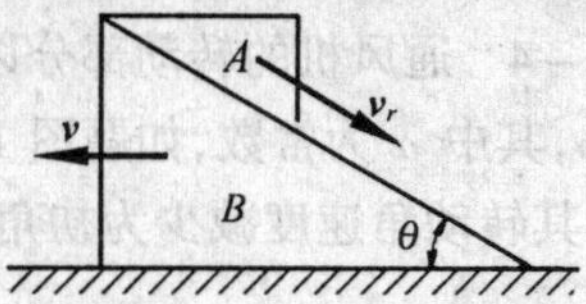

图 12-10

12-4　直立在光滑水平面上的均质杆，无初速地倒下，杆的质心轨迹是否是曲线？

12-5　质点系动量守恒时，其质心作什么运动？

12-6　有一火车以匀速度 $\boldsymbol{u}$ 直线行驶，车厢内一重为 G 的人以同方向、相对于车厢为 $\boldsymbol{v}$ 的速度向前行走，问该人的动量为何？如人原在车上相对静止，其动量的变化是如何产生的？

12-7　细绳跨过光滑的滑轮，一猴沿绳的一端向上爬动。另一端系一砝码，砝码与猴等重。开始时系统静止。问砝码将如何运动？

12-8　图 12-11 所示均质细直杆 OA 长为 l，质量为 M，可绕定轴 O 转动。设某瞬时直杆质心 C 的速度为 $\boldsymbol{v}_C$，则杆的动量 $\boldsymbol{K} = M\boldsymbol{v}_C$，于是求得直杆对轴 O 的动量矩为 $L_O = Mv_C \dfrac{l}{2} = \dfrac{1}{2}Mlv_C$。这样计算对吗？为什么？

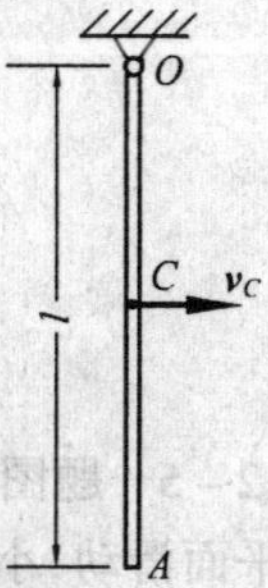

图 12-11

习　题

12-1　题图 12-1 中各物体都是均质物体，设各物体的质量为 m，试计算各刚体的动量及各刚体对固定轴 O 的动量矩。

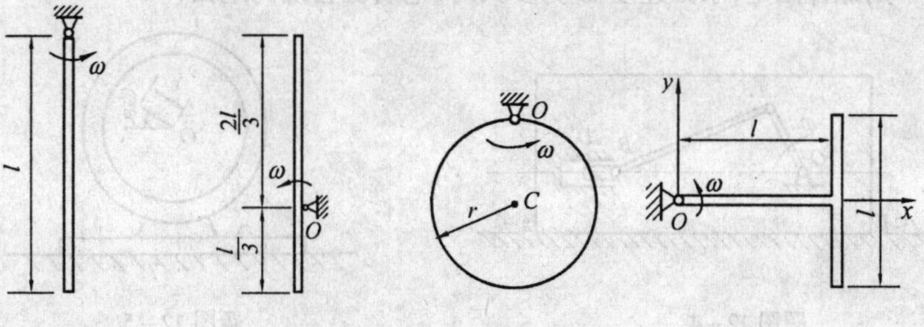

题 12-1 图

12-2　一物块质量为 1kg，开始静止在光滑的水平面上，后受一水平向右的力作用，此力的大小随时间而变化的关系为 $F = 5 + 2t$（其中 F 的单位为 N，t 的单位为 s）。试求 $t = 2$ s 时物块的速度。

12-3 一汽车以速度 $v_0 = 90$km/h 沿水平直线匀速行驶。轮胎与路面间的摩擦因数为 $f = 0.6$，如果每个车轮都装有制动闸，试求：

(1) 欲使汽车停止需要多少时间；

(2) 刹车过程中汽车行驶了多少路程。

12-4　通风机的转动部分以初角速度 ω 绕其轴转动，空气的阻力矩与角速度成正比，即 $M=A\omega$，其中 a 为常数，如题图 12-2 所示。如转动部分对其轴的转动惯量为 J，问经过多少时间后其转动角速度减少为初角速度的一半？又在此时间内共转过多少转？

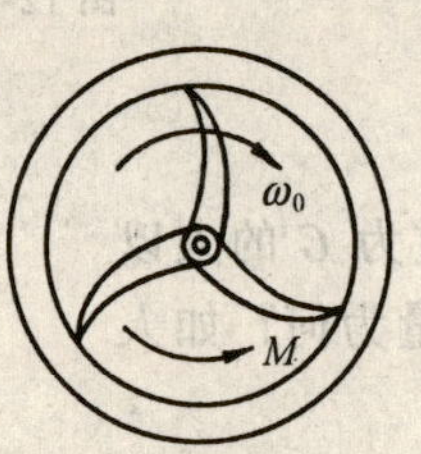

题图 12-2

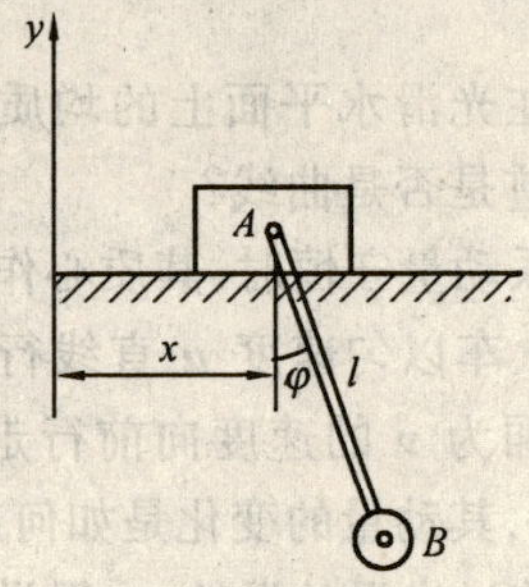

题图 12-3

12-5　题图 12-3 所示椭圆摆由一滑块 A 与小球 B 所构成。滑块的质量为 m_1，可沿光滑水平面滑动；小球的质量为 m_2，用长为 l 的杆 AB 与滑块相连。在运动的初瞬时，杆与铅垂线的偏角为 φ_0，滑块 A 的质心在 Oy 轴上，且无初速地将杆释放。不计杆的质量，求滑块 A 的位移 x，用偏角 φ 表示。

12-6　曲柄滑块机构安装在水平面内，曲柄 OA 的重力为 $\boldsymbol{W}_1$，连杆 AB 的重力为 $\boldsymbol{W}_2$，活塞 BD 的重力为 $\boldsymbol{W}_3$，$OA=r$，$AB=6r$，如题图 12-4 所示。求当曲柄以角速度 ω 旋转而位于两水平位置时，外壳分别对支座 A_1，A_2 的水平压力。

12-7　题图 12-5 所示质量为 m_1 的电动机，在转动轴上带动一质量为 m_2 的偏小轮，偏心距为 e。如电机的角速度为 ω，试求：

(1) 如电动机外壳用螺杆固定在基础上，求作用在螺杆上最大的水平反力 F_r。

(2) 如不用螺杆固定，求角速度 ω 为多大时，电动机会跳离地面？

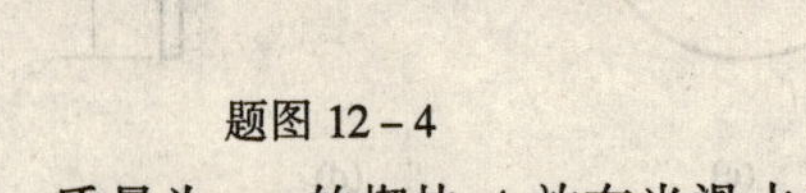

题图 12-4

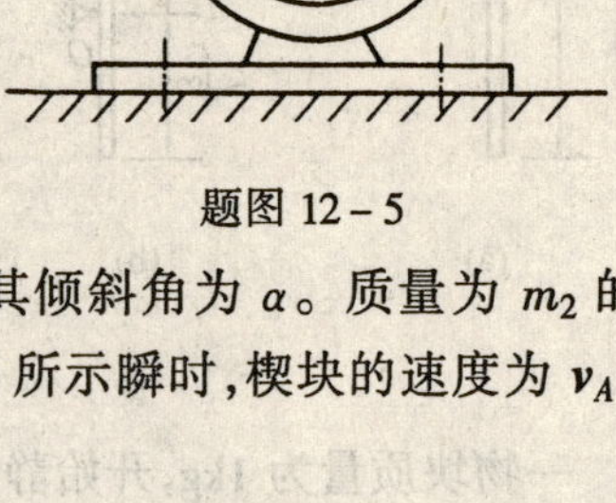

题图 12-5

12-8　质量为 m_1 的楔块 A 放在光滑水平面上，其倾斜角为 α。质量为 m_2 的杆 BD 可沿铅直导轨运动，其一端放在楔块 A 上。在题图 12-6 所示瞬时，楔块的速度为 $\boldsymbol{v}_A$，加速度为 $\boldsymbol{a}_A$，求此时系统质心的速度及加速度。

12-9　题图 12-7 所示在一质量为 6 000 kg 的驳船上，用绞车拉动一质量为 1 000 kg 的箱子 A。开始时，船与箱均为静止。

(1) 当箱子在船上拉过 10 m 时，求驳船移动的水平距离(不计水的阻力)。

(2) 设在船上测得木箱移动的速度为 3 m/s，求驳船移动的速度及木箱的绝对速度。

12-10　一物体质量为 98 kg，以初速 $v_0=1$ m/s 在光滑的水平面上向右运动，如题图

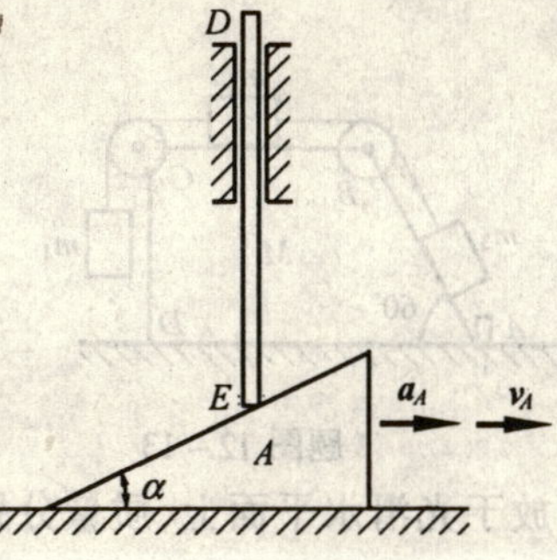

题图 12 - 6

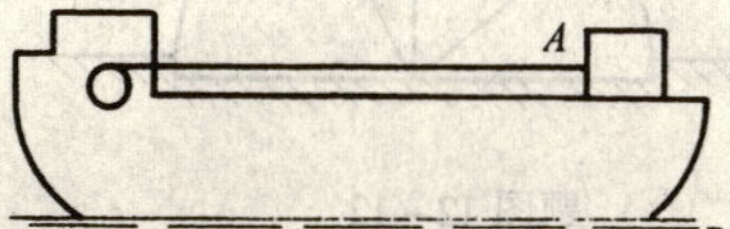

题图 12 - 7

12 - 8所示。今有 $F = 98$ N 的力向左作用于该物体上。求 5 s 后该物体的速度,并求该力在此时间内所做的功。

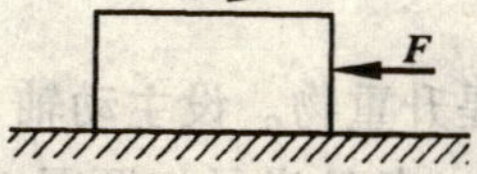

题图 12 - 8

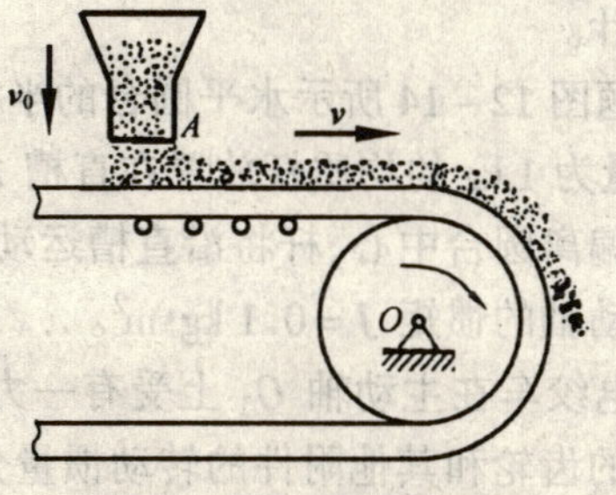

题图 12 - 9

12 - 11　砂子自漏斗 A 处以速度 $v_0 = 0.01$ m/s 铅垂下落,胶带的速度 $v = 1.5$ m/s,如题图 12 - 9 所示。砂子的容重为 0.265 N/cm^3,A 处横截面积为 200 cm^2。求胶带所受的水平动压力。

12 - 12　题图 12 - 10 所示施工中用喷枪浇注混凝土衬砌。喷枪口的直径 $D = 80$ mm,喷射速度 $v_1 = 50$ m/s,混凝土比重 $\gamma = 21.6$ kN/m^3。求喷浆对铅直壁面的动压力。

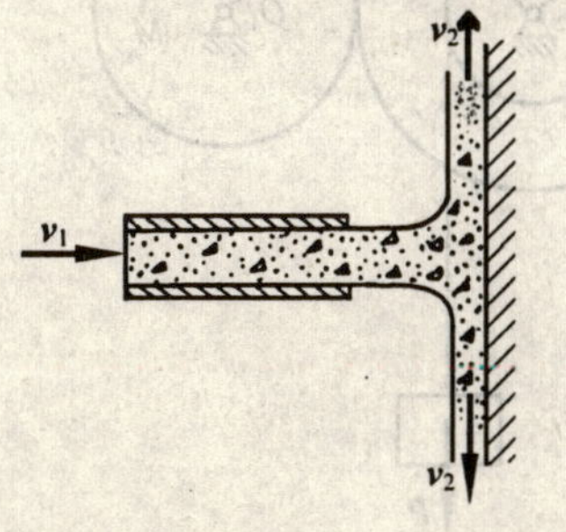

题图 12 - 10

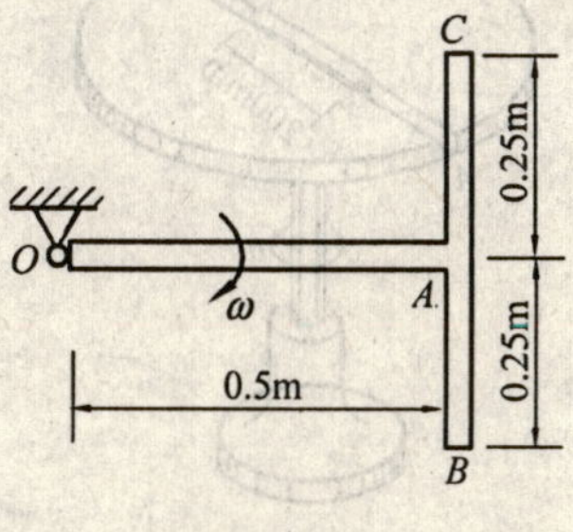

题图 12 - 11

12 - 13　两根质量各为 8 kg 的均质细杆固连成 T 字形,可绕通过点 O 的水平轴转动,当 OA 处于水平位置时,T 形杆具有角速度 $\omega = 4$ rad/s,如题图 12 - 11 所示。求该瞬时轴承 O 处的反力。

12 - 14　题图 12 - 12 所示一半径为 r 的均质圆轮,在半径为 R 的圆弧面上只滚动而不滑动。初瞬时 $\theta = \theta_0$ 而 $\dot{\theta} = 0$。求圆弧面作用在圆轮上的法向反力(表示为 θ 的函数)。

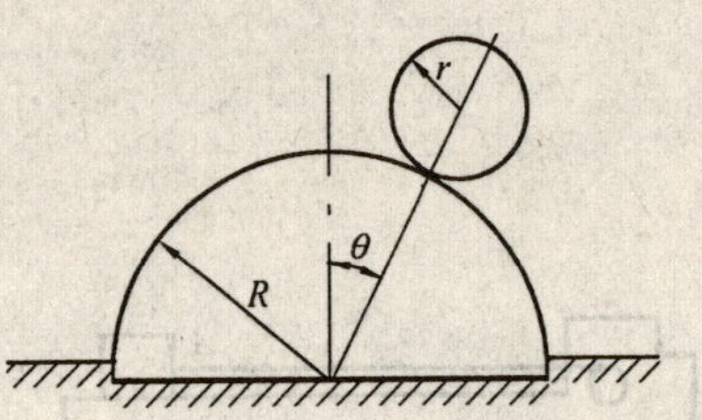

题图 12－12

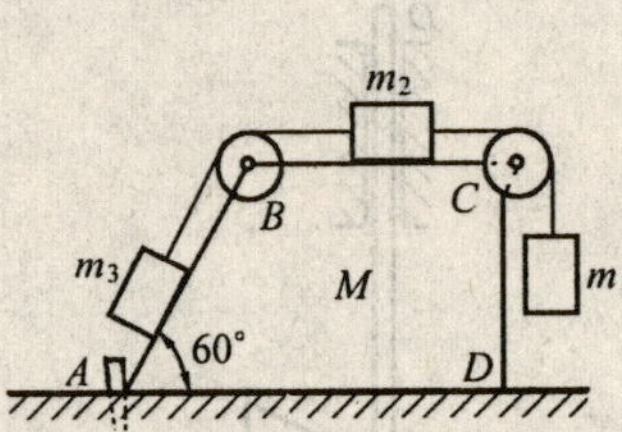

题图 12－13

12－15　质量为 $M=100$ kg 的四角截头锥 $ABCD$ 放于光滑水平面上，质量分别为 $m_1=20$ kg，$m_2=15$ kg 和 $m_3=10$ kg 的三个物块，由一条绕过截头锥上的两个滑轮的绳子相连接，如题图 12－13 所示。试求：

(1) 物块 m_1 下降 1 m 时，截头锥的水平位移；

(2) 若在 A 处放一木桩，求三物块运动时，木桩所受的水平力。各接触面均视为光滑的，两滑轮质量不计。

12－16　题图 12－14 所示水平圆台的半径为 300 mm，台面上有一过圆心的直槽 AB。一长 200 mm、质量为 1 kg 的均质杆放置在直槽 AB 的正中间，圆台绕铅直轴以匀速 ω_0 转动。当杆的中心稍为偏离圆台中心，杆将沿直槽运动。求杆的一端运动至圆台边缘时，圆台角速度。已知圆台对转动轴的惯矩 $J=0.1\ \text{kg}\cdot\text{m}^2$。

12－17　电绞车在主动轴 O_1 上受有一力偶 M 从而提升重物。设主动轴、从动轴及安装于这两轴上的齿轮和其他附件的转动惯量分别为 J_{O1} 和 J_{O2}，各轮半径如题图 12－15 所示。求重物的加速度。

12－18　题图 12－16 所示同轴并固连的两个滑轮，其上绕有绳子。重为 P_1, P_2 的重物 M_1, M_2 挂在绳子的一端。忽略绳子的重量，且把滑轮看成半径为 $r_1, r_2(r_2>r_1)$ 的均质圆盘，其相应重量分别为 W_1, W_2。试求滑轮的角加速度。

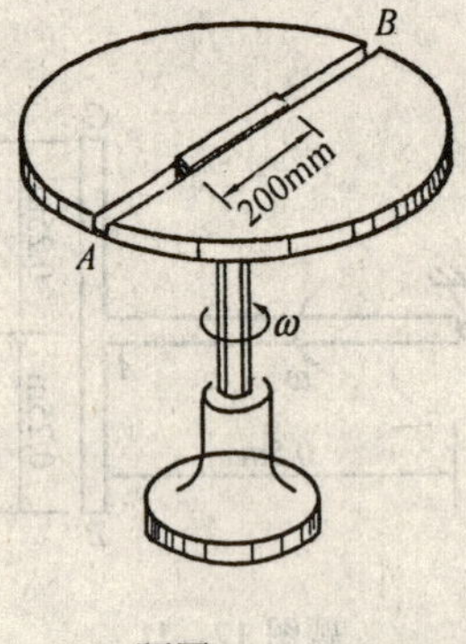

题图 12－14

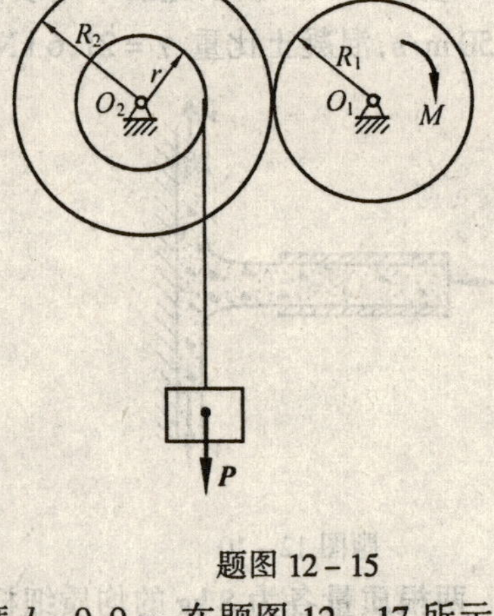

题图 12－15

12－19　均质直杆 AB 的质量 $m=1.5$ kg，长度 $l=0.9$ m，在题图 12－17 所示水平位置时从静止释放，求当杆 AB 经过铅垂位置时的角速度及支座 A 处的约束反力。

12－20　匀质直杆 AB 重 W，由重量均为 Q、半径均为 r 的三个相同匀质圆盘夹持于铅垂位置，如题图 12－18 所示。今在杆端 A 施加铅直向上的变力 $P=Bt$，$B=$ 常量。设摩擦力足以保证杆与轮间无相对滑动，但各轮轴都是光滑的。求杆的加速度及与轮间的摩擦力。

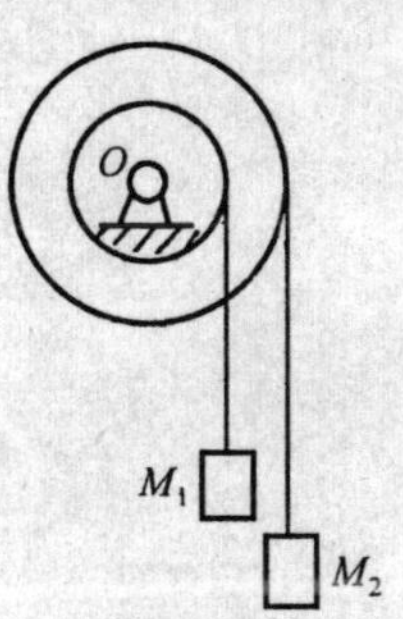

题图 12-16

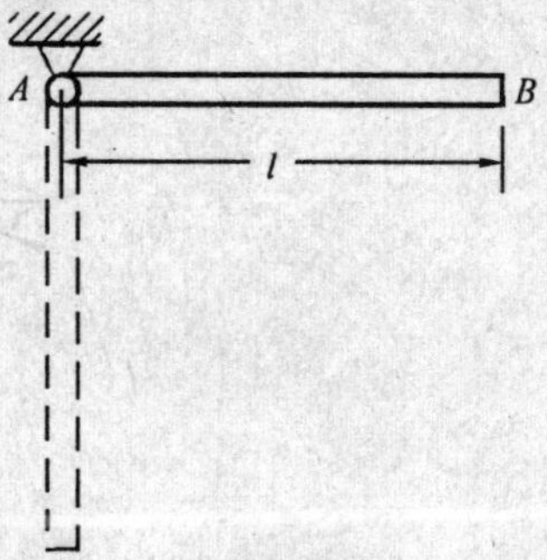

题图 12-17

12-21　半径为 R 的匀质圆盘重为 W，可绕位于其圆周上的水平轴 O 在铅直平面内转动，如题图 12-19 所示。开始时圆盘静止于最高位置，给予微小扰动使之沿顺钟向向下转动。求当圆盘转到虚线所示的最低位置时，圆盘的角速度、角加速度、质心 C 的加速度、圆盘的动量、对轴 O 的动量矩、动能、惯性力系对点 O 的简化结果、轴 O 的动反力。

题图 12-18

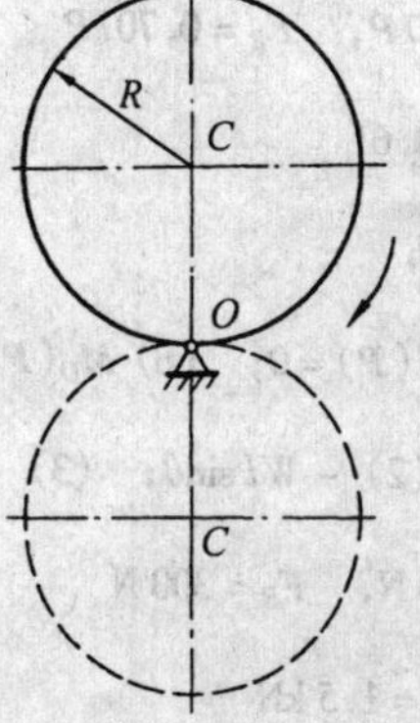

题图 12-19

习 题 答 案

2-1　$F_R=161.2\ \text{N}$，　$\angle(\boldsymbol{F}_R,\boldsymbol{P}_1)=29°44'$，　$\angle(\boldsymbol{F}_R,\boldsymbol{P}_2)=60°16'$

2-2　$P_{\min}=15\ \text{kN}$

2-3　(a) $S_{AB}=0.577W$(拉)，　$S_{AC}=1.155W$(压)；　(b) $S_{AB}=1.064W$(拉)，　$S_{AC}=0.364W$(压)；

　　(c) $S_{AB}=0.5W$(拉)，　$S_{AC}=0.866W$(压)；　(d) $S_{AB}=S_{AC}=0.577W$(拉)。

2-4　(a) $F_{AN}=2\ \text{kN}$，　$F_B=4.47\ \text{kN}$；　(b) $F_B=1.41\ \text{kN}$，　$F_A=3.16\ \text{kN}$。

2-5　$F_A=0.707P$，　$F_B=0.707P$

2-6　$F_1:F_2=0.61$

2-7　$R=Pl/2h$

2-8　(a) $M_O=(\boldsymbol{P})=0$；(b) $M_O(\boldsymbol{P})=-Pb$；　(c) $M_O(\boldsymbol{P})=P\sqrt{b^2+l^2}\sin\beta$。

2-9　(1) 0；(2) $-Wl\sin\theta$；(3) $-Wl$。

2-10　$F_A=300\ \text{N}$，　$F_B=300\ \text{N}$

2-11　$F_A=F_B=1.5\ \text{kN}$

2-12　$M_A=11.21\ \text{N·m}$，　$F_A=25.1\ \text{N}$,方向与铅直线成夹角为26.57°方向朝上

2-13　$F_A=F_D=8\ \text{N}$，　$M_2=1.7\ \text{N·m}$

2-14　$F_A=\sqrt{2}\dfrac{M}{l}(\searrow)$

2-15　$F_A=\dfrac{20}{\sqrt{3}}\ \text{kN}(\swarrow)$，　$F_B=\dfrac{20}{\sqrt{3}}\ \text{kN}(\nearrow)$，　$F_{EC}=10\sqrt{2}\ \text{kN}$(压)

2-16　$F_A=F_C=\dfrac{M}{2\sqrt{2}a}$

2-17　$\varphi=\arccos\left[\dfrac{k(l_2-l_1)}{2P}\right]$

2-18　$F_A=\dfrac{\sqrt{2}M}{a-b}$，　$\boldsymbol{F}_B=-\boldsymbol{F}_A$

2-19　$F_A=\dfrac{\sqrt{2}}{2}F$，　$F_B=F$，　$F_C=F$，　$F_D=\dfrac{\sqrt{2}}{2}F$

2-20　$M_1=M_2$

2-21 $F_A = F_B = \dfrac{M}{d}$

3-1 $F_R = 466.4$ N， $\cos\alpha = -0.938$， $\cos\beta = -0.347$， $M_O = 2\ 142.5$ N·cm， $d = 4.59$ cm， 从点 O 沿主矢 $\boldsymbol{F}_R$ 的箭头指向看，合力 $\boldsymbol{F}_R$ 应在主矢 $\boldsymbol{F}_R$ 的右侧

3-2 $F_A = -\dfrac{Pa+Qb}{c}$， $F_{Bx} = \dfrac{Pa+Qb}{c}$， $F_{By} = P + Q$

3-3 (a) $F_{Ax} = 0$， $F_{Ay} = -\dfrac{1}{2}(F + \dfrac{M}{a})$， $F_B = \dfrac{1}{2}(3F + \dfrac{M}{a})$；

(b) $F_{Ax} = 0$， $F_{Ay} = -\dfrac{1}{2}(F + \dfrac{M}{a} - \dfrac{5}{2}Pa)$， $F_B = \dfrac{1}{2}(3F + \dfrac{M}{a} + \dfrac{1}{2}qa)$。

3-4 $F_A = -250$ N， $F_B = 3\ 750$ N

3-5 $F_{Ax} = 12$ kN， $F_{Ay} = 5$ kN， $M_A = 23$ kN·m

3-6 $F_A = 48.3$ kN， $F_B = 8.33$ kN， $F_D = 100$ kN

3-7 $S = Fa\cos\alpha/2h$

3-8 $F_A = -35$ kN， $F_B = 80$ kN， $F_C = 25$ kN， $F_D = -5$ kN

3-9 $F_{Ax} = -100$ kN， $F_{Ay} = -8$ kN， $F_B = 120$ kN， $F_D = 0$

3-10 $F_{Ax} = -20$ kN， $F_{AY} = -1.25$ kN， $F_{Bx} = 20$ kN， $F_{By} = 11.25$ kN

3-11 $G_{\min} = 2P(1 - \dfrac{r}{R})$

3-12 $F_{Ax} = -q_2 a$， $F_{Ay} = \dfrac{3}{2}q_1 a$， $M_A = q_1 a^2 + \dfrac{2}{3}q_2 a^3(\swarrow)$， $F_B = \dfrac{1}{2}q_1 a$， $F_{Cx} = 0$，

$F_{Cy} = \dfrac{1}{2} = q_1 a$(对 BC 件)

3-13 $M_O = 70$ N·m

3-14 $F_O = 1155$ N， $P = 616$ N， $F_{Bx} = 348$ N， $F_{By} = 578$ N

3-15 $M = 9.24$ kN·m

3-16 $F_{Ax} = 20$ kN， $F_{Ay} = 8$ kN， $F_{Bx} = 20$ kN， $F_{By} = 52$ kN， $F_{Cx} = 20$ kN， $F_{Cy} = 48$ kN

3-17 $\dfrac{P_1}{P_2} = \dfrac{\tan\alpha_1}{\tan\alpha_2}$

3-18 $F = 9.808$ N

3-19 $x \geqslant 12$ cm

3-20 (1) 当重物上升时 $F_1 = 26$ kN； (2) 重物下降时 $F_2 = 20.88$ kN。

3-21 $Q = \dfrac{\sin(\alpha + \varphi_m)}{\cos(\theta - \varphi_m)}P$， 当 $\theta = \varphi_m$ 时 $Q_{\min} = P\sin(\alpha + \varphi_m)$

3-22 $\tan\alpha \geqslant \dfrac{P + 2Q}{2f_s(P + Q)}$

3-23 $f_s = 0.224$

3-24 $P = 500$ N

3-25　$F = 66.28$ N

3-26　$F = 132.7$ N

3-27　先倾倒，　$P = 1.5$ kN

3-28　20 N，　B 运动

4-1　$X_1 = -1.2$ kN，　$Y_1 = 1.6$ kN，　$Z_1 = 0$，　$X_2 = 0.424$ kN，　$Y_2 = 0.566$ kN，　$Z_2 = 0.707$ kN，

$X_3 = Y_3 = 0$，　$X_3 = 3$ kN

4-2　$M_x(\boldsymbol{P}) = 566$ N·m，　$M_y(\boldsymbol{P}) = -329$ N·m，　$M_2(\boldsymbol{P}) = 655$ N·cm

4-3　$M_x = \frac{2}{\sqrt{3}}aF$，　$M_y = -\frac{1}{\sqrt{3}}aF$，　$M_2 = \frac{2}{\sqrt{3}}aF$

4-4　$M = Fa\sin\alpha\sin\theta$

4-5　$M_x = \frac{F}{4}(h-3r)$，　$M_y = \frac{\sqrt{3}}{4}F(r+h)$，　$M_2 = -\frac{Fr}{2}$

4-6　$S_A = S_B = -26.4$ kN，　$S_C = 33.5$ kN

4-7　$F_{AC} = F_{AB} = 0.598$ kN，　$F_{AC} = -1.464$ kN

4-8　$F_A = 41.7$ kN，　$F_B = 31.6$ kN，　$F_C = 36.7$ kN

4-9　$F_G = 1.2$ kN，　$F_H = F_G = 0.8$ kN

4-10　$F_3 = F'_3 = \frac{F_1 r_1 - F_2 r_2}{r_3}$

4-11　$F_N = 2\,130$ N，　$F_{Ax} = -500$ N，　$F_{Az} = -919$ N，　$F_{Bx} = 4\,130$ N，　$F_{Bz} = -1\,340$ N

4-12　$F = 200$ N，　$F_{Bz} = F_{Bx} = 0$，　$F_{AX} = 86.6$ N，　$F_{Ay} = 150$ N，　$F_{Az} = 100$ N

4-13　$F_1 = F_5 = -F$(压)，　$F_3 = F$(拉)，　$F_2 = F_4 = F_6 = 0$

4-14　$x_l = 9.6$ cm

4-15　(a) $x_C = 0$，　$y_C = 10.5$ cm；(b) $x_C = y_C = 55.54$ cm；(c) $x_C = 0$，　$y_C = 13.03$ cm。

4-16　$b = 1.33$ m

5-1　$y^2 - 2y - 4x = 0$，　$v = 2.24$ m/s，　$a = 2$ m/s^2，　$a^2 = 0.894$ m/s

5-2　$v = hw/\cos^2\omega t$，　$v_2 = hw\sin\omega t/\cos^2\omega t$

5-3　$x_C = al/\sqrt{l^2 + v^2t^2}$，　$y_C = avt/\sqrt{l^2 + u^2t^2}$

5-4　$v = ak$，　$v_r = -ak\sin kt$

5-5　(1) $a_\tau = -1$ m/s^2，　$a_n = 3$ m/s^2；(2) $\rho = 5.33$ m；(3) $S = 10$ m。

5-6　$v_M = \sqrt{5}u/2$，　$a_M = u^2/8p$

5-7　$x = a\cos\varphi + \sqrt{r^2 - a^2\sin^2\varphi}$

5-8 $\varphi = \frac{\sqrt{3}}{3}\ln 1/1-\sqrt{3}\omega_O t$， $\omega = \omega_o e^{\sqrt{3}\varphi}$

5-9 轨迹 $\frac{x^2}{100^2}+\frac{y^2}{20^2}=1$

5-10 略

5-11 $a=3.05\ \text{m/s}^2$

5-12 $v=2.51\ \text{m/s}$， $a=7.90\ \text{m/s}^2$

5-13 $\theta_A = \arctan\frac{\sin\omega_o t}{\cos\omega_o t}$

5-14 $v_M = Rn\pi/30$， $a_M = Rn^2\pi^2/900$

5-15 $v_A=0.524\ \text{m/s}$， $a_A=0$， $a_n=2.742\ \text{m/s}^2$

5-16 $v=1.676\ \text{m/s}$， $a_{AB}=a_{CO}=0$， $a_{AD}=32.9\ \text{m/s}^2$， $a_{BC}=13.16\ \text{m/s}^2$

5-17 $R=1.25\ \text{m}$

5-18 $v=150\ \text{m/s}$， $a_\tau=10\ \text{m/s}^2$， $a_n=11\ 250\ \text{m/s}^2$

6-1 $v_r=40\ \text{km/h}$

6-2 (1) $v_{BC}=2\ \text{cm/s}(\leftarrow)$； (2) $v_{BC}=0$； (3) $v_{BC}=2\ \text{cm/s}(\rightarrow)$。

6-3 图(a) $\omega_z=1.5\ \text{rad/s}$； 图(b) $\omega_2=2\ \text{rad/s}$。

6-4 $\boldsymbol{v}=31.2\boldsymbol{i}-0.068\boldsymbol{j}\ \text{km/h}$

6-5 $v_r=3.98\ \text{m/s}$， $v_B=1.04\ \text{m/s}$

6-6 $v_a=v_1\cot\alpha$

6-7 $v_A=\frac{2\sqrt{3}}{3}e\omega_o$

6-8 $v=173\ \text{mm/s}$， $v_r=346\ \text{mm/s}$

6-9 $v_r=10.06\ \text{m/s}$， $\angle(\boldsymbol{v}_r,\boldsymbol{R})=41°51'$

6-10 $\omega=2.67\ \text{rad/s}$

6-11 $\omega_{AB}=e\omega/l$， 逆时针

6-12 $v_B=30\ \text{mm/s}$， $\omega=0.75\ \text{rad/s}$

6-13 $\omega=1.7\ \text{rad/s}$， $\alpha=1.3\ \text{rad/s}$

6-14 $\varphi=5\pi/6$， $\alpha=\pi/4$， $v=763\ \text{mm/s}$， $a=3\ 061\ \text{mm/s}^2$

6-15 $v=100\ \text{mm/s}$， $a=346\ \text{mm/s}^2$

6-16 $\varphi=0°$， $v=0$， $a=40\ \text{m/s}$， $\varphi=30°$， $v=100\ \text{cm/s}$， $a=34.6\ \text{m/s}^2$， $\varphi=90°$，
$v=200\ \text{cm/s}$， $a=0$

6 - 17 $y = h - \frac{1}{2}x$ cm, $v = 10\sqrt{5}t$ cm/s, $a = 10\sqrt{5}t$ cm/s^2

6 - 18 $\omega_{O2} = \frac{r\omega^2}{l}\tan\theta_1$, 逆时针, $\alpha_{O2} = \frac{r\omega^2}{l} + (\frac{r\omega}{l})^2\tan^3\theta_1$, 顺时针

6 - 19 $v = 2\sqrt{3}r\omega$, $a = 14r\omega^2$

7 - 1 $v_A = v_B = 33.9$ cm/s

7 - 2 $\omega_{AB} = 3$ rad/s, $\omega_{O1B} = 5.2$ rad/s

7 - 3 $\omega_{O1} = 2.6$ rad/s

7 - 4 $\omega_A = 2.5$ rad/s, $v_O = 0.5$ m/s

7 - 5 $v = 0.462$ m/s(↓)

7 - 6 $v_{BC} = 2.512$ m/s

7 - 7 $\omega_{BC} = 0.15$ rad/s, $v_B = 21.2$ cm/s, $v_C = 18$ cm/s

7 - 8 $v_O = (v_1 + v_2)/2$

7 - 9 $v_{水左} = v_{水右} = 6.03$ cm/s, $v_{垂上} = v_{垂下} = 60$ cm/s

7 - 10 $v_B = 200$ cm/s, $a_B^n = 400$ cm/s, $a_B^\tau = 370.5$ cm/s^2, $v_C = 200$ cm/s, $a_C = 370.5$ cm/s^2

7 - 11 $\theta = 0°$, $\omega = 5$ rad/s, $v_O = 5$ cm/s, $\theta = 90°$, $\omega = 7.95$ rad/s, $v_O = 7.95$ m/s

7 - 12 $\omega_{OB} = 3.75$ rad/s, $\omega_1 = 6$ rad/s

7 - 13 $v_C = r\omega_0$

7 - 14 $v_A = 2$ m/s, $a_A = 38$ m/s^2, $\omega_{AB} = 0$, $\varepsilon_{AB} = 1.28$ rad/s^2

7 - 15 $a_{Ex} =$ 4.0 m/s^2, $a_{Ey} = -7.2$ m/s^2

7 - 16 $\omega_B = 3.62$ rad/s, $\alpha_B = 2.2$ rad/s^2

7 - 17 $a^n = 2R\omega_O^2$, $a^\tau = a(\sqrt{3}\omega_O^2 - 2\alpha_O)$

7 - 18 $a_C = 5.2$ m/s^2, $\alpha = 10.4$ rad/s^2

7 - 19 $v_A = 5$ m/s, $a_A = 1.73$ m/s^2

7 - 20 $v_B = 0.69$ m/s, $a_B = 7.62$ m/s^2

8 - 1 $F = 5.98$ kN

8 - 2 $f_{s\min} = \frac{a\cos\theta}{g + a\sin\theta}$

8 - 3 (1) 8 kN; (2) 6.98 kN; (3) 9.02 kN。

8 - 4 $h = 7.84$ cm

8 - 5 $t = 2.02$ s, $s = 692$ cm

8 - 6 $\varphi = 48.2°$

8－7　$n=67\ \mathrm{r/min}$

8－8　$F_{AM}=\dfrac{ml}{2a}(\omega^2 a+g)$，　$F_{BM}=\dfrac{ml}{2a}(\omega^2 a-g)$

8－9　$v=v_{极限}-(v_{极限}-v_0)e^{-gt/v_{极限}}$

8－10　$F_{\max}=5.84\ \mathrm{kN}$，　$F_{\min}=5.30\ \mathrm{kN}$

8－11　$v=\sqrt{\dfrac{Fl}{m}-gfl(1+\ln 4)}$

8－12　$v=\dfrac{F}{ks}(1-\mathrm{e}^{-\frac{ks}{m}t})$，　$x=\dfrac{F}{ks}\left[t-\dfrac{m}{ks}(1-\mathrm{e}^{-\frac{ks}{m}t})\right]$

8－13　(1)　$\sqrt{2}mg$；　(2)　$\dfrac{\sqrt{2}}{2}mg$。

8－14　$v_1=\sqrt{g/(g+kv_0^2)}$

8－15　$s=19.25\ \mathrm{m}$

8－16　$v=\dfrac{v_0}{4}$

9－1　(1)　$\dfrac{Pr^2}{2g}\omega$；　(2)　$\dfrac{Pl^2}{3g}\omega$；　(3)　$\dfrac{P(r^2+2e^2)}{2g}\omega$。

9－2　$J_A=J_B+m(a^2-b^2)$

9－3　$a=\dfrac{(M-f_s mgr)r}{mr^2+J}$

9－4　$\alpha_1=\dfrac{2g(MR_2-MR_1)}{(P_1+P_2)R_1^2R_2}$

9－5　$F=269.3\ \mathrm{N}$

9－6　$1.96\ \mathrm{m/s^2}$

9－7　$\dfrac{(Mi-mgR)R}{mR^2+J_1 i^2+J_2}$

9－8　$a=\dfrac{(M-pr)R^2 rg}{(J_1 r^2+J_2 R^2)g+PR^2 r^2}$

9－9　$J_O=9.46\ \mathrm{kg\cdot m^2}$

9－10　$F_{Ox}=0$，　$F_{Oy}=449\ \mathrm{N}$

9－11　$J=1\,060\ \mathrm{kg\cdot m^2}$，　$M=6.024\ \mathrm{N\cdot m}$

10－1　$f\geqslant\dfrac{a}{g\cos\theta}+\tan\theta$

10－2　(1)　不打滑极限速度 $v_{\max}=\sqrt{\rho g f_s}$，　不倾倒的极限速度 $v_{\max}=\sqrt{\dfrac{bg\rho}{2h}}$；

(2)　$h<\dfrac{b}{2f_s}$；　(3)　$v_{\max}=17\ \mathrm{km/h}$。

10－3　$C>\dfrac{m(e\omega^2-g)}{2e+b}$

10－4　$F=mR\omega^2$

10-5 $F_C = 17.36\text{ kN}$, $F_D = 12.1\text{ kN}$

10-6 $\alpha = 29.9\text{ rad/s}^2$, $F_{Ax} = -179\text{ N}$, $F_{Ay} = 266\text{ N}$

10-7 $F_{Ax} = -3.49\text{ kN}$, $F_{Ay} = 19.01\text{ N}$, $F_B = 13.62\text{ kN}$

10-8 $F = 25.28\text{ kN}$, $F_{Ox} = 17.87\text{ kN}$, $F_{Oy} = 21.8\text{ kN}$

10-9 $F = \dfrac{(l^2 - h^2)P\omega^2}{2lg}$(拉力)， $h = 0$ 处， $F_{max} = \dfrac{Pl\omega^2}{2g}$

10-10 $F_{Ax} = -15\text{ kN}$, $F_{Ay} = 10\text{ kN}$, $F_C = 15\text{ kN}$

10-11 $a_A = 37.7\text{ cm/s}^2$, $F_{FD} = 10.38\text{ kN}$

10-12 $a_C = 2.8\text{ m/s}^2$

10-13 $a_O = \dfrac{2F\cos\theta}{3P}g$, $F_N = P - T\sin\theta$, $F_S = \dfrac{F}{3}\cos\theta$

10-14 $\omega^2 = \dfrac{3(b^2\cos\varphi - a^2\sin\varphi)g}{(b^3 - a^3)\sin 2\varphi}$

10-15 $\alpha = \dfrac{(m_2 r - m_1 R)g}{J + m_1 R^2 + m_2 r^2}$， 轴承 O 处反力 $F_{Ox} = 0$， $F_{Oy} = \dfrac{-(m_2 r - m_1 R)^2 g}{J_O + m_1 R^2 + m_2 r^2}$

10-16 $M = \dfrac{\sqrt{3}}{4} r[(m_1 + 2m_2)g - m_2 r\omega^2]$, $F_{Ox} = -\dfrac{\sqrt{3}}{4} m_1 r\omega^2$, $F_{Oy} = (m_1 + m_2)g - (m_1 + 2m_2)\dfrac{r\omega^2}{4}$

10-17 $a = \dfrac{4F}{4m + 3m_1}$

10-18 $a_A = \dfrac{m_1\sin\theta - m_2}{2m_1 + m_2}g$, $F = \dfrac{3m_1 m_+ (2m_1 m_2 + m_1^2)\sin\theta}{2(2m_1 + m_2)}g$

10-19 (1) $\alpha = \dfrac{M - mgR\sin\theta}{2mR^2}$； (2) $F_x = \dfrac{1}{8R}(6M\cos\theta + mgR\sin 2\theta)$。

10-20 $a_A = \dfrac{m_1 g(r + R)^2}{m_1(R + r)^2 + m_2(\rho^2 + R^2)}$

10-21 $a = \dfrac{4}{7}g\sin\theta$, $F = -\dfrac{1}{7}mg\sin\theta$

10-22 $F_x = \dfrac{m_1\sin\theta - m_2}{m_1 + m_2}mg\cos\theta$

10-23 (a) $F_g = 0$, $M_{gC} = 0$; (b) $F_g = me\left(\dfrac{v}{R}\right)^2$,沿 OC,背离点 O, $M_{gC} = 0$;

(c) $F_g = m\dfrac{v^2}{2R}$, $M_{gC} = 0$。

10-24 (a) 作用于质心处：$F_g = \dfrac{15}{16}\pi R^3\rho g\sqrt{\dfrac{901\alpha^2 + \omega^4}{900} + \dfrac{\alpha\omega^2}{15}}$, $M_g = 0.481\pi R^4\rho g\alpha$;

(b) 作用于质心处：$F_g = \dfrac{101}{100}\pi R^3\rho g\sqrt{\dfrac{40\,805\alpha^2 + \omega^4}{40\,804} - \dfrac{\alpha\omega^2}{101}}$, $M_g = 0.503\pi R^4\rho g\alpha$。

10-25 (1) $0.5g = 4.9\text{ m/s}^2$, $0.408W$, $0.458W$;

(2) $(2-\sqrt{3})g = 2.63\text{ m/s}^2$, $0.634W$, $0.634W$。

10-26 $-\dfrac{\sqrt{2}}{8}mg = -0.177mg$, $\dfrac{\sqrt{2}}{8}mg = 0.177mg$

10 - 27 $F_A = 80.19\ \text{N}$, $F_B = -75.26\ \text{N}$

11 - 1 $W = 20.7\ \text{J}$

11 - 2 $\sum W_i = \frac{4\pi}{3}(6\pi a + 16\pi^2 b - 3pfr)$

11 - 3 $T = \frac{(9P + 2Q)}{3g} r^2 \omega^2$

11 - 4 $T = \frac{Pl^2\omega^2 \sin^2\alpha}{6g}$

11 - 5 $T = \frac{1}{2}\frac{W}{g}v_1^2 + \frac{P}{2g}(v_1^2 + \frac{1}{4}l^2\omega_1^2 + v_1 l\omega_1\cos\varphi) + \frac{1}{24}\frac{P}{g}l^2\omega_1^2$

11 - 6 $W = 4\,900\ \text{J}$

11 - 7 $W = -546\ \text{kN·m}$

11 - 8 $v_B = 6.26\ \text{m/s}$

11 - 9 $v = 8.1\ \text{m/s}$

11 - 10 $f = \frac{(m_1 + m_2 + m_3)m_2 s_2 + (m_2 + m_3)(m_1 + m_2)s_1}{m_3[(m_1 + m_2 + m_3)s_2 + (m_2 + m_3)s_1]} = 0.2$

11 - 11 $h = \frac{3v_0^2(7Q + 10P)}{4g[P(1 - 2f) + Q]}$

11 - 12 $v = \sqrt{\frac{1}{7}(6gl\cos 30^\circ)}$

11 - 13 $v_A = \sqrt{\frac{2M\theta - b(1 - \cos\theta)mg}{m}}$

11 - 14 $v_C = 2\sqrt{3gl}$

11 - 15 (1) $\omega = \sqrt{\frac{6gl(2P + W)}{2Wl^2 + 3PR^2 + 6Pl^2}}$; (2) $\omega = \sqrt{\frac{(6P + 3W)g}{(3P + W)l}}$。

11 - 16 $v_A = 11.29\ \text{m/s}$

11 - 17 $\omega = \frac{2}{R + r}\sqrt{\frac{3M\varphi}{9m_1 + 2m_2}}$, $\alpha = \frac{6M}{(R + r)^2(9m_1 + 2m_2)}$

11 - 18 $a_C = \frac{mg\tan\theta}{m\tan^2\theta + m_C}$, $a_{AB} = \frac{mg\tan^2\theta}{m\tan^2\theta + m_C}$

11 - 19 $F_N = \frac{7}{3}mg\cos\theta$, $F = \frac{1}{3}mg\sin\theta$

11 - 20 $v_0 = \sqrt{\frac{2kg}{15P}h}$

11 - 21 $a = \frac{(Mk - PR)Rg}{(J_1 k^2 + J_2)g + PR^2}$

11 - 22 $\omega = \sqrt{\frac{8m_2 eg}{3m_1 r^2 + 2m_2(r - e)^2}}$

11 - 23 2.36 m/s

11 - 24 3.13 m/s

11 - 25 $v=\sqrt{\dfrac{4gh}{3}}$， $T=\dfrac{mg}{3}$

11 - 26 (1) $P=1.52\ \mathrm{kW}$； (2) $P=5.06\ \mathrm{kW}$。

12 - 1 (a) $p=\dfrac{1}{2}ml\omega$， $L_O=\dfrac{1}{2}ml^2\omega$； (b) $p=\dfrac{1}{6}ml\omega$， $L_O=\dfrac{1}{9}ml^2\omega$；

(c) $p=mr\omega$， $L_O=\dfrac{3}{2}mr^2\omega$； (d) $p=\dfrac{3}{4}ml\omega$， $L_O=\dfrac{17}{24}ml^2\omega$。

12 - 2 14 m/s

12 - 3 (1) 4.25 s； (2) 53.1 m。

12 - 4 $t=\dfrac{J}{B}\ln 2$， $n=\dfrac{J\omega_0}{4\pi B}$

12 - 5 $x=\dfrac{m_2 l}{m_1+m_2}(\sin\varphi_0-\sin\varphi)$，向右。

12 - 6 $F_1=\dfrac{r\omega^2}{12g}(6W_1+13W_2+14W_3)$， $F_2=\dfrac{r\omega^2}{12g}(6W_1+11W_2+10W_3)$

12 - 7 (1) $F_r=m_2 l\omega^2$； (2) $\omega>\sqrt{\dfrac{m_1+m_2}{m_2 e}g}$。

12 - 8 $v_{Cx}=\dfrac{m_1 v_A}{m_1+m_2}$， $v_{Cy}=\dfrac{-m_2 v_A\tan\alpha}{m_1+m_2}$， $a_{Cx}=\dfrac{m_1 a_A}{m_1+m_2}$， $a_{Cy}=\dfrac{-m_2 a_A\tan\alpha}{m_1+m_2}$

12 - 9 $l=\dfrac{10}{7}m$， $v_{船}=\dfrac{3}{7}\ \mathrm{m/s}$， $v_{木船}=2\dfrac{4}{7}\ \mathrm{m/s}$

12 - 10 $v=-4\ \mathrm{m/s}$(与 v_0 方向相反)， $W=735\ J$

12 - 11 $F'_{Nx}=8.11\ \mathrm{N}$

12 - 12 $F'_{Nx}=27.69\ \mathrm{kN}$

12 - 13 $F_{Ox}=-96\ \mathrm{N}$，$F_{Oy}=32.3\ \mathrm{N}$

12 - 14 $F_N=\dfrac{mg}{3}(7\cos\theta-4\cos\theta_0)$

12 - 15 (1) 13.8 cm； (2) 49.4 N。

12 - 16 $\omega=0.721\omega_0$

12 - 17 $a=\dfrac{(MR_1-PR_2r)rR_2g}{PR_2^2r^2+(J_1R_1^2+J_2R_2^2)g}$

12 - 18 $\alpha=\dfrac{2(P_1r_1+P_2r_2)}{(2P_1-W_1)r_1^2+(2P_2+W_2)r_2^2}$

12 - 19 $\omega=5.72\ \mathrm{rad/s}$， $F_{Ax}=0$， $F_{Ay}=36.75\ \mathrm{N}$

12 - 20 $a=\dfrac{2(Bt-W)}{2W+3Q}g$， $F=\dfrac{Q(Bt-W)}{2W+3Q}$

12 - 21 $\omega=\sqrt{\dfrac{8g}{3R}}$， $a=0$； $a_C^\tau=0$， $a_C^n=\dfrac{8g}{3}$； $p=\sqrt{\dfrac{8R}{3g}}$，方向水平向左； $L_O=3WR^2\sqrt{\dfrac{2}{3Rg}}$；

$T=2WR$； $F_g=\dfrac{8W}{3}$，铅直向下，$M_{gO}=0$； $F_{Ox}=0$， $F_{Oy}=\dfrac{11W}{3}$。

参 考 文 献

1 (英)Nentow I.自然哲学的数学原理.王克迪译.武汉:武汉出版社,1992
2 哈尔滨工业大学理论力学教研组.理论力学.第5版 .北京:高等教育出版社,1999
3 范钦珊,薛克宗,王波.工程力学教程(Ⅰ).北京:高等教育出版社,1998
4 贾启芬,刘习军.工程动力学.天津:天津大学出版社,1999
5 谢传锋.静力学.北京:高等教育出版社,1999
6 武汉水利电力学院.工程力学(静力学).北京:高等教育出版社,1983
7 吴镇.理论力学(下册).上海:上海交通大学出版社,1990
8 北京科技大学,东北大学.工程力学(静力学).北京:高等教育出版社,1997
9 武汉水利电力学院.工程力学(运动学和动力学).北京:高等教育出版社,1985
10 北京科技大学,东北大学.工程力学(运动学和动力学).北京:高等教育出版社,1997
11 张秉荣,章剑青.工程力学.北京:机械工业出版社.1996
12 范钦珊,薛克宗,王波.工程力学(Ⅲ).北京:高等教育出版社,1998
13 邓危梧,林茱君.理论力学.重庆:重庆大学出版社,1994
14 汪厚礼,周巨伯,李延孝.理论力学(下册).北京:水利电力出版社,1990
15 杜庆华.工程力学手册.北京:高等教育出版社,1994
16 Sandor B I.Engineering Mechanics.Prentice - Hall.Inc.,1983
17 浙江大学理论力学教研室.理论力学.第3版 .北京:高等教育出版社,1999